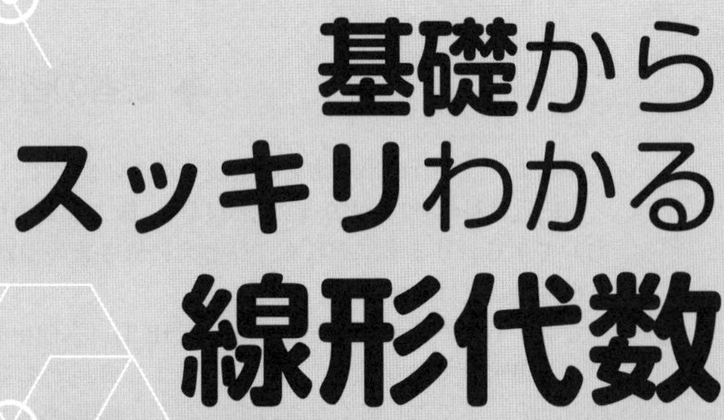

基礎から スッキリわかる 線形代数

アクティブ・ラーニング実践例つき

皆本晃弥［著］

近代科学社

◆ 読者の皆さまへ ◆

平素より，小社の出版物をご愛読くださいまして，まことに有り難うございます．

(株)近代科学社は1959年の創立以来，微力ながら出版の立場から科学・工学の発展に寄与すべく尽力してきております．それも，ひとえに皆さまの温かいご支援があってのものと存じ，ここに衷心より御礼申し上げます．

なお，小社では，全出版物に対してHCD（人間中心設計）のコンセプトに基づき，そのユーザビリティを追求しております．本書を通じまして何かお気づきの事柄がございましたら，ぜひ以下の「お問合せ先」までご一報くださいますよう，お願いいたします．

お問合せ先：reader@kindaikagaku.co.jp

なお，本書の制作には，以下が各プロセスに関与いたしました：

・企画：山口幸治
・編集：山口幸治，高山哲司，安原悦子
・組版：藤原印刷 (LaTeX)
・印刷：藤原印刷
・製本：藤原印刷 (PUR)
・資材管理：藤原印刷
・カバー・表紙デザイン：藤原印刷
・広報宣伝・営業：山口幸治，東條風太

はじめに

本書の位置づけと特徴

本書は，線形代数の基礎を学習するための入門書です．高校数学の初等的な知識があれば読み進められるよう，基本的なところから丁寧に説明しています．もともと，本書は，佐賀大学理工学部の数学共通教科書として企画されたため，特定の学科や課程を想定している訳ではありません．また，工学系だけでなく，理学系も意識して，複素数が登場するような例も取り入れています．さらに，学生の学習履歴の多様化へも対応できるよう，簡単になり過ぎないように，かつ，難しくなり過ぎないように配慮しました．そのため，本書は，文系，理系を問わず，様々な大学，短大，高専，あるいは社会人の再教育などにおいても，テキストとして利用できると思います．

以下に，本書の特徴を示します．

(1) これまでの経験から，高校数学において学生が不得意だと思われる事項や忘れがちな事項については，その都度，側注で説明しています．

(2) 日本語が不得意な留学生などを想定し，数学用語にはルビと英語表記を併記しました．日本人学生にとっても，英語表記は，将来，英文文献の検索や大学院入試の英語などでも役に立つでしょう．

(3) 学生が自習しやすいように，新しい概念が出る都度，例題と問を豊富に配置し，例題には詳細な解答を，問には略解とヒントをすべて掲載しました．

(4) 章末に演習問題を用意し，すべての演習問題に略解とヒントを付しています．

(5) アクティブ・ラーニング例を示しました．
　これについては，「本書の使い方」で説明したいと思います．

(6) ほとんどの定理に詳細な証明をつけました．
入門書では，定理に証明をつけないこともあるのですが，それでは，やさしい部分のみを取り出して，すべての読者の皆さんを分かった気にさせるだけにしてしまう恐れがあります．やはり，数学的概念や定理の本質的な意味を理解しようとすると，どうしても定理の証明が必要です．読者の皆さんには，少なくとも証明に触れる機会は数多く提供したいと思います．なお，証明は数学的な厳密さよりも，直観的に理解できるようなものにしています．

今では，本書に登場するような線形代数の計算問題だけなら，コンピュータがあっという間に解いてしまいます．しかし，コンピュータは意味を理解して計算している訳ではありません．人間である皆さんは，なるべく計算力だけでなく，線形代数の考え方も身に付けて，これを新たな時代を生き抜く糧にしてもらいたいと思います．

本書の使い方

以下に，本書の使い方の例を示します．あくまでも例なので，自分の状況に応じてやり方を変えて構いません．

計算力を中心に身に付けたい場合

計算力を身に付けたい場合は，次の手順で読み進めましょう．

(1) 本文の定義と定理を前から順に読む．定理の証明を読む必要はないが，定理の意味は理解するよう務める．

(2) 前から読み進み，例題までくれば，その例題に取り組み，何も見ずにスラスラ解けるまで，何度も繰り返し取り組む．

(3) 例題がスラスラ解けるようになったら，その例題に関連する問に取り組む．

(4) 上記の例題や問に対応する演習問題に取り組む．演習問題では，証明問題を飛ばしてもよい．

理論を中心に学びたい場合

線形代数の理論を中心に学びたい場合は，次の手順で読み進めましょう．

(1) 本文の定義と定理を前から順に読む．定理の証明を手を動かしながら追うとととともに，定理の証明とその意味もしっかりと理解する．

(2) 前から読み進み，例題までくれば，その例題に取り組む．

(3) 例題のすべての問題が何も見ずに解けるよになったら，その例題に関連する問に取り組む．

(4) 上記の例題や問に対応する演習問題に取り組む．演習問題の証明も必ず取り組む．

(5) 章ごとに，理論的に重要だと思う点を自身の言葉でまとめる．

なお，理論も計算もしっかりと学びたいときは，上記 2 つの方法の両方を行ってください．

アクティブ・ラーニングを取り入れる場合

「アクティブ・ラーニング」とは，「主体的・対話的で深い学び」と言われています．本書は，アクティブ・ラーニングの解説書ではないので，これ以上，アクテイブ・ラーニングそのものやこれを取り巻く話題などには踏み込まず，そのやり方のみを示します．これもあくまでも例ですから，状況に応じてやり方を変えても構いません．

▶[アクティブ・ラーニングの情報]
アクティブ・ラーニングについて知りたい人は，文献[2,11–13]などを参照してください．

【注意】あくまでも【アクティブ・ラーニング】で示した活動は，例なので，この通り行う必要も，全てを行う必要もありません．

基本的な問題を解けるようになりたい場合

例題に対応した【アクティブ・ラーニング】を行いましょう．その際

(1) まずは自分で考え，それを書き出す（「個」）．

(2) 自分の意見を他の人に話したり，他の人の意見を聞いたりする（「協働」）．

(3) 以上を踏まえて，自分の考えをまとめ直し，それを書き出す（「個」）．

という「個－協働－個の学習サイクル」を繰り返してください．

▶[個－協働－個の学習サイクル]
個－協働－個の学習サイクルの事例については，例えば，文献[13]を参照してください．なお，本書の【アクティブ・ラーニング】は，「個－協働－個の学習サイクル」を意識して書かれています．

数学的な概念や理論を深く学びたい場合

定義や定理に対応した【アクティブ・ラーニング】，および各章の最後にある【アクティブ・ラーニング】を行いましょう．その際，「個－協働－個の学習サイクル」を意識してください．

アクティブ・ラーニングの注意点

漫然と他の人とおしゃべりしても何の力も身につきません．アクティブ・ラーニングを取り入れる場合は，必ず導入目的をはっきりさせましょう．例えば，目的が「問題を解けるようになる」なら，自分なりの解法手順をみんなの意見も参考にしながら，まとめるような活動をすべきです．そして，「わかった＝人に説明できる」を意識して，他の人に解説してみましょう．

また，アクティブ・ラーニングを取り入れる場合は，文書を正しく理解する力（読解力）と他人の意見を聞いて正しく理解する力（傾聴力）が必要です．私の経験では，グループワークにおいて，「教科書に書かれている内容が理解できない」，「相手の言っている日本語が難しくて理解できない」，という学生が必ずいます．もしも，グループワークなどでそのことを自覚した場合には，新聞を読んだりやニュースを見る時間を増やすなど，読解力と傾聴力の向上に努めてください．新聞記事を題材にして，お互いに話合ったり，質問作りをしてみるのもいいでしょう．

▶[質問作り]
「質問づくり」の方法については，例えば，文献[7]を参照してください．

これからの学習法について考えてみよう

昭和の時代，日本は工業社会に資する人材の育成に成功し，急成長をしました．工業社会は，大量生産，大量消費の社会でもあり，そこでは，正確に速く計算する力，マニュアルを覚えて正確に再現する力，などが重要視され，これらの能力は，学校の教科（国語，数学，理科，社会，英語など）で育成されました．このような教育で高度経済成長を実現できたのは日本の大きな成功であり，誇りでもあります．しかし，これはパソコンやインターネットが広く普及する前の話です．正確に速く計算する力，マニュアルを覚えて正確に再現する力，などはコンピュータが得意とする作業です．今まさに直面している第4次産業革命（人工知能，ビッグデータ，IoT等が中心）の時代を生き抜くには，コンピュータが得意とする能力だけを鍛えても意味がありません．また，第4次産業革命によって，今後，どのようなことが起こるのか，予測は困難です．このような時代を生き抜くためにも，今後は，認知科学でいうところの「生きた知識」を創造する力，学んだ知識や考え方を問題発見や解決に活かす力，知識を知恵に昇華させる力，人工知能では解けない問題に取り組める力，人間にしかできない創造的・協働的な活動を創り出しやり抜く力，などがますます重要になってくるでしょう．アクティブ・ラーニングは，これらの能力の育成を目指した一つの学習法に過ぎません．例えば，数学の場合，定理の証明をすれば，「本当に定理が成り立つんだ」，「この考え方はすごい」，「この考え方は他にも使えそうだ」といった感動や推測が得れられ，この経験が知識を知恵に変えることでしょう．計算においても，コンピュータは意味も考えずに計算しますが，人間らしく数学的な背景も意識した上で計算すれば，その過程で得られた考え方やテクニックが他のところへ適用できるようになるかもしれません．

▶［人工知能］
人工知能というと，何となく賢そうですが，コンピュータ上で動くソフトウェアに過ぎません．コンピュータは，もともと演算を高速に行う機械ですから，基本的に数式で表現できないような行動はできません．当然ながら意味を考えることもできません．なお，人工知能については，例えば，文献[1)]を参照してください．

▶［知恵］
知恵とは「物事の理を悟り，適切に処理する能力のこと」（広辞苑・第六版）です．

▶【アクティブ・ラーニング】
週刊ダイヤモンドオンライン（2018年8月20日付）によれば，平成元年（1989年）の世界時価総額ランキングの上位50社中，日本企業は32社でしたが，平成30年（2018年）は1社のみです．なぜ，このような状況になったのだろうか？これは，高度経済成長を支えた人材育成法が通用しなくなったことを意味するのだろうか？ 自分の意見をまとめた上で，他の人と話し合ってみよう．

ただし，学習法に正解ありません．学び方も人によって違います．同じ教科書を読むにしても，前から丁寧に読む人，一通り大雑把に読んでから細部を読む人，一人で学ぶのが好きな人，みんなと一緒に学ぶのが好きな人，など多様です．いずれにせよ，皆さんには，100年に1度と言われている大変革期の真っ只中にいることを意識し，自身の学び方も踏まえた上で，自身のどの能力をどのように伸ばすかを真剣に考え，自身にあった学習法を見つけて，新たな時代をたくましく生き抜いて欲しいと思います．

2019年（令和元年）5月

皆本　晃弥

目　次

知っておきたい主な記号や公式など

- $A \Longrightarrow B$ ：A ならば B
- $\mathbb{C}$：複素数全体の集合
- $\mathbb{N}$：自然数全体の集合
- $\mathbb{Q}$：有理数全体の集合
- $\mathbb{R}$ ：実数全体の集合，$\mathbb{R}^2$ は 2 次元実ベクトル全体の集合 (平たくいうと xy 平面全体)，$\mathbb{R}^3$ は 3 次元実ベクトル全体の集合 (平たくいうと xyz 空間全体)，$\mathbb{R}^n$ は n 次元ベクトル全体の集合
- $\mathbb{Z}$：整数全体の集合
- $A \subset B$：A は B の部分集合
- $a \in A$：a は A の元 (要素)
- 集合を表記する場合，$A = \{x \in \mathbb{R} \,|\, |x| < 1\}$ や $B = \{(x, y) \in \mathbb{R}^2 \,|\, x \geqq 0, y \geqq 0\}$ のように x や y が属する数の集合 ($\mathbb{N}$,$\mathbb{Z}$,$\mathbb{Q}$,$\mathbb{R}$,$\mathbb{C}$) を明記することもあるが，特に誤解を与える恐れがない (と思われる) ときは，$A = \{x \,|\, |x| < 1\}$ や $B = \{(x, y) \,|\, x \geqq 0, y \geqq 0\}$ のように数の集合を省略することがある．
- $A \approx B$： A と B は近似的に等しい
- 区間の記号

名前	意味	区間表現
開区間	$\{x \,|\, a < x < b\}$	(a, b)
閉区間	$\{x \,|\, a \leqq x \leqq b\}$	$[a, b]$
右半開区間	$\{x \,|\, a \leqq x < b\}$	$[a, b)$
左半開区間	$\{x \,|\, a < x \leqq b\}$	$[a, b)$
全区間	$\mathbb{R}$	$(-\infty, \infty)$
半無限区間	$\{x \,|\, x \leqq b\}$	$(-\infty, b]$
半無限区間	$\{x \,|\, x < b\}$	$(-\infty, b)$
半無限区間	$\{x \,|\, x \geqq a\}$	$[a, \infty)$
半無限区間	$\{x \,|\, x > a\}$	(a, ∞)

- $\begin{pmatrix} n \\ r \end{pmatrix}$ ：${}_nC_r$ と同じ．n 個から r 個とる組合せ．つまり，$\begin{pmatrix} n \\ r \end{pmatrix} = \dfrac{n!}{r!(n-r)!}$

三角関数の公式

三角関数の合成

- $\dfrac{b}{a} = \tan\alpha$ とするとき，$a\sin\theta + b\cos\theta = \sqrt{a^2 + b^2}\sin(\theta + \alpha)$
- $\dfrac{-a}{b} = \tan\beta$ とするとき，$a\sin\theta + b\cos\theta = \sqrt{a^2 + b^2}\cos(\theta + \beta)$

加法定理

- $\sin(\alpha \pm \beta) = \sin\alpha\cos\beta \pm \cos\alpha\sin\beta$
- $\cos(\alpha \pm \beta) = \cos\alpha\cos\beta \mp \sin\alpha\sin\beta)$
- $\tan(\alpha \pm \beta) = \dfrac{\tan\alpha \pm \tan\beta}{1 \mp \tan\alpha\tan\beta}$

倍角の公式

- $\sin 2\alpha = 2\sin\alpha\cos\alpha$
- $\cos 2\alpha = \cos^2\alpha - \sin^2\alpha = 2\cos^2\alpha - 1 = 1 - 2\sin^2\alpha$
- $\tan 2\alpha = \dfrac{2\tan\alpha}{1 - \tan^2\alpha}$

半角の公式

- $\sin^2 \dfrac{\alpha}{2} = \dfrac{1-\cos\alpha}{2}, \quad \cos^2 \dfrac{\alpha}{2} = \dfrac{1+\cos\alpha}{2}, \quad \tan^2 \dfrac{\alpha}{2} = \dfrac{1-\cos\alpha}{1+\cos\alpha}$

和・差を積にする公式

- $\sin\alpha + \sin\beta = 2\sin\dfrac{\alpha+\beta}{2}\cos\dfrac{\alpha-\beta}{2}$
- $\sin\alpha - \sin\beta = 2\cos\dfrac{\alpha+\beta}{2}\sin\dfrac{\alpha-\beta}{2}$
- $\cos\alpha + \cos\beta = 2\cos\dfrac{\alpha+\beta}{2}\cos\dfrac{\alpha-\beta}{2}$
- $\cos\alpha - \cos\beta = -2\sin\dfrac{\alpha+\beta}{2}\sin\dfrac{\alpha-\beta}{2}$

積を和・差にする公式

- $\sin A\cos B = \dfrac{1}{2}\{\sin(A+B)+\sin(A-B)\}$
- $\cos A\cos B = \dfrac{1}{2}\{\cos(A+B)+\cos(A-B)\}$
- $\sin A\sin B = -\dfrac{1}{2}\{\cos(A+B)-\cos(A-B)\}$

指数関数と対数関数

指数の拡張

$$a^0 = 1, \quad a^{-n} = \frac{1}{a^n}, \quad a^{\frac{m}{n}} = \sqrt[n]{a^m} = (\sqrt[n]{a})^m \qquad (a>0)$$

指数法則

$$a^m a^n = a^{m+n}, \quad (a^m)^n = a^{mn}, \quad (ab)^m = a^m b^m$$

対数の定義

$$m = \log_a M \iff M = a^m \qquad (a>0,\ a\neq 1,\ M>0)$$

対数の性質

$$\log_a 1 = 0, \quad \log_a a = 1, \quad a^{\log_a M} = M$$

$$\log_a MN = \log_a M + \log_a N, \quad \log_a \frac{M}{N} = \log_a M - \log_a N$$

$$\log_a M^p = p\log_a M, \quad \log_a b = \frac{\log_c b}{\log_c a}$$

弧度法

$\angle XOY$ に対し，点 O を中心とする半径 r の円を描き，OX, OY との交点を A, B，弧 AB の長さを l とする．このとき，$\theta = \dfrac{l}{r}$ を $\angle XOY$ の大きさという．また，このように l と r で $\angle XOY$ の大きさを表す方法を**弧度法**といい，θ を**ラジアン**という．

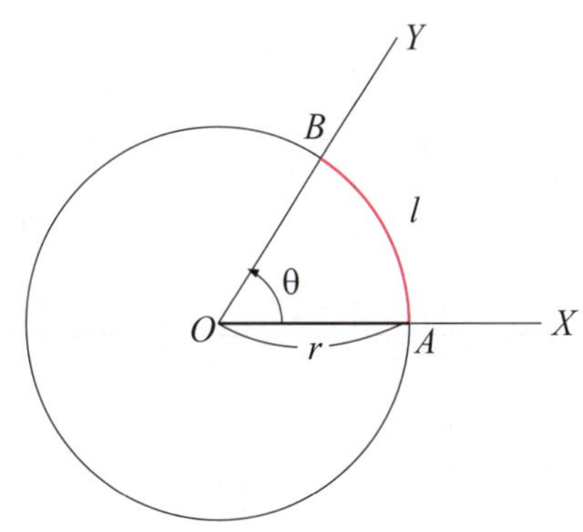

例えば，$r=1$ とすると，半径 1 の円周の長さは 2π なので 360° が 2π ラジアンであり，180° が π ラジアンである．

基本的な総和の公式

$$\sum_{k=1}^{n} k = \frac{n(n+1)}{2} \qquad \sum_{k=1}^{n} k^2 = \frac{n(n+1)(2n+1)}{6}$$

逆三角関数

$y=\sin x$, $y=\cos x$, $y=\tan x$ の逆関数を次のように定義する．

$$y=\sin^{-1}x \quad (-1 \leqq x \leqq 1) \iff x=\sin y \quad \left(-\frac{\pi}{2} \leqq y \leqq \frac{\pi}{2}\right)$$
$$y=\cos^{-1}x \quad (-1 \leqq x \leqq 1) \iff x=\cos y \quad (0 \leqq y \leqq \pi)$$
$$y=\tan^{-1}x \quad (-\infty < x < \infty) \iff x=\tan y \quad \left(-\frac{\pi}{2} < y < \frac{\pi}{2}\right)$$

ギリシャ文字

大文字	小文字	対応する英字	読み方	大文字	小文字	対応する英字	読み方
A	α	a	アルファ	N	ν	n	ニュー
B	β	b	ベータ	Ξ	ξ	x	グザイ, グシー
Γ	γ	g	ガンマ	O	o	o	オミクロン
Δ	δ	d	デルタ	Π	π,ϖ	p	パイ
E	ε,ϵ	e	イプシロン	P	ρ,ϱ	r,rh	ロー
Z	ζ	z	ジータ，ゼータ	Σ	σ,ς	s	シグマ
H	η	e（長音）	エータ，イータ	T	τ	t	タウ
Θ	θ,ϑ	th	シータ	Υ	υ	u,y	ウプシロン
I	ι	i	イオタ	Φ	ϕ,φ	ph	ファイ
K	κ	k,c	カッパ	X	χ	ch	カイ
Λ	λ	l	ラムダ	Ψ	ψ	ps	プサイ，プシー
M	μ	m	ミュー	Ω	ω	o（長音）	オメガ

第 1 章　行列

[ねらい]

線形代数の大きなテーマは行列の扱いである．世の中には，数値で表現された様々なデータがあるが，これらを扱うときには必ずと言っていいほど行列が登場する．ここでは，行列に関する基本事項を学ぶとともに，行列の利用例についても知ろう．

[この章の項目]

行列，行列の和とスカラー倍，行列の積，零行列，正方行列，対角行列，正則行列，単位行列，逆行列，転置行列，対称行列，交代行列，トレース，行列の活用例，複素数，複素行列の演算，随伴行列

1.1　行列

行列(ぎょうれつ)(matrix) とは，$\begin{bmatrix} 1 & 2 \\ 3 & 4 \end{bmatrix}$，$\begin{bmatrix} 1 & \sqrt{2} & 3 \\ 4 & 5 & \frac{6}{7} \end{bmatrix}$，$\begin{bmatrix} 1+2i \\ -3i \end{bmatrix}$，$[a \quad b]$ のように実数，複素数や文字などを長方形に並べてカッコでくくったものである．本書では，このように角カッコでくくることにするが，本によっては，$\begin{pmatrix} 1 & 2 \\ 3 & 4 \end{pmatrix}$ のように丸カッコでくくることもある．

なお，行列に関する議論をする際，毎回，すべての成分を書き並べるのは面倒なので，$A = \begin{bmatrix} 1 & 2 \\ 3 & 4 \end{bmatrix}$，$B = \begin{bmatrix} 1 & \sqrt{2} & 3 \\ 4 & 5 & \frac{6}{7} \end{bmatrix}$ のように，行列をアルファベットの大文字で表すのが一般的である．

▶【アクティブ・ラーニング】
英語の matrix の意味を調べてみよう．また，なぜ，数や文字を長方形に並べてカッコでくくったものを matrix と名付けたのか？ matrix という名前についてどう思うか？ 自分の意見をまとめた上で，他の人たちとも話し合ってみよう．

【注意】複素数については 1.11 節で簡単に説明している．

1.2　行と列

行列の横の並びを行(ぎょう)(row) といい，上から順に第 1 行，第 2 行，... という．一方，縦の並びを列(れつ)(column) といい，左から順に第 1 列，第 2 列，... という．この行の数と列の数を使い，行数が 2, 列数が 3 の行列，例えば，$\begin{bmatrix} 2 & -1 & 5 \\ -3 & 4 & 0 \end{bmatrix}$ を 2×3 行列という．ちなみに，この行列の第 1 行は $[2 \ \ -1 \ \ 5]$，第 2 行は $[-3 \ \ 4 \ \ 0]$ であり，第 1 列は $\begin{bmatrix} 2 \\ -3 \end{bmatrix}$，第 2 列は $\begin{bmatrix} -1 \\ 4 \end{bmatrix}$，第 3 列は $\begin{bmatrix} 5 \\ 0 \end{bmatrix}$ である．

▶[行列の読み方]
例えば，2×3 行列の場合，「2 × 3」の部分は，「2 かける 3」，「2, 3」，「two by three」などと読む．

$$
\begin{matrix} \text{第1行} \\ \text{第2行} \end{matrix}
\begin{bmatrix} \boxed{2 \quad -1 \quad 5} \\ \boxed{-3 \quad 4 \quad 0} \end{bmatrix}
\qquad
\begin{matrix} \text{第1列} & \text{第2列} & \text{第3列} \end{matrix}
\begin{bmatrix} \boxed{\begin{matrix} 2 \\ -3 \end{matrix}} & \boxed{\begin{matrix} -1 \\ 4 \end{matrix}} & \boxed{\begin{matrix} 5 \\ 0 \end{matrix}} \end{bmatrix}
$$

また，$\begin{bmatrix} 1 \\ 2 \\ 3 \end{bmatrix}$ は 3×1 行列である．このように行列は，その行数と列数によって，その型(type)が区別される．なお，特に，$\begin{bmatrix} 2 & -1 \\ -3 & 8 \end{bmatrix}$ のような 2×2 行列を2次行列 (matrix of order 2) と呼ぶ．

1.3　行列の成分

行列を構成する各々の数や文字などを成分(entry) あるいは要素(element) という．例えば，2次行列は，第1行第1列，第1行第2列，第2行第1列，第2行第2列にある4つの数や文字などから構成されるが，これらをそれぞれ，$(1,1)$ 成分，$(1,2)$ 成分，$(2,1)$ 成分，$(2,2)$ 成分という．また，これらの成分は添字を用いて，$\begin{bmatrix} a_{11} & a_{12} \\ a_{21} & a_{22} \end{bmatrix}$ のように表すことができる．この表記を用いれば，行列をより一般的な形で定義できる．

定義 1.1（行列）
m と n を自然数とする．縦に m 個，横に n 個の数または文字 $a_{ij}(1 \leqq i \leqq m, 1 \leqq j \leqq n)$ を次のように並べて角括弧でくくったものを m 行 n 列の行列(matrix) あるいは $m \times n$ 行列という．

$$
A = \begin{bmatrix} a_{11} & a_{12} & \cdots & a_{1n} \\ a_{21} & a_{22} & \cdots & a_{2n} \\ \vdots & \vdots & \ddots & \vdots \\ a_{m1} & a_{m2} & \cdots & a_{mn} \end{bmatrix}
$$

この行列 A の第 i 行 j 列にある a_{ij} を行列 A の (i,j) 成分という．例えば，行列 $\begin{bmatrix} 1 & 2 & 3 \\ 4 & 5 & 6 \end{bmatrix}$ は，2×3 行列で，その $(1,2)$ 成分は2，$(2,3)$ 成分は6である．また，行列 A を表す際，(i,j) 成分だけで代表させて $A = [a_{ij}]$，あるいは $A = [a_{ij}]_{1 \leqq i \leqq m, 1 \leqq j \leqq n}$ のように略記することがある．

なお，行列のうち，特に $1 \times n$ 行列，

$$
[a_{i1}\ a_{i2}\ \ldots\ a_{in}] \quad \text{あるいは簡単に} \quad [a_1\ a_2\ \cdots\ a_n]
$$

の形をしたものを n 次の行ベクトル (row vector) といい，$m \times 1$ 行列，

$$\begin{bmatrix} a_{1j} \\ \vdots \\ a_{mj} \end{bmatrix} \quad \text{あるいは簡単に} \quad \begin{bmatrix} a_1 \\ \vdots \\ a_m \end{bmatrix}$$

の形をしたものを m 次の列ベクトル (column vector) という．この m 次列ベクトルを m 次元数ベクトル (m−dimensional number vector)，あるいは単に，ベクトル (vector) といい，$\boldsymbol{a}, \boldsymbol{b}, \boldsymbol{x}, \boldsymbol{y}$ などの太文字で表す．特に，すべての成分が 0 である列ベクトルを零ベクトル (zero vector) といい $\mathbf{0}$ で表す．つまり，$\mathbf{0} = \begin{bmatrix} 0 \\ \vdots \\ 0 \end{bmatrix}$ である．

【注意】ベクトルといえば，行ベクトルではなく，列ベクトルのことを指す．

1.4 行列の相等

2 つの行列 $A = [a_{ij}]$ と $B = [b_{ij}]$ に対して，

(1) A と B の行数と列数が同じ，つまり，同じ型で，
(2) 対応する成分がそれぞれ等しいとき，つまり，$a_{ij} = b_{ij}$ のとき，

この 2 つの行列は等しい (equal) といい，$A = B$ と書く．

例題 1.1（行列の相等）

$\begin{bmatrix} x+y & x-y \\ -6 & 2 \end{bmatrix} = \begin{bmatrix} -2 & 4 \\ 3a & a+b \end{bmatrix}$ となるように x, y, a, b を定めよ．

（解答）
対応する成分がそれぞれ等しいので，

$$x + y = -2, \quad x - y = 4, \quad 3a = -6, \quad a + b = 2$$

である．前半の 2 つの式から $x = 1, y = -3$，後半の 2 つの式から $a = -2, b = 4$ である．

■

[問] 1.1　次の等式が成り立つように，x, y, a, b を定めよ．

(1) $\begin{bmatrix} 2x & 0 \\ -2x+y & 3 \end{bmatrix} = \begin{bmatrix} 1 & a+3b \\ 2 & 3b+1 \end{bmatrix}$

(2) $\begin{bmatrix} x+1 & 1 & a-b \\ x-1 & a+b & 10 \end{bmatrix} = \begin{bmatrix} y-1 & y^2 & -4 \\ 4y & 6 & 2b \end{bmatrix}$

1.5 行列の和とスカラー倍

2 次行列 $A = \begin{bmatrix} a_{11} & a_{12} \\ a_{21} & a_{22} \end{bmatrix}$ と $B = \begin{bmatrix} b_{11} & b_{12} \\ b_{21} & b_{22} \end{bmatrix}$ に対し，和 $A + B$ を

$$A + B = \begin{bmatrix} a_{11} + b_{11} & a_{12} + b_{12} \\ a_{21} + b_{21} & a_{22} + b_{22} \end{bmatrix} \tag{1.1}$$

と定義する．つまり，行列の和 $A+B$ とは，A と B の各成分の和を成分とする行列である．この考え方に基づき，行列の和をより一般的に定義できる．

定義 1.2（行列の和）
同じ型の 2 つの行列 $A=[a_{ij}]_{1\leqq i\leqq m, 1\leqq j\leqq n}, B=[b_{ij}]_{1\leqq i\leqq m, 1\leqq j\leqq n}$ に対して和を

$$A+B=\begin{bmatrix} a_{11}+b_{11} & a_{12}+b_{12} & \cdots & a_{1n}+b_{1n} \\ a_{21}+b_{21} & a_{22}+b_{22} & \cdots & a_{2n}+b_{2n} \\ \vdots & \vdots & \ddots & \vdots \\ a_{m1}+b_{m1} & a_{m2}+b_{m2} & \cdots & a_{mn}+b_{mn} \end{bmatrix}$$

と定義する．

定義 1.2 から分かるように，行列の加法においても，数と同様に，交換法則 $A+B=B+A$，結合法則 $(A+B)+C=A+(B+C)$ が成り立つ．

例題 1.2（行列の和）
次の計算をせよ．

(1) $\begin{bmatrix} 2 & 0 \\ -3 & 5 \end{bmatrix}+\begin{bmatrix} 1 & -1 \\ 2 & -4 \end{bmatrix}$　　(2) $\begin{bmatrix} 3 & 4 & 5 \\ -2 & 4 & 1 \end{bmatrix}+\begin{bmatrix} -2 & 6 & 3 \\ 5 & -2 & 4 \end{bmatrix}$

（解答）

(1) $\begin{bmatrix} 2 & 0 \\ -3 & 5 \end{bmatrix}+\begin{bmatrix} 1 & -1 \\ 2 & -4 \end{bmatrix}=\begin{bmatrix} 2+1 & 0-1 \\ -3+2 & 5-4 \end{bmatrix}=\begin{bmatrix} 3 & -1 \\ -1 & 1 \end{bmatrix}$

(2) 与式 $=\begin{bmatrix} 3+(-2) & 4+6 & 5+3 \\ -2+5 & 4+(-2) & 1+4 \end{bmatrix}=\begin{bmatrix} 1 & 10 & 8 \\ 3 & 2 & 5 \end{bmatrix}$ ■

数を掛けることをスカラー倍 (scalar multiplication) する，というが，2 次行列 A と数 c に対して，A のスカラー倍を

$$cA=\begin{bmatrix} ca_{11} & ca_{12} \\ ca_{21} & ca_{22} \end{bmatrix} \tag{1.2}$$

と定義する．つまり，行列のスカラー倍とは，A のすべての成分に同じ数を掛けることである．なお，数 c のことをスカラー (scalar) という．

(1.2) をより一般的に書けば次のようになる．

定義 1.3（スカラー倍）

$m \times n$ 行列 $A = [a_{ij}]$ とスカラー c に対して

$$c\begin{bmatrix} a_{11} & \cdots & a_{1n} \\ \vdots & \ddots & \vdots \\ a_{m1} & \cdots & a_{mn} \end{bmatrix} = \begin{bmatrix} ca_{11} & \cdots & ca_{1n} \\ \vdots & \ddots & \vdots \\ ca_{m1} & \cdots & ca_{mn} \end{bmatrix}$$

と定義する．特に，A の -1 倍を $-A$ で表す．

この定義より，$1A = A$ である．また，同じ型の 2 つの行列 $A = [a_{ij}]$，$B = [b_{ij}]$ の差 $A - B$ を，A と $-B$ との和 $A + (-B)$，つまり，次式で定義する．結局のところ，$A - B$ は，成分ごとの差である．

$$A - B = [a_{ij} + (-b_{ij})] = [a_{ij} - b_{ij}]$$

定義からすぐに分かるが，念のため，スカラー倍の性質をまとめておこう．

定理 1.1（行列のスカラー倍の性質）

A と B は同じ型の行列で，α と β をスカラーとするとき，次が成り立つ．

(1) $\alpha(A+B) = \alpha A + \alpha B$　　(2) $(\alpha \pm \beta)A = \alpha A \pm \beta A$　(複号同順)

(3) $(\alpha\beta)A = \alpha(\beta A)$

（証明）

(1) のみを示す．(2),(3) も同様に証明できる．

(1) $A = [a_{ij}]$, $B = [b_{ij}]$ とすれば，

$$\alpha(A + B) = \alpha[a_{ij} + b_{ij}] = \alpha[a_{ij}] + \alpha[b_{ij}] = \alpha A + \alpha B$$

■

なお，全ての成分が 0 である $m \times n$ 行列を**零行列**（ぜろぎょうれつ）(zero matrix) といい，O（大文字のオー）で表す．零行列 O，これと同じ型の任意の行列 A，およびスカラー c に対して，$A + O = O + A = A$, $A + (-A) = (-A) + A = O$, $0A = O$, $cO = O$ が成り立つ．このように，零行列 O は数における 0 に相等する．

例題 1.3（行列の和・差とスカラー倍）

$A = \begin{bmatrix} 5 & -3 \\ -1 & 4 \end{bmatrix}$, $B = \begin{bmatrix} 4 & -1 \\ 3 & 2 \end{bmatrix}$, $C = \begin{bmatrix} 4 & -3 & 2 \\ 1 & 6 & 5 \end{bmatrix}$,

$D = \begin{bmatrix} 1 & 2 & -1 \\ 2 & 3 & 4 \end{bmatrix}$ とするとき，次を求めよ．

(1) $2A - 3B$　　(2) $3C + 2D$　　(3) $3A - 4C$

▶ [演算を定義した場合の心得]
新しい演算（今の場合は，行列の演算）を定義したときには，その演算がどのような法則を満たすかを調べるのが数学の常識である．調べる際には，今までの法則との類似点と相違点が浮き彫りになるようにするとよい．

▶ [零行列の表し方]
行列の型を明示したいとき，例えば，零行列が $m \times n$ 行列のとき，O_{mn} と表す場合がある．

▶【アクティブ・ラーニング】
文中に記載している行列の和の性質を抜き出してまとめてみよう．そして，それらをお互いに説明し合い，抜けや漏れがないかを確認しよう．

（解答）

(1) $2A-3B=\begin{bmatrix}10 & -6\\ -2 & 8\end{bmatrix}-\begin{bmatrix}12 & -3\\ 9 & 6\end{bmatrix}=\begin{bmatrix}-2 & -3\\ -11 & 2\end{bmatrix}$

(2) $3C+2D=\begin{bmatrix}12 & -9 & 6\\ 3 & 18 & 15\end{bmatrix}+\begin{bmatrix}2 & 4 & -2\\ 4 & 6 & 8\end{bmatrix}=\begin{bmatrix}14 & -5 & 4\\ 7 & 24 & 23\end{bmatrix}$

(3) $3A$ と $4C$ の計算はできるが，$3A$ と $4C$ の型が異なるため，$3A-4C$ は計算できない．■

［問］1.2　$A=\begin{bmatrix}2 & 4 & 1\\ 5 & -3 & 4\end{bmatrix}$, $B=\begin{bmatrix}1 & 4 & 0\\ 2 & 3 & 4\end{bmatrix}$ のとき，次の問に答えよ．

(1) $(B-A)-(2A-3B)$ を求めよ．
(2) $2A-3X=B$ を満たす行列 X を求めよ．

▶［ベクトルの内積］
高校数学Bで学ぶように，平面のベクトル $\overrightarrow{a}=(a_1,a_2)$, $\overrightarrow{b}=(b_1,b_2)$ の内積は，

$$\overrightarrow{a}\cdot\overrightarrow{b}=a_1b_1+a_2b_2$$

である．また，空間のベクトル $\overrightarrow{a}=(a_1,a_2,a_3)$, $\overrightarrow{b}=(b_1,b_2,b_3)$ の内積は，

$$\overrightarrow{a}\cdot\overrightarrow{b}=a_1b_1+a_2b_2+a_3b_3$$

である．なお，ベクトルの内積については，高校数学の復習を兼ねて，第4章でも説明する．

1.6　行列の積

まず，2次の行ベクトル $[a_1\ a_2]$ と2次の列ベクトル $\begin{bmatrix}b_1\\ b_2\end{bmatrix}$ に対して，これらの積を

$$[a_1\ a_2]\begin{bmatrix}b_1\\ b_2\end{bmatrix}=a_1b_1+a_2b_2 \tag{1.3}$$

と定義する．この積は，高校数学Bで学ぶベクトルの内積と同じである．次に，これを使って2次行列 $A=\begin{bmatrix}a_{11} & a_{12}\\ a_{21} & a_{22}\end{bmatrix}$ と $B=\begin{bmatrix}b_{11} & b_{12}\\ b_{21} & b_{22}\end{bmatrix}$ に対し，積 AB を

$$AB=\begin{bmatrix}a_{11}b_{11}+a_{12}b_{21} & a_{11}b_{12}+a_{12}b_{22}\\ a_{21}b_{11}+a_{22}b_{21} & a_{21}b_{12}+a_{22}b_{22}\end{bmatrix} \tag{1.4}$$

と定義する．積 AB は，A の行ベクトルと B の列ベクトルの積を成分とする行列である．もう少し，詳しく書くと，次のようになっている．

【注意】(1.3) は，行ベクトルと列ベクトルの積であって，行ベクトルどうし，あるいは，列ベクトルどうしの積ではないことに注意しよう．

$$\begin{aligned}
A\text{の}(\mathbf{1},\mathbf{1})\text{成分} &= A\text{の第}\mathbf{1}\text{行}[a_{11}\ a_{12}]\text{と}B\text{の第}\mathbf{1}\text{列}\begin{bmatrix}b_{11}\\ b_{21}\end{bmatrix}\text{の積}\\
&= a_{11}b_{11}+a_{12}b_{21}\\
A\text{の}(\mathbf{1},\mathbf{2})\text{成分} &= A\text{の第}\mathbf{1}\text{行}[a_{11}\ a_{12}]\text{と}B\text{の第}\mathbf{2}\text{列}\begin{bmatrix}b_{12}\\ b_{22}\end{bmatrix}\text{の積}\\
&= a_{11}b_{12}+a_{12}b_{22}\\
A\text{の}(\mathbf{2},\mathbf{1})\text{成分} &= A\text{の第}\mathbf{2}\text{行}[a_{21}\ a_{22}]\text{と}B\text{の第}\mathbf{1}\text{列}\begin{bmatrix}b_{11}\\ b_{21}\end{bmatrix}\text{の積}\\
&= a_{21}b_{11}+a_{22}b_{21}\\
A\text{の}(\mathbf{2},\mathbf{2})\text{成分} &= A\text{の第}\mathbf{2}\text{行}[a_{21}\ a_{22}]\text{と}B\text{の第}\mathbf{2}\text{列}\begin{bmatrix}b_{12}\\ b_{22}\end{bmatrix}\text{の積}\\
&= a_{21}b_{12}+a_{22}b_{22}
\end{aligned}$$

▶［アダマール積］
同じ型の2つの行列 A, B に対して，成分ごとの積を成分とする行列をアダマール積 (Hadamard product) という．アダマール積を $A\circ B$ と表せば，2次行列 $A=\begin{bmatrix}a_{11} & a_{12}\\ a_{21} & a_{22}\end{bmatrix}$ と $B=\begin{bmatrix}b_{11} & b_{12}\\ b_{21} & b_{22}\end{bmatrix}$ のアダマール積は

$$A\circ B=\begin{bmatrix}a_{11}b_{11} & a_{12}b_{12}\\ a_{21}b_{21} & a_{22}b_{22}\end{bmatrix}$$

である．行列の積をどのように定義するかは，その目的による．

例題 1.4（2 次行列の積）

$A=\begin{bmatrix}1 & 2\\ 3 & 4\end{bmatrix}$, $B=\begin{bmatrix}4 & 3\\ 2 & 1\end{bmatrix}$ のとき，AB と BA を求めよ．

（解答）

$$AB=\begin{bmatrix}1 & 2\\ 3 & 4\end{bmatrix}\begin{bmatrix}4 & 3\\ 2 & 1\end{bmatrix}=\begin{bmatrix}1\times4+2\times2 & 1\times3+2\times1\\ 3\times4+4\times2 & 3\times3+4\times1\end{bmatrix}=\begin{bmatrix}8 & 5\\ 20 & 13\end{bmatrix}$$

$$BA=\begin{bmatrix}4 & 3\\ 2 & 1\end{bmatrix}\begin{bmatrix}1 & 2\\ 3 & 4\end{bmatrix}=\begin{bmatrix}4\times1+3\times3 & 4\times2+3\times4\\ 2\times1+1\times3 & 2\times2+1\times4\end{bmatrix}=\begin{bmatrix}13 & 20\\ 5 & 8\end{bmatrix}$$

■

▶［一般に行列の積は非可換］

例題 1.4 が示すように，一般には行列の積では交換法則 $AB=BA$ が成り立たない．なお，$AB=BA$ が成り立つとき，A と B は可換（かかん）(commutative) であるという．行列の積は，可換であるとは限らないという意味で，非可換（ひかかん）(non-commutative) である，という．

非可換な現象は珍しいものではない．例えば，A をメインディッシュを食べる，B をデザートを食べるとしたとき，BA(メインディッシュを食べた後，デザートを食べる)，AB(デザートを食べた後，メインディッシュを食べる) が同じとは言えないだろう．

［問］1.3　次の計算をせよ．

(1) $\begin{bmatrix}4 & 6\\ 2 & 3\end{bmatrix}\begin{bmatrix}3 & -6\\ -4 & 8\end{bmatrix}$　(2) $\begin{bmatrix}2 & -1\\ -3 & 5\end{bmatrix}\begin{bmatrix}-1 & 1\\ 2 & 4\end{bmatrix}$

(3) $\begin{bmatrix}1+\sqrt{2} & -\sqrt{2}\\ \sqrt{2} & 1-\sqrt{2}\end{bmatrix}\begin{bmatrix}1 & 2\\ -4 & 3\end{bmatrix}$

2 次行列の積 AB の各成分は，A の行ベクトルと B の列ベクトルの積になっている．これは，それぞれの成分が同じ個数であれば，積 AB を考えることができる，つまり，次のことを意味する．

- 「A の列数 $=$ B の行数」のときは，積 AB が考えられる．
- 「A の列数 $\neq$ B の行数」のときは，積 AB は考えられない．

▶【アクティブ・ラーニング】

身近な可換な例と非可換な例を作り，他の人に説明しよう．お互いに例を共有し，最も面白いと思う例を選ぼう．また，選んだ理由も明確にしよう．

そこで，n 次の行ベクトル $[a_{i1}\ a_{i2}\ \cdots\ a_{in}]$ と n 次の列ベクトル $\begin{bmatrix}b_{1j}\\ b_{2j}\\ \vdots\\ b_{nj}\end{bmatrix}$ の積を (1.3) にならって，

$$[a_{i1}\ a_{i2}\cdots\ a_{in}]\begin{bmatrix}b_{1j}\\ b_{2j}\\ \vdots\\ b_{nj}\end{bmatrix}=a_{i1}b_{1j}+a_{i2}b_{2j}+\cdots+a_{in}b_{nj} \tag{1.5}$$

と定めれば，これを (i,j) 成分とする積 AB が定義できる．

▶[シグマ記号]
数列 $\{a_n\}$ の初項から第 n 項までの和を数列 $\{a_n\}$ の部分和(partial sum) といい，次の記号で表す．

$$\sum_{k=1}^{n} a_k = a_1 + a_2 + \cdots + a_n$$

▶【アクティブ・ラーニング】
行列の積を定義 1.4 のように定めるメリットとデメリットを考えてみよう．アダマール積との比較をしてみるのもいいでしょう．考えた結果を，お互いに発表し合い，それをまとめてみよう．

▶[AB の型]
A の列数と B の行数が同じなので AB の計算可
A が $m\times n$ 行列，B が $n\times r$ 行列
AB は $m\times r$ 行列

定義 1.4（行列の積）
$m\times n$ 行列 $A=[a_{ij}]$ と $n\times r$ 行列 $B=[b_{ij}]$ に対して

$$c_{ij} = a_{i1}b_{1j} + a_{i2}b_{2j} + \cdots + a_{in}b_{nj} = \sum_{k=1}^{n} a_{ik}b_{kj}$$

を (i,j) 成分とする $m\times r$ 行列 $C=[c_{ij}]$ を A と B の積(product) といい AB で表す．

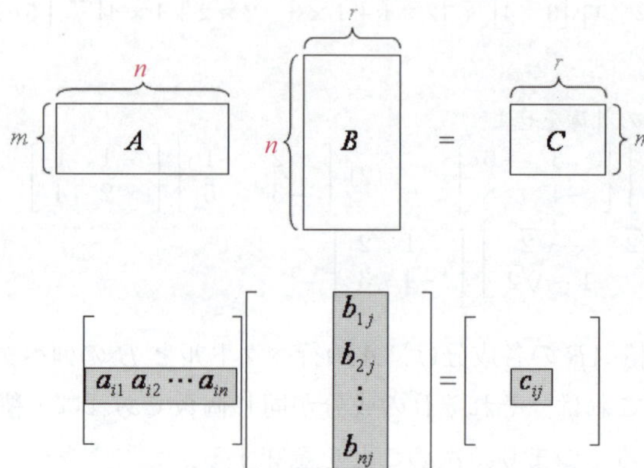

▶[AB の型]
A の列数と B の行数が同じなので AB の計算可
A が 2×3 行列，B が 3×3 行列
AB は 2×3 行列

例えば，2×3 行列 A と 3×3 行列 B の積 AB は，

$$\begin{bmatrix} a_{11} & a_{12} & a_{13} \\ a_{21} & a_{22} & a_{23} \end{bmatrix}\begin{bmatrix} b_{11} & b_{12} & b_{13} \\ b_{21} & b_{22} & b_{23} \\ b_{31} & b_{32} & b_{33} \end{bmatrix}$$

$$= \begin{bmatrix} a_{11}b_{11} + a_{12}b_{21} + a_{13}b_{31} & a_{11}b_{12} + a_{12}b_{22} + a_{13}b_{32} & a_{11}b_{13} + a_{12}b_{23} + a_{13}b_{33} \\ a_{21}b_{11} + a_{22}b_{21} + a_{23}b_{31} & a_{21}b_{12} + a_{22}b_{22} + a_{23}b_{32} & a_{21}b_{13} + a_{22}b_{23} + a_{23}b_{33} \end{bmatrix}$$

$$= \begin{bmatrix} \sum_{k=1}^{3} a_{1k}b_{k1} & \sum_{k=1}^{3} a_{1k}b_{k2} & \sum_{k=1}^{3} a_{1k}b_{k3} \\ \sum_{k=1}^{3} a_{2k}b_{k1} & \sum_{k=1}^{3} a_{2k}b_{k2} & \sum_{k=1}^{3} a_{2k}b_{k3} \end{bmatrix}$$

▶[AB の型]
A の列数と B の行数が同じなので AB の計算可
A が 3×1 行列，B が 1×3 行列
AB は 3×3 行列

となり，3×1 行列 (3 次の列ベクトル)A と 1×3 行列 (3 次の行ベクトル)B の積 AB は

$$\begin{bmatrix} a_1 \\ a_2 \\ a_3 \end{bmatrix}\begin{bmatrix} b_1 & b_2 & b_3 \end{bmatrix} = \begin{bmatrix} a_1b_1 & a_1b_2 & a_1b_3 \\ a_2b_1 & a_2b_2 & a_2b_3 \\ a_3b_1 & a_3b_2 & a_3b_3 \end{bmatrix}$$

となる．このとき，AB は 3×3 行列だが，$BA=b_1a_2+b_2a_2+b_3a_3$ は 1×1 行列なので，AB と BA の型が異なる．したがって，当然，$AB\neq BA$ である．このように，AB と BA が定義できたとしても，積に関する交換法則 $AB=BA$ は一般には成り立たない．

▶【アクティブ・ラーニング】
例題 1.5 はすべて確実にできるようになりましたか？できない問題があれば，それがどうすればできるようになりますか？何に気をつければいいですか？また，読者全員ができるようになるにはどうすればいいでしょうか？それを紙に書き出しましょう．そして，書き出した紙を周りの人と見せ合って，それをまとめてグループごとに発表しましょう．

例題 1.5（行列の積）
$A=\begin{bmatrix}1 & 2 & 3\end{bmatrix}$，$B=\begin{bmatrix}2\\-3\end{bmatrix}$，$C=\begin{bmatrix}1 & 2 & 3\\4 & 5 & 6\end{bmatrix}$，$D=\begin{bmatrix}1 & 2\\2 & -1\\-4 & 3\end{bmatrix}$ とする．このとき，次の (1)〜(5) の計算は定義可能か? 可能ならばその行列を求め，不可能ならばその理由を述べよ．

(1) $2BA-C$　(2) CD　(3) CB　(4) AD　(5) DC

（解答）

(1) $BA=\begin{bmatrix}2\\-3\end{bmatrix}\begin{bmatrix}1 & 2 & 3\end{bmatrix}=\begin{bmatrix}2\times1 & 2\times2 & 2\times3\\-3\times1 & -3\times2 & -3\times3\end{bmatrix}=\begin{bmatrix}2 & 4 & 6\\-3 & -6 & -9\end{bmatrix}$

なので，

$$2BA-C=\begin{bmatrix}4 & 8 & 12\\-6 & -12 & -18\end{bmatrix}-\begin{bmatrix}1 & 2 & 3\\4 & 5 & 6\end{bmatrix}=\begin{bmatrix}3 & 6 & 9\\-10 & -17 & -24\end{bmatrix}$$

(2)

$$\begin{aligned}&\begin{bmatrix}1 & 2 & 3\\4 & 5 & 6\end{bmatrix}\begin{bmatrix}1 & 2\\2 & -1\\-4 & 3\end{bmatrix}\\&=\begin{bmatrix}1\times1+2\times2+3\times(-4) & 1\times2+2\times(-1)+3\times3\\4\times1+5\times2+6\times(-4) & 4\times2+5\times(-1)+6\times3\end{bmatrix}=\begin{bmatrix}-7 & 9\\-10 & 21\end{bmatrix}\end{aligned}$$

(3) C は 2×3 行列で，B は 2×1 行列である．C の列数 3 と B の行数 2 が一致しないので，CB は定義できない．

(4)

$$\begin{aligned}&\begin{bmatrix}1 & 2 & 3\end{bmatrix}\begin{bmatrix}1 & 2\\2 & -1\\-4 & 3\end{bmatrix}\\&=\begin{bmatrix}1\times1+2\times2+3\times(-4) & 1\times2+2\times(-1)+3\times3\end{bmatrix}=\begin{bmatrix}1+4-12 & 2-2+9\end{bmatrix}\\&=\begin{bmatrix}-7 & 9\end{bmatrix}\end{aligned}$$

(5)

$$\begin{aligned}&\begin{bmatrix}1 & 2\\2 & -1\\-4 & 3\end{bmatrix}\begin{bmatrix}1 & 2 & 3\\4 & 5 & 6\end{bmatrix}\\&=\begin{bmatrix}1\times1+2\times4 & 1\times2+2\times5 & 1\times3+2\times6\\2\times1+(-1)\times4 & 2\times2+(-1)\times5 & 2\times3+(-1)\times6\\-4\times1+3\times4 & -4\times2+3\times5 & -4\times3+3\times6\end{bmatrix}=\begin{bmatrix}9 & 12 & 15\\-2 & -1 & 0\\8 & 7 & 6\end{bmatrix}\end{aligned}$$

■

[問] 1.4　$A=\begin{bmatrix}-1\\2\end{bmatrix}$，$B=\begin{bmatrix}2 & 1\end{bmatrix}$，$C=\begin{bmatrix}1 & 3 & -1\end{bmatrix}$，$D=\begin{bmatrix}2\\3\\5\end{bmatrix}$，$E=$

$\begin{bmatrix}3 & 4 & 3\\1 & 2 & 3\end{bmatrix}$, $F = \begin{bmatrix}-2 & 1\\3 & 2\\2 & -1\end{bmatrix}$ とするとき，次の計算は定義可能か？ 可能ならばその行列を求め，不可能ならばその理由を述べよ．

(1)AB　(2)$FA+D$　(3)CD　(4)DE　(5)ED　(6)EF

[問] 1.5　行列 $A = \begin{bmatrix}-1 & 3\\1 & 5\\3 & -2\end{bmatrix}$ と $B_i (i = 1,2,3,4,5,6)$ との積 AB_i が定義されるものを $B_1 \sim B_6$ からすべて選び，各々の場合に計算せよ．

$$B_1 = \begin{bmatrix}2 & 1\\-3 & 4\end{bmatrix},\ B_2 = \begin{bmatrix}2 & -3\\-4 & 1\\5 & 1\end{bmatrix},\ B_3 = \begin{bmatrix}3 & 2 & -4\\-4 & 1 & 3\end{bmatrix},$$

$$B_4 = \begin{bmatrix}1\\2\\-1\end{bmatrix},\ B_5 = \begin{bmatrix}4 & -1 & 3\end{bmatrix},\ B_6 = \begin{bmatrix}2\\1\end{bmatrix}$$

行列の積については，次のような性質が成り立つ．

定理 1.2（行列演算の性質）
A が $m \times n$ 行列，B と C が $n \times r$ 行列であり，c がスカラーのとき，次式が成立する．

(1) $A(cB) = c(AB)$　(2) $A(B+C) = AB + AC$

また，A と B が $m \times n$ 行列，C が $n \times r$ 行列のとき，次式が成立する．

(3) $(A+B)C = AC + BC$

（証明）
(1)$A = [a_{ij}], B = [b_{jk}] (1 \leqq i \leqq m, 1 \leqq j \leqq n, 1 \leqq k \leqq r)$ とする．

$A(cB)$ の (i,k) 成分 $= \sum_{j=1}^{n} a_{ij}(cb_{jk}) = c\sum_{j=1}^{n} a_{ij}b_{jk} = c(AB)$ の (i,k) 成分が任意の $1 \leqq i \leqq m, 1 \leqq k \leqq r$ について成り立つので，$A(cB) = c(AB)$ である．

(2) $A = [a_{ij}]$, $B = [b_{jk}]$, $C = [c_{jk}] (1 \leqq i \leqq m, 1 \leqq j \leqq n, 1 \leqq k \leqq r)$ とする．このとき，

$$\begin{aligned} B + C \text{ の } (j,k) \text{ 成分} &= b_{jk} + c_{jk} \\ A(B+C) \text{ の } (i,k) \text{ 成分} &= \sum_{j=1}^{n} a_{ij}(b_{jk} + c_{jk}) = \sum_{j=1}^{n} a_{ij}b_{jk} + \sum_{j=1}^{n} a_{ij}c_{jk} \\ &= AB \text{ の } (i,k) \text{ 成分} + AC \text{ の } (i,k) \text{ 成分} \\ &= AB + AC \text{ の } (i,k) \text{ 成分} \end{aligned}$$

が任意の $1 \leqq i \leqq m$, $1 \leqq k \leqq r$ について成り立つので，$A(B+C) = AB + AC$ である．

(3) $A = [a_{ij}]$, $B = [b_{ij}]$, $C = [c_{jk}]$ $(1 \leqq i \leqq m, 1 \leqq j \leqq n, 1 \leqq k \leqq r)$ とする．このとき，

$$\begin{aligned} A + B \text{ の } (i,j) \text{ 成分} &= a_{ij} + b_{ij} \\ (A+B)C \text{ の } (i,k) \text{ 成分} &= \sum_{j=1}^{n} (a_{ij} + b_{ij})c_{jk} = \sum_{j=1}^{n} a_{ij}c_{jk} + \sum_{j=1}^{n} b_{ij}c_{jk} \\ &= AC \text{ の } (i,k) \text{ 成分} + BC \text{ の } (i,k) \text{ 成分} \\ &= AC + BC \text{ の } (i,k) \text{ 成分} \end{aligned}$$

が任意の $1 \leqq i \leqq m$, $1 \leqq k \leqq r$ について成り立つので $(A+B)C = AC + BC$ である．■

定理 1.3（行列の積の結合法則）
A が $m \times n$ 行列，B が $n \times r$ 行列，C が $r \times s$ 行列であるとき，$(AB)C = A(BC)$ が成立する．

（証明）
$A = [a_{ij}]$, $B = [b_{jk}]$, $C = [c_{kl}]$ $(1 \leqq i \leqq m, 1 \leqq j \leqq n, 1 \leqq k \leqq r, 1 \leqq l \leqq s)$ とすると，

$$AB \text{ の } (i,k) \text{ 成分} = \sum_{j=1}^{n} a_{ij}b_{jk}, \quad BC \text{ の } (j,l) \text{ 成分} = \sum_{k=1}^{r} b_{jk}c_{kl}$$

$$(AB)C \text{ の } (i,l) \text{ 成分} = \sum_{k=1}^{r}\left(\sum_{j=1}^{n} a_{ij}b_{jk}\right)c_{kl} = \sum_{k=1}^{r}\sum_{j=1}^{n} a_{ij}b_{jk}c_{kl}$$

$$A(BC) \text{ の } (i,l) \text{ 成分} = \sum_{j=1}^{n} a_{ij}\left(\sum_{k=1}^{r} b_{jk}c_{kl}\right) = \sum_{j=1}^{n}\sum_{k=1}^{r} a_{ij}b_{jk}c_{kl} = \sum_{k=1}^{r}\sum_{j=1}^{n} a_{ij}b_{jk}c_{kl}$$

である．これは，すべての $1 \leqq i \leqq m$, $1 \leqq l \leqq s$ について成立するので，$(AB)C = A(BC)$ が成り立つ． ■

1.7 正方行列

この節では，行数と列数が等しい行列のみを考える．

定義 1.5（正方行列）
行数と列数が等しい行列，$n \times n$ 行列を n 次正方行列（せいほうぎょうれつ）(square matrix) という．簡単に，n 次行列 (square matrix of order n) ということもある．

正方行列では，次のような行列を考えることができる．

定義 1.6（対角行列）
n 次正方行列 $A = [a_{ij}]$ において，対角線上に並ぶ成分 $a_{11}, a_{22}, \ldots, a_{nn}$ を対角成分（たいかくせいぶん）(diagonal entries, diagonal components) という．また，対角成分以外の成分がすべて 0 である行列を対角行列（たいかくぎょうれつ）(diagonal matrix) といい，$\mathrm{diag}(a_{11}, a_{22}, \ldots, a_{nn})$ と表すことがある．

例えば，

$$\mathrm{diag}(a_{11}, a_{22}) = \begin{bmatrix} a_{11} & 0 \\ 0 & a_{22} \end{bmatrix}, \quad \mathrm{diag}(a_{11}, a_{22}, a_{33}) = \begin{bmatrix} a_{11} & 0 & 0 \\ 0 & a_{22} & 0 \\ 0 & 0 & a_{33} \end{bmatrix}$$

である．

また，零行列 O は，数の 0 に相当するものだったが，正方行列全体の集合上では，数の 1 に相当するものを考えられる．

▶[単位行列の表し方]
単位行列を，E_n や E と表すだけでなく，I_n や I と書いたりする場合もある．E はドイツ語の「単位」を意味する「Einheit」，I は英語の「恒等」を意味する「identity」に由来する．

【注意】(1.6) が成り立つのは定理 1.4 より分かる．

▶【アクティブ・ラーニング】
2 次行列 $\begin{bmatrix} a_{11} & a_{12} \\ a_{21} & a_{22} \end{bmatrix}$，3 次行列 $\begin{bmatrix} a_{11} & a_{12} & a_{13} \\ a_{21} & a_{22} & a_{23} \\ a_{31} & a_{32} & a_{33} \end{bmatrix}$ に対して (1.6) が成り立つことを確認しよう．

定義 1.7（単位行列）

対角成分がすべて 1 で，それ以外の成分がすべて 0 である n 次正方行列を n 次**単位行列**（たんいぎょうれつ）(unit matrix, identity matrix) といい，E_n と書く．文脈によってそのサイズが明らかな場合は，単に E とも表す．また，任意の n 次正方行列 A に対して，次が成り立つ．

$$AE_n = E_nA = A \tag{1.6}$$

例えば，

$$E_2 = \begin{bmatrix} 1 & 0 \\ 0 & 1 \end{bmatrix}, \quad E_3 = \begin{bmatrix} 1 & 0 & 0 \\ 0 & 1 & 0 \\ 0 & 0 & 1 \end{bmatrix}$$

である．

一般に，行列を $A = [a_{ij}]$ で表すのと同様に，単位行列を表すのに，次式で定義される δ_{ij} を使う．

$$\delta_{ij} = \begin{cases} 1 & (i = j) \\ 0 & (i \neq j) \end{cases}$$

このように定義される記号 δ_{ij} を**クロネッカーのデルタ (Kronecker's symbol, Kronecker's delta)** 記号という．これを使うと，$E_n = [\delta_{ij}]$ と表せる．例えば，

$$E_3 = \begin{bmatrix} \delta_{11} & \delta_{12} & \delta_{13} \\ \delta_{21} & \delta_{22} & \delta_{23} \\ \delta_{31} & \delta_{32} & \delta_{33} \end{bmatrix} = \begin{bmatrix} 1 & 0 & 0 \\ 0 & 1 & 0 \\ 0 & 0 & 1 \end{bmatrix}$$

である．この記号を使うと，次のような単位行列に関する性質を証明できる．

定理 1.4（単位行列の性質）

$m \times n$ 行列 $A = [a_{ij}]$ に対して $AE_n = A$, $E_mA = A$ が成り立つ．

（証明）

$m \times n$ 行列 $A = [a_{ij}]$ と E_n の積 AE_n の (i,k) 成分は $\displaystyle\sum_{j=1}^{n} a_{ij}\delta_{jk}$ だが，
$a_{ij}\delta_{jk} = \begin{cases} a_{ik} & (j = k) \\ 0 & (j \neq k) \end{cases}$ なので，$\displaystyle\sum_{j=1}^{n} a_{ij}\delta_{jk} = a_{ik}$ となる．つまり，「AE_n の (i,k) 成分 $= A$ の (i,k) 成分」が成り立つので $AE_n = A$ である．同様に，E_m と A の積 E_mA の (i,k) 成分は $\displaystyle\sum_{j=1}^{m} \delta_{ij}a_{jk}$ だが $\delta_{ij}a_{jk} = \begin{cases} a_{ik} & (i = j) \\ 0 & (i \neq j) \end{cases}$ なので，$\displaystyle\sum_{j=1}^{m} \delta_{ij}a_{jk} = a_{ik}$ である．
つまり，「E_mA の (i,k) 成分 $= A$ の (i,k) 成分」が成り立つので，$E_mA = A$ である．■

A が n 次正方行列のときは，A とそれ自身の積 AA をとることができるので，それを A^2 と書く．これを一般化して，n 次正方行列 A の k 個の積

を A^k で表す．

定義 1.8（正方行列のべき乗）
n 次正方行列 A および自然数 k に対して，

$$A^3 = A^2A, \quad A^4 = A^3A, \quad \cdots, \quad A^k = A^{k-1}A$$

と定め，A^k を A のべき乗 (powers of a matrix) または k 乗 (kth power) という．また，$A^0 = E_n$ と定める．

負でない整数 k, l に対して

$$(1)\ A^kA^l = A^{k+l} \qquad (2)\ (A^k)^l = A^{kl}$$

は成り立つが，一般に $(AB)^k = A^kB^k$ は成り立たない．

【注意】 A, B が可換，つまり，$AB = BA$ が成り立てば，$(AB)^k = A^kB^k$ が成り立つ．

▶【アクティブ・ラーニング】
$(AB)^2 \neq A^2B^2$ となる例を作り，それを他の人に紹介しよう．そして，みんなでお互いの例を共有し，最も面白いと思う例を選ぼう．その際，選んだ理由も明確にしよう．

例題 1.6（正方行列のべき乗）
$A = \begin{bmatrix} 1 & 4 \\ -3 & -2 \end{bmatrix}$ とするとき，A^2, A^3 を求めよ．

（解答）

$$A^2 = AA = \begin{bmatrix} 1 & 4 \\ -3 & -2 \end{bmatrix}\begin{bmatrix} 1 & 4 \\ -3 & -2 \end{bmatrix} = \begin{bmatrix} -11 & -4 \\ 3 & -8 \end{bmatrix}$$

$$A^3 = A^2A = \begin{bmatrix} -11 & -4 \\ 3 & -8 \end{bmatrix}\begin{bmatrix} 1 & 4 \\ -3 & -2 \end{bmatrix} = \begin{bmatrix} 1 & -36 \\ 27 & 28 \end{bmatrix}$$

■

例題 1.7（ケーリー・ハミルトンの定理）
次の問に答えよ．

(1) 行列 $A = \begin{bmatrix} a & b \\ c & d \end{bmatrix}$ に対して，$A^2 - (a+d)A + (ad-bc)E_2 = O$ を示せ．なお，これをケーリー・ハミルトンの定理 (Cayley-Hamilton theorem) という．

(2) $A = \begin{bmatrix} 4 & 3 \\ -7 & -5 \end{bmatrix}$ に対し，A^4 を求めよ．

（解答）
(1)

$$\begin{aligned} A\{A - (a+d)E_2\} &= \begin{bmatrix} a & b \\ c & d \end{bmatrix}\begin{bmatrix} -d & b \\ c & -a \end{bmatrix} = \begin{bmatrix} -ad+bc & 0 \\ 0 & bc-ad \end{bmatrix} \\ &= -(ad-bc)E_2 \end{aligned}$$

(2) ケーリー・ハミルトンの定理より，
$A^2 - (4-5)A + \{-20-(-21)\}E_2 = A^2 + A + E_2 = O$ なので，$A^2 = -A - E_2$ である．
よって，

$$A^3 = A^2A = (-A-E_2)A = -A^2 - A = -(-A-E_2) - A = E_2$$
$$A^4 = A^3A = E_2A = A = \begin{bmatrix} 4 & 3 \\ -7 & -5 \end{bmatrix}$$

■

[問] 1.6　次の行列に対して，A^2, A^3 を求めよ．

(1) $A = \begin{bmatrix} 3 & -1 \\ 7 & -2 \end{bmatrix}$　(2) $A = \begin{bmatrix} 3 & 5 \\ -1 & -2 \end{bmatrix}$　(3) $A = \begin{bmatrix} \sqrt{2} & \sqrt{3} \\ \sqrt{3} & -\sqrt{2} \end{bmatrix}$

▶【アクティブ・ラーニング】
例題 1.6, 1.7, 1.8 はすべて確実にできるようになりましたか？できない問題があれば，それがどうすればできるようになりますか？何に気をつければいいですか？また，読者全員ができるようになるにはどうすればいいでしょうか？それを紙に書き出しましょう．そして，書き出した紙を周りの人と見せ合って，それをまとめてグループごとに発表しましょう．

一般には，A^n は簡単に求まらないが，対角行列あるいは対角行列に形が近い行列については，A^n を具体的に求められることがある．

例題 1.8（A^n の計算）
n を自然数とするとき，次の行列 A について，A^n を求めよ．

(1) $A = \begin{bmatrix} 1 & 5 \\ 0 & 1 \end{bmatrix}$　(2) $\begin{bmatrix} 1 & 0 & 0 \\ 0 & 2 & 0 \\ 0 & 0 & -3 \end{bmatrix}$

▶［数学的帰納法(すうがくてききのうほう) (mathematical induction)］
自然数 n を含む命題 P_n を次のように証明する方法．

(1) 最初の n の値 ($n=1$ や $n=2$ など) について，命題が正しいことを示す．
(2) $n=k$ のとき成り立つと仮定して，その結果を用いて，$n=k+1$ のとき成り立つことを示す．

（解答）
(1) $A^2 = \begin{bmatrix} 1 & 10 \\ 0 & 1 \end{bmatrix}$, $A^3 = \begin{bmatrix} 1 & 15 \\ 0 & 1 \end{bmatrix}$ より，$A^n = \begin{bmatrix} 1 & 5n \\ 0 & 1 \end{bmatrix} \cdots$ ① と類推できる．
そこで，数学的帰納法により A^n を求める．
$n=1$ のとき，$A = \begin{bmatrix} 1 & 5\cdot 1 \\ 0 & 1 \end{bmatrix}$ より，①が成立する．
$n=k$（k は自然数）のとき，①が成り立つとすれば，

$$A^{k+1} = A^kA = \begin{bmatrix} 1 & 5k \\ 0 & 1 \end{bmatrix}\begin{bmatrix} 1 & 5 \\ 0 & 1 \end{bmatrix} = \begin{bmatrix} 1 & 5(k+1) \\ 0 & 1 \end{bmatrix}$$

なので，$n=k+1$ のときも①は成立する．ゆえに，数学的帰納法により $A^n = \begin{bmatrix} 1 & 5n \\ 0 & 1 \end{bmatrix}$．

(2) $A^2 = \begin{bmatrix} 1 & 0 & 0 \\ 0 & 4 & 0 \\ 0 & 0 & 9 \end{bmatrix}$, $A^3 = \begin{bmatrix} 1 & 0 & 0 \\ 0 & 8 & 0 \\ 0 & 0 & -27 \end{bmatrix}$ より，

$A^n = \begin{bmatrix} 1 & 0 & 0 \\ 0 & 2^n & 0 \\ 0 & 0 & (-3)^n \end{bmatrix} \cdots$ ② と類推できる．

$n=1$ のとき，$A = \begin{bmatrix} 1 & 0 & 0 \\ 0 & 2^1 & 0 \\ 0 & 0 & (-3)^1 \end{bmatrix} = \begin{bmatrix} 1 & 0 & 0 \\ 0 & 2 & 0 \\ 0 & 0 & -3 \end{bmatrix}$ より ② が成立する．
$n=k$（k は自然数）のとき，② が成立するとすれば，

$$A^{k+1} = A^kA = \begin{bmatrix} 1 & 0 & 0 \\ 0 & 2^k & 0 \\ 0 & 0 & (-3)^k \end{bmatrix}\begin{bmatrix} 1 & 0 & 0 \\ 0 & 2 & 0 \\ 0 & 0 & -3 \end{bmatrix} = \begin{bmatrix} 1 & 0 & 0 \\ 0 & 2^{k+1} & 0 \\ 0 & 0 & (-3)^{k+1} \end{bmatrix}$$

なので，$n=k+1$ のとき，② は成立する．ゆえに，$A^n = \begin{bmatrix} 1 & 0 & 0 \\ 0 & 2^n & 0 \\ 0 & 0 & (-3)^n \end{bmatrix}$．

■

[問] 1.7　n を自然数とするとき，次の行列 A について，A^n を求めよ．ただし，a, b は定数である．

(1) $A=\begin{bmatrix} a & 0 \\ 0 & b \end{bmatrix}$ (2) $A=\begin{bmatrix} 1 & a \\ 0 & -1 \end{bmatrix}$ (3) $A=\begin{bmatrix} 1 & 2 & -2 \\ 0 & -1 & 2 \\ 0 & 0 & 1 \end{bmatrix}$

行列 A, B が同じ次数の正方行列であれば，和 $A+B$ も積 AB もできる．したがって，n 次の正方行列全体の集合を考えれば，そこでは和も積も定義され，1.5 節で説明した演算性質や定理 1.2, 1.3 の性質が成り立つ．

ただし，数の場合には，$ab=0$ ならば，$a=0$ または $b=0$ だが，n 次正方行列 $(n \geqq 2)$ に対しては，$AB=O$ であっても $A=O$ または $B=O$ とは限らない．$AB=O$ であって，$A \neq O$ かつ $B \neq O$ である正方行列 A, B を零因子(ぜろいんし)(zero divisor) という．

例題 1.9（零因子の例）
$A=\begin{bmatrix} 3 & -6 \\ -4 & 8 \end{bmatrix}$, $B=\begin{bmatrix} 4 & 6 \\ 2 & 3 \end{bmatrix}$ に対し，AB を求めよ．

（解答）

$$AB=\begin{bmatrix} 3 & -6 \\ -4 & 8 \end{bmatrix}\begin{bmatrix} 4 & 6 \\ 2 & 3 \end{bmatrix}=\begin{bmatrix} 12-12 & 18-18 \\ -16+16 & -24+24 \end{bmatrix}=\begin{bmatrix} 0 & 0 \\ 0 & 0 \end{bmatrix}$$

■

[問] 1.8 $A=\begin{bmatrix} 3 & -2 \\ 6 & -4 \end{bmatrix}$, $B=\begin{bmatrix} -6 & 3 \\ -4 & 2 \end{bmatrix}$ とするとき，AB および BA を求めよ．

さて，単位行列 E_n は，行列の積に関して数の 1 に相当するものなので，行列について数の逆数に相当するものを考えられないか？と思うのは自然であろう．なぜなら，数 a の逆数 $\dfrac{1}{a}$ は，$ax=1$ かつ $xa=1$ を満たす x として積を使って定義されるからである．

定義 1.9（逆行列・正則行列）
n 次正方行列 A に対して次の条件を満たす n 次正方行列 X が存在するとき，この X を A の逆行列(ぎゃくぎょうれつ)(inverse matrix) といって，A^{-1} と表す．

$$AX = XA = E_n \tag{1.7}$$

また，n 次正方行列 A に逆行列 A^{-1} が存在するとき，A を正則行列(せいそくぎょうれつ) (regular matrix) という．

▶[A^{-1} の読み方]
A^{-1} は「A–inverse(インバース)」と読む．

【注意】行列の積では，一般に AX と XA が一致するとは限らないので，$AX=E_n$ が成立しても，必ずしも $XA=E_n$ が成立するとは限らない．そこで，逆行列の定義では (1.7) のように「$AX=E_n$ かつ $XA=E_n$」を要求するのである．しかし，実際には，2.9, 3.5 節で示すように $AX=E_n$ あるいは $XA=E_n$ のいずれかが成り立てば他方が導かれる．

行列 X 以外にも (1.7) を満たすような行列 Y が存在，つまり，$AY=YA=E_n$ を満たす行列 Y が存在すると仮定すれば，

$$X = XE_n = X(AY) = (XA)Y = E_nY = Y$$

となるので，逆行列 A^{-1} は存在すればただ一つである．この性質を，逆行列の一意性(uniqueness) という．

【注意】逆行列の一意性から，A の逆行列を A^{-1} のように特定の記号で表してよいことが保証される．

【注意】A が正則行列のとき，$A^{-k} = (A^{-1})^k$ と定めると，負の整数のべき乗も定義される．このとき，整数 k, l に対して，$A^k A^l = A^{k+l}$，$(A^k)^l = A^{kl}$ が成立する．

また，数 a については，$a \neq 0$ のとき逆数 $\frac{1}{a}$ が存在するが，行列では $A \neq O$ でも逆行列 A^{-1} が存在するとは限らない．実際，$A = \begin{bmatrix} 1 & 0 \\ 0 & 0 \end{bmatrix}$ は $A \neq O$ だが，$XA = E_2$ を満たす行列 $X = \begin{bmatrix} x_{11} & x_{12} \\ x_{21} & x_{22} \end{bmatrix}$ があるとすれば，

$$XA = \begin{bmatrix} x_{11} & x_{12} \\ x_{21} & x_{22} \end{bmatrix}\begin{bmatrix} 1 & 0 \\ 0 & 0 \end{bmatrix} = \begin{bmatrix} x_{11} & 0 \\ x_{21} & 0 \end{bmatrix} = \begin{bmatrix} 1 & 0 \\ 0 & 1 \end{bmatrix} = E_2$$

であり，$(2, 2)$ 成分に着目すると，$0 = 1$ という矛盾が生じる．

例題 1.10（逆行列）

n 次正方行列 A と n 次単位行列 E_n に対して，$A^3 = O$ ならば $(E_n + A)$ は正則で $(E_n + A)^{-1} = E_n - A + A^2$ が成り立つことを示せ．

（解答）

$A^3 = O$ に注意すれば，

$$(E_n - A + A^2)(E_n + A) = E_n + A - A - A^2 + A^2 + A^3 = E_n + A^3 = E_n$$
$$(E_n + A)(E_n - A + A^2) = E_n - A + A^2 + A - A^2 + A^3 = E_n + A^3 = E_n$$

となる．これは，$E_n + A$ が正則かつ $(E_n + A)^{-1} = E_n - A + A^2$ であることを意味する．■

[問] 1.9　n 次正方行列 A が $A^2 + 2A - E_n = O$ を満たすとき，A が正則であることを示し，A の逆行列を求めよ．

逆行列については次の性質が成り立つ．

定理 1.5（逆行列の性質）

n 次正方行列 A と B に対して，次が成り立つ．

(1) A が正則行列ならば，A^{-1} も正則行列で

$$(A^{-1})^{-1} = A$$

(2) A, B が正則行列ならば，AB も正則で

$$(AB)^{-1} = B^{-1}A^{-1}$$

▶[よくある間違い]
「$(AB)^{-1} = A^{-1}B^{-1}$」としないようにしよう．正しくは，$(AB)^{-1} = B^{-1}A^{-1}$ である．

（証明）

(1) A が正則ならば，$AX = XA = E_n$ となる n 次正方行列 X が存在して，$X = A^{-1}$ となる．よって，$AA^{-1} = A^{-1}A = E_n$ なので，A^{-1} も正則で，$(A^{-1})^{-1} = A$ である．

(2) $(AB)X = X(AB) = E_n$ 満たす X が存在すれば，AB は正則で，$X = (AB)^{-1}$ である．そこで，$X = B^{-1}A^{-1}$ とすると，

$$AB(B^{-1}A^{-1}) = A(BB^{-1})A^{-1} = AA^{-1} = E_n$$

$$(B^{-1}A^{-1})AB = B^{-1}(A^{-1}A)B = B^{-1}B = E_n$$

なので，AB は正則で，$(AB)^{-1} = B^{-1}A^{-1}$ が成り立つ．

■

例題 1.11（逆行列の性質）

n 次正則行列 A, B に対して，$AB^2 = B^2A$ ならば，$B^{-1}A^{-1}B = BA^{-1}B^{-1}$ となることを示せ．

（解答）

$AB^2 = B^2A$ の両辺の逆行列を考えれば，

$$(ABB)^{-1} = (BBA)^{-1} \Longrightarrow B^{-1}(AB)^{-1} = (BA)^{-1}B^{-1}$$
$$\Longrightarrow B^{-1}B^{-1}A^{-1} = A^{-1}B^{-1}B^{-1}$$
$$\Longrightarrow B(B^{-1}B^{-1}A^{-1})B = B(A^{-1}B^{-1}B^{-1})B \Longrightarrow B^{-1}A^{-1}B = BA^{-1}B^{-1}$$

■

［問］1.10　A と B を n 次正則行列とし，$AB = BA$ とするとき，$A^{-1}B = BA^{-1}$ を示せ．

定理 1.6（2 次行列の逆行列）

行列 $A = \begin{bmatrix} a & b \\ c & d \end{bmatrix}$ が逆行列をもつための必要十分条件は，

$$|A| = ad - bc \neq 0 \tag{1.8}$$

であり，このとき逆行列 A^{-1} は次式で与えられる．

$$A^{-1} = \frac{1}{ad-bc}\begin{bmatrix} d & -b \\ -c & a \end{bmatrix} = \frac{1}{|A|}\begin{bmatrix} d & -b \\ -c & a \end{bmatrix} \tag{1.9}$$

なお，$|A| = ad - bc$ を A の行列式（ぎょうれつしき）(determinant) といい，$\det A$ と表すこともある．

（証明）

($\Longrightarrow$) A が (1.7) を満たす $X = \begin{bmatrix} x_{11} & x_{12} \\ x_{21} & x_{22} \end{bmatrix}$ をもつとすれば，$AX = E_2$ より次式を得る．

$$\begin{cases} ax_{11} + bx_{21} = 1 \\ cx_{11} + dx_{21} = 0 \end{cases} \qquad \begin{cases} ax_{12} + bx_{22} = 0 \\ cx_{12} + dx_{22} = 1 \end{cases}$$

前半の式から $(bc - ad)x_{21} = c$ および $(ad - bc)x_{11} = d$ を得るが，後半の第 2 式 $cx_{12} + dx_{22} = 1$ より，少なくとも c, d の一方は 0 ではない．そこで，例えば，$d \neq 0$ とすれば，$(ad - bc)x_{11} = d \neq 0$ なので，$|A| = ad - bc \neq 0$ でなければならない．また，$c \neq 0$ のときも $(ad - bc)x_{21} = -c \neq 0$ より $|A| = ad - bc \neq 0$ でなければならない．

($\Longleftarrow$) $|A| \neq 0$ のとき，$X = \dfrac{1}{|A|}\begin{bmatrix} d & -b \\ -c & a \end{bmatrix}$ とおけば，

$$XA = \frac{1}{ad-bc}\begin{bmatrix} d & -b \\ -c & a \end{bmatrix}\begin{bmatrix} a & b \\ c & d \end{bmatrix} = \frac{1}{ad-bc}\begin{bmatrix} ad-bc & 0 \\ 0 & ad-bc \end{bmatrix} = E_2$$

▶【アクティブ・ラーニング】

例題 1.10 や 1.11 はすべて確実にできるようになりましたか？できない問題があれば，それがどうすればできるようになりますか？何に気をつければいいですか？また，読者全員ができるようになるには どうすればいいでしょうか？それを紙に書き出しましょう．そして，書き出した紙を周りの人と見せ合って，それをまとめてグループごとに発表しましょう．

▶［サラスの計算法］

(1.8) の行列式 $|A|$ を計算するときは，次のような図を使い，たすきがけで計算するとよい．

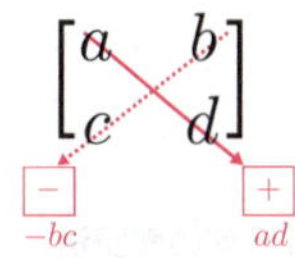

このような計算法をサラスの計算法 (Sarrus's rule, Sarrus's scheme) という．

▶［必要十分条件］

2 つの条件 p, q に対して，命題 $p \Longrightarrow q$ が真である（正しい）とき，q は p であるための必要条件（ひつようじょうけん）(necessary condition) といい，p は q であるための十分条件（じゅうぶんじょうけん）(sufficient condition) という．また，命題 $p \Longrightarrow q$ と $q \Longrightarrow p$ がともに真のとき，q は p であるための必要十分条件（ひつようじゅうぶんじょうけん）(necessary and sufficient condition) という．同様に，p は q であるための必要十分条件である．このとき，$p \Longleftrightarrow q$ と表す．例えば，実数 a に対して「$a^2 = 0 \Longleftrightarrow a = 0$」なので，$a^2 = 0$ は $a = 0$ であるための必要十分条件である．同様に，$a = 0$ は $a^2 = 0$ であるための必要十分条件である．

であり，同様に $AX = E_2$ も成り立つ． ■

例題 1.12（2 次行列の逆行列）

$A = \begin{bmatrix} -5 & 8 \\ -4 & 3 \end{bmatrix}$ の行列式 $|A|$ および逆行列 A^{-1} を求めよ．また，

$\boldsymbol{b} = \begin{bmatrix} 18 \\ 11 \end{bmatrix}$ とするとき，$A\boldsymbol{x} = \boldsymbol{b}$ を満たす列ベクトル $\boldsymbol{x}$ を求めよ．

（解答）

サラスの計算法より，$|A| = (-5)\cdot 3 - (-4)\cdot 8 = -15 + 32 = 17$ である．また，定理 1.6 より，逆行列は

$$A^{-1} = \frac{1}{|A|}\begin{bmatrix} 3 & -8 \\ 4 & -5 \end{bmatrix} = \frac{1}{17}\begin{bmatrix} 3 & -8 \\ 4 & -5 \end{bmatrix}$$

なので，

$$\boldsymbol{x} = A^{-1}\boldsymbol{b} = \frac{1}{17}\begin{bmatrix} 3 & -8 \\ 4 & -5 \end{bmatrix}\begin{bmatrix} 18 \\ 11 \end{bmatrix} = \frac{1}{17}\begin{bmatrix} 54-88 \\ 72-55 \end{bmatrix} = \frac{1}{17}\begin{bmatrix} -34 \\ 17 \end{bmatrix} = \begin{bmatrix} -2 \\ 1 \end{bmatrix}$$

■

[問] 1.11　$A = \begin{bmatrix} -1 & 3 \\ 2 & 1 \end{bmatrix}$ の行列式 $|A|$ および逆行列 A^{-1} を求めよ．また，$\boldsymbol{b} = \begin{bmatrix} 3 \\ -1 \end{bmatrix}$ とするとき，$A\boldsymbol{x} = \boldsymbol{b}$ を満たす列ベクトル $\boldsymbol{x}$ を求めよ．

1.8　転置行列・対称行列・交代行列

正方行列には，対称行列と交代行列という特別な行列がある．これらを定義する際に，転置行列を用いるので，これから説明する．

定義 1.10（転置行列）

$m \times n$ 行列 $A = [a_{ij}]$ に対して行と列を入れ換えた $n \times m$ 行列を行列 A の転置行列（てんちぎょうれつ）(transposed matrix) といい，${}^tA$ と表す．
A の (i,j) 成分が a_{ij} のとき，${}^tA$ の (i,j) 成分は a_{ji} である．

▶[転置行列の表記法]
${}^tA$ を，${}^TA$, A^t, A^T, A' などと表すこともある．ただし，べき乗や逆行列をそれぞれ，A^n, A^{-1} のように書くのが一般的であるため，A の転置行列を A^t と表すと，これのべき乗は $(A^t)^n$ となり，A^{tn} と勘違いする恐れがある．そこで，本書では転置行列を ${}^tA$ と表すことにした．

たとえば，

$$A = \begin{bmatrix} 1 & 2 \\ 3 & 4 \\ 5 & 6 \end{bmatrix} \text{ ならば，} {}^tA = \begin{bmatrix} 1 & 3 & 5 \\ 2 & 4 & 6 \end{bmatrix}$$

となる．また，この転置を使うと，列ベクトル $\boldsymbol{x} = \begin{bmatrix} x_1 \\ x_2 \\ \vdots \\ x_n \end{bmatrix}$ は $\boldsymbol{x} = {}^t[x_1, x_2, \ldots, x_n]$ と表すことができる．

定理 1.7（転置行列の性質）

A と B を $m \times n$ 行列，α をスカラーとするとき，

(1) ${}^t({}^tA) = A$ (2) ${}^t(A+B) = {}^tA + {}^tB$ (3) ${}^t(\alpha A) = \alpha {}^tA$

さらに，A が $m \times n$ 行列，B が $n \times r$ 行列ならば，

(4) ${}^t(AB) = {}^tB{}^tA$

▶ [よくある間違い]
「${}^t(AB) = {}^tA{}^tB$」としないようにしよう．正しくは，${}^t(AB) = {}^tB{}^tA$ である．

（証明）

(1)〜(3) は定義より明らかである．単純に両辺の (i,j) 成分の値を比較すればよい．

(4) ${}^tA = [a'_{ij}]$, ${}^tB = [b'_{ij}]$ とすると，$a'_{ij} = a_{ji}$, $b'_{ij} = b_{ji}$ である．

AB の (i,j) 成分 $= \displaystyle\sum_{k=1}^{n} a_{ik}b_{kj}$ なので，次が成り立つ．

$$ {}^t(AB) \text{ の } (i,j) \text{ 成分} = \sum_{k=1}^{n} a_{jk}b_{ki} = \sum_{k=1}^{n} a'_{kj}b'_{ik} = \sum_{k=1}^{n} b'_{ik}a'_{kj} = {}^tB{}^tA \text{ の } (i,j) \text{ 成分} $$

■

▶【アクティブ・ラーニング】
正方行列における対称行列・交代行列の役割や重要性について調べてみよう．そして，それをお互いに共有し，みんなで意見をまとめてみよう．

定義 1.11（対称行列・交代行列）

${}^tA = A$ を満たす正方行列 A を**対称行列**（たいしょうぎょうれつ）(symmetric matrix) といい，${}^tA = -A$ を満たす正方行列 A を**交代行列**（こうたいぎょうれつ）(alternating matrix) という．

定義より，$A = [a_{ij}]$ が n 次正方行列なら，次が成り立つ．

- A が対称行列 $\iff$ $a_{ij} = a_{ji}\ (i,j = 1,2,\ldots,n)$
- A が交代行列 $\iff$ $a_{ij} = -a_{ji}(i,j = 1,2\ldots,n)$, $a_{ii} = 0(i = 1,2\ldots,n)$

例えば，$\begin{bmatrix} 1 & 2 & 3 \\ 2 & 4 & 5 \\ 3 & 5 & 6 \end{bmatrix}$ は対称行列で，$\begin{bmatrix} 0 & 2 & -3 \\ -2 & 0 & 4 \\ 3 & -4 & 0 \end{bmatrix}$ は交代行列である．

例題 1.13（対称行列・交代行列）

次を示せ．

(1) A が正方行列ならば，$A - {}^tA$ は交代行列である．

(2) A が正方行列ならば，$A + {}^tA$ は対称行列である．

(3) A が $m \times n$ 行列ならば，$A{}^tA$ および ${}^tAA$ は対称行列である．

(4) A が n 次正則行列ならば，$({}^tA)^{-1} = {}^t(A^{-1})$ である．

▶【アクティブ・ラーニング】
例題 1.13 はすべて確実にできるようになりましたか？できない問題があれば，それがどうすればできるようになりますか？何に気をつければいいですか？また，読者全員ができるようになるにはどうすればいいでしょうか？それを紙に書き出しましょう．そして，書き出した紙を周りの人と見せ合って，それをまとめてグループごとに発表しましょう．

（解答）

(1) ${}^t(A - {}^tA) = ({}^tA - {}^t({}^tA)) = ({}^tA - A) = -(A - {}^tA)$ なので $(A - {}^tA)$ は交代行列である．

(2) ${}^t(A + {}^tA) = ({}^tA + {}^t({}^tA)) = ({}^tA + A) = (A + {}^tA)$ なので $(A + {}^tA)$ は対称行列である．

(3) 定理 1.7 より,

$$^t(A\,^tA) = {}^t(^tA)\,^tA = A\,^tA, \qquad ^t(^tAA) = {}^tA\,^t(^tA) = {}^tAA$$

なので, $A\,^tA$ および ^tAA は対称行列である.
(4) $^tA\,^t(A^{-1}) = {}^t(A^{-1}A) = {}^tE_n = E_n, \quad ^t(A^{-1})\,^tA = {}^t(AA^{-1}) = {}^tE_n = E_n$
より, $^tAX = E_n$, $X\,^tA = E_n$ となる X が存在, つまり $(^tA)^{-1}$ が存在することが分かり, これが $^t(A^{-1})$ であることが分かる. ■

[問] 1.12　次の問に答えよ.

(1) $A = \begin{bmatrix} 2 & 3 & -1 \\ a & -3 & 4 \\ b & c & -5 \end{bmatrix}$, $B = \begin{bmatrix} 0 & d & e \\ -3 & 0 & f \\ 1 & -4 & 0 \end{bmatrix}$ とする. このとき, A が対称行列, B が交代行列になるように $a \sim f$ の値を定めよ.
(2) A と B が共に交代行列のとき, $AB + BA$ は対称行列になるか？また, A が交代行列で B が対称行列のとき, $AB - BA$ は交代行列になるか？理由を述べて答えよ.

1.9 トレース

▶【アクティブ・ラーニング】
正方行列におけるトレースの役割や重要性について調べてみよう. そして, それをお互いに共有し, みんなで意見をまとめてみよう.

正方行列を特徴付ける量としてトレースを紹介しよう.

定義 1.12 (トレース)
n 次正方行列 $A = [a_{ij}]$ の対角成分全ての和を A のトレース (trace) といい, $\mathrm{tr}(A)$ という記号で表す.

$$\mathrm{tr}(A) = a_{11} + a_{22} + \cdots + a_{nn} = \sum_{i=1}^{n} a_{ii}$$

定理 1.8 (トレースの性質)
2つの n 次正方行列 A, B およびスカラー α に対して次の等式が成り立つ.

(1) $\mathrm{tr}(A \pm B) = \mathrm{tr}(A) \pm \mathrm{tr}(B)$　(2) $\mathrm{tr}(\alpha A) = \alpha\mathrm{tr}(A)$

(3) $\mathrm{tr}(AB) = \mathrm{tr}(BA)$　(4) $\mathrm{tr}(^tA) = \mathrm{tr}(A)$

【注意】 $\mathrm{tr}(A\underline{BC}) = \mathrm{tr}(\underline{BC}A)$ や $\mathrm{tr}(B\underline{CA}) = \mathrm{tr}(\underline{CA}B)$ は成立するが, $\mathrm{tr}(ABC) = \mathrm{tr}(CBA)$ は成立するとは限らない.

(証明)
(3) のみを示す.
$A = [a_{ij}]$, $B = [b_{ij}]$ とするとき,

$$AB \text{ の } (i,j) \text{ 成分} = \sum_{k=1}^{n} a_{ik}b_{kj}$$

なので, $\mathrm{tr}(AB) = \sum_{i=1}^{n}\sum_{k=1}^{n} a_{ik}b_{ki}$ となる.
同様に,

$$BA \text{ の } (i,j) \text{ 成分} = \sum_{k=1}^{n} b_{ik}a_{kj}$$

なので，

$$\mathrm{tr}(BA) = \sum_{i=1}^{n}\sum_{k=1}^{n} b_{ik}a_{ki} = \sum_{i=1}^{n}\sum_{k=1}^{n} a_{ki}b_{ik} = \sum_{i=1}^{n}\sum_{k=1}^{n} a_{ik}b_{ki} = \mathrm{tr}(AB)$$

■

例題 1.14（トレース）

次の問に答えよ．

(1) $A = \begin{bmatrix} 1 & 3 & -2 \\ -1 & 3 & 5 \\ 2 & 2 & 1 \end{bmatrix}$, $B = \begin{bmatrix} 1 & 1 & 2 \\ 1 & -2 & 2 \\ 3 & 1 & -1 \end{bmatrix}$ とするとき，

${}^tBA$ および $\mathrm{tr}({}^tAB)$ を求めよ．

(2) $AB - BA = E_n$ となる n 次正方行列 A, B は存在しないことを示せ．

（解答）

(1)

$${}^tBA = \begin{bmatrix} 1 & 1 & 3 \\ 1 & -2 & 1 \\ 2 & 2 & -1 \end{bmatrix}\begin{bmatrix} 1 & 3 & -2 \\ -1 & 3 & 5 \\ 2 & 2 & 1 \end{bmatrix} = \begin{bmatrix} 6 & 12 & 6 \\ 5 & -1 & -11 \\ -2 & 10 & 5 \end{bmatrix}$$

また，

$$\mathrm{tr}\left({}^tAB\right) = \mathrm{tr}\left({}^t({}^tBA)\right) = \mathrm{tr}({}^tBA) = 6 + (-1) + 5 = 10$$

(2) トレースの性質より $\mathrm{tr}(AB - BA) = \mathrm{tr}(AB) - \mathrm{tr}(BA) = 0$，$\mathrm{tr}(E_n) = n$ なので
$\mathrm{tr}(AB - BA) \neq \mathrm{tr}(E_n) = n$ である．
よって，$AB - BA = E_n$ となる n 次正方行列 A, B は存在しない．

■

［問］1.13　次の行列 A に対して，${}^tAA$ および $\mathrm{tr}({}^tAA)$ を求めよ．

(1) $A = \begin{bmatrix} 2 & -5 & 3 \\ 1 & 2 & -7 \end{bmatrix}$　　(2) $A = \begin{bmatrix} -2 & 3 & 4 \\ 1 & 4 & -1 \\ 3 & 2 & 5 \end{bmatrix}$

1.10　活躍する行列

前節までで，行列とその演算の基本を学んだ．ここでは，行列がどのように使われているか紹介しよう．なるべく文系，理系など，専門分野に依存しない例を選んでいる．

なお，この節の内容は，この後の項目には直接的な関係はないので，読み飛ばしても差し支えない．

デジタル画像と行列

皆さんは，デジタルカメラやスマートフォン等で写真を撮影したことがあるだろうか？実は，これらの機器で撮影した写真は数値の集まりとして保存されている．

デジタル画像を扱う機器，例えば，コンピュータでは，画像をその最小単位である**画素(pixel)**（または**ピクセル (pixel)**）に分け，各画素における値を整数値で表している．また，横と縦の大きさがそれぞれ m と n の画像を，**$m \times n$ 画素の画像 (m×m image)** あるいは単に **$m \times n$ 画像 (m×m image)** と呼ぶ．通常，画素の値 (**画素値(pixel value)**) が大きければ明るく，小さければ暗くして表示する．例えば，グレースケール画像の場合，画素値が 255 を白，0 を黒，128 を灰色として表示する．図 1.1 に 15 階調グレースケール画像の例を，図 1.2 に 256 階調グレースケール画像の例を示す．

7	8	9	10	11	12	13	14
6	7	8	9	10	11	12	13
5	6	7	8	9	10	11	12
4	5	6	7	8	9	10	11
3	4	5	6	7	8	9	10
2	3	4	5	6	7	8	9
1	2	3	4	5	6	7	8
0	1	2	3	4	5	6	7

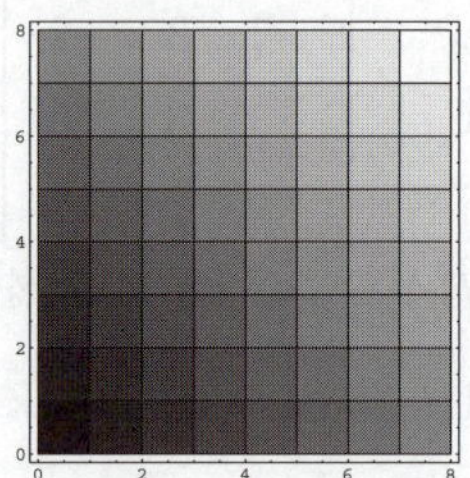

図 1.1　画素値と画像の関係 (画素値が 14 を白，0 を黒としている)

図 1.2　256 階調の画像例

結局，デジタル画像は，図 1.1 の左図のような形，つまり，行列として表示できる．そのため，画像に何らかの処理を行う際には，行列の演算を行うことになる．

市場シェア予測と行列

携帯電話の市場には A 社，B 社があり，各会社の 1 期後の契約継続状況は次の通りだとしよう．

(1) A 社の契約者は 90%が契約を継続し，10%が B 社に変更する．
(2) B 社の契約者は 80%が契約を継続し，20%が A 社に変更する．

このような推移が毎期ほぼ一定であるとすると最終的に市場シェアはどのようになるだろうか？

まず，最初のシェアを，A 社は a_0，B 社は b_0 とすると

$$a_0 + b_0 = 1$$

である．a_0, b_0 を成分とする列ベクトルを $\boldsymbol{x}_0 = \begin{bmatrix} a_0 \\ b_0 \end{bmatrix}$ とし，n 期後の列ベクトルを $\boldsymbol{x}_n = \begin{bmatrix} a_n \\ b_n \end{bmatrix}$ とすると，$n = 1$ のとき，

$$\begin{aligned} a_1 &= \underset{\text{A 社の 90\%}}{\frac{9}{10}a_0} + \underset{\text{B 社の 20\%}}{\frac{2}{10}b_0} \\ b_1 &= \underset{\text{A 社の 10\%}}{\frac{1}{10}a_0} + \underset{\text{B 社の 80\%}}{\frac{8}{10}b_0} \end{aligned}$$

なので，行列の積の定義より，$\begin{bmatrix} a_1 \\ b_1 \end{bmatrix} = \begin{bmatrix} \frac{9}{10} & \frac{2}{10} \\ \frac{1}{10} & \frac{8}{10} \end{bmatrix} \begin{bmatrix} a_0 \\ b_0 \end{bmatrix}$ と表せる．$P = \begin{bmatrix} \frac{9}{10} & \frac{2}{10} \\ \frac{1}{10} & \frac{8}{10} \end{bmatrix}$ とすると，$\boldsymbol{x}_1 = P\boldsymbol{x}_0, \boldsymbol{x}_2 = P\boldsymbol{x}_1 = P(P\boldsymbol{x}_0) = P^2\boldsymbol{x}_0, \cdots$ より，

$$\boldsymbol{x}_n = P^n \boldsymbol{x}_0$$

である．一方，$Q = \begin{bmatrix} -1 & 2 \\ 1 & 1 \end{bmatrix}$ とすると $Q^{-1} = \begin{bmatrix} -\frac{1}{3} & \frac{2}{3} \\ \frac{1}{3} & \frac{1}{3} \end{bmatrix}$ であり，

$Q^{-1}PQ = \begin{bmatrix} \frac{7}{10} & 0 \\ 0 & 1 \end{bmatrix} =: D$ である．ここで，

$D^n = (Q^{-1}PQ)^n = (Q^{-1}PQ)(Q^{-1}PQ)\cdots(Q^{-1}PQ)(Q^{-1}PQ) = Q^{-1}P^nQ$

に注意すれば，

$$\begin{aligned} P^n &= QD^nQ^{-1} = \begin{bmatrix} -1 & 2 \\ 1 & 1 \end{bmatrix} \begin{bmatrix} \left(\frac{7}{10}\right)^n & 0 \\ 0 & 1 \end{bmatrix} \begin{bmatrix} -\frac{1}{3} & \frac{2}{3} \\ \frac{1}{3} & \frac{1}{3} \end{bmatrix} \\ &= \frac{1}{3} \begin{bmatrix} 2 + \left(\frac{7}{10}\right)^n & 2 - 2\left(\frac{7}{10}\right)^n \\ 1 - \left(\frac{7}{10}\right)^n & 1 + 2\left(\frac{7}{10}\right)^n \end{bmatrix} \end{aligned}$$

なので，

$$\lim_{n\to\infty} P^n = \begin{bmatrix} \frac{2}{3} & \frac{2}{3} \\ \frac{1}{3} & \frac{1}{3} \end{bmatrix} =: P^\infty$$

である．ゆえに，$a_0 + b_0 = 1$ に注意すると

$$\boldsymbol{x}_\infty = P^\infty \boldsymbol{x}_0 = \begin{bmatrix} \frac{2}{3}a_0 + \frac{2}{3}b_0 \\ \frac{1}{3}a_0 + \frac{1}{3}b_0 \end{bmatrix} = \begin{bmatrix} \frac{2}{3} \\ \frac{1}{3} \end{bmatrix}$$

より，各社の初期シェアにかかわらず，最終的な A 社，B 社のシェアはそれぞれ $\frac{2}{3}$，$\frac{1}{3}$ となる．

暗号と行列

送信者は，ある鍵 A を使って文章を暗号化して送信し，受信者は受信し

【注意】行列の積の定義を定義 1.4 のようにしたおかげで，$\boldsymbol{x}_n = P^n\boldsymbol{x}_0$ と表せる．

▶[行列の対角化]
ここでは，行列 P をある正則行列 Q を使って対角行列 D に変形している．このように変形することを行列 P の対角化（たいかくか）(diagonalization) という．行列の対角化については，第 7 章で学ぶ．

▶[:=]
「a という記号を b で定義する」を，「$a := b$」あるいは「$b =: a$」と表す．

▶【アクティブ・ラーニング】
「リーマン予想」と「暗号」というキーワードで，情報を収集し，自分なりの意見をまとめてみよう．そして，それをお互いに発表し合おう．

た文書を鍵 A をもとに復号化して文書を読むことを考える．簡単のため，送受信するものは，アルファベット 26 文字といくつかの記号に限定し，それらは以下の表で数字に対応付けられているものとする．

A	B	C	D	E	F	G	H	I	J	K	L	M	N	O
↕	↕	↕	↕	↕	↕	↕	↕	↕	↕	↕	↕	↕	↕	↕
0	1	2	3	4	5	6	7	8	9	10	11	12	13	14

P	Q	R	S	T	U	V	W	X	Y	Z	␣	?	!	.
↕	↕	↕	↕	↕	↕	↕	↕	↕	↕	↕	↕	↕	↕	↕
15	16	17	18	19	20	21	22	23	24	25	26	27	28	29

送信する際には，文字列を 2 文字ずつ区切って，列ベクトルにし，これに行列 $A = \begin{bmatrix} 3 & 2 \\ 5 & 7 \end{bmatrix}$ を左から掛けたものを送信する．例えば，文字列 "SAGA" を送信する際には，対応表より $\boldsymbol{x}_0 = \begin{bmatrix} 18 \\ 0 \end{bmatrix} \leftrightarrow \begin{bmatrix} S \\ A \end{bmatrix}$, $\boldsymbol{x}_1 = \begin{bmatrix} 6 \\ 0 \end{bmatrix} \leftrightarrow \begin{bmatrix} G \\ A \end{bmatrix}$ とし，$\boldsymbol{y}_0 = A\boldsymbol{x}_0 = \begin{bmatrix} 3 & 2 \\ 5 & 7 \end{bmatrix}\begin{bmatrix} 18 \\ 0 \end{bmatrix} = \begin{bmatrix} 54 \\ 90 \end{bmatrix}$, $\boldsymbol{y}_1 = A\boldsymbol{x}_1 = \begin{bmatrix} 3 & 2 \\ 5 & 7 \end{bmatrix}\begin{bmatrix} 6 \\ 0 \end{bmatrix} = \begin{bmatrix} 18 \\ 30 \end{bmatrix}$ による数字の列 $\{54, 90, 18, 30\}$ を送ることになる．受信者は，数字の列 $\{54, 90, 18, 30\}$ を受け取り，$\boldsymbol{x}_0 = A^{-1}\boldsymbol{y}_0 = \dfrac{1}{11}\begin{bmatrix} 7 & -2 \\ -5 & 3 \end{bmatrix}\begin{bmatrix} 54 \\ 90 \end{bmatrix} = \begin{bmatrix} 18 \\ 0 \end{bmatrix}$, $\boldsymbol{x}_1 = A^{-1}\boldsymbol{y}_1 = \dfrac{1}{11}\begin{bmatrix} 7 & -2 \\ -5 & 3 \end{bmatrix}\begin{bmatrix} 18 \\ 30 \end{bmatrix} = \begin{bmatrix} 6 \\ 0 \end{bmatrix}$ として復号すればよい．

▶[暗号方式]
このように暗号化と復号に共通の鍵を用いる暗号方式のことを共通鍵暗号方式(common key cryptosystem) あるいは秘密鍵暗号方式(secret key cryptosystem) などという．これに対して，暗号化の鍵とと復号化の鍵を別々にして，暗号化の鍵を公開できるようにした暗号方式を公開鍵暗号(public-key cryptography) という．

このような暗号通信をする場合，文字列を数字に変換する対応表および鍵となる行列を送受信者で共有する必要がある．

CT スキャンと行列

暗号の例における復号化 $\boldsymbol{x}_0 = A^{-1}\boldsymbol{y}_0$ は，連立一次方程式 $\begin{cases} 3x_1 + 2x_2 = 54 \\ 5x_1 + 7x_2 = 90 \end{cases}$ を解いていることと同じである．受信した値を観測値，暗号化前の値を未知数と考えれば，「連立一次方程式を解く＝観測値から未知数を求める」と捉えることができる．この「観測値から未知のものを求める」という場面は，いろいろな分野で登場する．そのような例として CT スキャンを紹介しよう．

▶[CT スキャン画像例]

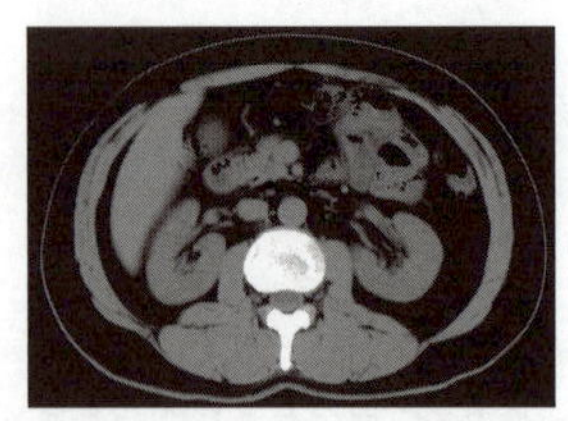

CT スキャンとは，人体のまわりに角度を変えながら X 線を照射し，その測定結果をコンピュータに入力し，人体の内部を画像化する装置である．著者がある病院で診察を受けた際の，CT スキャン画像を側注に示す．

CT スキャンの原理を説明するため，次のような簡単なモデルを考えよう．内部の値 w, x, y, z は未知で，測定値 $\alpha_1 \sim \alpha_6$ が分かっているものとする．

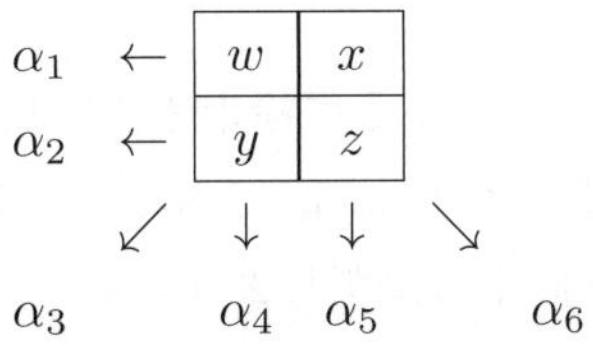

$$
\begin{array}{ccc|c|c|cc}
\cline{4-5}
\alpha_1 & \leftarrow & & w & x & & \\
\cline{4-5}
\alpha_2 & \leftarrow & & y & z & & \\
\cline{4-5}
 & & \multicolumn{1}{c}{\swarrow} & \multicolumn{1}{c}{\downarrow} & \multicolumn{1}{c}{\downarrow} & \searrow & \\
\alpha_3 & & & \multicolumn{1}{c}{\alpha_4} & \multicolumn{1}{c}{\alpha_5} & & \alpha_6
\end{array}
$$

このとき，w, x, y, z を求めるには，縦と横方向の矢印に基づいて 4 つの連立一次方程式

$$w + x = \alpha_1, \qquad y + z = \alpha_2, \qquad w + y = \alpha_4, \qquad x + z = \alpha_5$$

を解けばいいようだが，実はこれでは w, x, y, z の値をただ 1 つに定めることができない．今の場合は，斜め方向の矢印も考慮して，例えば，

$$w + x = \alpha_1, \qquad x + y = \alpha_3, \qquad w + y = \alpha_4, \qquad w + z = \alpha_6 \tag{1.10}$$

を解けば w, x, y, z がただ 1 つに定まる．そして，得られた値を（例えば）256 階調に正規化して，グレースケール画像として出力すれば，モデル内部の様子が分かる．この例より，CT スキャンをよりよいものにするには，連立一次方程式の解が 1 つに定まるための条件を考えたり，効率的に連立一次方程式を解く方法を開発したりすることが大切だと予想されるだろう．

さて，行列の積を定義 1.4 のように定義するメリットは，連立一次方程式がスッキリと表せることにある．例えば，(1.10) は

$$\begin{bmatrix} 1 & 1 & 0 & 0 \\ 0 & 1 & 1 & 0 \\ 1 & 0 & 1 & 0 \\ 1 & 0 & 0 & 1 \end{bmatrix} \begin{bmatrix} w \\ x \\ y \\ z \end{bmatrix} = \begin{bmatrix} \alpha_1 \\ \alpha_3 \\ \alpha_4 \\ \alpha_6 \end{bmatrix}$$

と表せ，$A = \begin{bmatrix} 1 & 1 & 0 & 0 \\ 0 & 1 & 1 & 0 \\ 1 & 0 & 1 & 0 \\ 1 & 0 & 0 & 1 \end{bmatrix}$, $\boldsymbol{x} = \begin{bmatrix} w \\ x \\ y \\ z \end{bmatrix}$, $\boldsymbol{b} = \begin{bmatrix} \alpha_1 \\ \alpha_3 \\ \alpha_4 \\ \alpha_6 \end{bmatrix}$ おけば，$A\boldsymbol{x} = \boldsymbol{b}$ と表せる． 連立一次方程式の変数の数が何個になろうともそれが有限個である限り，連立一次方程式は $A\boldsymbol{x} = \boldsymbol{b}$ と表せることは想像がつくであろう．

連立一次方程式が解けるかどうかは A と $\boldsymbol{b}$ 次第なので，「連立一次方程式がどのような場合に解けるのか？」，「効率的な解法を作るにはどうしたらよいのか？」という疑問に答える，別の言い方をすれば，連立一次方程式に関する理論を構築するには，行列の性質を調べればよいことになる．そして，連立一次方程式に関する理論が構築できれば，「観測値から未知のものを予測する」課題を解決するには，いかにしてその課題を連立一次方程式に帰着させるかを考えればよいことになる．

【注意】PageRank の発明者は，セルゲイ・ブリン (Sergey Brin) とラリー・ページ (Larry Page) だが，この二人が Google を創業したので，ここでは「Google が PageRank を開発した」との立場で説明している．

▶【アクティブ・ラーニング】
あなたならどのような方法で，Web ページの重要度を決めますか？自分の考えをまとめて，お互いに披露し合おう．そして，決め方のうち，最もいい方法を選び，その理由も明確にしよう．

検索エンジンと行列

我々が，インターネットを使って検索する際にお世話になるのが検索エンジンで，最も有名なのが Google であろう．この Google が開発した PageRank という方法を簡単に説明しよう．

通常，Web ページにはリンクがはられ，ページの間を移動できるようになっている．PageRank の考え方は，「Web ページは，他の重要な Web ページからリンクがはられている数が多いほど重要度が高い」というもので，これを定式化したことが Google の凄さともいえる．

ここでは，簡単のため，文献[19] の例を使い，ネット上には6つしかページがなく，リンクが図 1.3 のようにはられているとする．

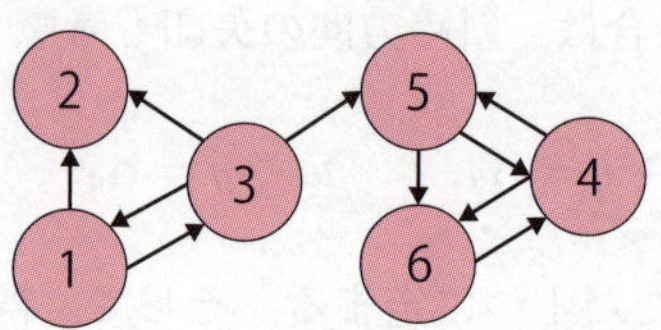

図 1.3　6つのページの関係

そして，ページ i の得点 $r(P_i)$ を

$$r(P_i) = \sum_{P_j \in B_{P_i}} \frac{r(P_j)}{|P_j|}$$

と定める．ただし，B_{P_i} は P_i を指すページの集合，$|P_j|$ はページ j が指しているリンクの数である．今の例では，次のようになる．

$$r(P_1) = \frac{r(P_3)}{3}, \qquad r(P_2) = \frac{r(P_1)}{2} + \frac{r(P_3)}{3}, \qquad r(P_3) = \frac{r(P_1)}{2}$$
$$r(P_4) = \frac{r(P_5)}{2} + r(P_6), \qquad r(P_5) = \frac{r(P_3)}{3} + \frac{r(P_4)}{2},$$
$$r(P_6) = \frac{r(P_4)}{2} + \frac{r(P_5)}{2}$$

これを行列で表せば，

$$\begin{bmatrix} r(P_1) \\ r(P_2) \\ r(P_3) \\ r(P_4) \\ r(P_5) \\ r(P_6) \end{bmatrix} = \begin{bmatrix} 0 & 0 & 1/3 & 0 & 0 & 0 \\ 1/2 & 0 & 1/3 & 0 & 0 & 0 \\ 1/2 & 0 & 0 & 0 & 0 & 0 \\ 0 & 0 & 0 & 0 & 1/2 & 1 \\ 0 & 0 & 1/3 & 1/2 & 0 & 0 \\ 0 & 0 & 0 & 1/2 & 1/2 & 0 \end{bmatrix} \begin{bmatrix} r(P_1) \\ r(P_2) \\ r(P_3) \\ r(P_4) \\ r(P_5) \\ r(P_6) \end{bmatrix}$$

となり，左辺の列ベクトルを $\boldsymbol{p}$，右辺の6次行列を H と表せば，

$$\boldsymbol{p} = H\boldsymbol{p}$$

となる．この $\boldsymbol{p}$ は，まさに第7章で学ぶ固有ベクトルである．この例では

$r(P_1) = 0$, $r(P_2) = 0$, $r(P_3) = 0$, $r(P_4) = \dfrac{4}{3}$, $r(P_5) = \dfrac{2}{3}$, $r(P_6) = 1$ となるので，重要度の高いページは，得点順に，ページ 4，ページ 6，ページ 5 とし，それ以外のページは重要でないと判断する．

結局のところ，Google の PageRank は「Web ページのリンク情報を行列で表し，固有ベクトルを求めている」だけに過ぎない．ただし，世界中の Web ページを関連付けようと思えば，生成される行列が 100 億次行列になっても何ら不思議ではない．Google のすごさは，行列演算を高速に行う方法や各ページからリンク情報を的確に抽出する方法も開発したことである．ただ，その基礎となっているのは基本的な線形代数なので，皆さんも数学を新たな価値の創造につなげるという視点でしっかりと学べば，新たな発見ができるかもしれない．

▶［人工知能は人間を超えるか？］
ニューラルネットワークに基づく人工知能では，所詮は行列演算を行っているに過ぎないので，人工知能が言葉の意味を考えたり，感情を持ったりすることはあり得ない．せいぜいそのようなフリをさせられるだけである．したがって，意味を考えなくてもいい作業，例えば，単純な計算や仕分け作業などでは人間の能力を超えるかもしれないが，意味や相手の気持ちを考えないといけない作業については人間を超えることはあり得ない．今の人工知能が数学を使っている限り，人間を超えるには数学がさらに進化する必要があるだろう．

▶【アクティブ・ラーニング】
人工知能はどのような分野で使えるか，あるいは使えないかを具体的に考えてみよう．そして，このことについてお互いに話し合ってみよう．

人工知能と行列

近年，人工知能の研究が盛んになっているが，そのきっかけとなったのが深層学習という方法である．深層学習のもととなっているのは，ニューラルネットワークである．ニューラルネットワークは，生物の神経回路網を模倣したもので，もっとも単純なのは，図 1.4 で示したような 2 層ネットワークである．

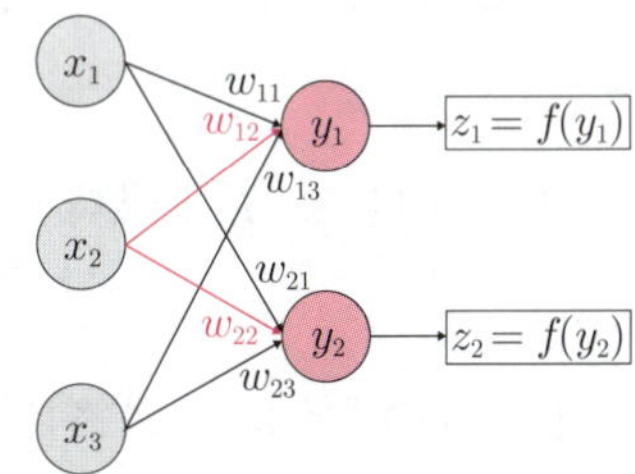

図 1.4　2 層ネットワークの例

3 つの入力 x_1, x_2, x_3 を次のユニットが受け取るが，各ユニットが受け取る入力は

$$
\begin{aligned}
y_1 &= w_{11}x_1 + w_{12}x_2 + w_{13}x_3 \\
y_2 &= w_{21}x_1 + w_{22}x_2 + w_{23}x_3
\end{aligned}
$$

のように各入力にそれぞれ異なる重み w_{ji} を掛けて総和をとったものとする．そして，これらに活性化関数と呼ばれるものを適用したもの $z_1 = f(y_1)$, $z_2 = f(y_2)$ を出力とする．これらの関係を行列で表せば，

$$
\begin{bmatrix} y_1 \\ y_2 \end{bmatrix} = \begin{bmatrix} w_{11} & w_{12} & w_{13} \\ w_{21} & w_{22} & w_{23} \end{bmatrix} \begin{bmatrix} x_1 \\ x_2 \\ x_3 \end{bmatrix}, \quad \begin{bmatrix} z_1 \\ z_2 \end{bmatrix} = \begin{bmatrix} f(y_1) \\ f(y_2) \end{bmatrix}
$$

となる．結局のところ，人工知能も行列演算である．また，人工知能でい

うところの「学習」とは出力に正解を与えて，入力と出力から重みを決めることである．これは，行列 $W = \begin{bmatrix} w_{11} & w_{12} & w_{13} \\ w_{21} & w_{22} & w_{23} \end{bmatrix}$ を決めることと同じである．そして，W は入力 x_1, x_2, x_3 と正解 z_1, z_2 に基づいて決めるのだから，これらに依存するのは当然である．これは人工知能が「賢く」なるには，良質なデータ (今の場合，x_1, x_2, x_3, z_1, z_2) が重要であることを意味する．なお，本書ではこの重み行列 W を決める方法については触れない．

意思決定と行列

どの商品を買うべきか，住まいはどこにするか，進学先あるいは就職先をどこにすべきか，など，我々は決定しなければならない場面に遭遇する．選択肢が一つしかないときは悩む必要はない．たいてい判断に迷うときは，いくつかの候補があるときだろう．

このように，候補の中からもっとも適切なものを選択する問題を意思決定問題という．この問題を解決するための方法として階層分析法（かいそうぶんせきほう）(Analytic Hierarchy Process) を紹介しよう．なお，階層分析法は単に AHP と呼ばれることもある．

話を具体的に進めるため，以下のような問題を考えよう．

X さんが新車を購入しようとして調べた結果，候補車として A 車，B 車，C 車を選んだ．X さんは，

$$I_1：\text{メーカー} \qquad I_2：\text{価格} \qquad I_3：\text{燃費} \qquad I_4：\text{安全性}$$

を基準として車を選びたい．

まず，階層分析法では，図 1.5 のように，「最終目標 → 評価基準 → 代替案」の階層構造によって，意思決定問題を表す．

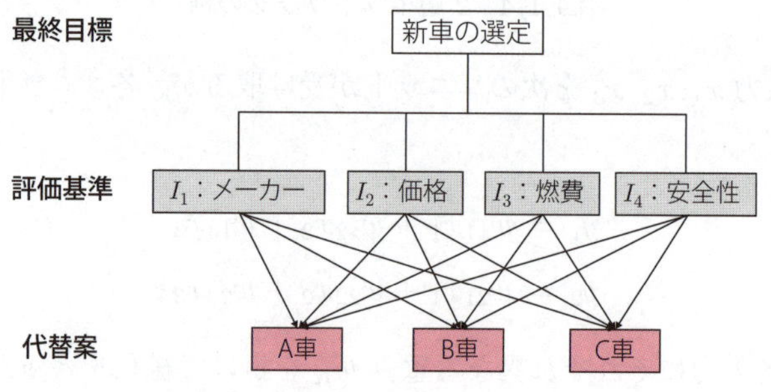

図 1.5　新車の選定の階層図

図 1.5 とこれまで登場した図 1.3 や図 1.4 を比べると，評価基準と代替案の関係を行列で表現できそうだ，と分かるだろう．

次に，この行列を作るために，階層の一番上からみた次の階層の評価基準の重みを求める．今の場合は，「新車の選定」という最終目標において I_1 から I_4 の中から一対（ペア）を取り上げて比較し，どのくらい重要かを一

対比較表 (paired comparison table) と呼ばれる表 1.1 の基準にしたがって数値で表す.

表 1.1 一対比較表

比較値	意味
1	行の項目が列の項目と同じくらい重要
3	行の項目が列の項目よりやや重要
5	行の項目が列の項目よりも重要
7	行の項目が列の項目よりかなり重要
9	行の項目が列の項目より絶対的に重要
2,4,6,8	中間的な意味を表す際に用いる
上の数の逆数	列の項目から行の項目をみた場合に用いる

表 1.2 評価基準間（最終目的 − 評価基準）の一対比較表

	I_1 : メーカー	I_2 : 価格	I_3 : 燃費	I_4 : 安全性
I_1	1	3	1/5	1/7
I_2	1/3	1	1/5	1/5
I_3	5	5	1	1/3
I_4	7	5	3	1

表 1.2 の第 4 行に着目すると，X さんは,「I_4 : 安全性」は,「I_1 : メーカー」よりもかなり重要,「I_2 : 価格」よりも重要,「I_3 : 燃費」よりもやや重要と回答していることが分かる．なお，同じ評価基準どうしの一対比較値は 1 とし，反対の項目からみた一対比較値は逆数を記入する.

さて,「I_1 : メーカー」,「I_2 : 価格」,「I_3 : 燃費」,「I_4 : 安全性」の重みを順に w_1, w_2, w_3, w_4 とし，$a_{ij} = w_i/w_j$ とすれば，これを成分とする行列 $A = [a_{ij}]$ が構成できる.

$$A = \begin{bmatrix} 1 & w_1/w_2 & w_1/w_3 & w_1/w_4 \\ w_2/w_1 & 1 & w_2/w_3 & w_2/w_4 \\ w_3/w_1 & w_3/w_2 & 1 & w_3/w_4 \\ w_4/w_1 & w_4/w_2 & w_4/w_3 & 1 \end{bmatrix} \tag{1.11}$$

これを，一対比較行列 (paired comparison matrix) という．これと，重みを成分とする列ベクトル $\boldsymbol{w}$ との間には,

$$A\boldsymbol{w} = 4\boldsymbol{w}, \qquad \boldsymbol{w} = \begin{bmatrix} w_1 \\ w_2 \\ w_3 \\ w_4 \end{bmatrix}$$

という関係が成り立っている．第 7 章で学ぶ固有値と固有ベクトルという

【注意】一般に，A が n 次の一対比較行列ならば，$A\boldsymbol{w} = n\boldsymbol{w}$ が成り立つ．また，n が A の最大固有値である.

言葉を使えば，この式は，$\boldsymbol{w}$ は固有値 4 に属する固有ベクトルである，ことを意味する．なお，実は，この固有値 4 は最大固有値であることも分かる．

階層分析法では，このような一対比較行列 A と重み列ベクトル $\boldsymbol{w}$ が，今のような問題でも成立，つまり，表 1.2 から作られる行列 $\widetilde{A}$

$$\widetilde{A} = \begin{bmatrix} 1 & 3 & 1/5 & 1/7 \\ 1/3 & 1 & 1/5 & 1/5 \\ 5 & 5 & 1 & 1/3 \\ 7 & 5 & 3 & 1 \end{bmatrix}$$

にも成り立っていると考え，一対比較行列 $\widetilde{A}$ の最大固有値 $\widetilde{\lambda}_{\max}$ に属する固有ベクトル $\widetilde{\boldsymbol{w}} = {}^t[\widetilde{\boldsymbol{w}}_1\,\widetilde{\boldsymbol{w}}_2\,\widetilde{\boldsymbol{w}}_3\,\widetilde{\boldsymbol{w}}_4]$ の各成分の値を重みとする．その際，$\widetilde{w}_1 + \widetilde{w}_2 + \widetilde{w}_3 + \widetilde{w}_4 = 1$ となるように正規化する．

もしも，$\widetilde{A}$ が (1.11) のようになっていれば，最大固有値 $\widetilde{\lambda}_{\max}$ は評価基準の数 n に一致するはずだが，一般には $\widetilde{\lambda}_{\max} \geqq n$ となる．そこで，この一致の程度を表す指標として整合度 CI(Consistency Index) を $CI = \dfrac{\widetilde{\lambda}_{\max} - n}{n-1}$ で定義し，$CI \leqq 0.15$ であれば整合していると判断する．ちなみに，今の場合，コンピューターで $\widetilde{\lambda}_{\max}$ を求めると，$\widetilde{\lambda}_{\max} \approx 4.3255$ となるので，$CI = (4.3255 - 4)/3 = 0.1085$ となる．

重みを求めるには，固有ベクトルを求めればよいのだが，幾何平均 m で代用することもある．$x_1, x_2, \ldots, x_n$ の幾何平均 m は $m = \sqrt[n]{x_1 \times x_2 \times \cdots \times x_n}$ で与えられ，重みはこの幾何平均を幾何平均の総和で割ることによって計算される．

表 1.3　評価基準間の一対比較表

	I_1	I_2	I_3	I_4	幾何平均	重み
I_1	1	3	1/5	1/7	$\sqrt[4]{\frac{3}{35}} \approx 0.541$	$\frac{0.541}{5.781} = 0.094$
I_2	1/3	1	1/5	1/5	$\sqrt[4]{\frac{1}{75}} \approx 0.340$	$\frac{0.340}{5.781} = 0.059$
I_3	5	5	1	1/3	$\sqrt[4]{\frac{25}{3}} \approx 1.699$	$\frac{1.699}{5.781} = 0.294$
I_4	7	5	3	1	$\sqrt[4]{105} \approx 3.201$	$\frac{3.201}{5.781} = 0.554$
				合計	5.781	1.001

重みの合計が 1 になっていないが，これは，小数点以下第 4 位を四捨五入して表示したためである．ここでは，ほぼ 1 と考えて問題ないだろう．

そして，評価基準ごとに代替案の一対比較と重みの計算もする．その結果，次のような表が得られる．

表 1.4　I_1 と代替案の一対比較表

	A	B	C	幾何平均	重み
A	1	2	3	1.817	0.540
B	1/2	1	2	1.000	0.297
C	1/3	1/2	1	0.550	0.163
			合計	3.367	1.000

表 1.5　I_2 と代替案の一対比較表

	A	B	C	幾何平均	重み
A	1	1/5	1/2	0.464	0.117
B	5	1	4	2.714	0.683
C	2	1/4	1	0.794	0.200
			合計	3.972	1.000

表 1.6　I_3 と代替案の一対比較表

	A	B	C	幾何平均	重み
A	1	3	2	1.817	0.540
B	1/3	1	1/2	0.550	0.163
C	1/2	2	1	1.000	0.297
			合計	3.367	1.000

表 1.7　I_4 と代替案の一対比較表

	A	B	C	幾何平均	重み
A	1	1/3	1/2	0.550	0.139
B	3	1	7	2.759	0.695
C	2	1/7	1	0.659	0.166
			合計	3.968	1.000

代替案 A, B, C と評価基準 I_1, I_2, I_3, I_4 の重みに基づく行列

$$V = \begin{bmatrix} 0.540 & 0.117 & 0.540 & 0.139 \\ 0.297 & 0.683 & 0.163 & 0.695 \\ 0.163 & 0.200 & 0.297 & 0.166 \end{bmatrix}$$

と，最終目標に対する各評価基準の重み列ベクトルの積を計算すれば，総合得点（最終目標に対する正規化された重み）が求められる．

$$\begin{bmatrix} 0.540 & 0.117 & 0.540 & 0.139 \\ 0.297 & 0.683 & 0.163 & 0.695 \\ 0.163 & 0.200 & 0.297 & 0.166 \end{bmatrix} \begin{bmatrix} 0.094 \\ 0.059 \\ 0.294 \\ 0.554 \end{bmatrix} = \begin{bmatrix} 0.2934 \\ 0.5012 \\ 0.2064 \end{bmatrix}$$

以上の結果，総合得点は，A が約 0.29，B が約 0.5，C が約 0.21 なのでなので，X さんは B 車を選択するべきである．なお，行列 V の第 2 行が B 車に対する総合評価の内訳で，「I_2 : 価格」(0.683) と「I_4 : 安全性」(0.695) が大きく寄与していることが分かる．

▶【アクティブ・ラーニング】
階層分析法に基づく意思決定例を自分で作り，それを他の人に紹介しよう．お互いに例を共有し，最も面白いと思う例を選ぼう．また，選んだ理由も明確にしよう．

1.11　複素数

複素数は，高校数学 II において学んでいると思うが，念のため，簡単に復習しておく．複素数を知っている人は，読み飛ばしてもよい．

【注意】 ここでは，特に証明をせずに結果だけを述べるが，詳細を知りたい方は，例えば，拙著[16]) を参照されたい．

定義 1.13（複素数）
$i^2 = -1$ を満たす数 i を虚数単位（きょすうたんい）(imaginary unit) という．そして，2 つの実数 a と b に対して $\alpha = a + bi$ の形をした数 α を複素数（ふくそすう）(complex number) という．このとき，a を α の実部（じつぶ）(real part)，b を α の虚部（きょぶ）(imaginary part) といい，それぞれ，次のように表す．

$$a = \mathrm{Re}(\alpha), \quad b = \mathrm{Im}(\alpha)$$

$\mathrm{Im}(\alpha) \neq 0$ のとき α を**虚数**といい，$\mathrm{Re}(\alpha) = 0$ かつ $\mathrm{Im}(\alpha) \neq 0$ のとき α を**純虚数**という．例えば，$2+3i$ や $2i$ は虚数であり，$2i$ や $3i$ は純虚数である．また，虚数単位 i は文字のように扱い，例えば，次のように書く．

$$3+1i=3+i, \quad 1+(-2)i=1-2i, \quad \frac{4}{3}+\frac{\sqrt{5}}{3}i=\frac{4+\sqrt{5}i}{3}$$

以下，$a+bi$ や $c+di$ では，a, b, c, d は実数を表すものとする．

定義 1.14（複素数の相等）

2つの複素数を $\alpha=a+bi, \beta=c+di$ とする．このとき，

$$\alpha=\beta \iff a=c \text{ かつ } b=d$$

と定義する．特に，$\alpha=0 \iff a=0$ かつ $b=0$

定義 1.15（共役複素数）

複素数 $\alpha=a+bi$ に対して $\overline{\alpha}=a-bi$ を α の**共役複素数**(きょうやくふくそすう)**(complex conjugate number)** という．

例題 1.15（複素数とその共役）

α を任意の複素数とする．このとき，$\mathrm{Re}(\alpha)=\dfrac{\alpha+\overline{\alpha}}{2}$ および $\mathrm{Im}(\alpha)=\dfrac{\alpha-\overline{\alpha}}{2i}$ が成り立つことを示せ．

（解答）

$\alpha=a+bi$ とすると $\overline{\alpha}=a-bi$ であり，$\overline{\alpha}+\alpha=2a$ なので，$a=\dfrac{\overline{\alpha}+\alpha}{2}$ である．また，$\alpha-\overline{\alpha}=2bi$ なので，$b=\dfrac{\alpha-\overline{\alpha}}{2i}$ である． ■

複素数の加法，減法は，実部と虚部のそれぞれの和，差を計算する．また，乗法や除法についても同じように行うが，i^2 が現れれば，それを -1 に置き換える．

【注意】除算 $\dfrac{\alpha}{\beta}$ においては，$\beta \neq 0$ が前提である．

定義 1.16（複素数の四則演算）

$\alpha=a+bi, \beta=c+di$ とするとき，四則演算を次のように定義する．

(1) $\alpha+\beta=(a+c)+(b+d)i$　(2) $\alpha-\beta=(a-c)+(b-d)i$

(3) $\alpha\beta=(ac-bd)+(ad+bc)i$　(4) $\dfrac{\alpha}{\beta}=\dfrac{ac+bd}{c^2+d^2}+\dfrac{bc-ad}{c^2+d^2}i,$

乗算と除算は，$i^2=-1$ を使って，形式的に計算したものになっている．また，除算では，分母の共役複素数を，分母と分子に掛けて計算する．

$$\alpha\beta=(a+bi)(c+di)=ac+(ad+bc)i+bdi^2=(ac-bd)+(ad+bc)i,$$
$$\frac{\alpha}{\beta}=\frac{a+bi}{c+di}=\frac{(a+bi)(c-di)}{(c+di)(c-di)}=\frac{(ac+bd)+(bc-ad)i}{c^2+d^2}$$

例題 1.16（複素数の計算）

次の複素数を $a+bi$ の形に書け．

(1) $(4-3i)+(9+4i)$　(2) $(-3+5i)-(7-3i)$

(3) $(7-3i)(4+5i)$　(4) $\dfrac{12+2i}{1+i}$

（解答）

(1) $(4-3i)+(9+4i)=(4+9)+(-3+4)i=13+i$

(2) $(-3+5i)-(7-3i)=(-3-7)+(5+3)i=-10+8i$

(3) $(7-3i)(4+5i)=(28+15)+(35-12)i=43+23i$

(4) $$\frac{12+2i}{1+i}=\frac{2(6+i)(1-i)}{(1+i)(1-i)}=\frac{2(6+i)(1-i)}{1+1}=(6+i)(1-i)=(6+1)+(1-6)i=7-5i$$

■

複素数の和，差，積，商の共役複素数，および共役複素数を用いた実数と純虚数の判定については，以下が成り立つ．

定理 1.9（共役複素数の性質）

2 つの複素数 α,β について，次が成り立つ．

(1) $\overline{\alpha+\beta}=\overline{\alpha}+\overline{\beta}$　(2) $\overline{\alpha-\beta}=\overline{\alpha}-\overline{\beta}$

(3) $\overline{\alpha\beta}=\overline{\alpha}\,\overline{\beta}$　(4) $\overline{\left(\dfrac{\alpha}{\beta}\right)}=\dfrac{\overline{\alpha}}{\overline{\beta}}$

また，次が成り立つ．

αが実数 $\iff \overline{\alpha}=\alpha$,　αが純虚数 $\iff \overline{\alpha}=-\alpha$

実数と同様に，複素数の加法と乗法では，交換法則，結合法則，分配法則などが成り立つ．ただし，虚数については大小関係は考えない．

【注意】 $\alpha=a+bi$ に対して $-\alpha=-a-bi$, $\dfrac{1}{\alpha}=\dfrac{a}{a^2+b^2}-\dfrac{b}{a^2+b^2}i$ である．

定理 1.10（複素数の演算法則）

任意の複素数 α,β,γ に対して次が成り立つ．

交換法則 $\alpha+\beta=\beta+\alpha$,　$\alpha\beta=\beta\alpha$

結合法則 $(\alpha+\beta)+\gamma=\alpha+(\beta+\gamma)$,　$(\alpha\beta)\gamma=\alpha(\beta\gamma)$

分配法則 $\alpha(\beta+\gamma)=\alpha\beta+\alpha\gamma$
和に関する単位元 $0+\alpha=\alpha+0=\alpha$
和に関する逆元 $\alpha+(-\alpha)=(-\alpha)+\alpha=0$
積に関する単位元 $\alpha 1=1\alpha=\alpha$
積に関する逆元 $\frac{1}{\alpha}\alpha=\alpha\frac{1}{\alpha}=1$

実数の場合と同様に，整数 n に対して，n 乗を

$$\alpha^0=0,\quad \alpha^1=\alpha,\quad \alpha^2=\alpha\alpha,\quad \ldots,\quad \alpha^n=\underbrace{\alpha\alpha\cdots\alpha}_{n\text{ 個}},\quad \alpha^{-n}=\frac{1}{\alpha^n}$$

と表す．例えば，

$$(\sqrt{2}i)^2=(\sqrt{2})^2i^2=-2,\quad (-\sqrt{2}i)^2=(-\sqrt{2})^2i^2=-2$$

となる．これは，$\sqrt{2}i$ と $-\sqrt{2}i$ はともに -2 の平方根であることを意味する．逆に，-2 の平方根は $\sqrt{2}i$ と $-\sqrt{2}i$ である．そこで，$\sqrt{2}i$ を $\sqrt{-2}$ で表せば，-2 の平方根は $\sqrt{-2}$ と $-\sqrt{-2}$ となる．また，$a>0$ に対して，$\sqrt{-a}$ の意味を

$$a>0 \text{ のとき，} \sqrt{-a}=\sqrt{a}i, \text{ 特に，} \sqrt{-1}=i$$

【注意】一般に，$a<0, b<0$ のとき $\sqrt{a}\sqrt{b}\neq\sqrt{ab}$ である．

と定めれば，$-a$ の平方根は $\pm\sqrt{-a}=\pm\sqrt{a}i$ となる．したがって，例えば，-5 の平方根は $\pm\sqrt{5}i$，$\sqrt{-8}=\sqrt{8}i=2\sqrt{2}i$，$\sqrt{-2}\sqrt{-5}=\sqrt{2}i\times\sqrt{5}i=\sqrt{10}i^2=-\sqrt{10}$ となる．

[問] 1.14　次の複素数を $a+bi$ の形で表せ．ただし，$\bar{z}$ は z の共役複素数である．
(1) $(2+3i)\overline{(2+3i)}$　(2) $(2+5i)^2$　(3) $(1+2i)(3+4i)$
(4) $\dfrac{2+i}{4+5i}$　(5) $\dfrac{1}{3i}$　(6) $\dfrac{\sqrt{-18}}{\sqrt{2}}$　(7) $(3-\sqrt{-3})(2+\sqrt{-27})$

最後に，代数学の基本定理を挙げておこう．高校数学では，$2x^3-x^2-15x+18=0$ のような代数方程式には解があるという前提で議論が進むが，それを保証する定理である．

定理 1.11（代数学の基本定理(だいすうがくのきほんていり)(the fundamental theorem of algebra)）
複素数を係数とする n 次代数方程式 $(n\geqq 1)$

$$c_nz^n+c_{n-1}z^{n-1}+\cdots+c_1z+c_0=0 \qquad (c_n\neq 0)$$

は，複素数の範囲に少なくとも1つの解をもつ．

【注意】実数は複素数に含まれるが，成分がすべて実数のときは複素行列とは呼ばず，実行列と呼ぶ．複素行列は，成分のどこかに虚数が含まれている行列である．

1.12　複素行列の計算

すべての成分が複素数の行列を複素行列(ふくそぎょうれつ)(complex-valued matrix) という．

これに対し，すべての成分が実数の行列を実行列(じつぎょうれつ)(real-valued matrix) という．

複素数 α にはその共役複素数 $\overline{\alpha}$ があるので，複素行列 $A = [a_{ij}]$ についても，各成分を共役複素数 $\overline{a_{ij}}$ で置き換えた行列 $\overline{A} = [\overline{a_{ij}}]$ が考えられる．この $\overline{A}$ を複素共役行列(ふくそきょうやくぎょうれつ)(complex conjugate matrix) という．また，共役複素数 $\overline{a_{ji}}$ を (i, j) 成分にもつ行列 ${}^t\overline{A} = [\overline{a_{ji}}]$ を A の随伴行列(ずいはんぎょうれつ)(adjoint matrix) あるいはエルミート共役行列 (Hermitian adjoint matrix) といい，A^* で表す．つまり，$A^* = {}^t\overline{A}$ である．

例えば，$A = \begin{bmatrix} i & 2+3i & 1-i \\ 5 & 3-i & 7i \end{bmatrix}$ のとき，$A^* = \begin{bmatrix} \overline{i} & \overline{5} \\ \overline{2+3i} & \overline{3-i} \\ \overline{1-i} & \overline{7i} \end{bmatrix} = \begin{bmatrix} -i & 5 \\ 2-3i & 3+i \\ 1+i & -7i \end{bmatrix}$ である．また，任意の実数 x に対しては，$\overline{x} = x$ が成り立つので，A が実行列ならば，$A^* = {}^tA$ となる．

随伴行列については，転置行列の性質 (定理 1.7) と同様の性質が成り立つ．

定理 1.12（随伴行列の性質）
A と B を $m \times n$ 複素行列，α を複素数とするとき，
(1) $(A^*)^* = A$　　(2) $(A+B)^* = A^*+B^*$　　(3) $(\alpha A)^* = \overline{\alpha} A^*$
さらに，A が $m \times n$ 行列，B が $n \times r$ 行列ならば，
(4) $(AB)^* = B^* A^*$ が成り立つ．

（証明）
(4) のみを示す．
定理 1.7(4) および定理 1.9(3) より，$(AB)^* = {}^t(\overline{AB}) = {}^t(\overline{A}\,\overline{B}) = {}^t\overline{B}\,{}^t\overline{A} = B^* A^*$．
■

これまでの例題は，実行列のみだったが，複素行列についても同様に計算できる．ここでは，その例を見てみよう．

例題 1.17（複素行列の計算）
$A = \begin{bmatrix} 1+2i & -3i \\ 2i & 1-2i \end{bmatrix}$, $B = \begin{bmatrix} i & 1+i & -2 \\ 1-i & -i & 3i \end{bmatrix}$ とするとき，
$(1+i)\overline{A}$, $AB - 3B$, BB^* を求めよ．

（解答）

$$(1+i)\overline{A} = \begin{bmatrix} (1+i)(1-2i) & (1+i)(3i) \\ (1+i)(-2i) & (1+i)(1+2i) \end{bmatrix} = \begin{bmatrix} 3-i & -3+3i \\ 2-2i & -1+3i \end{bmatrix}$$

$$AB = \begin{bmatrix} 1+2i & -3i \\ 2i & 1-2i \end{bmatrix} \begin{bmatrix} i & 1+i & -2 \\ 1-i & -i & 3i \end{bmatrix}$$

$$= \begin{bmatrix} (1+2i)i - 3i(1-i) & (1+2i)(1+i) - 3i(-i) & (1+2i)(-2) + -3i(3i) \\ 2i(i) + (1-2i)(1-i) & 2i(1+i) + (1-2i)(-i) & 2i(-2) + (1-2i)(3i) \end{bmatrix}$$

$$= \begin{bmatrix} -5-2i & -4+3i & 7-4i \\ -3-3i & -4+i & 6-i \end{bmatrix}$$

$$AB-3B = \begin{bmatrix} -5-2i & -4+3i & 7-4i \\ -3-3i & -4+i & 6-i \end{bmatrix} - \begin{bmatrix} 3i & 3+3i & -6 \\ 3-3i & -3i & 9i \end{bmatrix}$$

$$= \begin{bmatrix} -5-5i & -7 & 13-4i \\ -6 & -4+4i & 6-10i \end{bmatrix}$$

$$BB^* = \begin{bmatrix} i & 1+i & -2 \\ 1-i & -i & 3i \end{bmatrix} \begin{bmatrix} -i & 1+i \\ 1-i & i \\ -2 & -3i \end{bmatrix} = \begin{bmatrix} 7 & -2+8i \\ -2-8i & 12 \end{bmatrix}$$

■

[問] 1.15　$A = \begin{bmatrix} 1+3i & 3-2i \\ 2+5i & 2+4i \\ i & -i \end{bmatrix}$, $B = \begin{bmatrix} 1-i & 1+i \\ 2 & i \end{bmatrix}$ とするとき，${}^tA$, ${}^tB$, A^*, B^*, AB, ${}^t(AB)$, ${}^tB{}^tA$, $(AB)^*$, B^*A^* を求め，${}^t(AB) = {}^tB{}^tA$ および $(AB)^* = B^*A^*$ を確かめよ．

▶【アクティブ・ラーニング】
まとめに記載されている項目について，例を交えながら他の人に説明しよう．また，あなたならどのように本章をまとめますか？あなたの考えで本章をまとめ，それを他の人とも共有し，自分たちオリジナルのまとめを作成しよう．

▶【アクティブ・ラーニング】
本章で登場した例題および問において，重要な問題を 5 つ選び，その理由を述べてください．その際，選定するための基準は，自分たちで考えてください．

第1章のまとめ

- 行列とは，実数，複素数や文字などを長方形に並べてカッコでくくったもの．
- 行列の成分の横方向の並びが行，縦方向の並びが列．
- 行列の型（行の数と列の数）が同じときのみ，行列の和とスカラー倍が計算できる．
- 行列 A の列数と行列 B の行数が一致するときのみ，行列の積 AB が定義できる．
- 行列の積については，一般に $AB = BA$ は成り立たない．
- 対角行列 A^n については，A^n が具体的に求められる場合がある．
- 単位行列はクロネッカーのデルタ δ_{ij} を用いて $E_n = [\delta_{ij}]$ と表せる．
- 逆行列，転置行列，随伴行列については，それぞれ $(AB)^{-1} = B^{-1}A^{-1}$, ${}^t(AB) = {}^tB{}^tA$, $(AB)^* = B^*A^*$ が成り立つ．

第 1 章　演習問題

[A. 基本問題]

演習 1.1 $A = \begin{bmatrix} 6 & -8 \\ 2 & 6 \\ 8 & 5 \end{bmatrix}, B = \begin{bmatrix} 4 & 6 \\ -7 & 0 \\ 3 & 2 \end{bmatrix}, C = \begin{bmatrix} 1 & 4 & 5 \\ 2 & 4 & 6 \\ 0 & 0 & 3 \end{bmatrix}, D = \begin{bmatrix} 1 & 0 & 1 \\ 1 & 1 & 0 \end{bmatrix}$ とする．このとき，次の演算が定義可能ならば，その行列を求め，不可能ならばその理由を述べよ．

(1) $3A - B$　(2) $A - C$　(3) AB　(4) AD　(5) CB

演習 1.2 $A = \begin{bmatrix} 1 \\ 2 \end{bmatrix}, B = \begin{bmatrix} 3 \\ 4 \end{bmatrix}, C = \begin{bmatrix} 1 & 2 & 3 \\ 4 & 5 & 6 \end{bmatrix}, D = [1 \quad 3 \quad 5], E = \begin{bmatrix} 1 & 2 & 3 \\ 4 & 5 & 6 \\ 7 & 8 & 9 \end{bmatrix}, F = \begin{bmatrix} -1 \\ -2 \\ -3 \end{bmatrix}$ とする．このとき，次の演算が定義可能ならば，その行列を求め，不可能ならばその理由を述べよ．

(1) CB　(2) $CF + 2A$　(3) $CE - 3C$　(4) DE　(5) EF

演習 1.3 $A = \begin{bmatrix} a & b & c \\ d & e & f \end{bmatrix}$, $B = \begin{bmatrix} x & u \\ y & v \\ z & w \end{bmatrix}$, $C = \begin{bmatrix} 3 & 4 & 2 \\ 1 & 0 & 8 \\ -1 & 2 & 5 \end{bmatrix}$, $D = \begin{bmatrix} 1 & 0 & 3 \\ -2 & 3 & 5 \\ 4 & -1 & 0 \end{bmatrix}$ とする．このとき，次の演算が定義可能ならば，その行列を求め，不可能ならばその理由を述べよ．

(1) AB　(2) BA　(3) CD　(4) DC　(5) AC　(6) BD

演習 1.4 $A = [1 \quad 2], B = \begin{bmatrix} -1 \\ 2 \end{bmatrix}, C = [1 \quad 3 \quad -1], D = \begin{bmatrix} 2 \\ 4 \\ 6 \end{bmatrix}, E = \begin{bmatrix} 1 & 3 & 5 \\ 2 & 1 & 3 \end{bmatrix}, F = \begin{bmatrix} -2 & 1 \\ 3 & 2 \\ 2 & -1 \end{bmatrix}$ とするとき，次の計算は定義可能か? 可能ならば計算して結果を求め，不可能ならばその理由を述べよ．

(1)AB　(2)EC　(3)$BA - AB$　(4)DC　(5)EF　(6)ED　(7)FB

演習 1.5 n を自然数とし，$A = \begin{bmatrix} 2 & 1 \\ 1 & 2 \end{bmatrix}$, $P = \dfrac{1}{\sqrt{2}} \begin{bmatrix} 1 & 1 \\ -1 & 1 \end{bmatrix}$ とするとき，$P^{-1}AP$ および A^n を求めよ．

演習 1.6 A, B, C を n 次正則行列とする．このとき，$ABC = CBA$ ならば $B^{-1}A^{-1}C = CA^{-1}B^{-1}$ が成り立つことを示せ．

演習 1.7 δ_{ij} をクロネッカーのデルタとするとき，$\displaystyle\sum_{i=1}^{3}\sum_{j=1}^{3}(i+j)\delta_{ij}$ および $\displaystyle\sum_{i=1}^{3}\sum_{j=1}^{2}(2i-j)\delta_{ij}$ の値を求めよ．また，$A = \begin{bmatrix} \delta_{11} & 2\delta_{12} & 3\delta_{13} \\ 4\delta_{21} & 5\delta_{22} & 6\delta_{23} \end{bmatrix}$ とするとき，${}^tAA$ および $\mathrm{tr}({}^tAA)$ を求めよ．

演習 1.8 $A = \begin{bmatrix} 3 & \beta & 7 \\ 8 & 0 & \gamma \\ \alpha & -6 & 9 \end{bmatrix}, B = \begin{bmatrix} a & c & -7 \\ 8 & d & e \\ b & -6 & f \end{bmatrix}$ とする．このとき，A が対称行列，B が交代行列になるように $\alpha \sim \gamma$ および $a \sim f$ を定めよ．

演習 1.9 A, B, C が対称行列のとき，次の命題は成り立つか？理由を述べて答えよ．

(1) ABC は対称行列である．

(2) $BA - AB$ は交代行列である．

(3) $AB = BA$ ならば，BA は対称行列である．

演習 1.10 A が交代行列のとき，A^2 は対称行列になるか？また，A^3 は交代行列になるか？理由を述べて答えよ．

演習 1.11 次の行列 A に対して，${}^tAA$ および $\mathrm{tr}({}^tAA)$ を求めよ．

(1) $A = \begin{bmatrix} -2 & 3 & 1 \\ 1 & 5 & 2 \end{bmatrix}$　(2) $A = \begin{bmatrix} 1 & 0 & 2 \\ -2 & 2 & 1 \\ 1 & -1 & 3 \end{bmatrix}$

[B. 応用問題]

演習 1.12 $E_n + A$ を n 次正則行列とし，$B = (E_n - A)(E_n + A)^{-1}$ とするとき，$E_n + B$ が正則であることを示し，$E_n + B$ の逆行列を求めよ．

演習 1.13 次の命題は成り立つか？理由を述べて答えよ．

(1) 行列 $\begin{bmatrix} 1 & 2 \\ 3 & 4 \end{bmatrix}$ に定数 c を左から掛けると行列 $\begin{bmatrix} c & 2 \\ 3c & 4 \end{bmatrix}$ になる．

(2) 行列 A と行列 B の行数が一致すれば，積 AB が計算できる．

(3) n 次正方行列 A, B, C に対して，$(A + B)C = CA + CB$ が成り立つ．

(4) n 次正方行列 A が対角行列ならば，$i = j$ のとき $a_{ij} = 0$ である．

(5) A と B が $m \times n$ 行列のとき，$A{}^tB$ および ${}^tAB$ は定義可能である．

(6) A と B が正方行列のとき，$(A + B)(A - B) = A^2 - B^2$ である．

(7) n 次正則行列 A, B に対して，$(AB)^{-1} = B^{-1}A^{-1}$ が成り立つ．

(8) A, B がともに正則行列であれば，$A + B$ も正則行列である．

(9) A, B がともに正則行列であれば，AB も正則行列である．

(10) n 次正方行列 A に対して，$A^2 = A$ かつ $A \neq O$ ならば $A = E_n$ である．

(11) 正方行列 A, B に対して，$AB = O$ かつ $B \neq O$ ならば，A は正則行列ではない．

(12) n 次正方行列に対して，$A^2 = O$ ならば，$E_n - A$ は逆行列 $E_n + A$ をもつ．

(13) A が正則行列かつ $r \neq 0$ ならば，$(rA)^{-1} = rA^{-1}$ である．

(14) n 次正則行列 A, P に対して，$\mathrm{tr}(P^{-1}AP) = \mathrm{tr}(A)$ が成り立つ．

第1章　略解とヒント

[問]

問 1.1 (1) $x = \dfrac{1}{2},\ y = 3,\ a = -2,\ b = \dfrac{2}{3}$　(2) $x = -3,\ y = 1,\ a = 1,\ b = 5$

問 1.2 (1) $\begin{bmatrix} -2 & 4 & -3 \\ -7 & 21 & 4 \end{bmatrix}$　(2) $\dfrac{1}{3}\begin{bmatrix} 3 & 4 & 2 \\ 8 & -9 & 4 \end{bmatrix}$

問 1.3 (1) $\begin{bmatrix} -12 & 24 \\ -6 & 12 \end{bmatrix}$　(2) $\begin{bmatrix} -4 & -2 \\ 13 & 17 \end{bmatrix}$　(3) $\begin{bmatrix} 1+5\sqrt{2} & 2-\sqrt{2} \\ -4+5\sqrt{2} & 3-\sqrt{2} \end{bmatrix}$

問 1.4 (1) $\begin{bmatrix} -2 & -1 \\ 4 & 2 \end{bmatrix}$　(2) $\begin{bmatrix} 6 \\ 4 \\ 1 \end{bmatrix}$　(3) 6　(4) 定義できない.　(5) $\begin{bmatrix} 33 \\ 23 \end{bmatrix}$　(6) $\begin{bmatrix} 12 & 8 \\ 10 & 2 \end{bmatrix}$

問 1.5 $AB_1 = \begin{bmatrix} -11 & 11 \\ -13 & 21 \\ 12 & -5 \end{bmatrix}$, $AB_3 = \begin{bmatrix} -15 & 1 & 13 \\ -17 & 7 & 11 \\ 17 & 4 & -18 \end{bmatrix}$, $AB_6 = \begin{bmatrix} 1 \\ 7 \\ 4 \end{bmatrix}$

問 1.6 (1) $A^2 = \begin{bmatrix} 2 & -1 \\ 7 & -3 \end{bmatrix}$, $A^3 = \begin{bmatrix} -1 & 0 \\ 0 & -1 \end{bmatrix}$　(2) $A^2 = \begin{bmatrix} 4 & 5 \\ -1 & -1 \end{bmatrix}$, $A^3 = \begin{bmatrix} 7 & 10 \\ -2 & -3 \end{bmatrix}$

(3) $A^2 = \begin{bmatrix} 5 & 0 \\ 0 & 5 \end{bmatrix}$, $A^3 = \begin{bmatrix} 5\sqrt{2} & 5\sqrt{3} \\ 5\sqrt{3} & -5\sqrt{2} \end{bmatrix}$

問 1.7 (1) $A^n = \begin{bmatrix} a^n & 0 \\ 0 & b^n \end{bmatrix}$

(2) n が奇数のとき $A^n = \begin{bmatrix} 1 & a \\ 0 & -1 \end{bmatrix}$, n が偶数のとき $A^n = \begin{bmatrix} 1 & 0 \\ 0 & 1 \end{bmatrix}$

(3) n が奇数のとき $A^n = \begin{bmatrix} 1 & 2 & -2 \\ 0 & -1 & 2 \\ 0 & 0 & 1 \end{bmatrix}$, n が偶数のとき $A^n = \begin{bmatrix} 1 & 0 & 0 \\ 0 & 1 & 0 \\ 0 & 0 & 1 \end{bmatrix}$

問 1.8 $AB = \begin{bmatrix} -10 & 5 \\ -20 & 10 \end{bmatrix}$, $BA = \begin{bmatrix} 0 & 0 \\ 0 & 0 \end{bmatrix}$

問 1.9 $A(A+2E_n) = E_n$ および $(A+2E_n)A = E_n$ より $A^{-1} = A + 2E_n$.

問 1.10 $B^{-1}A^{-1} = A^{-1}B^{-1} \Longrightarrow A^{-1} = BA^{-1}B^{-1} \Longrightarrow A^{-1}B = BA^{-1}$

問 1.11 $|A| = -7$, $A^{-1} = -\dfrac{1}{7}\begin{bmatrix} 1 & -3 \\ -2 & -1 \end{bmatrix}$, $\boldsymbol{x} = \dfrac{1}{7}\begin{bmatrix} -6 \\ 5 \end{bmatrix}$

問 1.12 (1) $a = 3$, $b = -1$, $c = 4$, $d = 3$, $e = -1$, $f = 4$

(2) $AB + BA$ は対称行列. $AB - BA$ は交代行列ではない (対称行列である).

問 1.13 (1) ${}^tAA = \begin{bmatrix} 5 & -8 & -1 \\ -8 & 29 & -29 \\ -1 & -29 & 58 \end{bmatrix}$, $\mathrm{tr}({}^tAA) = 92$　(2) ${}^tAA = \begin{bmatrix} 14 & 4 & 6 \\ 4 & 29 & 18 \\ 6 & 18 & 42 \end{bmatrix}$, $\mathrm{tr}({}^tAA) = 85$

問 1.14 (1) 15　(2) $-21+20i$　(3) $-5+10i$　(4) $\dfrac{13-6i}{41}$　(5) $-\dfrac{i}{3}$　(6) $3i$　(7) $15+7\sqrt{3}i$

問 1.15 ${}^tA = \begin{bmatrix} 1+3i & 2+5i & i \\ 3-2i & 2+4i & -i \end{bmatrix}$, ${}^tB = \begin{bmatrix} 1-i & 2 \\ 1+i & i \end{bmatrix}$, $A^* = \begin{bmatrix} 1-3i & 2-5i & -i \\ 3+2i & 2-4i & i \end{bmatrix}$,

$B^* = \begin{bmatrix} 1+i & 2 \\ 1-i & -i \end{bmatrix}$, $AB = \begin{bmatrix} 10-2i & 7i \\ 11+11i & -7+9i \\ 1-i & i \end{bmatrix}$, ${}^t(AB) = \begin{bmatrix} 10-2i & 11+11i & 1-i \\ 7i & -7+9i & i \end{bmatrix}$,

${}^tB{}^tA = \begin{bmatrix} 10-2i & 11+11i & 1-i \\ 7i & -7+9i & i \end{bmatrix}$, $(AB)^* = \begin{bmatrix} 10+2i & 11-11i & 1+i \\ -7i & -7-9i & -i \end{bmatrix}$,

$B^*A^* = \begin{bmatrix} 10+2i & 11-11i & 1+i \\ -7i & -7-9i & -i \end{bmatrix}$

[演習]

演習 1.1 (1) $\begin{bmatrix} 14 & -30 \\ 13 & 18 \\ 21 & 13 \end{bmatrix}$　(2) 定義できない.　(3) 定義できない.　(4) $\begin{bmatrix} -2 & -8 & 6 \\ 8 & 6 & 2 \\ 13 & 5 & 8 \end{bmatrix}$

(5) $\begin{bmatrix} -9 & 16 \\ -2 & 24 \\ 9 & 6 \end{bmatrix}$

演習 1.2 (1) 定義できない. (2) $\begin{bmatrix} -12 \\ -28 \end{bmatrix}$ (3) $\begin{bmatrix} 27 & 30 & 33 \\ 54 & 66 & 78 \end{bmatrix}$ (4) $[48 \quad 57 \quad 66]$ (5) $\begin{bmatrix} -14 \\ -32 \\ -50 \end{bmatrix}$

演習 1.3 (1) $\begin{bmatrix} ax+by+cz & au+bv+cw \\ dx+ey+fz & du+ev+fw \end{bmatrix}$ (2) $\begin{bmatrix} xa+ud & xb+ue & xc+uf \\ ya+vd & yb+ve & yc+vf \\ za+wd & zb+we & zc+wf \end{bmatrix}$ (3) $\begin{bmatrix} 3 & 10 & 29 \\ 33 & -8 & 3 \\ 15 & 1 & 7 \end{bmatrix}$

(4) $\begin{bmatrix} 0 & 10 & 17 \\ -8 & 2 & 45 \\ 11 & 16 & 0 \end{bmatrix}$ (5) $\begin{bmatrix} 3a+b-c & 4a+2c & 2a+8b+5c \\ 3d+e-f & 4d+2f & 2d+8e+5f \end{bmatrix}$ (6) 定義できない.

演習 1.4 (1) 3 (2) 定義できない. (3) 定義できない. (4) $\begin{bmatrix} 2 & 6 & -2 \\ 4 & 12 & -4 \\ 6 & 18 & -6 \end{bmatrix}$ (5) $\begin{bmatrix} 17 & 2 \\ 5 & 1 \end{bmatrix}$

(6) $\begin{bmatrix} 44 \\ 26 \end{bmatrix}$ (7) $\begin{bmatrix} 4 \\ 1 \\ -4 \end{bmatrix}$

演習 1.5 $P^{-1}AP = \begin{bmatrix} 1 & 0 \\ 0 & 3 \end{bmatrix}$, $A^n = \dfrac{1}{2}\begin{bmatrix} 3^n+1 & 3^n-1 \\ 3^n-1 & 3^n+1 \end{bmatrix}$

演習 1.6 $C(ABC)^{-1}C = C(CBA)^{-1}C$ を計算する.

演習 1.7 $\displaystyle\sum_{i=1}^{3}\sum_{j=1}^{3}(i+j)\delta_{ij} = 12$, $\displaystyle\sum_{i=1}^{3}\sum_{j=1}^{2}(2i-j)\delta_{ij} = 3$, $A = \begin{bmatrix} 1 & 0 & 0 \\ 0 & 5 & 0 \end{bmatrix}$ より ${}^tAA = \begin{bmatrix} 1 & 0 & 0 \\ 0 & 25 & 0 \\ 0 & 0 & 0 \end{bmatrix}$

$\mathrm{tr}({}^tAA) = 26$.

演習 1.8 $\alpha = 7$, $\beta = 8$, $\gamma = -6$, $a = 0$, $b = 7$, $c = -8$, $d = 0$, $e = 6$, $f = 0$

演習 1.9 (1) 成り立たない (2) 成り立つ (3) 成り立つ

演習 1.10 A^2 は対称行列, A^3 は交代行列となる.

演習 1.11 (1) ${}^tAA = \begin{bmatrix} 5 & -1 & 0 \\ -1 & 34 & 13 \\ 0 & 13 & 5 \end{bmatrix}$, $\mathrm{tr}({}^tAA) = 44$ (2) ${}^tAA = \begin{bmatrix} 6 & -5 & 3 \\ -5 & 5 & -1 \\ 3 & -1 & 14 \end{bmatrix}$, $\mathrm{tr}({}^tAA) = 25$

演習 1.12 $B = (E_n - A)(E_n + A)^{-1}$ の両辺に右から $(E_n + A)$ を掛けた後, $E_n + A$ を両辺に加えると, $(E_n+B)\left(\dfrac{1}{2}(E_n+A)\right) = E_n$. この式の両辺に $(E_n+A)^{-1}$ を右から掛けると $\dfrac{1}{2}(E_n+B) = (E_n+A)^{-1}$ となるので, これを使って $\dfrac{1}{2}(E_n+A)(E_n+B) = E_n$ を示す. $(E_n+B)^{-1} = \dfrac{1}{2}(E_n+A)$.

演習 1.13 (1) 成り立たない. (2) 成り立たない (3) 成り立たない (4) 成り立たない. (5) 成り立つ (6) 成り立たない (7) 成り立つ (8) 成り立たない. 反例 $A = \begin{bmatrix} 1 & 0 \\ 0 & 1 \end{bmatrix}$, $B = \begin{bmatrix} 0 & 1 \\ 1 & 0 \end{bmatrix}$

(9) 成り立つ (10) 成り立たない. 反例 $A = \begin{bmatrix} 1 & 0 \\ 0 & 0 \end{bmatrix}$. (11) 成り立つ. A^{-1} が存在するとして背理法で示す. (12) 成り立つ (13) 成り立たない (14) 成り立つ

第 2 章　行列の基本変形とその応用

[ねらい]

線形代数の目標の一つは，連立一次方程式の解法に関する理論化である．実は，連立一次方程式を解く，という操作は行列の行基本変形を行うことにほかならない．本章では，この行列の行基本変形を通じて，連立一次方程式の解法に関する理論を構築したり，逆行列を求めたりしよう．

[この章の項目]

連立一次方程式の行列表現，掃き出し法による連立一次方程式の解法と逆行列の導出，行列の基本変形，行列のランク，ランクと連立一次方程式，ランクと行列の正則性，非同次連立一次方程式と付随する同次方程式

2.1　連立一次方程式の行列表現

例えば，連立一次方程式

$$\begin{cases} 3x+4y+5z=3 \\ 2x+3y+4z=2 \\ x+2y+3z=1 \end{cases} \tag{2.1}$$

は，行列の積の定義より，$\begin{bmatrix} 3 & 4 & 5 \\ 2 & 3 & 4 \\ 1 & 2 & 3 \end{bmatrix}\begin{bmatrix} x \\ y \\ z \end{bmatrix} = \begin{bmatrix} 3 \\ 2 \\ 1 \end{bmatrix}$ と表されることは容易に確認できる．したがって，$A = \begin{bmatrix} 3 & 4 & 5 \\ 2 & 3 & 4 \\ 1 & 2 & 3 \end{bmatrix}$, $\boldsymbol{x} = \begin{bmatrix} x \\ y \\ z \end{bmatrix}$ $\boldsymbol{b} = \begin{bmatrix} 3 \\ 2 \\ 1 \end{bmatrix}$ とおけば，(2.1) は

$$A\boldsymbol{x} = \boldsymbol{b} \tag{2.2}$$

表される．この行列 A を係数行列(けいすうぎょうれつ)(coefficient matrix) といい，これに $\boldsymbol{b}$ をつけた行列

$$[A|\boldsymbol{b}] = \left[\begin{array}{ccc|c} 3 & 4 & 5 & 3 \\ 2 & 3 & 4 & 2 \\ 1 & 2 & 3 & 1 \end{array}\right]$$

【注意】行列の積を定義 1.4 のように定義したメリットの一つは，連立一次方程式が $A\boldsymbol{x} = \boldsymbol{b}$ と表されることである．

▶[拡大係数行列の表記]
拡大係数行列を $[A\ \boldsymbol{b}]$ と表す教科書もあるが，これだと A と $\boldsymbol{b}$ の積 $A\boldsymbol{b}$ だと勘違いする恐れがあるので，本書では $[A|\boldsymbol{b}]$ と表す．

を**拡大係数行列**(enlarged coefficient matrix, augmented matrix) という.

より一般的には，未知数が $x_1, x_2, \ldots, x_n$ の連立一次方程式

$$\begin{cases} a_{11}x_1 + a_{12}x_2 + \cdots + a_{1n}x_n = b_1 \\ a_{21}x_1 + a_{22}x_2 + \cdots + a_{2n}x_n = b_2 \\ \qquad\vdots \\ a_{m1}x_1 + a_{m2}x_2 + \cdots + a_{mn}x_n = b_m \end{cases} \tag{2.3}$$

は,

$$A = \begin{bmatrix} a_{11} & a_{12} & \cdots & a_{1n} \\ a_{21} & a_{22} & \cdots & a_{2n} \\ & \cdots & & \\ a_{m1} & a_{m2} & \cdots & a_{mn} \end{bmatrix}, \quad \boldsymbol{x} = \begin{bmatrix} x_1 \\ x_2 \\ \vdots \\ x_n \end{bmatrix}, \quad \boldsymbol{b} = \begin{bmatrix} b_1 \\ b_2 \\ \vdots \\ b_m \end{bmatrix}$$

とおけば，$A\boldsymbol{x} = \boldsymbol{b}$ と表される.

また，係数行列 A の各列ベクトルを $\boldsymbol{a}_1, \boldsymbol{a}_2, \ldots, \boldsymbol{a}_n$ とすれば，連立一次方程式 (2.3) は，次のように表される.

$$x_1\boldsymbol{a}_1 + x_2\boldsymbol{a}_2 + \cdots + x_n\boldsymbol{a}_n = \boldsymbol{b} \tag{2.4}$$

例えば，(2.1) を (2.4) の形で表すと

$$x\begin{bmatrix} 3 \\ 2 \\ 1 \end{bmatrix} + y\begin{bmatrix} 4 \\ 3 \\ 2 \end{bmatrix} + z\begin{bmatrix} 5 \\ 4 \\ 3 \end{bmatrix} = \begin{bmatrix} 3 \\ 2 \\ 1 \end{bmatrix}$$

となる.

[問] 2.1　次の連立一次方程式の係数行列および拡大係数行列を求めよ．また連立一次方程式を (2.2) および (2.4) の形で表せ.

(1) $\begin{cases} 2x + 5y = 23 \\ -4x + 3y = -7 \end{cases}$　　(2) $\begin{cases} x - 2y + 3z = -14 \\ 3x - 5z = 32 \end{cases}$　　(3) $\begin{cases} x - 3y = -5 \\ -2x + 5y = 7 \\ 3x + 7y = 33 \end{cases}$

2.2　掃き出し法による連立一次方程式の解法

(2.1) をある手順によって解いていこう．連立一次方程式と対応する拡大係数行列との関係を見るために，まずは，これらを併記する.

$$\begin{cases} 3x + 4y + 5z = 3 \\ 2x + 3y + 4z = 2 \\ x + 2y + 3z = 1 \end{cases} \iff \left[\begin{array}{ccc|c} 3 & 4 & 5 & 3 \\ 2 & 3 & 4 & 2 \\ 1 & 2 & 3 & 1 \end{array}\right] \tag{2.5}$$

次に，第 1 行と第 3 行を入れ換える．

$$\begin{cases} x+2y+3z=1 \\ 2x+3y+4z=2 \\ 3x+4y+5z=3 \end{cases} \iff \left[\begin{array}{ccc|c} 1 & 2 & 3 & 1 \\ 2 & 3 & 4 & 2 \\ 3 & 4 & 5 & 3 \end{array}\right]$$

そして，第 1 行の (−2) 倍を第 2 行，第 1 行の (−3) 倍を第 3 行に加えると，

$$\begin{cases} x \quad +2y+3z=1 \\ \qquad -y-2z=0 \\ \qquad -2y-4z=0 \end{cases} \iff \left[\begin{array}{ccc|c} 1 & 2 & 3 & 1 \\ 0 & -1 & -2 & 0 \\ 0 & -2 & -4 & 0 \end{array}\right]$$

となり，第 2 行の (−2) 倍を第 3 行に加えると，

$$\begin{cases} x \quad +2y+3z=1 \\ \qquad -y-2z=0 \end{cases} \iff \left[\begin{array}{ccc|c} 1 & 2 & 3 & 1 \\ 0 & -1 & -2 & 0 \\ 0 & 0 & 0 & 0 \end{array}\right]$$

となる．最後に，第 2 行を (−1) 倍すると

$$\begin{cases} x \quad +2y+3z=1 \\ \qquad y+2z=0 \end{cases} \iff \left[\begin{array}{ccc|c} 1 & 2 & 3 & 1 \\ 0 & 1 & 2 & 0 \\ 0 & 0 & 0 & 0 \end{array}\right] \tag{2.6}$$

を得る．最終的に，変数の数は 3 つで，方程式の数は 2 つということが分かった．このときは，x, y, z のうち，いずれか 1 つは任意の値としてよい．よって，$z=\alpha$（ただし，α は任意の実数）とすれば，

$$\begin{aligned} y &= -2z = -2\alpha \\ x &= 1-2y-3z = 1-2(-2\alpha)-3\alpha = 1+\alpha \end{aligned}$$

となるので，$\begin{bmatrix} x \\ y \\ z \end{bmatrix} = \begin{bmatrix} 1+\alpha \\ -2\alpha \\ \alpha \end{bmatrix}$ が (2.5) の解となる．

結局のところ，この例で行った計算では，拡大係数行列に対して，

(1) ある行の順番を入れ換える
(2) ある行の何倍かを他の行に加える
(3) ある行に 0 でない数を掛ける

という操作を行い，同じ解をもつ簡単な連立一次方程式へ変形していくことにほかならない．この (1)〜(3) の操作を行基本変形（ぎょうきほんへんけい）(elementary row operations) といい，行基本変形を使って連立一次方程式を解く方法を掃き出し法 (sweeping-out method) あるいはガウスの消去法 (Gaussian elimination)

【注意】 2 つの変数 x, y に対して $y=x+1$ という関係式のみが与えられた場合，x を勝手に α と決めれば，y が自動的に $\alpha+1$ と決まり，これらは $y=x+1$ を満す．この状況は 3 つ以上の変数に対しても成り立ち，例えば，3 つの変数 x, y, z に対して，関係式が 2 つのみ与えられていれば，x, y, z のうちいずれか一つを任意の数できる．同様に，関係式が 1 つのみであれば，x, y, z のうち 2 つを任意の数にできる．

▶ [不定解]
α は任意なので，連立一次方程式の解 $x=1+\alpha$, $y=-2\alpha$, $z=\alpha$ は無数に存在することになる．このような解を不定解（ふていかい）(indeterminate solution) という．

という．

なお，この掃き出し法により得られた係数行列

$$\begin{bmatrix} 1 & 2 & 3 \\ 0 & 1 & 2 \\ 0 & 0 & 0 \end{bmatrix}$$

は，対角成分より下側の成分がすべて0になっている．このような行列を上三角行列(upper triangular matrix) いう．

掃き出し法とは，拡大係数行列に行基本変形を施し，係数行列を上三角行列に変形することによって，連立一次方程式の解を求める方法である．

(2.6) の場合は，解が無数にあったが，例えば，拡大係数行列が

$$\left[\begin{array}{ccc|c} 1 & 2 & 3 & 1 \\ 0 & 1 & 2 & 0 \\ 0 & 0 & 1 & 1 \end{array}\right]$$

となれば，対応する方程式は

$$\begin{aligned} x + 2y + 3z &= 1 \\ y + 2z &= 0 \\ z &= 1 \end{aligned} \tag{2.7}$$

なので，$z = 1, y = -2z = -2, x = 1 - 2y - 3z = 2$ となり，解がただ一つに定まる．一方，拡大係数行列が

$$\left[\begin{array}{ccc|c} 1 & -3 & 2 & 1 \\ 0 & 1 & -4 & 8 \\ 0 & 0 & 0 & 3 \end{array}\right] \tag{2.8}$$

となった場合，対応する方程式は

$$\begin{aligned} x - 3y + 2z &= 1 \\ y - 4z &= 8 \\ 0 &= 3 \end{aligned}$$

なので，これを満たす解は存在しない．なぜならば，x, y, z をどのように選んでも，$0 = 3$ は決して成り立たないからである．この例から分かるように，一般に，拡大係数行列を行基本変形で変形し，それが (2.8) の形になったら，絶対に元の連立一次方程式の解は存在しない．

以上をまとめると，連立一次方程式には

(1) 解がただ一つ存在する，つまり，$\left[\begin{array}{ccc|c} * & * & * & * \\ & * & * & * \\ & & * & * \end{array}\right]$ の場合

▶[三角行列]
n 次正方行列 A が $a_{ij} = 0 (i > j)$ を満たすとき A を上三角行列(upper triangular matrix) といい，A が $a_{ij} = 0 (i < j)$ を満たすとき A を下三角行列(lower triangular matrix) という．また，上三角行列または下三角行列を単に三角行列(triangular matrix) ということがある．

▶[一意解]
連立一次方程式 (2.7) の解は $\begin{bmatrix} x \\ y \\ z \end{bmatrix} = \begin{bmatrix} 2 \\ -2 \\ 1 \end{bmatrix}$ であり，これが唯一の解である．このような解を一意解(unique solution) または唯一解(unique solution) という．なお，連立一次方程式の解は列ベクトル $\boldsymbol{x}$，今の場合であれば，$\begin{bmatrix} x \\ y \\ z \end{bmatrix}$ なので，x, y, z を一組として考えなければならない．決して，(2.7) の解は $x = 2$, $y = -2$, $z = 1$ の3つである，と考えてはいけない．

▶【アクティブ・ラーニング】
拡大係数行列の形と連立一次方程式の関係について，お互いに説明し合おう．

(2) 解が無数に存在する，つまり，$\left[\begin{array}{ccc|c} * & * & * & * \\ & * & * & * \\ & & & \end{array}\right]$ の場合

(3) 解が存在しない，つまり，$\left[\begin{array}{ccc|c} * & * & * & * \\ & * & * & * \\ & & & * \end{array}\right]$ の場合

があり，拡大係数行列の最後の形をみれば，それらが判定できる．

これまでの話をもう少し一般的にまとめよう．結局のところ，連立一次方程式 (2.3) を解くには，その拡大係数行列

$$\left[\begin{array}{cccc|c} a_{11} & a_{12} & \cdots & a_{1n} & b_1 \\ a_{21} & a_{22} & \cdots & a_{2n} & b_2 \\ \vdots & \vdots & \cdots & \vdots & \vdots \\ a_{m1} & a_{m2} & \cdots & a_{mn} & b_m \end{array}\right] = [A|\boldsymbol{b}] \tag{2.9}$$

に行基本変形を施し，それが

$$\left[\begin{array}{ccc|ccc|c} 1 & & & c_{1,r+1} & \cdots & c_{1n} & d_1 \\ & \ddots & & \vdots & & \vdots & \vdots \\ & & 1 & c_{r,r+1} & \cdots & c_{rn} & d_r \\ \hline & & & & & & \\ & O & & & O & & \mathbf{0} \\ & & & & & & \end{array}\right] \tag{2.10}$$

となれば，連立一次方程式の解は存在して，解は

$$\begin{cases} x_1 & = -c_{1,r+1}x_{r+1} - \cdots - c_{1n}x_n + d_1 \\ x_2 & = -c_{2,r+1}x_{r+1} - \cdots - c_{2n}x_n + d_2 \\ & \vdots \\ x_r & = -c_{r,r+1}x_{r+1} - \cdots - c_{rn}x_n + d_r \\ & x_{r+1}, x_{r+2}, \ldots, x_n \text{は不定 (どんな値でもよい)} \end{cases} \tag{2.11}$$

となる．なお，$n-r$ 個の変数 $x_{r+1}, x_{r+2}, \ldots, x_n$ は勝手に決められるが，この $n-r$ は自由に決められる変数の数という意味で，連立一次方程式の解の自由度(じゆうど)(degree of freedom) という．

例えば，(2.6) の場合，$\left[\begin{array}{ccc|c} 1 & 2 & 3 & 1 \\ 0 & 1 & 2 & 0 \\ 0 & 0 & 0 & 0 \end{array}\right]$ のように 0 のみの行が 1 つなので，自由度は 1 である．

【注意】 O や $\mathbf{0}$ は，その成分がすべて 0 であることを表す．

【注意】 例えば，(2.6)

$$\left[\begin{array}{ccc|c} 1 & 2 & 3 & 1 \\ 0 & 1 & 2 & 0 \\ 0 & 0 & 0 & 0 \end{array}\right]$$

の第 2 行の (-2) 倍を第 1 行に加えると，

$$\left[\begin{array}{cc|c|c} 1 & 0 & -1 & 1 \\ 0 & 1 & 2 & 0 \\ \hline 0 & 0 & 0 & 0 \end{array}\right]$$

となり，(2.6) は (2.10) の形に変形できる．このように，連立一次方程式の解が存在するときは，(2.10) の形に変形できるので，(2.10) を考えればよい．

【注意】 実は，行基本変形だけでは，(2.10) の形にできない場合もある．例えば，

$$\begin{array}{c} \begin{array}{ccc} x_1 & x_2 & x_3 \end{array} \\ \left[\begin{array}{ccc|c} 1 & 2 & 0 & 3 \\ 0 & 4 & 1 & 5 \\ \hline 0 & 0 & 0 & 0 \end{array}\right] \end{array}$$

のような場合である．しかし，このような場合でも，列を交換し，それに応じて未知数も交換すれば，

$$\begin{array}{c} \begin{array}{ccc} x_1 & x_3 & x_2 \end{array} \\ \left[\begin{array}{cc|c|c} 1 & 0 & 2 & 3 \\ 0 & 1 & 4 & 5 \\ \hline 0 & 0 & 0 & 0 \end{array}\right] \end{array}$$

とでき，前者も後者も同じ連立方程式 $\begin{cases} x_1 + 2x_2 = 3 \\ 4x_2 + x_3 = 5 \end{cases}$ を考えていることになる．したがって，(2.10) を考えれば十分である．

▶[行基本変形のコツ]
行基本変形を行うときは，係数行列を上三角行列になるように，つまり，対角成分より下側の要素を 0 になるように変形する．また，対角成分に 1 が並ぶように変形しておくと，後の代入が楽になる．

例題 2.1（掃き出し法による連立一次方程式の解の導出）

次の連立一次方程式を掃き出し法で解け．

(1) $\begin{cases} x+3z=1 \\ 2x+3y+4z=3 \\ x+3y+z=2 \end{cases}$　(2) $\begin{cases} 2x+3y-5z=3 \\ x-y+z=0 \\ 3x-6y+2z=-7 \end{cases}$

(3) $\begin{cases} x+2y+3z=1 \\ 2x+3y+4z=2 \\ 3x+4y+5z=-3 \end{cases}$

（解答）

(1)

$$\left[\begin{array}{ccc|c} 1 & 0 & 3 & 1 \\ 2 & 3 & 4 & 3 \\ 1 & 3 & 1 & 2 \end{array}\right] \xrightarrow[\text{第 1 行}\times(-1)+\text{第 3 行}]{\text{第 1 行}\times(-2)+\text{第 2 行}} \left[\begin{array}{ccc|c} 1 & 0 & 3 & 1 \\ 0 & 3 & -2 & 1 \\ 0 & 3 & -2 & 1 \end{array}\right]$$

$$\xrightarrow[\text{第 3 行}\div 3]{\text{第 2 行}\div 3} \left[\begin{array}{ccc|c} 1 & 0 & 3 & 1 \\ 0 & 1 & -2/3 & 1/3 \\ 0 & 1 & -2/3 & 1/3 \end{array}\right] \xrightarrow[+\text{第 3 行}]{\text{第 2 行}\times(-1)} \left[\begin{array}{ccc|c} 1 & 0 & 3 & 1 \\ 0 & 1 & -2/3 & 1/3 \\ 0 & 0 & 0 & 0 \end{array}\right]$$

よって，

$$z=\alpha(\alpha\text{は任意の実数}),\quad y=\frac{1}{3}+\frac{2}{3}z=\frac{1+2\alpha}{3},\quad x=1-3z=1-3\alpha$$

より，求めるべき解は $\begin{bmatrix} x \\ y \\ z \end{bmatrix}=\frac{1}{3}\begin{bmatrix} 3-9\alpha \\ 1+2\alpha \\ 3\alpha \end{bmatrix}$．

【注意】連立一次方程式 $A\boldsymbol{x}=\boldsymbol{b}$ の解 $\boldsymbol{x}$ は列ベクトルなので，そのことを強調するために，ここでは解を $\begin{bmatrix} x \\ y \\ z \end{bmatrix}=\frac{1}{3}\begin{bmatrix} 3-9\alpha \\ 1+2\alpha \\ 3\alpha \end{bmatrix}$ のように列ベクトルとして表示している．

(2) 第 1 行と第 2 行を入れ換えて拡大係数行列を書くと

$$\left[\begin{array}{ccc|c} 1 & -1 & 1 & 0 \\ 2 & 3 & -5 & 3 \\ 3 & -6 & 2 & -7 \end{array}\right] \xrightarrow[\text{第 1 行}\times(-3)+\text{第 3 行}]{\text{第 1 行}\times(-2)+\text{第 2 行}} \left[\begin{array}{ccc|c} 1 & -1 & 1 & 0 \\ 0 & 5 & -7 & 3 \\ 0 & -3 & -1 & -7 \end{array}\right]$$

$$\xrightarrow{\text{第 2 行}\div 5} \left[\begin{array}{ccc|c} 1 & -1 & 1 & 0 \\ 0 & 1 & -7/5 & 3/5 \\ 0 & -3 & -1 & -7 \end{array}\right] \xrightarrow{\text{第 2 行}\times 3+\text{第 3 行}} \left[\begin{array}{ccc|c} 1 & -1 & 1 & 0 \\ 0 & 1 & -7/5 & 3/5 \\ 0 & 0 & -26/5 & -26/5 \end{array}\right]$$

$$\xrightarrow{\text{第 3 行}\div(-26/5)} \left[\begin{array}{ccc|c} 1 & -1 & 1 & 0 \\ 0 & 1 & -7/5 & 3/5 \\ 0 & 0 & 1 & 1 \end{array}\right]$$

よって，

$$z=1,\quad y=\frac{3}{5}+\frac{7}{5}z=2,\quad x=-z+y=-1+2=1$$

より，求めるべき解は $\begin{bmatrix} x \\ y \\ z \end{bmatrix}=\begin{bmatrix} 1 \\ 2 \\ 1 \end{bmatrix}$．

(3)

$$\left[\begin{array}{ccc|c} 1 & 2 & 3 & 1 \\ 2 & 3 & 4 & 2 \\ 3 & 4 & 5 & -3 \end{array}\right] \xrightarrow[\text{第 1 行}\times(-3)+\text{第 3 行}]{\text{第 1 行}\times(-2)+\text{第 2 行}} \left[\begin{array}{ccc|c} 1 & 2 & 3 & 1 \\ 0 & -1 & -2 & 0 \\ 0 & -2 & -4 & -6 \end{array}\right]$$

$$\xrightarrow{\text{第 2 行}\div(-1)} \left[\begin{array}{ccc|c} 1 & 2 & 3 & 1 \\ 0 & 1 & 2 & 0 \\ 0 & -2 & -4 & -6 \end{array}\right] \xrightarrow{\text{第 2 行}\times 2+\text{第 3 行}} \left[\begin{array}{ccc|c} 1 & 2 & 3 & 1 \\ 0 & 1 & 2 & 0 \\ 0 & 0 & 0 & -6 \end{array}\right]$$

第 3 行に対応する方程式 $0x+0y+0z=-6$ を満たす x,y,z は存在しないので，この連立一

▶【アクティブ・ラーニング】
例題 2.1 はすべて確実にできるようになりましたか？できない問題があれば，それがどうすればできるようになりますか？何に気をつければいいですか？また，読者全員ができるようになるにはどうすればいいでしょうか？それを紙に書き出しましょう．そして，書き出した紙を周りの人と見せ合って，それをまとめてグループごとに発表しましょう．

次方程式の解は存在しない．■

［問］2.2　次の連立一次方程式を掃き出し法で解け．

(1) $\begin{cases} 2x+3y+5z=9 \\ x+y-z=0 \\ 3x+6y-2z=7 \end{cases}$　(2) $\begin{cases} x+2y+3z=4 \\ 2x-3y-z=-1 \\ 2x+y+3z=0 \end{cases}$　(3) $\begin{cases} x+y-z=7 \\ 2x+3y-4z=19 \\ 3x+y+z=11 \end{cases}$

▶【アクティブ・ラーニング】
(1) 解がただ一つ存在する，(2) 解が無数に存在する，(3) 解が存在しない，という 3 つの連立一次方程式を作り，それを他の人に紹介し，お互いに解いてみよう．そして，その問題のうち，自分たちにとって一番良い問題を選び，その理由を説明しよう．

さて，ここまでの話をまとめると，連立一次方程式を解くには，掃き出し法を使えばよいということが分かる．ただし，これで十分か? と言われたら，実はそうでもない．というのも，

- 行基本変形で得られる最終形 (2.10)，あるいは同じことだが，解 (2.11) は，途中の変形に依存せずに決まるのか?
- 連立一次方程式の解の自由度を決める (2.10) の自然数 r は一体どのようなものなのか?

といったことが分かっていないからである．これについては，次節以降で考えることにしよう．

2.3　基本行列

第 2.2 節では，行基本変形を考えたが，同様な変形は列に対しても行える．

定義 2.1（列基本変形）
次の (1)～(3) の操作を列基本変形（れつきほんへんけい）(elementary column operations) という．

(1) ある列の順番を入れ換える

(2) ある列の何倍かを他の列に加える

(3) ある列に 0 でない数をかける

また，行基本変形と列基本変形を合わせて，行列の基本変形 (elementary operations) という．

さて，これから 2.2 節の最後で述べた 2 つの課題を解決していこう．

そのためには，行列に対する基本変形を視覚化，つまり，行列に対して行った操作を目に見えるようにする必要がある．というのも，基本変形の結果だけ書いても，実際に行なった操作を具体的に書かなければ，たいてい第三者にはどのような操作を行ったのか理解できないからである．もしも，基本変形が視覚化できれば，それは証明や計算のための使いやすい道具となる．

そのための方法としては，例題 2.1 の解答のように，行った操作をすべて

書く，ということが考えられるが，これもすぐには分かりづらいし，記述も多くなるので，ここでは，基本変形を行列で表現することを考える．このように基本変形を表現した行列を基本行列(きほんぎょうれつ)(elementary matrix) という．

定義 2.2（基本行列）
n 次基本行列 (elementary matrix) とは，次の 3 種類の n 次正方行列のことをいう．

(1) $P(i,j;c)$: n 次単位行列の (i,j) 成分を c で置き換えたもの

(2) $Q(i,j)$: n 次単位行列の第 i 列 (行) と第 j 列 (行) を入れ換えたもの

(3) $R(i;c)$: n 次単位行列の (i,i) 成分を c で置き換えたもの

これらを具体的に書き下すと，次のようになる．

$$P(i,j;c) = \begin{bmatrix} 1 & & & & & & & \\ & \ddots & & & & & & \\ & & 1 & & & & & \\ & & & 1 & \cdots & c & & \\ & & & & \ddots & \vdots & & \\ & & & & & 1 & & \\ & & & & & & 1 & \\ & & & & & & & \ddots & \\ & & & & & & & & 1 \end{bmatrix} \begin{matrix} \\ \\ \\ \leftarrow \text{第 } i \text{ 行} \\ \\ \leftarrow \text{第 } j \text{ 行} \\ \\ \\ \\ \end{matrix} \quad (i<j \text{ のとき})$$

（上段の矢印：第 i 列，第 j 列）

$$P(i,j;c) = \begin{bmatrix} 1 & & & & & & & \\ & \ddots & & & & & & \\ & & 1 & & & & & \\ & & & 1 & & & & \\ & & & \vdots & \ddots & & & \\ & & & c & \cdots & 1 & & \\ & & & & & & 1 & \\ & & & & & & & \ddots & \\ & & & & & & & & 1 \end{bmatrix} \begin{matrix} \\ \\ \\ \leftarrow \text{第 } j \text{ 行} \\ \\ \leftarrow \text{第 } i \text{ 行} \\ \\ \\ \\ \end{matrix} \quad (i>j \text{ のとき})$$

（上段の矢印：第 j 列，第 i 列）

$$Q(i,j) = \begin{bmatrix} 1 & & & & & & & \\ & \ddots & & & & & & \\ & & 1 & & & & & \\ & & & 0 & \cdots & 1 & & \\ & & & \vdots & & \vdots & & \\ & & & 1 & \cdots & 0 & & \\ & & & & & & 1 & \\ & & & & & & & \ddots & \\ & & & & & & & & 1 \end{bmatrix} \begin{matrix} \\ \\ \\ \leftarrow \text{第 } i \text{ 行} \\ \\ \leftarrow \text{第 } j \text{ 行} \\ \\ \\ \\ \end{matrix}$$

（上段の矢印：第 i 列，第 j 列）

$$R(i;c) = \begin{bmatrix} 1 & & & & & & \\ & \ddots & & & & & \\ & & 1 & & & & \\ & & & c & & & \\ & & & & 1 & & \\ & & & & & \ddots & \\ & & & & & & 1 \end{bmatrix} \leftarrow \text{第 } i \text{ 行}$$

（c は第 i 列↓）

これらの基本行列に対しては，次の定理が成り立つ．

定理 2.1（基本変形と行列の積）
3 種類の基本行列は正則であり，$m \times n$ 行列 A の行基本変形は A に左から m 次基本行列をかけることで得られる．また，列基本変形は右から n 次基本行列をかけることで得られる．

（証明）
正則性については，それぞれについて逆行列が存在することをいえばよい．まず，$P(i,j;c)P(i,j;-c) = P(i,j;-c)P(i,j;c) = E_n$ なので，$P(i,j;c)$ の逆行列が存在し，それは $P(i,j;c)^{-1} = P(i,j;-c)$ である．
同様に，$Q(i,j)^{-1} = Q(i,j)$, $R(i;c)^{-1} = R\left(i;\dfrac{1}{c}\right)$ となる．
また，行列の積の定義より

(1) A に左 (右) から $P(i,j;c)$ を掛けることは，A の第 j 行 (第 i 列) を c 倍して，第 i 行 (第 j 列) に加えることになる
(2) A に左 (右) から $Q(i,j)$ を掛けることは，A の第 i 行 (第 i 列) と第 j 行 (第 j 列) を入れ換えることになる
(3) A に左 (右) から $R(i;c)$ を掛けることは，A の第 i 行 (第 i 列) を c 倍することになる

となるが，これらは基本変形を行っていることになる．■

定理 2.1 より，行列に対するすべての基本変形は，基本行列の積で表現できることになる．そして，このように基本変形が基本行列で表現できるようになれば，次のような行基本変形と列基本変形の関係も簡単に導ける．

定理 2.2（行基本変形と列基本変形）
n 次正方行列 A が，適当な行と列の基本変形の組合せで単位行列 E_n に変形されるならば，行の基本変形の組合せだけ（あるいは列の基本変形の組合せだけ）で E_n に変形できる．

（証明）
$P_1, P_2, \ldots, P_k$ および $Q_1, Q_2, \ldots, Q_l$ を基本行列とすると，仮定より

$$P_k \cdots P_2 P_1 A Q_1 Q_2 \cdots Q_l = E_n$$

となる．右から $(Q_1 Q_2 \cdots Q_l)^{-1} = Q_l^{-1} \cdots Q_2^{-1} Q_1^{-1}$ を掛けると，

$$P_k \cdots P_2 P_1 A = Q_l^{-1} \cdots Q_2^{-1} Q_1^{-1}$$

となるので，これに左から $Q_1 Q_2 \cdots Q_l$ を掛けると

$$Q_1 Q_2 \cdots Q_l P_k \cdots P_2 P_1 A = E_n \tag{2.12}$$

となる．これは，行基本変形だけで A を E_n に変形できることを意味する．■

▶[基本行列の覚え方]
$P(i,j;c)$ は単位行列 E_n において第 j 行を c 倍して第 i 行に加えたものと考えることができる．また，第 i 列を c 倍して第 j 列に加えたものとも考えることができる．例えば，4 次基本行列 $P(4,1;-1) = \begin{bmatrix} 1 & 0 & 0 & 0 \\ 0 & 1 & 0 & 0 \\ 0 & 0 & 1 & 0 \\ -1 & 0 & 0 & 1 \end{bmatrix}$ は，E_4 の第 1 行を(-1) 倍して第 4 行に加えたものと考えることができるし，第 4 列を (-1) 倍して第 1 列に加えたものと考えることができる．このことを踏まえると，$P(i,j;c)$ を左からかけると「第 j 行 $\times c+$ 第 i 行」，$P(i,j;c)$ を右からかけると「第 i 列 $\times c+$第 j 列」というのを覚えやすくなるだろう．

▶[基本行列の逆行列と転置行列]
定理 2.1 の証明より基本行列の逆行列は基本行列である．また，${}^tR(i;c) = R(i;c)$, ${}^tQ(i,j) = Q(i,j)$, ${}^tP(i,j;c) = P(j,i;c)$ より基本行列の転置行列も基本行列である．

【注意】 定理 2.2 の証明のように，行列 A に行基本変形と列基本変形を施す様子を $P_k \cdots P_1 A Q_1 \cdots Q_l$ と表せる（可視化できる）のが基本行列を導入するメリットである．

【注意】 (2.12) より，与えられた正方行列を単位行列に変形する行基本変形に対応する行列の積 $Q_1 Q_2 \cdots Q_l P_k \cdots P_2 P_1$ が A の逆行列になることが分かる．

例題 2.2（基本行列）

$A = \begin{bmatrix} 1 & 2 & 3 & 4 \\ 5 & 6 & 7 & 8 \\ 9 & 10 & 11 & 12 \end{bmatrix}$ に，ある行列 P と Q をそれぞれ左と右から掛けると，第1行の2倍を第3行に加えて第1列と第3列を入れ換えた行列になった．つまり，$PAQ = \begin{bmatrix} 3 & 2 & 1 & 4 \\ 7 & 6 & 5 & 8 \\ 17 & 14 & 11 & 20 \end{bmatrix}$ となった．このとき，基本行列 P と Q およびこれらの逆行列 P^{-1} と Q^{-1} を具体的に求めよ．

▶【アクティブ・ラーニング】
例題 2.2 はすべて確実にできるようになりましたか？できない問題があれば，それがどうすればできるようになりますか？何に気をつければいいですか？また，読者全員ができるようになるにはどうすればいいでしょうか？それを紙に書き出しましょう．そして，書き出した紙を周りの人と見せ合って，それをまとめてグループごとに発表しましょう．

（解答）
P は A の左から掛けるので，これは行基本変形に対応し，行列の積の定義から 3 次正方行列である．また，A は P によって，第 1 行の 2 倍を第 3 行に加えられるので，単位行列 E_3 をこの基本変形に合わせて変形すれば，

$$\begin{bmatrix} 1 & 0 & 0 \\ 0 & 1 & 0 \\ 0 & 0 & 1 \end{bmatrix} \xrightarrow{\text{第 1 行}\times 2 + \text{第 3 行}} \begin{bmatrix} 1 & 0 & 0 \\ 0 & 1 & 0 \\ 2 & 0 & 1 \end{bmatrix}$$

となる．よって，求める基本行列 P は $P = \begin{bmatrix} 1 & 0 & 0 \\ 0 & 1 & 0 \\ 2 & 0 & 1 \end{bmatrix}$ である．

一方，Q は A の右から掛けるので，これは列基本変形に対応し，行列の積の定義から 4 次正方行列である．また，A は Q によって，第 1 列と第 3 列が入れ換わるので，単位行列 E_4 をこの基本変形に合わせて変形すれば，

$$\begin{bmatrix} 1 & 0 & 0 & 0 \\ 0 & 1 & 0 & 0 \\ 0 & 0 & 1 & 0 \\ 0 & 0 & 0 & 1 \end{bmatrix} \xrightarrow{\text{第 1 列と第 3 列を入れ換える}} \begin{bmatrix} 0 & 0 & 1 & 0 \\ 0 & 1 & 0 & 0 \\ 1 & 0 & 0 & 0 \\ 0 & 0 & 0 & 1 \end{bmatrix}$$

となる．よって，求める基本行列 Q は $Q = \begin{bmatrix} 0 & 0 & 1 & 0 \\ 0 & 1 & 0 & 0 \\ 1 & 0 & 0 & 0 \\ 0 & 0 & 0 & 1 \end{bmatrix}$ である．

さらに，P によって，A の第 1 行の 2 倍が第 3 行に加えられたので，これを元に戻すには A の第 1 行の (-2) 倍を第 3 行に加えればよい．この操作に対応する基本行列は $\begin{bmatrix} 1 & 0 & 0 \\ 0 & 1 & 0 \\ -2 & 0 & 1 \end{bmatrix}$ なので，これが P^{-1} である．また，Q によって，A は第 1 列と第 3 列が入れ換わったので，元に戻すには，もう一度，第 1 列と第 3 列を入れ換えればよい．したがって，$Q^{-1} = Q$ である．■

[問] 2.3　次を満たす基本行列 P, Q およびこれらの逆行列 P^{-1}, Q^{-1} を求めよ．

(1) $A = \begin{bmatrix} 1 & 2 & 3 & 4 \\ 5 & 6 & 7 & 8 \\ 9 & 10 & 11 & 12 \end{bmatrix}$ に，行列 P を左から，行列 Q を右から掛けると，第 2 行と第 3 行が入れ換わって，第 2 列の 3 倍を第 4 列に加えた行列となる．

(2) $A = \begin{bmatrix} 1 & 2 & 3 \\ 4 & 5 & 6 \\ 7 & 8 & 9 \\ 10 & 11 & 12 \end{bmatrix}$ に，ある行列 P と Q をそれぞれ左と右から掛けると，第3列の2倍を第2列に加えて第4行と第1行を入れ換えた行列になる．

2.4　行列のランク

いよいよ，ここでは2.2節の最後で述べた課題

(1) 行基本変形で得られる最終形(2.10)，あるいは同じことだが，解(2.11)は，途中の変形に依存せずに決まるのか?

(2) 連立一次方程式の解の自由度を決める(2.10)の自然数 r は一体どのようなものなのか?

を解決しよう．

まず，行基本変形の最終形(2.10)を考えよう．このうち，係数行列だけに着目すると，

$$\left[\begin{array}{ccc|ccc} 1 & & & c_{1,r+1} & \cdots & c_{1n} \\ & \ddots & & \vdots & & \vdots \\ & & 1 & c_{r,r+1} & \cdots & c_{rn} \\ \hline & O & & & O & \end{array}\right] \tag{2.13}$$

となるが，この行列に対して列基本変形を繰り返せば，結局，基本変形によって，行列 A は

$$\left[\begin{array}{ccc|ccc} 1 & & & 0 & \cdots & 0 \\ & \ddots & & \vdots & & \vdots \\ & & 1 & 0 & \cdots & 0 \\ \hline & O & & & O & \end{array}\right] \tag{2.14}$$

となる．この(2.14)を標準形(ひょうじゅんけい)(canonical form)という．ここまでの話は次のようにまとめられる．

▶【アクティブ・ラーニング】
(2.13)が列基本変形によって(2.14)になる理由をお互いに説明しよう．

▶【アクティブ・ラーニング】
"canonical" の意味を調べ，"canonical form" を「標準形」と呼ぶことについてあなたの意見をまとめよう．そして，お互いにその意見を発表しよう．どのような日本語訳が相応しいだろうか？

定理2.3（標準形）
A が任意の $m \times n$ 行列であるとき，この A に基本変形を何度か行って次の標準形(canonical form)に変形できる．ただし，$A = O$ も(2.15)に含むものとする．

$$\left[\begin{array}{ccc|c} 1 & & & O \\ & \ddots & & \\ & & 1 & \\ \hline & O & & O \end{array}\right] \tag{2.15}$$

(証明)

$A = O$ のときは，すでに (2.15) の形である．そこで，$A = [a_{ij}] \neq O$ とすると，行または列の入れ換えの後に $a_{11} \neq 0$ とできる．その後，$\dfrac{1}{a_{11}}$ を第 1 行に掛ければ，$a_{11} = 1$ に変形できる．次に第 1 列を何倍かして他の列に加えて，第 1 行の成分が $(1,1)$ 成分以外はすべて 0 であるようにできる．

同様に，第 1 行を何倍かして他の行に加えて $(1,1)$ 成分以外の第 1 列の成分がすべて 0 であるようにできる．結局，これらの基本変形の後で，A は次の形になる．

$$\left[\begin{array}{c|ccc} 1 & 0 & \cdots & 0 \\ \hline 0 & a_{22} & \cdots & a_{2n} \\ \vdots & \vdots & & \vdots \\ 0 & a_{m2} & \cdots & a_{mn} \end{array}\right]$$

同様の議論を $\begin{bmatrix} a_{22} & \cdots & a_{2n} \\ \vdots & & \vdots \\ a_{m2} & \cdots & a_{mn} \end{bmatrix}$ に適用すれば，(2.15) の形を得る． ■

また，基本行列を使えば，定理 2.3 を次のように述べることができる．

定理 2.4（標準形）

A が任意の $m \times n$ 行列であるとき，適当な m 次正則行列 Q と n 次正則行列 P をとって，

$$QAP = \left[\begin{array}{ccc|c} 1 & & & O \\ & \ddots & & \\ & & 1 & \\ \hline & O & & O \end{array}\right] \tag{2.16}$$

という形にすることができる．

(証明)

定理 2.3 と定理 2.1 より，いくつかの基本行列 $P_1, \ldots, P_s, Q_1, \ldots, Q_t$ をとれば，$Q_t \cdots Q_1 A P_1 \cdots P_s$ は (2.16) の右辺のような形に変形できる．また，基本行列は正則なので，

$$Q = Q_t \cdots Q_1, \quad P = P_1 \cdots P_s$$

とおけば，これらは正則となり，定理の主張が成り立つ． ■

この標準形の導入により，最初の課題「行基本変形で得られる最終形は，途中の変形に依存せずに決まるのか?」を考えることと，

- 行列 A を基本変形して標準形にしたとき，1 の個数 r は，途中の計算過程には依存しないのか? 言い換えれば，r は，行列 A のみで定まるのか?

を考えることは同じだということが分かる．なぜなら，行基本変形の最終

形 (2.10) は，列基本変形により標準形 (2.15) にできるからである．

定理 2.5（標準形の基本変形による非依存性）
行列 A を基本変形して標準形にしたときに現れる 1 の個数 r は，与えられた行列 A のみに依存する．つまり，r の値は，標準形にするまでの途中の計算過程には依存しない．

（証明）
A が 2 通りの標準形

$$F_{mn}(r) = PAQ, \qquad F_{mn}(r') = P'AQ'$$

をもつものとする．このとき，基本変形の可逆性より $F_{mn}(r)$ と $F_{mn}(r')$ は基本変形の繰り返しによって，移り合う．

$$F_{mn}(r) \Longleftrightarrow A \Longleftrightarrow F_{mn}(r')$$

したがって，

$$F_{mn}(r') = P'AQ' = P'P^{-1}F_{mn}(r)Q^{-1}Q'$$

である．さらに，$\tilde{P} = P'P^{-1}$, $\tilde{Q} = Q^{-1}Q'$ とおけば，

$$F_{mn}(r') = \tilde{P}F_{mn}(r)\tilde{Q}$$

と表せる．ここで，$\tilde{P}$, $\tilde{Q}$ の行および列を r 番目で 4 つに分け，

$$\tilde{P} = \begin{bmatrix} \tilde{P}_{rr} & \tilde{P}_{r,m-r} \\ \tilde{P}_{m-r,r} & \tilde{P}_{m-r,m-r} \end{bmatrix}, \qquad \tilde{Q} = \begin{bmatrix} \tilde{Q}_{rr} & \tilde{Q}_{r,n-r} \\ \tilde{Q}_{n-r,r} & \tilde{Q}_{n-r,n-r} \end{bmatrix}$$

とすれば，

$$\begin{aligned} F_{mn}(r') &= \begin{bmatrix} \tilde{P}_{rr} & \tilde{P}_{r,m-r} \\ \tilde{P}_{m-r,r} & \tilde{P}_{m-r,m-r} \end{bmatrix} \begin{bmatrix} E_r & O_{r,n-r} \\ O_{m-r,r} & O_{m-r,n-r} \end{bmatrix} \begin{bmatrix} \tilde{Q}_{rr} & \tilde{Q}_{r,n-r} \\ \tilde{Q}_{n-r,r} & \tilde{Q}_{n-r,n-r} \end{bmatrix} \\ &= \begin{bmatrix} \tilde{P}_{rr}\tilde{Q}_{rr} & \tilde{P}_{rr}\tilde{Q}_{r,n-r} \\ \tilde{P}_{m-r,r}\tilde{Q}_{rr} & \tilde{P}_{m-r,r}\tilde{Q}_{r,n-r} \end{bmatrix} \end{aligned}$$

なので，

$$\begin{bmatrix} \tilde{P}_{rr}\tilde{Q}_{rr} & \tilde{P}_{rr}\tilde{Q}_{r,n-r} \\ \tilde{P}_{m-r,r}\tilde{Q}_{rr} & \tilde{P}_{m-r,r}\tilde{Q}_{r,n-r} \end{bmatrix} = \begin{bmatrix} E_{r'} & O_{r',n-r'} \\ O_{m-r',r'} & O_{m-r',n-r'} \end{bmatrix} \tag{2.17}$$

が成り立つ．
さて，一般性を失うことなく $r \leqq r'$ と仮定してよいので，このように仮定すると

$$\tilde{P}_{rr}\tilde{Q}_{rr} = E_r \tag{2.18}$$
$$\tilde{P}_{rr}\tilde{Q}_{r,n-r} = O_{r,n-r} \tag{2.19}$$
$$\tilde{P}_{m-r,r}\tilde{Q}_{rr} = O_{m-r,r} \tag{2.20}$$

が成り立つ．

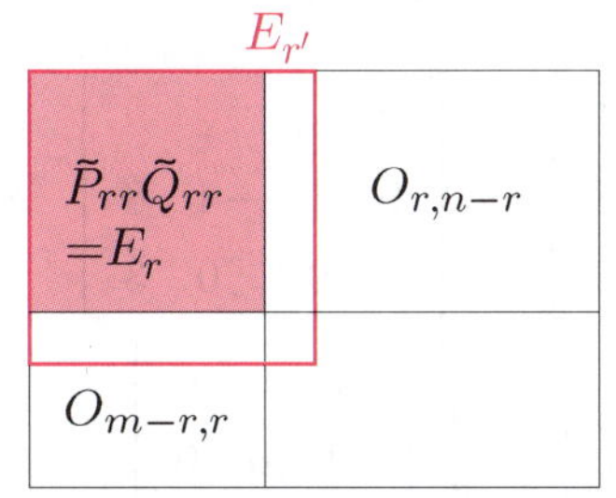

したがって，$\tilde{P}_{m-r,r}\tilde{Q}_{r,n-r} = O_{m-r,n-r}$ を示すことができれば，(2.17) の左辺は

$$\begin{bmatrix} E_r & O_{r,n-r} \\ O_{m-r,r} & O_{m-r,n-r} \end{bmatrix}$$

となるので，$r = r'$ となることが分かる．ここで，(2.18) より $\tilde{P}_{rr}$ と $\tilde{Q}_{rr}$ は正則なので，(2.19) と (2.20) より，

▶[可逆]
平たく言うと，可逆(かぎゃく)(invertble) とは，「元に戻せる」という意味である．したがって，「基本変形の可逆性」とは，ある行列に対して，基本変形を施した後，逆の手順を踏めば，元に戻せることを意味する．

▶【アクティブ・ラーニング】
なぜ，$r \leqq r'$ と仮定してよいか？お互いに説明してみよう．

$$\tilde{Q}_{r,n-r} = \tilde{P}_{rr}^{-1} O_{r,n-r} = O_{r,n-r}, \qquad \tilde{P}_{m-r,r} = O_{m-r,r} \tilde{Q}_{rr}^{-1} = O_{m-r,r}$$

を得る．ゆえに，

$$\tilde{P}_{m-r,r} \tilde{Q}_{r,m-r} = O_{m-r,r} O_{r,n-r} = O_{m-r,n-r}$$

を得るので，結局，$r = r'$ となる．■

この定理 2.5 より，

- 行列 A を基本変形して標準形にしたとき，1 の個数 r は，途中の計算過程には依存しないのか?

という問に，"Yes" と答えることができる．

次節以降で，この r について考えるが，r は行列 A のみに依存し，基本変形には依存しないことが分かったので，r を定義として利用し，名前をつけよう．

【注意】もし，基本変形によって r の値が変わるのであれば，r を定義として使うことはできない．

定義 2.3（ランク）
行列 A を標準形 (2.15) に変形したとき，最終的に得られる行列の 1 の個数を行列 A の**ランク (rank)** または**階数**（かいすう）**(rank)** といって，その値を rank(A) と書く．

▶【アクティブ・ラーニング】
"rank" の意味を調べ，"rank" を「階数」と呼ぶことについてあなたの意見をまとめよう．そして，お互いにその意見を発表しよう．どのような日本語訳が相応しいだろうか？

定義より，$m \times n$ 行列 A については

$$\mathrm{rank}(A) \leqq m \quad \text{かつ} \quad \mathrm{rank}(A) \leqq n \tag{2.21}$$

が成り立つことは，すぐに分かる．

2.5　ランクの計算法

ここでは，前節で定義したランクの計算法について考えよう．そのヒントは 2.2 節の例にある．そこでは，連立一次方程式を解く際に，(2.8) を考えたがこれは連立一次方程式が解けるか否かを判定する重要な行列であった．そして，(2.8) を列基本変形すれば，

$$\begin{bmatrix} 2 & -3 & 2 & 1 \\ 0 & 1 & -4 & 8 \\ 0 & 0 & 0 & 3 \end{bmatrix} \to \begin{bmatrix} 2 & 0 & 0 & 0 \\ 0 & 1 & -4 & 8 \\ 0 & 0 & 0 & 3 \end{bmatrix} \to \begin{bmatrix} 2 & 0 & 0 & 0 \\ 0 & 1 & 0 & 0 \\ 0 & 0 & 0 & 3 \end{bmatrix}$$
$$\to \begin{bmatrix} 1 & 0 & 0 & 0 \\ 0 & 1 & 0 & 0 \\ 0 & 0 & 0 & 1 \end{bmatrix} \to \begin{bmatrix} 1 & 0 & 0 & 0 \\ 0 & 1 & 0 & 0 \\ 0 & 0 & 1 & 0 \end{bmatrix} \tag{2.22}$$

となり，最終的に標準形に変形でき，1 の個数を数えて rank(A) = 3 と分かる．つまり，行基本変形で (2.8) の形にさえできれば，これを列基本変形で簡単に標準形へ変形できる．そこで，(2.8) の形をした行列を考える．

定義 2.4（階段行列）

行番号が増えるにつれて左側に連続して並ぶ 0 の個数が増えていくような行列を**階段行列**(かいだんぎょうれつ)**(echelon matrix)** という．

$$\begin{bmatrix} 0 & \cdots & 0 & a_{1j_1} & * & \cdots & \cdots & \cdots & \cdots & * \\ 0 & \cdots & \cdots & 0 & a_{2j_2} & * & \cdots & \cdots & \cdots & * \\ \vdots & & & & & \ddots & & & & \\ 0 & \cdots & \cdots & \cdots & \cdots & 0 & a_{rj_r} & * & \cdots & * \\ 0 & \cdots & \cdots & \cdots & \cdots & \cdots & \cdots & \cdots & \cdots & 0 \\ \vdots & & & & & & & & & \vdots \\ 0 & \cdots & \cdots & \cdots & \cdots & \cdots & \cdots & \cdots & \cdots & 0 \end{bmatrix} \tag{2.23}$$

$$j_1 < j_2 < \cdots < j_r, \quad a_{1j_1}a_{2j_2}\cdots a_{rj_r} \neq 0$$

先程の (2.22) の例では，$\begin{bmatrix} 2 & -3 & 2 & 1 \\ 0 & 1 & -4 & 8 \\ 0 & 0 & 0 & 3 \end{bmatrix}$ より，階段の段数は 3，つまり，$r = 3$ となる．また，このときは $\mathrm{rank}(A) = 3$ である．つまり，階段の段数がランクと一致する．より一般的には次が成り立つ．

定理 2.6（階段行列とランク）

行列 A に行基本変形を施して階段行列 (2.23) になったとすると $\mathrm{rank}(A) = r$ である．

（証明）

$m \times n$ 行列 A が行基本変形により (2.23) の形になったとする．このとき，第 1 行を $a_{1j_1} \neq 0$ で割れば，$(1, j_1)$ 成分は 1 となる．次に，第 j_1 列を何倍かして，第 $j_1 + 1 \sim n$ 列へ加えれば，$(1, j_1 + 1) \sim (1, n)$ 成分を 0 にできる．つまり，次の形にできる．

$$\begin{bmatrix} 0 & \cdot & 0 & 1 & 0 & \cdots & \cdots & \cdots & \cdots & 0 \\ 0 & \cdots & \cdots & 0 & a_{2j_2} & * & \cdots & \cdots & \cdots & * \\ \vdots & & & & & \ddots & & & & \\ 0 & \cdots & \cdots & \cdots & \cdots & 0 & a_{rj_r} & * & \cdots & * \\ 0 & \cdots & \cdots & \cdots & \cdots & \cdots & \cdots & \cdots & \cdots & 0 \\ \vdots & & & & & & & & & \vdots \\ 0 & \cdots & \cdots & \cdots & \cdots & \cdots & \cdots & \cdots & \cdots & 0 \end{bmatrix}$$

同様の議論を，第 $2 \sim r$ 行へ適用すれば，

$$\begin{bmatrix} 0 & \cdot & 0 & 1 & 0 & \cdots & \cdots & \cdots & \cdots & 0 \\ 0 & \cdots & \cdots & 0 & 1 & 0 & \cdots & \cdots & \cdots & 0 \\ \vdots & & & & & \ddots & & & & \\ 0 & \cdots & \cdots & \cdots & \cdots & 0 & 1 & 0 & \cdots & 0 \\ 0 & \cdots & \cdots & \cdots & \cdots & \cdots & \cdots & \cdots & \cdots & 0 \\ \vdots & & & & & & & & & \vdots \\ 0 & \cdots & \cdots & \cdots & \cdots & \cdots & \cdots & \cdots & \cdots & 0 \end{bmatrix}$$

となり，列の交換により，$\left[\begin{array}{c|c} E_r & O_{n-r} \\ \hline O_{m-r,r} & O_{m-r,n-r} \end{array}\right]$ の形に変形できる．■

例題 2.3（ランクの計算）

$$A = \begin{bmatrix} 2 & 5 & -3 & -4 & 8 \\ 4 & 7 & -4 & -3 & 9 \\ 6 & 9 & -5 & 2 & 4 \\ 0 & -9 & 6 & 5 & -6 \end{bmatrix}$$ のランクを求めよ．

▶【アクティブ・ラーニング】
例題 2.3 はすべて確実にできるようになりましたか？できない問題があれば，それがどうすればできるようになりますか？何に気をつければいいですか？また，読者全員ができるようになるにはどうすればいいでしょうか？それを紙に書き出しましょう．そして，書き出した紙を周りの人と見せ合って，それをまとめてグループごとに発表しましょう．

（解答）
行基本変形を行うと，

$$\begin{bmatrix} 2 & 5 & -3 & -4 & 8 \\ 4 & 7 & -4 & -3 & 9 \\ 6 & 9 & -5 & 2 & 4 \\ 0 & -9 & 6 & 5 & -6 \end{bmatrix} \xrightarrow[\text{第 1 行}\times(-3)+\text{第 3 行}]{\text{第 1 行}\times(-2)+\text{第 2 行}} \begin{bmatrix} 2 & 5 & -3 & -4 & 8 \\ 0 & -3 & 2 & 5 & -7 \\ 0 & -6 & 4 & 14 & -20 \\ 0 & -9 & 6 & 5 & -6 \end{bmatrix}$$

$$\xrightarrow[\text{第 2 行}\times(-3)+\text{第 4 行}]{\text{第 2 行}\times(-2)+\text{第 3 行}} \begin{bmatrix} 2 & 5 & -3 & -4 & 8 \\ 0 & -3 & 2 & 5 & -7 \\ 0 & 0 & 0 & 4 & -6 \\ 0 & 0 & 0 & -10 & 15 \end{bmatrix} \xrightarrow{\text{第 3 行}\times\frac{5}{2}+\text{第 4 行}}$$

$$\begin{bmatrix} 2 & 5 & -3 & -4 & 8 \\ 0 & -3 & 2 & 5 & -7 \\ 0 & 0 & 0 & 4 & -6 \\ 0 & 0 & 0 & 0 & 0 \end{bmatrix}$$ より階段行列の段数が 3 なので，$\mathrm{rank}(A) = 3$ である．■

［問］2.4　次の行列のランクを求めよ．

(1) $\begin{bmatrix} 1 & 1 & 1 & 1 \\ 4 & 3 & 2 & 1 \\ 1 & 1 & 1 & 2 \\ 2 & 4 & 6 & 8 \end{bmatrix}$　(2) $\begin{bmatrix} 1 & 0 & -1 & 2 & 5 \\ 0 & 3 & 2 & -1 & 2 \\ 1 & 3 & 1 & 1 & 7 \\ 1 & 9 & 5 & -1 & 11 \end{bmatrix}$

2.6　ランクと連立一次方程式

もともと，階段行列 (2.8) が登場したのは，連立一次方程式を解く過程だったことを思い出せば，連立一次方程式の解の存在とランクとの間に何らかの関係があると予想される．実際，次が成り立つ．

定理 2.7（連立一次方程式の解の存在性とランク）
$m \times n$ 行列 A に対して，連立一次方程式 $A\boldsymbol{x} = \boldsymbol{b}$ が解をもつための必要十分条件は，$\mathrm{rank}(A|\boldsymbol{b})=\mathrm{rank}(A)$ が成り立つことである．

（証明）
($\Longrightarrow$) 連立一次方程式 $A\boldsymbol{x} = \boldsymbol{b}$ の解が存在すれば，2.2 節で説明したように，拡大係数行列 $[A|\boldsymbol{b}]$ が

$$\left[\begin{array}{ccc|ccc|c} 1 & & & c_{1,r+1} & \cdots & c_{1n} & d_1 \\ & \ddots & & \vdots & & \vdots & \vdots \\ & & 1 & c_{r,r+1} & \cdots & c_{rn} & d_r \\ \hline & O & & & O & & \mathbf{0} \end{array}\right] \tag{2.24}$$

となる．これは，$\mathrm{rank}(A) = \mathrm{rank}(A|\boldsymbol{b})$ となることを意味する．
$(\Longleftarrow)$
$\mathrm{rank}(A) = \mathrm{rank}(A|\boldsymbol{b})$ ならば，(2.24) の形をした式を得て，$A\boldsymbol{x} = \boldsymbol{b}$ の解を

$$\begin{cases} x_1 &= -c_{1,r+1}x_{r+1} - \cdots - c_{1n}x_n + d_1 \\ x_2 &= -c_{2,r+1}x_{r+1} - \cdots - c_{2n}x_n + d_2 \\ &\vdots \\ x_r &= -c_{r,r+1}x_{r+1} - \cdots - c_{rn}x_n + d_r \\ & x_{r+1}, x_{r+2}, \ldots, x_n \text{は不定（どんな値でもよい）} \end{cases}$$

と表すことができる． ■

ここで，定理 2.7 は，連立一次方程式の解が存在する必要十分条件のみを与えているのであって，その解が一意解か不定解かについては全く触れていないことに注意してもらいたい．

例題 2.4（連立一次方程式の解の存在性とランク）

$\begin{cases} x + 3y + 8z = -k \\ 2x + 4y + 11z = 5 \\ x + y + 3z = 2 \end{cases}$ が解をもつように k を定めよ．

（解答）

$$\left[\begin{array}{ccc|c} 1 & 3 & 8 & -k \\ 2 & 4 & 11 & 5 \\ 1 & 1 & 3 & 2 \end{array}\right] \xrightarrow[\text{第 3 行}-\text{第 1 行}]{\text{第 1 行}\times(-2)+\text{第 2 行}} \left[\begin{array}{ccc|c} 1 & 3 & 8 & -k \\ 0 & -2 & -5 & 2k+5 \\ 0 & -2 & -5 & k+2 \end{array}\right]$$

$$\xrightarrow{\text{第 3 行}-\text{第 2 行}} \left[\begin{array}{ccc|c} 1 & 3 & 8 & -k \\ 0 & -2 & -5 & 2k+5 \\ 0 & 0 & 0 & -k-3 \end{array}\right]$$

である．したがって，係数行列 A の部分に着目すると，$\begin{bmatrix} 1 & 3 & 8 \\ 0 & -2 & -5 \\ 0 & 0 & 0 \end{bmatrix}$ なので，$\mathrm{rank}(A) = 2$ である．よって，連立一次方程式の解が存在するためには，$\mathrm{rank}(A|\boldsymbol{b}) = 2$，つまり，$\left[\begin{array}{ccc|c} 1 & 3 & 8 & -k \\ 0 & -2 & -5 & 2k+5 \\ 0 & 0 & 0 & 0 \end{array}\right]$ となればよい．ゆえに，$-k-3=0$，つまり，$k=-3$ と選べばよい．

■

[問] 2.5 次の連立一次方程式が解をもつように k を定めよ．

(1) $\begin{cases} 2x + 2y + z = k \\ 5x + 3y - z = 7 \\ x - y - 3z = 3 \end{cases}$ (2) $\begin{cases} x + 2y + 3z = 5 \\ 3x + 5y + 7z = k \\ x + y + z = 10 \end{cases}$

[問] 2.6 $\begin{cases} x + y - 3z = -3 \\ x + 2y + z = -4 \\ 2x + 3y + az = b \end{cases}$ が解をもたないような定数 a, b の条件を求めよ．

▶【アクティブ・ラーニング】
例題 2.4 はすべて確実にできるようになりましたか？できない問題があれば，それがどうすればできるようになりますか？何に気をつければいいですか？また，読者全員ができるようになるにはどうすればいいでしょうか？それを紙に書き出しましょう．そして，書き出した紙を周りの人と見せ合って，それをまとめてグループごとに発表しましょう．

▶【アクティブ・ラーニング】
例題 2.4 や問 2.5, 2.6 にならって，(1) 解がただ一つ存在する，(2) 解が無数に存在する，(3) 解が存在しない，という 3 つの連立一次方程式を作り，それを他の人に紹介し，お互いに解いてみよう．そして，その方程式のうち，自分たちにとって一番良い方程式を選び，その理由を説明しよう．

2.7　ランクと正方行列の正則性

ランクは，正方行列の正則性を判定する上で重要な役割を果たす．

定理 2.8（ランクと行列の正則性）
n 次正方行列 A が正則 $\Longleftrightarrow \mathrm{rank}(A)=n$

（証明）
($\Longrightarrow$) A の逆行列を B とすると，B は正則行列で $BAE_n=E_n$ である．したがって，ランクの定義より $\mathrm{rank}(A)=n$ である．
($\Longleftarrow$) 定理 2.4 とランクの定義より，$PAQ=E_n$ となる正則行列 P,Q が存在するので，$A=P^{-1}Q^{-1}$ となり，A も正則であることが分かる．■

【注意】 定理 1.5 より正則行列の積は正則なので $Q^{-1}P^{-1}$ は正則である．

▶【アクティブ・ラーニング】
例題 2.5 はすべて確実にできるようになりましたか？できない問題があれば，それがどうすればできるようになりますか？何に気をつければいいですか？また，読者全員ができるようになるにはどうすればいいでしょうか？それを紙に書き出しましょう．そして，書き出した紙を周りの人と見せ合って，それをまとめてグループごとに発表しましょう．

▶【アクティブ・ラーニング】
例題 2.5 や問 2.7 にならって，正則な正方行列と非正則な正方行列の例を作ろう．そして，それを他の人に紹介し，お互いに解いてみよう．また，その例のうち，自分たちにとって一番良い例を選び，その理由を説明しよう．

例題 2.5（ランクと正則性）
次の行列のランクを求め，正則か否かを判定せよ．

(1) $A=\begin{bmatrix}1&-3&2\\2&-1&0\\-3&3&-1\end{bmatrix}$　　(2) $A=\begin{bmatrix}1&1&1&1\\4&3&2&1\\1&1&1&2\\2&4&6&8\end{bmatrix}$

（解答）
(1)　A は 3 次正方行列であり，

$$\begin{bmatrix}1&-3&2\\2&-1&0\\-3&3&-1\end{bmatrix}\xrightarrow[\text{第 1 行}\times3+\text{第 3 行}]{\text{第 1 行}\times(-2)+\text{第 2 行}}\begin{bmatrix}1&-3&2\\0&5&-4\\0&-6&5\end{bmatrix}$$

$$\xrightarrow{\text{第 2 行}\times6/5+\text{第 3 行}}\begin{bmatrix}1&-3&2\\0&5&-4\\0&0&1/5\end{bmatrix}$$

なので $\mathrm{rank}(A)=3$ である．これは，行列の次数 3 と一致するので，A は正則行列である．
(2) A は 4 次正方行列であり，

$$\begin{bmatrix}1&1&1&1\\4&3&2&1\\1&1&1&2\\2&4&6&8\end{bmatrix}\xrightarrow[\text{第 1 行}\times(-2)+\text{第 3 行}]{\text{第 1 行}\times(-4)+\text{第 2 行, 第 1 行}\times(-1)+\text{第 3 行}}\begin{bmatrix}1&1&1&1\\0&-1&-2&-3\\0&0&0&1\\0&2&4&6\end{bmatrix}$$

$$\xrightarrow[\text{第 2 行}\times(-1)]{\text{第 2 行}\times2+\text{第 4 行の後}}\begin{bmatrix}1&1&1&1\\0&1&2&3\\0&0&0&1\\0&0&0&0\end{bmatrix}$$

なので $\mathrm{rank}(A)=3$ である．よって，$\mathrm{rank}(A)<4$ であり，A のランクと次数が一致しないので，A は正則ではない．■

[問] 2.7　次の行列のランクを求め，正則か否かを判定せよ．

(1) $\begin{bmatrix}1&-2&2&1\\-1&3&-3&2\\1&-3&2&2\\1&-4&1&6\end{bmatrix}$　　(2) $\begin{bmatrix}1&2&1&-3\\2&5&0&-5\\-1&1&-7&6\\-3&-7&-1&8\end{bmatrix}$

ここまでで，ランクと正則性，ランクと連立一次方程式の関係がわかったので，これらを定理としてまとめよう．

定理 2.9（正則性の条件）
次の 3 つの条件は同値である．

(1) n 次正方行列 A は正則

(2) $\mathrm{rank}(A) = n$

(3) 連立一次方程式 $A\boldsymbol{x} = \boldsymbol{b}$ の解がただ 1 つ存在する

(証明)
定理 2.8 より，(1) $\Longleftrightarrow$ (2) である．また，A は正則なので，$A\boldsymbol{x} = \boldsymbol{b}$ より，$\boldsymbol{x} = A^{-1}\boldsymbol{b}$ であり，$A(A^{-1}\boldsymbol{b}) = \boldsymbol{b}$ なので $\boldsymbol{x} = A^{-1}\boldsymbol{b}$ は A$\boldsymbol{x}$=$\boldsymbol{b}$ の解である．さらに，逆行列の一意性よりこれは唯一の解であることが分かる．よって，(1) $\Longrightarrow$ (3) なので，(3) $\Longrightarrow$ (2) を示せば，(1)〜(3) が同値であることがいえる．
そこで，$A\boldsymbol{x} = \boldsymbol{b}$ の解がただ 1 つ存在すると仮定する．このとき，拡大係数行列 $[A|\boldsymbol{b}]$ は

$$\left[\begin{array}{ccc|c} 1 & & & d_1 \\ & \ddots & & \vdots \\ & & 1 & d_n \end{array}\right]$$

となるが，これは $\mathrm{rank}(A) = n$ であることを意味する．

■

【注意】

$$\begin{array}{ccc} (2) & \Longleftrightarrow & (1) \\ & \nwarrow & \Downarrow \\ & & (3) \end{array}$$

の矢印をたどることにより，(1)〜(3) が同値であることがいえる．

定理 2.7, 2.9 より，次の系が成り立つ．

系 2.1（連立一次方程式の解とランク）
$m \times n$ 行列 A に対して，次が成り立つ．

(1) $m \geqq n$ のとき，$\mathrm{rank}(A) = \mathrm{rank}(A|\boldsymbol{b}) = n \Longleftrightarrow A\boldsymbol{x} = \boldsymbol{b}$ が一意解をもつ．

(2) $r = \mathrm{rank}(A) = \mathrm{rank}(A|\boldsymbol{b}) < n \Longleftrightarrow A\boldsymbol{x} = \boldsymbol{b}$ は無数の解をもつ．このとき，$n - r$ 個の未知数を自由に決められる．

(3) $\mathrm{rank}(A) < \mathrm{rank}(A|\boldsymbol{b}) \Longleftrightarrow A\boldsymbol{x} = \boldsymbol{b}$ の解は存在しない．

【注意】系 2.1 は，pp.44〜45 で述べた

(1) 解がただ 1 つ存在する場合
(2) 解が無数に存在する場合
(3) 解が存在しない場合

をランクという用語を使って言い換えただけである．

(証明)
(2) と (3) は定理 2.7 およびその証明から成り立つことが分かる．
(1) を証明しよう．$m = n$ のとき，定理 2.9 より成り立つ．$m > n$ のとき，つまり，方程式の数が未知数の数よりも多いとき，連立一次方程式が $A\boldsymbol{x} = \boldsymbol{b}$ が一意解をもてば，拡大係数行列 $[A|\boldsymbol{b}]$ は

$$\left[\begin{array}{cccc|c} 1 & & & & d_1 \\ & 1 & & & d_2 \\ & & \ddots & & \vdots \\ & & & 1 & d_n \\ \hline & & O & & \mathbf{0} \end{array}\right] \tag{2.25}$$

となり，これは $\mathrm{rank}(A) = \mathrm{rank}(A|\boldsymbol{b}) = n$ を意味する．逆に，$\mathrm{rank}(A) = \mathrm{ramk}(A|\boldsymbol{b}) = n$ ならば行基本変形により $[A|\boldsymbol{b}]$ を (2.25) の形に変形でき，$A\boldsymbol{x} = \boldsymbol{b}$ の解を $x_1 = d_1$, $x_2 = d_2, \ldots, x_n = d_n$, とただ 1 通りに表すことができる．

■

例題 2.6（連立一次方程式の解とランク）

例題 2.1 の連立一次方程式

(1) $\begin{cases} x+3z=1 \\ 2x+3y+4z=3 \\ x+3y+z=2 \end{cases}$　(2) $\begin{cases} 2x+3y-5z=3 \\ x-y+z=0 \\ 3x-6y+2z=-7 \end{cases}$

(3) $\begin{cases} x+2y+3z=1 \\ 2x+3y+4z=2 \\ 3x+4y+5z=-3 \end{cases}$ の解の存在を系 2.1 を適用して調べよ．

▶【アクティブ・ラーニング】
例題 2.6 はすべて確実にできるようになりましたか？できない問題があれば，それがどうすればできるようになりますか？何に気をつければいいですか？また，読者全員ができるようになるにはどうすればいいでしょうか？それを紙に書き出しましょう．そして，書き出した紙を周りの人と見せ合って，それをまとめてグループごとに発表しましょう．

（解答）

(1) $A=\begin{bmatrix} 1 & 0 & 3 \\ 2 & 3 & 4 \\ 1 & 3 & 2 \end{bmatrix}$, $\boldsymbol{b}=\begin{bmatrix} 1 \\ 3 \\ 2 \end{bmatrix}$ とすれば，$\mathrm{rank}(A)=\mathrm{rank}(A|\boldsymbol{b})=2<3$ なので，系 2.1(2) より，$A\boldsymbol{x}=\boldsymbol{b}$ は無数の解 (不定解) をもち，$3-2=1$ 個の未知数を自由に決められる．

(2) $A=\begin{bmatrix} 2 & 3 & -5 \\ 1 & -1 & 1 \\ 3 & -6 & 2 \end{bmatrix}$, $\boldsymbol{b}=\begin{bmatrix} 0 \\ 3 \\ -7 \end{bmatrix}$ とすれば，$\mathrm{rank}(A)=\mathrm{rank}(A|\boldsymbol{b})=3$ なので，系 2.1(1) より，$A\boldsymbol{x}=\boldsymbol{b}$ は一意解をもつ．

(3) $A=\begin{bmatrix} 1 & 2 & 3 \\ 2 & 3 & 4 \\ 3 & 4 & 5 \end{bmatrix}$, $\boldsymbol{b}=\begin{bmatrix} 1 \\ 2 \\ -3 \end{bmatrix}$ とすれば，$\mathrm{rank}(A)=2<3=\mathrm{rank}(A|\boldsymbol{b})$ なので，系 2.1(3) より $A\boldsymbol{x}=\boldsymbol{b}$ の解は存在しない．

■

[問] 2.8　以下に示した問 2.2 の連立一次方程式の解の存在を系 2.1 を適用して調べよ．

(1) $\begin{cases} 2x+3y+5z=9 \\ x+y-z=0 \\ 3x+6y-2z=7 \end{cases}$　(2) $\begin{cases} x+2y+3z=4 \\ 2x-3y-z=-1 \\ 2x+y+3z=0 \end{cases}$　(3) $\begin{cases} x+y-z=7 \\ 2x+3y-4z=19 \\ 3x+y+z=11 \end{cases}$

2.8　掃き出し法による逆行列の導出

連立一次方程式 $A\boldsymbol{x}=\boldsymbol{b}$ の唯一の解を求めるということは，$\boldsymbol{x}=A^{-1}\boldsymbol{b}$ を求める，ということなので，結局，「$A\boldsymbol{x}=\boldsymbol{b}$ の唯一解を求める $=A^{-1}$ を求める」，ということになる．そして，例題 2.1(2) のように，掃き出し法で連立一次方程式の唯一の解が求められるのだから，掃き出し法を使えば，逆行列が求められると予想される．実際，次が成り立つ．

定理 2.10（行基本変形と逆行列・掃き出し法による逆行列の計算）

n 次正方行列 A が正則であるための必要十分条件は，A と E_n を並べた行列 $[A|E_n]$ が行基本変形によって $[E_n|X]$ となることである．

また，このとき，X は A の逆行列となる．

(証明)
($\Longrightarrow$) A は正則なので，定理 2.4 と定理 2.8 より，適当な基本行列 P, Q の積で $PAQ = E_n$ となる．ここで，$X = QP$ とおくと，

$$XA = (QP)A = Q(PA) = QQ^{-1} = E_n$$

これより，$X = A^{-1}$ であり，X は行基本変形に対応することが分かる．また，

$$X[A|E_n] = [XA|X] = [E_n|X]$$

が成り立つ．
($\Longleftarrow$) 行基本変形行列の積 X に対し，$X[A|E_n] = [E_n|X]$ ならば，$XA = E_n$ となり，A は正則で，X は A の逆行列であることが分かる． ■

定理 2.10 より，n 次正方行列 A の逆行列を求めるには，$[A|E_n]$ を行基本変形して $[E_n|X]$ の形を作ればいいことになる．そして，このときの X が A^{-1} である．

例題 2.7（掃き出し法による逆行列の計算）
次の行列の逆行列を掃き出し法で求めよ．

(1) $A = \begin{bmatrix} -5 & 8 \\ -4 & 3 \end{bmatrix}$　　(2) $A = \begin{bmatrix} 1 & 1 & 1 \\ 1 & 2 & 2 \\ 2 & 2 & 3 \end{bmatrix}$

(解答)
(1)

$$\left[\begin{array}{cc|cc} -5 & 8 & 1 & 0 \\ -4 & 3 & 0 & 1 \end{array}\right] \xrightarrow[\text{第 2 行}\times(1/4)]{\text{第 1 行}\times(-1/5)} \left[\begin{array}{cc|cc} 1 & -\frac{8}{5} & -\frac{1}{5} & 0 \\ -1 & \frac{3}{4} & 0 & \frac{1}{4} \end{array}\right]$$

$$\xrightarrow[+\text{第 2 行}]{\text{第 1 行}} \left[\begin{array}{cc|cc} 1 & -\frac{8}{5} & -\frac{1}{5} & 0 \\ 0 & -\frac{17}{20} & -\frac{1}{5} & \frac{1}{4} \end{array}\right] \xrightarrow[\times(-20/17)]{\text{第 2 行}} \left[\begin{array}{cc|cc} 1 & -\frac{8}{5} & -\frac{1}{5} & 0 \\ 0 & 1 & \frac{4}{17} & -\frac{5}{17} \end{array}\right]$$

$$\xrightarrow[+\text{第 1 行}]{\text{第 2 行}\times 8/5} \left[\begin{array}{cc|cc} 1 & 0 & \frac{3}{17} & -\frac{8}{17} \\ 0 & 1 & \frac{4}{17} & -\frac{5}{17} \end{array}\right] \text{より，} A^{-1} = \frac{1}{17}\begin{bmatrix} 3 & -8 \\ 4 & -5 \end{bmatrix}$$

(2)

$$\left[\begin{array}{ccc|ccc} 1 & 1 & 1 & 1 & 0 & 0 \\ 1 & 2 & 2 & 0 & 1 & 0 \\ 2 & 2 & 3 & 0 & 0 & 1 \end{array}\right] \xrightarrow[\text{第 1 行}\times(-2)+\text{第 3 行}]{\text{第 1 行}\times(-1)+\text{第 2 行}} \left[\begin{array}{ccc|ccc} 1 & 1 & 1 & 1 & 0 & 0 \\ 0 & 1 & 1 & -1 & 1 & 0 \\ 0 & 0 & 1 & -2 & 0 & 1 \end{array}\right]$$

$$\xrightarrow[\text{第 3 行}\times(-1)+\text{第 2 行}]{\text{第 3 行}\times(-1)+\text{第 1 行}} \left[\begin{array}{ccc|ccc} 1 & 1 & 0 & 3 & 0 & -1 \\ 0 & 1 & 0 & 1 & 1 & -1 \\ 0 & 0 & 1 & -2 & 0 & 1 \end{array}\right]$$

$$\xrightarrow{\text{第 2 行}\times(-1)+\text{第 1 行}} \left[\begin{array}{ccc|ccc} 1 & 0 & 0 & 2 & -1 & 0 \\ 0 & 1 & 0 & 1 & 1 & -1 \\ 0 & 0 & 1 & -2 & 0 & 1 \end{array}\right]$$

より，$A^{-1} = \begin{bmatrix} 2 & -1 & 0 \\ 1 & 1 & -1 \\ -2 & 0 & 1 \end{bmatrix}$

■

[問] 2.9 次の行列の逆行列を掃き出し法で求めよ．

(1) $\begin{bmatrix} 7 & 6 \\ 9 & 8 \end{bmatrix}$　(2) $\begin{bmatrix} 1 & 5 & 6 \\ 2 & 7 & 4 \\ 1 & 3 & 1 \end{bmatrix}$　(3) $\begin{bmatrix} 1 & 2 & 2 \\ 2 & 1 & -1 \\ 0 & 1 & 1 \end{bmatrix}$

2.9 同次連立一次方程式

今までは，連立一次方程式 $\boldsymbol{Ax} = \boldsymbol{b}$ を考え，暗黙的に $\boldsymbol{b}$ が零ベクトルで

▶［ブロック行列の積］
$m \times n$ 行列 A を次のように rs 個のブロックに分ける．

$$A = \begin{bmatrix} A_{11} & A_{12} & \cdots & A_{1s} \\ A_{21} & A_{22} & \cdots & A_{2s} \\ \vdots & \vdots & \cdots & \vdots \\ A_{r1} & A_{r2} & \cdots & A_{rs} \end{bmatrix}$$

これを行列 A のブロック分割 (block matrix decompositions) といい，各ブロックから得られる行列 A_{ij} を A の小行列 (submatrix, block matrix, patritioned matrix) という．

ブロック分割された行列の和，スカラー倍，および積は各ブロックの小行列を成分とみなして演算が可能ならば，ブロックごとに演算できる．

例えば，$n \times 2n$ 行列を $[A|B]$ と分割し，A と B がともに n 次正方行列ならば，n 次正方行列 C に対して，$C[A|B] = [CA|CB]$ となる．また，n 次正方行列 A, B, C, D に対して，$\begin{bmatrix} A & B \\ O & C \end{bmatrix}\begin{bmatrix} B & C \\ O & D \end{bmatrix} = \begin{bmatrix} AB & AC+BD \\ O & CD \end{bmatrix}$ となる．

【注意】2.9，3.5 節で示すように，$XA = E_n$ あるいは $AX = E_n$ のいずれかが成り立てば，他方も成り立つ．

▶【アクティブ・ラーニング】
例題 2.7 はすべて確実に求められるようになりましたか？求められない問題があれば，それがどうすれば求められるようになりますか？何に気をつければいいですか？また，読者全員ができるようになるにはどうすればいいでしょうか？それを紙に書き出しましょう．そして，書き出した紙を周りの人と見せ合って，それをまとめてグループごとに発表しましょう．

【注意】 例題 2.7(1) の結果は，例題 1.12(1) の結果と同じ．A が正則行列のとき，連立一次方程式 $Ax = b$ の解は $x = A - 1b$ と表せる．しかし，例題 2.7 で見たように $A - 1$ を求めるための計算量は，掃き出し法による連立一次方程式の解法の計算量よりも多い．そのため，一般には連立一次方程式を解くために逆行列を求めるようなことはしない．

はないとしてきたが，ここでは，$\boldsymbol{b}$ が零ベクトルのとき，つまり，$A\boldsymbol{x}=\boldsymbol{0}$ の場合を考えよう．特に，連立一次方程式 $A\boldsymbol{x}=\boldsymbol{0}$ を**同次連立一次方程式(homogeneous system of linear equations)** といい，これまで扱ってきた連立一次方程式 $A\boldsymbol{x}=\boldsymbol{b}$ を**非同次連立一次方程式(nonhomogeneous system of linear equations)** という．

同次連立一次方程式

$$\left\{\begin{array}{l} a_{11}x_1+a_{12}x_2+\cdots+a_{1n}x_n=0 \\ a_{21}x_1+a_{22}x_2+\cdots+a_{2n}x_n=0 \\ \qquad\qquad\vdots \\ a_{m1}x_1+a_{m2}x_2+\cdots+a_{mn}x_n=0 \end{array}\right. \tag{2.26}$$

$$A=\begin{bmatrix} a_{11} & a_{12} & \cdots & a_{1n} \\ a_{21} & a_{22} & \cdots & a_{2n} \\ & & \cdots & \\ a_{m1} & a_{m2} & \cdots & a_{mn} \end{bmatrix},\quad \boldsymbol{x}=\begin{bmatrix} x_1 \\ x_2 \\ \vdots \\ x_n \end{bmatrix},$$

において，$\boldsymbol{x}=\boldsymbol{0}$，つまり，$x_1=x_2=\cdots=x_n=0$ とすれば，$A\boldsymbol{x}=\boldsymbol{0}$ となるので，同次連立一次方程式 (2.26) は，解 $\boldsymbol{x}=\boldsymbol{0}$ をもつ．この解を**自明解(trivial solution)** といい，それ以外の解を**非自明解(nontrivial solution)** という．

▶【アクティブ・ラーニング】
"homogeneous" の意味を調べ，"homogeneous" を「同次」と呼ぶことについてあなたの意見をまとめよう．そして，お互いにその意見を発表しよう．どのような日本語訳が相応しいだろうか？また，$A\boldsymbol{x}=\boldsymbol{0}$ を"homogeneous" と呼ぶのは妥当だろうか？

▶【アクティブ・ラーニング】
なぜ，同次連立一次方程式の解 $\boldsymbol{x}=\boldsymbol{0}$ を「自明解」と呼ぶのだろうか？あなたの考えをまとめて，お互いに話し合ってみよう．

定理 2.11（同次連立一次方程式とその解）
$m\times n$ 行列 A に対して，次が成り立つ．

(1) $m\geqq n$ のとき，$\mathrm{rank}(A)=n \iff A\boldsymbol{x}=\boldsymbol{0}$ は自明解のみをもつ．

(2) $\mathrm{rank}(A)<n \iff A\boldsymbol{x}=\boldsymbol{0}$ は非自明解をもつ．

（証明）
まず，行列 A と拡大係数行列 $[A|\boldsymbol{0}]$ のランクは同じであることに注意する．
(1) 系 2.1(1) より

$$\mathrm{rank}(A)=\mathrm{rank}(A|\boldsymbol{0})=n \iff A\boldsymbol{x}=\boldsymbol{0} \text{ が一意解をもつ}$$

が成り立つ．自明解 $\boldsymbol{x}=\boldsymbol{0}$ は常に $A\boldsymbol{x}=\boldsymbol{0}$ の解なので，$\boldsymbol{x}=\boldsymbol{0}$ は一意解でもある．
(2) 系 2.1(2) より

$$\mathrm{rank}(A)=\mathrm{rank}(A|\boldsymbol{0})<n \iff A\boldsymbol{x}=\boldsymbol{0} \text{ は無数の解をもつ．}$$

これは，$A\boldsymbol{x}=\boldsymbol{0}$ が非自明解をもつことを意味する．

■

系 2.2 より，$AX=E_n$ **または** $XA=E_n$ が成り立てば，A が正則行列だと分かる．

系 2.2（正則であるための条件）
A, X を n 次正方行列とするとき，次が成り立つ．

(1) $XA = E_n$ ならば A は正則行列で，$X = A^{-1}$ である．

(2) $AX = E_n$ ならば A は正則行列で，$X = A^{-1}$ である．

（証明）
(1) 同次連立一次方程式 $A\boldsymbol{x} = \boldsymbol{0}$ の両辺へ左から X を掛けると，$XA\boldsymbol{x} = \boldsymbol{0}$ だが，仮定より $E_n\boldsymbol{x} = \boldsymbol{0}$ なので，$\boldsymbol{x} = \boldsymbol{0}$ である．よって，定理 2.11(1) より，$\mathrm{rank}(A) = n$ なので，定理 2.9 より A は正則行列である．A^{-1} を $XA = E_n$ の両辺へ右から掛けると $X = A^{-1}$ を得る．
(2) (1) を $AX = E_n$ に適用すれば，X が正則で，$A = X^{-1}$ だと分かる．よって，定理 1.5 より，A は正則で $A^{-1} = (X^{-1})^{-1} = X$ となる． ■

非同次連立一次方程式 $A\boldsymbol{x} = \boldsymbol{b}$ が与えられたとき，右辺の $\boldsymbol{b}$ を零ベクトル $\boldsymbol{0}$ に置き換えた同次連立一次方程式を $A\boldsymbol{x} = \boldsymbol{b}$ に付随した同次方程式（ふずいしたどうじほうていしき）(associated homogeneous equation) という．

例題 2.8（同次連立一次方程式とその解）
例題 2.1 の非同次連立一次方程式に付随した同次方程式

(1) $\begin{cases} x + 3z = 0 \\ 2x + 3y + 4z = 0 \\ x + 3y + z = 0 \end{cases}$ (2) $\begin{cases} 2x + 3y - 5z = 0 \\ x - y + z = 0 \\ 3x - 6y + 2z = 0 \end{cases}$

(3) $\begin{cases} x + 2y + 3z = 0 \\ 2x + 3y + 4z = 0 \\ 3x + 4y + 5z = 0 \end{cases}$ の自明解・非自明解の存在を，定理 2.11 を用いて調べよ．また，付随した同次方程式の解も求めよ．

▶【アクティブ・ラーニング】
例題 2.8 はすべて確実にできるようになりましたか？できない問題があれば，それがどうすればできるようになりますか？何に気をつければいいですか？また，読者全員ができるようになるにはどうすればいいでしょうか？それを紙に書き出しましょう．そして，書き出した紙を周りの人と見せ合って，それをまとめてグループごとに発表しましょう．

（解答）
同次連立一次方程式の場合，行基本変形をどのように行っても各行の右辺は常に 0 になるので，右辺を省略して掃き出し法を適用すればよい．

(1) $A = \begin{bmatrix} 1 & 0 & 3 \\ 2 & 3 & 4 \\ 1 & 3 & 2 \end{bmatrix}$ とすれば，$\mathrm{rank}(A) = 2 < 3$ なので，定理 2.11(2) より，$A\boldsymbol{x} = \boldsymbol{0}$ は非自明解をもつ．このとき，

$$A = \begin{bmatrix} 1 & 0 & 3 \\ 2 & 3 & 4 \\ 1 & 3 & 1 \end{bmatrix} \to \begin{bmatrix} 1 & 0 & 3 \\ 0 & 1 & -2/3 \\ 0 & 0 & 0 \end{bmatrix}$$

より，α を任意の実数とすれば，$A\boldsymbol{x} = \boldsymbol{0}$ の解は $z = \alpha,\ y = \dfrac{2}{3}z = \dfrac{2}{3}\alpha,\ x = -3z = -3\alpha$

より，$\begin{bmatrix} x \\ y \\ z \end{bmatrix} = \dfrac{\alpha}{3}\begin{bmatrix} -9 \\ 2 \\ 3 \end{bmatrix}$．

(2) $A = \begin{bmatrix} 2 & 3 & -5 \\ 1 & -1 & 1 \\ 3 & -6 & 2 \end{bmatrix}$ とすれば，$\mathrm{rank}(A) = 3$ なので，定理 2.11(1) より，$A\boldsymbol{x} = \boldsymbol{0}$

は自明解のみをもつ．よって，$A\boldsymbol{x} = \boldsymbol{0}$ の解は $x = y = z = 0$，つまり，$\begin{bmatrix} x \\ y \\ z \end{bmatrix} = \begin{bmatrix} 0 \\ 0 \\ 0 \end{bmatrix}$ である．

(3) $A = \begin{bmatrix} 1 & 2 & 3 \\ 2 & 3 & 4 \\ 3 & 4 & 5 \end{bmatrix}$ とすれば，$\mathrm{rank}(A) = 2 < 3$ なので，定理 2.11(2) より，$A\boldsymbol{x} = \boldsymbol{0}$ は非自明解をもつ．このとき，

$$A = \begin{bmatrix} 1 & 2 & 3 \\ 2 & 3 & 4 \\ 3 & 4 & 5 \end{bmatrix} \to \begin{bmatrix} 1 & 2 & 3 \\ 0 & 1 & 2 \\ 0 & 0 & 0 \end{bmatrix}$$

より，α を任意の実数とすれば，$A\boldsymbol{x} = \boldsymbol{0}$ の解は $z = \alpha,\ y = -2z = -2\alpha$,

$x = -3z - 2y = -3\alpha - 2(-2\alpha) = \alpha$ より，$\begin{bmatrix} x \\ y \\ z \end{bmatrix} = \alpha \begin{bmatrix} 1 \\ -2 \\ 1 \end{bmatrix}$ である．　■

[問] 2.10　以下に示した問 2.2 の非同次連立一次方程式に付随した同次方程式の自明解・非自明解の存在を，定理 2.11 を用いて調べよ．また，付随した同次方程式の解も求めよ．

(1) $\begin{cases} 2x + 3y + 5z = 0 \\ x + y - z = 0 \\ 3x + 6y - 2z = 0 \end{cases}$　(2) $\begin{cases} x + 2y + 3z = 0 \\ 2x - 3y - z = 0 \\ 2x + y + 3z = 0 \end{cases}$　(3) $\begin{cases} x + y - z = 0 \\ 2x + 3y - 4z = 0 \\ 3x + y + z = 0 \end{cases}$

非同次連立一次方程式

$$A\boldsymbol{x} = \boldsymbol{b} \tag{2.27}$$

とこれに付随した同次方程式

$$A\boldsymbol{x} = \boldsymbol{0} \tag{2.28}$$

の関係を調べよう．

(2.27) の解は，(2.11) より

$$\begin{bmatrix} x_1 \\ x_2 \\ \vdots \\ x_r \\ x_{r+1} \\ x_{r+2} \\ \vdots \\ x_{n-1} \\ x_n \end{bmatrix} = \begin{bmatrix} d_1 \\ d_2 \\ \vdots \\ d_r \\ 0 \\ 0 \\ \vdots \\ 0 \\ 0 \end{bmatrix} + x_{r+1} \begin{bmatrix} -c_{1,r+1} \\ -c_{2,r+1} \\ \vdots \\ -c_{r,r+1} \\ 1 \\ 0 \\ \vdots \\ 0 \\ 0 \end{bmatrix} + \cdots + x_n \begin{bmatrix} -c_{1n} \\ -c_{2n} \\ \vdots \\ -c_{rn} \\ 0 \\ 0 \\ \vdots \\ 0 \\ 1 \end{bmatrix} \tag{2.29}$$

と表せる．$x_{r+1}, x_{r+2}, \ldots, x_{n-1}, x_n$ は任意の実数であり，(2.29) のように任意定数で表された解を一般解（いっぱんかい）(general solution) という．それに対して，解に現れる任意定数を特定の値にした解を特殊解（とくしゅかい）(particular solution) という．例えば，例題 2.1(1) $\begin{cases} x + 3z = 1 \\ 2x + 3y + 4z = 3 \\ x + 3y + z = 2 \end{cases}$ の解を (2.29) の形で表せば，

$$\begin{bmatrix} x \\ y \\ z \end{bmatrix} = \frac{1}{3}\begin{bmatrix} 3-9\alpha \\ 1+2\alpha \\ 3\alpha \end{bmatrix} = \frac{1}{3}\begin{bmatrix} 3 \\ 1 \\ 0 \end{bmatrix} + \frac{\alpha}{3}\begin{bmatrix} -9 \\ 2 \\ 3 \end{bmatrix}$$

となり，これは任意定数 α で表示されているので，一般解である．そして，$\alpha = 0$ とした解 $\begin{bmatrix} x \\ y \\ z \end{bmatrix} = \frac{1}{3}\begin{bmatrix} 3 \\ 1 \\ 0 \end{bmatrix}$ が特殊解である．

一方，(2.28) の解は (2.29) において $d_1 = d_2 = \cdots = d_r = 0$ としたものなので，結局，

$$\begin{bmatrix} x_1 \\ x_2 \\ \vdots \\ x_r \\ x_{r+1} \\ x_{r+2} \\ \vdots \\ x_{n-1} \\ x_n \end{bmatrix} = x_{r+1}\begin{bmatrix} -c_{1,r+1} \\ -c_{2,r+1} \\ \vdots \\ -c_{r,r+1} \\ 1 \\ 0 \\ \vdots \\ 0 \\ 0 \end{bmatrix} + \cdots + x_n\begin{bmatrix} -c_{1n} \\ -c_{2n} \\ \vdots \\ -c_{rn} \\ 0 \\ 0 \\ \vdots \\ 0 \\ 1 \end{bmatrix} \tag{2.30}$$

と表せる．これは，(2.28) の一般解である．ここで，(2.29) において $x_{r+1} = x_{r+2} = \cdots = x_{n-1} = x_n = 0$ としたときの右辺第 1 項 ${}^t[d_1\ d_2\ \cdots\ d_r\ 0\ 0\ \cdots\ 0\ 0]$ は (2.27) の特殊解である．

以上をまとめると次のようになる．

定理 2.12（非同次連立一次方程式と付随する同次方程式の関係）
「$A\boldsymbol{x} = \boldsymbol{b}$ の一般解」＝「$A\boldsymbol{x} = \boldsymbol{b}$ の特殊解」＋「$A\boldsymbol{x} = \boldsymbol{0}$ の一般解」

念のため，定理 2.12 を例題 2.1(1) で確認しよう．先ほど，$\begin{bmatrix} x \\ y \\ z \end{bmatrix} = \frac{1}{3}\begin{bmatrix} 3 \\ 1 \\ 0 \end{bmatrix}$ が $A\boldsymbol{x} = \boldsymbol{b}$ の特殊解であることは確認しているので，$\begin{bmatrix} x \\ y \\ z \end{bmatrix} = \frac{\alpha}{3}\begin{bmatrix} -9 \\ 2 \\ 3 \end{bmatrix}$ が $A\boldsymbol{x} = \boldsymbol{0}$ の一般解であることを確認すればよい．実際に計算すると，

$$A\boldsymbol{x} = \begin{bmatrix} 1 & 0 & 3 \\ 2 & 3 & 4 \\ 1 & 3 & 1 \end{bmatrix}\begin{bmatrix} -3\alpha \\ \frac{2\alpha}{3} \\ \alpha \end{bmatrix} = \begin{bmatrix} -3\alpha + 3\alpha \\ -6\alpha + 2\alpha + 4\alpha \\ -3\alpha + 2\alpha + \alpha \end{bmatrix} = \begin{bmatrix} 0 \\ 0 \\ 0 \end{bmatrix}$$

となるので，確かに $A\boldsymbol{x} = \boldsymbol{0}$ の一般解になっている．なお，例題 2.1(2) の

【注意】 例題 2.1(2) の解は，非同次連立一次方程式の特殊解のみだが，同次方程式の自明解 $\mathbf{0}$ と任意の定数 α を用いて，$\begin{bmatrix}1\\2\\1\end{bmatrix}+\alpha\begin{bmatrix}0\\0\\0\end{bmatrix}$ と表せる．

▶【アクティブ・ラーニング】
例題 2.9 はすべて確実にできるようになりましたか？できなければ，それがどうすればできるようになりますか？何に気をつければいいですか？また，読者全員ができるようになるにはどうすればいいでしょうか？それを紙に書き出しましょう．そして，書き出した紙を周りの人と見せ合って，それをまとめてグループごとに発表しましょう．

解は，任意定数を含まないので，特殊解のみである．また，例題 2.1(3) の解は存在しないので，当然ながら一般解も存在しない．

例題 2.9（非同次連立一次方程式と付随する同次方程式の関係）

非同次連立一次方程式 $\begin{cases} x+2y-z=0 \\ x+y+3w=-2 \\ 3x+5y-2z+3w=-2 \\ x+3y-2z-3w=2 \end{cases}$ の一般解をこの方程式の特殊解と付随する同次方程式の一般解で表せ．

(解答)
掃き出し法で一般解を求めればよい．

$$\left[\begin{array}{cccc|c} 1 & 2 & -1 & 0 & 0 \\ 1 & 1 & 0 & 3 & -2 \\ 3 & 5 & -2 & 3 & -2 \\ 1 & 3 & -2 & -3 & 2 \end{array}\right] \xrightarrow[\text{第 1 行}\times(-3)+\text{第 3 行}]{\text{第 1 行}\times(-1)+\text{第 2,4 行}} \left[\begin{array}{cccc|c} 1 & 2 & -1 & 0 & 0 \\ 0 & -1 & 1 & 3 & -2 \\ 0 & -1 & 1 & 3 & -2 \\ 0 & 1 & -1 & -3 & 2 \end{array}\right]$$

$$\xrightarrow[\text{第 4 行を交換}]{\text{第 2 行と}} \left[\begin{array}{cccc|c} 1 & 2 & -1 & 0 & 0 \\ 0 & 1 & -1 & -3 & 2 \\ 0 & -1 & 1 & 3 & -2 \\ 0 & -1 & 1 & 3 & -2 \end{array}\right] \xrightarrow[+\text{第 3,4 行}]{\text{第 2 行}} \left[\begin{array}{cccc|c} 1 & 2 & -1 & 0 & 0 \\ 0 & 1 & -1 & -3 & 2 \\ 0 & 0 & 0 & 0 & 0 \\ 0 & 0 & 0 & 0 & 0 \end{array}\right]$$

任意の実数 α, β を用いて $z=\alpha,\ w=\beta$ とすれば，

$$\begin{bmatrix}x\\y\\z\\w\end{bmatrix}=\begin{bmatrix}-2(2+\alpha+3\beta)+\alpha\\2+\alpha+3\beta\\\alpha\\\beta\end{bmatrix}=\begin{bmatrix}-4-\alpha-6\beta\\2+\alpha+3\beta\\\alpha\\\beta\end{bmatrix}=\begin{bmatrix}-4\\2\\0\\0\end{bmatrix}+\alpha\begin{bmatrix}-1\\1\\1\\0\end{bmatrix}+\beta\begin{bmatrix}-6\\3\\0\\1\end{bmatrix}$$

と表せる．ここで，非同次連立一次方程式の特殊解が $\begin{bmatrix}-4\\2\\0\\0\end{bmatrix}$ であり，付随する同次方程式の一般解が $\alpha\begin{bmatrix}-1\\1\\1\\0\end{bmatrix}+\beta\begin{bmatrix}-6\\3\\0\\1\end{bmatrix}$ である． ■

▶【アクティブ・ラーニング】
まとめに記載されている項目について，例を交えながら他の人に説明しよう．また，あなたならどのように本章をまとめますか？あなたの考えで本章をまとめ，それを他の人とも共有し，自分たちオリジナルのまとめを作成しよう．

▶【アクティブ・ラーニング】
本章で登場した例題および問において，重要な問題を 5 つ選び，その理由を述べてください．その際，選定するための基準は，自分たちで考えてください．

[問] 2.11　非同次連立一次方程式 $\begin{cases} x+y+z=-3 \\ 2x+3y+5z=-10 \\ 3x+2y=-5 \end{cases}$ の一般解をこの方程式の特殊解と付随する同次方程式の一般解で表せ．

第 2 章のまとめ

- 連立一次方程式は行列と列ベクトルを使って $A\boldsymbol{x}=\boldsymbol{b}$ と表せる．
- 連立一次方程式 $A\boldsymbol{x}=\boldsymbol{b}$ は掃き出し法で求められる．
- 行列 A のランク $\mathrm{rank}(A)$ を求めるには，行基本変形で階段行列に変形し，階段の段数を数えればよい．
- 連立一次方程式 $A\boldsymbol{x}=\boldsymbol{b}$ が解をもつための必要十分条件は，

$\mathrm{rank}(A|\boldsymbol{b}) = \mathrm{rank}(A)$.

- n 次正則行列 A に対して，$[A|E_n]$ を考え，A を E_n になるように行基本変形をすれば，$[E_n|A^{-1}]$ となる.
- n 次正方行列 A が正則 $\Longleftrightarrow$ $\mathrm{rank}(A) = n$ $\Longleftrightarrow$ $A\boldsymbol{x} = \boldsymbol{b}$ の一意解が存在
- 「$A\boldsymbol{x} = \boldsymbol{b}$ の一般解」$=$「$A\boldsymbol{x} = \boldsymbol{b}$ の特殊解」$+$「$A\boldsymbol{x} = \boldsymbol{0}$ の一般解」

第2章　演習問題

[A. 基本問題]

演習 2.1 次の連立一次方程式を掃き出し法で解け.

(1) $\begin{cases} x-y+w=5 \\ 2x-y+2z+w=8 \\ y+3z-w=2 \\ x+3z=7 \end{cases}$　(2) $\begin{cases} 3x+2y-z=-15 \\ 5x+3y+2z=0 \\ 3x+y+3z=11 \\ 11x+7y=-30 \end{cases}$　(3) $\begin{cases} x+2y+3z-2w=2 \\ -x-y-3z+w=-4 \\ 2x+4y+6z-3w=10 \end{cases}$

(4) $\begin{cases} 2x-6y-5z+4w=12 \\ x-3y-z+2w=9 \\ -x+3y+2z-2w=-7 \\ -x+3y+4z-2w=-3 \end{cases}$　(5) $\begin{cases} x+3y+5z+7w=9 \\ -2x+5y+z+8w=-7 \\ 3x+5y+9z+w=19 \\ -4x+3y+z+38w=-9 \end{cases}$

演習 2.2 次を満たす基本行列 P, Q およびこれらの逆行列 P^{-1}, Q^{-1} を求めよ.

(1) $A=\begin{bmatrix} 1 & 2 & 3 & 4 \\ 5 & 6 & 7 & 8 \\ 9 & 10 & 11 & 12 \end{bmatrix}$ に，ある行列 P と Q をそれぞれ左と右から掛けると，第2行の3倍を第1行に加え，第3列の4倍を第1列に加えた行列になる.

(2) $A=\begin{bmatrix} 1 & 2 & 3 \\ 4 & 5 & 6 \\ 7 & 8 & 9 \\ 10 & 11 & 12 \end{bmatrix}$ に，ある行列 P と Q をそれぞれ左と右から掛けると，第2列の3倍を第1列に加えて第2行と第3行を入れ換えた行列になる.

演習 2.3 次の連立一次方程式の解が存在するように定数 k を定め，そのときの解も求めよ.

(1) $\begin{cases} x+2y+3z=k \\ 2x+3y-2z=2 \\ -x-y+5z=1 \end{cases}$　(2) $\begin{cases} x+2y+3z=1 \\ 4x+5y+6z=-2 \\ 7x+8y+9z=k \end{cases}$

演習 2.4 a, b を実数とし，連立一次方程式 $\begin{cases} x+2y+2z=1 \\ 2x+5y+3z=b \\ x+y+az=1 \end{cases}$ の係数行列 $A=\begin{bmatrix} 1 & 2 & 2 \\ 2 & 5 & 3 \\ 1 & 1 & a \end{bmatrix}$ のランクを2とする．このとき，この連立一次方程式が解をもつように a, b の値を定め，そのときの解を求めよ.

演習 2.5 $A=\begin{bmatrix} 3 & -4 & -5 & -7 \\ -1 & 2 & 2 & 3 \\ 2 & -3 & -4 & -5 \\ -1 & 2 & 3 & 4 \end{bmatrix}$ のランクを求め，A が正則か否か判定せよ.

演習 2.6 次の行列の逆行列を掃き出し法で求めよ.

(1) $\begin{bmatrix} 1 & 1 & 1 & 1 \\ 1 & 2 & 1 & 2 \\ 2 & 1 & 3 & 1 \\ 1 & 2 & 2 & 3 \end{bmatrix}$　(2) $\begin{bmatrix} 3 & -4 & -5 & -7 \\ -1 & 2 & 2 & 3 \\ 2 & -3 & -4 & -5 \\ -1 & 2 & 3 & 4 \end{bmatrix}$　(3) $\begin{bmatrix} 1 & 0 & 0 & 3 \\ 0 & 1 & 2 & 0 \\ 1 & 0 & 1 & 0 \\ 1 & 0 & 0 & 1 \end{bmatrix}$

演習 2.7 次の同次連立一次方程式の自明解・非自明解の存在を調べよ．また，同次方程式の解も求めよ．

(1) $\begin{cases} x+y+z=0 \\ 2x+y=0 \\ 2y+z=0 \\ x-z=0 \end{cases}$　(2) $\begin{cases} 2x+3y+z-w=0 \\ x+y-2z+w=0 \\ 3x+y-16z+9w=0 \\ 4x+7y+7z-5w=0 \end{cases}$

演習 2.8 演習 2.1 の連立一次方程式の一般解をこの方程式の特殊解と付随する同次方程式の一般解で表せ．

[B. 応用問題]

演習 2.9 次の変形に基づき，基本行列 P_i, Q_i を用いて行列 A を $A = P_k \cdots P_1 \begin{bmatrix} 1 & 1 & 1 \\ 0 & 1 & 0 \end{bmatrix} Q_1 \cdots Q_l$ の形で表せ．

$$A = \begin{bmatrix} 2 & 0 & 2 \\ 1 & 3 & 5 \end{bmatrix} \xrightarrow[\text{入れ換える}]{\text{第 1 行と第 2 行を}} \begin{bmatrix} 1 & 3 & 5 \\ 2 & 0 & 2 \end{bmatrix} \xrightarrow[\text{第 2 行に加える}]{\text{第 1 行の }(-2)\text{ 倍を}} \begin{bmatrix} 1 & 3 & 5 \\ 0 & -6 & -8 \end{bmatrix} \xrightarrow[-1/2\text{ 倍する}]{\text{第 2 行を}} \begin{bmatrix} 1 & 3 & 5 \\ 0 & 3 & 4 \end{bmatrix}$$

$$\xrightarrow[1/3\text{ 倍する}]{\text{第 2 列を}} \begin{bmatrix} 1 & 1 & 5 \\ 0 & 1 & 4 \end{bmatrix} \xrightarrow[\text{第 3 列に加える}]{\text{第 2 列を }(-4)\text{ 倍して}} \begin{bmatrix} 1 & 1 & 1 \\ 0 & 1 & 0 \end{bmatrix}$$

演習 2.10 $A = \begin{bmatrix} -1 & 1+i & 3i & 1 \\ 1+i & i & -i & 2-i \\ 1-i & -2+3i & -6-i & 2+i \\ 2+i & -1+3i & -3-2i & 4-i \end{bmatrix}$ のランクを求めよ．

演習 2.11 次の命題は正しいか？理由を述べて答えよ．

(1) ある行に 0 を掛ける操作は行基本変形である．

(2) 行列 A の階段行列から，A の標準形を基本変形によって導くことができる．

(3) 同次連立一次方程式 $A\boldsymbol{x} = \boldsymbol{0}$ の 2 つの非自明解を $\boldsymbol{x}_1, \boldsymbol{x}_2$ とするとき，$\alpha\boldsymbol{x}_1 + \beta\boldsymbol{x}_2$ も $A\boldsymbol{x} = \boldsymbol{0}$ の解である．ただし，α, β は任意の定数である．

(4) 行列 A に行基本変形を施した行列を B とする．このとき，$\mathrm{rank}(A) = \mathrm{rank}(B)$ である．

(5) 連立一次方程式 $A\boldsymbol{x} = \boldsymbol{b}$ の解がただ 1 つ存在するための必要十分条件は A が正則となることである．

(6) n 次正方行列が正則でないならば，$\mathrm{rank}(A) > n$ である．

(7) 連立一次方程式 $A\boldsymbol{x} = \boldsymbol{b}$ を掃き出し法で解く場合，行基本変形のみを行う．

第2章　略解とヒント

[問]

問 2.1 (1) 係数行列 $\begin{bmatrix} 2 & 5 \\ -4 & 3 \end{bmatrix}$, 拡大係数行列 $\left[\begin{array}{cc|c} 2 & 5 & 23 \\ -4 & 3 & -7 \end{array}\right]$, (2.2) の形 $\begin{bmatrix} 2 & 5 \\ -4 & 3 \end{bmatrix}\begin{bmatrix} x \\ y \end{bmatrix} = \begin{bmatrix} 23 \\ -7 \end{bmatrix}$, (2.4) の形 $x\begin{bmatrix} 2 \\ -4 \end{bmatrix} + y\begin{bmatrix} 5 \\ 3 \end{bmatrix} = \begin{bmatrix} 23 \\ -7 \end{bmatrix}$　(2) 係数行列 $\begin{bmatrix} 1 & -2 & 3 \\ 3 & 0 & -5 \end{bmatrix}$, 拡大係数行列 $\left[\begin{array}{ccc|c} 1 & -2 & 3 & -14 \\ 3 & 0 & -5 & 32 \end{array}\right]$, (2.2) の形 $\begin{bmatrix} 1 & -2 & 3 \\ 3 & 0 & -5 \end{bmatrix}\begin{bmatrix} x \\ y \\ z \end{bmatrix} = \begin{bmatrix} -14 \\ 32 \end{bmatrix}$, (2.4) の形 $x\begin{bmatrix} 1 \\ 3 \end{bmatrix} + y\begin{bmatrix} -2 \\ 0 \end{bmatrix} + z\begin{bmatrix} 3 \\ -5 \end{bmatrix} = \begin{bmatrix} -14 \\ 32 \end{bmatrix}$　(3) 係数行列 $\begin{bmatrix} 1 & -3 \\ -2 & 5 \\ 3 & 7 \end{bmatrix}$, 拡大係数行列 $\left[\begin{array}{cc|c} 1 & -3 & -5 \\ -2 & 5 & 7 \\ 3 & 7 & 33 \end{array}\right]$, (2.2) の形 $\begin{bmatrix} 1 & -3 \\ -2 & 5 \\ 3 & 7 \end{bmatrix}\begin{bmatrix} x \\ y \\ z \end{bmatrix} = \begin{bmatrix} -5 \\ 7 \\ 33 \end{bmatrix}$, (2.4) の形 $x\begin{bmatrix} 1 \\ -2 \\ 3 \end{bmatrix} + y\begin{bmatrix} -3 \\ 5 \\ 7 \end{bmatrix} = \begin{bmatrix} -5 \\ 7 \\ 33 \end{bmatrix}$

問 2.2 (1) $x = -1, y = 2, z = 1$　(2) 解なし　(3) α を任意の実数として，$x = 2 - \alpha$, $y = 5 + 2\alpha$, $z = \alpha$

問 2.3 (1) $P^{-1} = P = \begin{bmatrix} 1 & 0 & 0 \\ 0 & 0 & 1 \\ 0 & 1 & 0 \end{bmatrix}$, $Q = \begin{bmatrix} 1 & 0 & 0 & 0 \\ 0 & 1 & 0 & 3 \\ 0 & 0 & 1 & 0 \\ 0 & 0 & 0 & 1 \end{bmatrix}$, $Q^{-1} = \begin{bmatrix} 1 & 0 & 0 & 0 \\ 0 & 1 & 0 & -3 \\ 0 & 0 & 1 & 0 \\ 0 & 0 & 0 & 1 \end{bmatrix}$

(2) $P^{-1} = P = \begin{bmatrix} 0 & 0 & 0 & 1 \\ 0 & 1 & 0 & 0 \\ 0 & 0 & 1 & 0 \\ 1 & 0 & 0 & 0 \end{bmatrix}$, $Q = \begin{bmatrix} 1 & 0 & 0 \\ 0 & 1 & 0 \\ 0 & 2 & 1 \end{bmatrix}$, $Q^{-1} = \begin{bmatrix} 1 & 0 & 0 \\ 0 & 1 & 0 \\ 0 & -2 & 1 \end{bmatrix}$

問 2.4 (1) 3　(2) 2

問 2.5 (1) 2　(2) 20

問 2.6 $a = -2$ かつ $b \neq -7$

問 2.7 (1) 正則 (ランク 4)　(2) 正則でない (ランク 2)

問 2.8 (1) $\mathrm{rank}(A) = \mathrm{rank}(A|\boldsymbol{b}) = 3$，一意解が存在.　(2) $\mathrm{rank}(A) = 2 < 3 = \mathrm{rank}(A|\boldsymbol{b})$，解は存在しない.　(3) $\mathrm{rank}(A) = \mathrm{rank}(A|\boldsymbol{b}) = 2$，解は無数に存在.

問 2.9 (1) $\dfrac{1}{2}\begin{bmatrix} 8 & -6 \\ -9 & 7 \end{bmatrix}$　(2) $\begin{bmatrix} 5 & -13 & 22 \\ -2 & 5 & -8 \\ 1 & -2 & 3 \end{bmatrix}$　(3) $\dfrac{1}{2}\begin{bmatrix} 2 & 0 & -4 \\ -2 & 1 & 5 \\ 2 & -1 & -3 \end{bmatrix}$

問 2.10 α を任意の実数とする. (1) $\mathrm{rank}(A) = 3$ より自明解のみ存在. $x = y = z = 0$　(2) $\mathrm{rank}(A) = 2 < 3$ より非自明解が存在. $x = -\alpha$, $y = -\alpha$, $z = \alpha$　(3) $\mathrm{rank}(A) = 2 < 3$ より非自明解が存在. $x = -\alpha$, $y = 2\alpha$, $z = \alpha$

問 2.11 α を任意の実数とする. $\begin{bmatrix} 1 \\ -4 \\ 0 \end{bmatrix} + \alpha\begin{bmatrix} 2 \\ -3 \\ 1 \end{bmatrix}$

[演習]

演習 2.1 以下，α, β は任意の実数とする.　(1) $x = -5$, $y = -10 + \alpha$, $z = 4$, $w = \alpha$　(2) $x = -4$, $y = 2$, $z = 7$　(3) $x = 6 - 3\alpha$, $y = 4$, $z = \alpha$, $w = 6$　(4) $x = 11 + 3\alpha - 2\beta$, $y = \alpha$, $w = \beta$, $z = 2$　(5) $x = 2 + 11\alpha$, $y = -1 + 4\alpha$, $z = 2 - 6\alpha$, $w = \alpha$

演習 2.2 (1) $P = \begin{bmatrix} 1 & 3 & 0 \\ 0 & 1 & 0 \\ 0 & 0 & 1 \end{bmatrix}$, $P^{-1} = \begin{bmatrix} 1 & -3 & 0 \\ 0 & 1 & 0 \\ 0 & 0 & 1 \end{bmatrix}$, $Q = \begin{bmatrix} 1 & 0 & 0 & 0 \\ 0 & 1 & 0 & 0 \\ 4 & 0 & 1 & 0 \\ 0 & 0 & 0 & 1 \end{bmatrix}$, $Q^{-1} = \begin{bmatrix} 1 & 0 & 0 & 0 \\ 0 & 1 & 0 & 0 \\ -4 & 0 & 1 & 0 \\ 0 & 0 & 0 & 1 \end{bmatrix}$

$$(2)\ P^{-1} = P = \begin{bmatrix} 1 & 0 & 0 & 0 \\ 0 & 0 & 1 & 0 \\ 0 & 1 & 0 & 0 \\ 0 & 0 & 0 & 1 \end{bmatrix},\ Q = \begin{bmatrix} 1 & 0 & 0 \\ 3 & 1 & 0 \\ 0 & 0 & 1 \end{bmatrix},\ Q^{-1} = \begin{bmatrix} 1 & 0 & 0 \\ -3 & 1 & 0 \\ 0 & 0 & 1 \end{bmatrix}$$

演習 2.3 αは任意の実数　(1) $k = 3,\ x = 13\alpha - 5,\ y = -8\alpha + 4,\ z = \alpha$　(2) $k = -5,\ x = -3 + \alpha,\ y = 2 - 2\alpha,\ z = \alpha$

演習 2.4 $a = 3,\ b = 2,\ x = 1 - 4\alpha,\ y = \alpha,\ z = \alpha,\ \alpha$ は任意の実数

演習 2.5 正則 (ランク 4)

演習 2.6 (1) $\begin{bmatrix} 5 & -2 & -1 & 0 \\ -4 & 3 & 1 & -1 \\ -3 & 1 & 1 & 0 \\ 3 & -2 & -1 & 1 \end{bmatrix}$　(2) $\begin{bmatrix} 1 & 1 & 0 & 1 \\ 1 & 2 & -1 & -1 \\ 1 & -1 & -2 & 0 \\ -1 & 0 & 2 & 1 \end{bmatrix}$　(3) $\dfrac{1}{2}\begin{bmatrix} -1 & 0 & 0 & 3 \\ -2 & 2 & -4 & 6 \\ 1 & 0 & 2 & -3 \\ 1 & 0 & 0 & -1 \end{bmatrix}$

演習 2.7 (1) $\mathrm{rank}(A) = 3$, 同次連立一次方程式は自明解のみをもつ．解は $x = y = z = 0$.
(2) $\mathrm{rank}(A) = 2 < 4$, 同次連立一次方程式は非自明解をもつ．α, β を任意の実数とすると，解は $x = 7\alpha - 4\beta,\ y = -5\alpha + 3\beta,\ z = \alpha,\ w = \beta$

演習 2.8 (1) $\begin{bmatrix} -5 \\ -10 \\ 4 \\ 0 \end{bmatrix} + \alpha \begin{bmatrix} 0 \\ 1 \\ 0 \\ 1 \end{bmatrix}$　(2) 特殊解のみなので一般解はないが，強いて表せば $\begin{bmatrix} -4 \\ 2 \\ 7 \end{bmatrix} + \alpha \begin{bmatrix} 0 \\ 0 \\ 0 \end{bmatrix}$

(3) $\begin{bmatrix} 6 \\ 4 \\ 0 \\ 6 \end{bmatrix} + \alpha \begin{bmatrix} -3 \\ 0 \\ 1 \\ 0 \end{bmatrix}$　(4) $\begin{bmatrix} 11 \\ 0 \\ 0 \\ 2 \end{bmatrix} + \alpha \begin{bmatrix} 3 \\ 1 \\ 0 \\ 0 \end{bmatrix} + \beta \begin{bmatrix} -2 \\ 0 \\ 1 \\ 0 \end{bmatrix}$　(5) $\begin{bmatrix} 2 \\ -1 \\ 2 \\ 0 \end{bmatrix} + \alpha \begin{bmatrix} 11 \\ 4 \\ -6 \\ 1 \end{bmatrix}$

演習 2.9 $A = \begin{bmatrix} 0 & 1 \\ 1 & 0 \end{bmatrix} \begin{bmatrix} 1 & 0 \\ 2 & 1 \end{bmatrix} \begin{bmatrix} 1 & 0 \\ 0 & -2 \end{bmatrix} \begin{bmatrix} 1 & 1 & 1 \\ 0 & 1 & 0 \end{bmatrix} \begin{bmatrix} 1 & 0 & 0 \\ 0 & 1 & 4 \\ 0 & 0 & 1 \end{bmatrix} \begin{bmatrix} 1 & 0 & 0 \\ 0 & 3 & 0 \\ 0 & 0 & 1 \end{bmatrix}$

演習 2.10 2

演習 2.11 (1) 正しくない．$\overline{\text{0でない数}}$ をかける操作が行基本変形．　(2) 正しい　(3) 正しい　(4) 正しい　(5) 正しい　(6) 正しくない．正しくは，$\mathrm{rank}(A) < n$.　(7) 正しい．なお，列変形を行うと変数が入れ換わってしまう．

第 3 章　行列式

[ねらい]

第 2 章では，連立一次方程式の解や行列の逆行列を掃き出し法によって求めた．ここでは，行列式という概念を導入することにより，連立一次方程式の解や逆行列を具体的に公式として表現できることを学ぶ．

[この章の項目]

2 次正方行列の行列式と平行四辺形の面積，3 次正方行列の行列式とサラスの計算法，n 次正方行列の行列式とその性質，余因子展開，行列式と正則性，余因子行列と逆行列，行列式と連立一次方程式，クラメールの公式

3.1　2 次正方行列の行列式

【注意】 2 次正方行列は 4 つの数字を並べたものだが，その行列式はこれら 4 つ数字で定まる 1 つの数である．行列と行列式は別物である．

定理 1.6 で見たように

$$A = \begin{bmatrix} a & b \\ c & d \end{bmatrix} \text{が逆行列をもつ} \iff |A| = ad - bc \neq 0$$

であり，$|A| = \begin{vmatrix} a & b \\ c & d \end{vmatrix} = ad - bc$ を A の**行列式 (determinant)** といい，$\det A$ とも表した．　この行列式と連立一次方程式の関係を見るために，まずは，2 元連立一次方程式

▶ **[行列式の表し方]**
$|A|$ に $A = \begin{bmatrix} a & b \\ c & d \end{bmatrix}$ を代入すると $|A| = \left|\begin{bmatrix} a & b \\ c & d \end{bmatrix}\right|$ となるので，行列式をこのように書くべきかもしれないが，一般には，$A = \begin{bmatrix} a & b \\ c & d \end{bmatrix}$ の行列式 $|A|$ を成分で書く場合は，角カッコ [ ] を省略して $\begin{vmatrix} a & b \\ c & d \end{vmatrix}$ と書く．

$$\begin{cases} a_{11}x_1 + a_{12}x_2 = b_1 \\ a_{21}x_1 + a_{22}x_2 = b_2 \end{cases} \iff \begin{bmatrix} a_{11} & a_{12} \\ a_{21} & a_{22} \end{bmatrix} \begin{bmatrix} x_1 \\ x_2 \end{bmatrix} = \begin{bmatrix} b_1 \\ b_2 \end{bmatrix} \iff A\boldsymbol{x} = \boldsymbol{b}$$

の解の公式を導こう．最初に第 1 式 $\times \left(-\dfrac{a_{21}}{a_{11}}\right) +$ 第 2 式とすれば，

$$\left(-\frac{a_{21}}{a_{11}}a_{12} + a_{22}\right)x_2 = -\frac{a_{21}}{a_{11}}b_1 + b_2$$

$$\Longrightarrow (a_{11}a_{22} - a_{12}a_{21})x_2 = a_{11}b_2 - a_{21}b_1 \Longrightarrow x_2 = \frac{a_{11}b_2 - a_{21}b_1}{a_{11}a_{22} - a_{12}a_{21}}$$

を得る．次に，これを第 1 式に代入して整理すれば，

$$x_1 = \frac{1}{a_{11}}(b_1 - a_{12}x_2) = \frac{1}{a_{11}}\left(b_1 - \frac{a_{11}b_2 - a_{21}b_1}{a_{11}a_{22} - a_{12}a_{21}}a_{12}\right) = \frac{a_{22}b_1 - a_{12}b_2}{a_{11}a_{22} - a_{12}a_{21}}$$

となる．上式より，2元連立一次方程式は $a_{11}a_{22} - a_{12}a_{21} \neq 0$ のときに解 x_1, x_2 をもち，これらは

$$x_1 = \frac{\begin{vmatrix} b_1 & a_{12} \\ b_2 & a_{22} \end{vmatrix}}{\begin{vmatrix} a_{11} & a_{12} \\ a_{21} & a_{22} \end{vmatrix}}, \quad x_2 = \frac{\begin{vmatrix} a_{11} & b_1 \\ a_{21} & b_2 \end{vmatrix}}{\begin{vmatrix} a_{11} & a_{12} \\ a_{21} & a_{22} \end{vmatrix}}, \tag{3.1}$$

と行列式で表せることが分かる．

何と連立一次方程式の解が，行列式で具体的に表現できたではないか！これは，行列式が連立一次方程式の解に深く関わっていることを意味する．

また，2次行列式には次のような図形的な意味もある．

定理 3.1（2次の行列式と平行四辺形の面積）
座標平面上の3点 $O(0,0)$, $A(a_1, a_2)$, $B(b_1, b_2)$ を考える．このとき，線分 OA, OB を2辺とする平行四辺形の面積 S は，$A = \begin{bmatrix} a_1 & b_1 \\ a_2 & b_2 \end{bmatrix}$ の行列式の絶対値 $|a_1b_2 - b_1a_2| = |\det A|$ に等しい．

【注意】一般には，$\begin{vmatrix} a_1 & b_1 \\ a_2 & b_2 \end{vmatrix} = a_1b_2 - b_1a_2 \neq |a_1b_2 - b_1a_2|$ である．行列式に絶対値のような記号 | を使っているが，これは絶対値ではないので，行列式の絶対値を表すときは $\det A$ を使って $|\det A|$ と表さなければならない．

▶[定理 3.1 の証明の説明図]

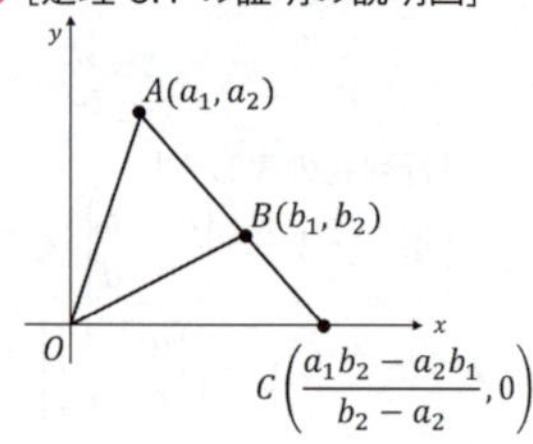

（証明）

側注の図のような状況を考える．2点 A, B を通る直線の方程式は $y - b_2 = \dfrac{b_2 - a_2}{b_1 - a_1}(x - b_1)$ であり，この直線と x 軸との交点を C とすれば，$C\left(\dfrac{a_1b_2 - a_2b_1}{b_2 - a_2}, 0\right)$ である．

図の場合は，

$$\begin{aligned} S &= 2AOB \text{ の面積} = 2(\triangle AOC \text{ の面積} - \triangle BOC \text{ の面積}) \\ &= \frac{a_1b_2 - a_2b_1}{b_2 - a_2}a_2 - \frac{a_1b_2 - a_2b_1}{b_2 - a_2}b_2 = a_2b_1 - a_1b_2 = -\det A \end{aligned}$$

となる．また，A と B の位置が入れ換わった場合は，この結果において a_1 と b_1，a_2 と b_2 を入れ換えたものになるので，$S = a_1b_2 - b_1a_2 = \det A$ となる．
ゆえに，$S = |\det A| = |a_1b_2 - b_1a_2|$ である．■

[問] 3.1　点 $O(0,0)$ および次の点 A, B に対して，OA と OB を2辺とする平行四辺形の面積を求めよ．

(1) $A(1,3)$, $B(2,-5)$　　(2) $A(-2,4)$, $B(3,1)$　　(3) $A(2,3)$, $B(-3,1)$

3.2　3次正方行列式の行列式

3次正方行列 $A = \begin{bmatrix} a_{11} & a_{12} & a_{13} \\ a_{21} & a_{22} & a_{23} \\ a_{31} & a_{32} & a_{33} \end{bmatrix}$ の行列式はどのように定義すべきだろうか？まず，A は正則行列で，かつ，$a_{11} \neq 0$ としよう．このとき，行基本変形により

$$A \xrightarrow[\text{第 3 行}\times a_{11}]{\text{第 2 行}\times a_{11}} \begin{bmatrix} a_{11} & a_{12} & a_{13} \\ a_{11}a_{21} & a_{11}a_{22} & a_{11}a_{23} \\ a_{11}a_{31} & a_{11}a_{32} & a_{11}a_{33} \end{bmatrix}$$

$$\xrightarrow[\text{第 1 行}\times(-a_{31})+\text{第 3 行}]{\text{第 1 行}\times(-a_{21})+\text{第 2 行}} \begin{bmatrix} a_{11} & a_{12} & a_{13} \\ 0 & a_{11}a_{22}-a_{12}a_{21} & a_{11}a_{23}-a_{13}a_{21} \\ 0 & a_{11}a_{32}-a_{12}a_{31} & a_{11}a_{33}-a_{13}a_{31} \end{bmatrix}$$

となる．A が正則なので，$\mathrm{rank}(A)=3$ でなければならない．したがって，A の $(2,2)$ 成分または $(3,2)$ 成分のいずれかは 0 ではない．そこで，ここでは，$(2,2)$ 成分が 0 でないとして行基本変形を続けよう．

上式の第 3 行に (2,2) 成分 $a_{11}a_{22}-a_{12}a_{21}$ を掛けると

$$\begin{bmatrix} a_{11} & a_{12} & a_{13} \\ 0 & a_{11}a_{22}-a_{12}a_{21} & a_{11}a_{23}-a_{13}a_{21} \\ 0 & (a_{11}a_{22}-a_{12}a_{21})(a_{11}a_{32}-a_{12}a_{31}) & (a_{11}a_{22}-a_{12}a_{21})(a_{11}a_{33}-a_{13}a_{31}) \end{bmatrix}$$

であり，この式の第 2 行に $-(a_{11}a_{32}-a_{12}a_{31})$ を掛けて第 3 行に加えると，

$$\begin{bmatrix} a_{11} & a_{12} & a_{13} \\ 0 & a_{11}a_{22}-a_{12}a_{21} & a_{11}a_{23}-a_{13}a_{21} \\ 0 & 0 & a_{11}\Delta \end{bmatrix}$$

と表せる．ただし，

$$\Delta = a_{11}a_{22}a_{33}+a_{12}a_{23}a_{31}+a_{13}a_{21}a_{32}-a_{11}a_{23}a_{32}-a_{12}a_{21}a_{33}-a_{13}a_{22}a_{31} \tag{3.2}$$

である．

A が正則なので，$\Delta \neq 0$ でなければならない．逆に，$\Delta \neq 0$ ならば，$\mathrm{rank}(A)=3$ となるので，A は正則である．これは，2 次正方行列の行列式の性質 (定理 1.6) と同じである．そこで，3 次正方行列の行列式を (3.2) で定義する．

以上をまとめておこう．

定義 3.1（3 次正方行列の行列式）

3 次正方行列 $A=\begin{bmatrix} a_{11} & a_{12} & a_{13} \\ a_{21} & a_{22} & a_{23} \\ a_{31} & a_{32} & a_{33} \end{bmatrix}$ の**行列式** $|A|$ を

$$\begin{aligned} |A| &= a_{11}a_{22}a_{33}+a_{12}a_{23}a_{31}+a_{13}a_{21}a_{32} \\ &\quad -a_{11}a_{23}a_{32}-a_{12}a_{21}a_{33}-a_{13}a_{22}a_{31} \end{aligned}$$

と定義する．なお，行列式 $|A|$ を $\det A$ と表すこともある．

▶【アクティブ・ラーニング】
3 次正方行列の行列式を定義 3.1 のように定義する理由を他の人に分かりやすく説明してみよう．説明を受けた人は，説明してくれた人に質問してみよう．

▶[サラスの計算法]
たすきがけのように，左上から右下に向かう方向に "+"，右上から左下に向かう方向に "−" の符号を付けて積をとり，それらの和をとることをサラスの計算法という．

2次正方行列の行列式と同様，3次正方行列の行列式を計算する場合には，**サラスの計算法** を使うとよい．具体的には，次のような図を用いて計算する．比較のために，2次正方行列の場合も併記しよう．

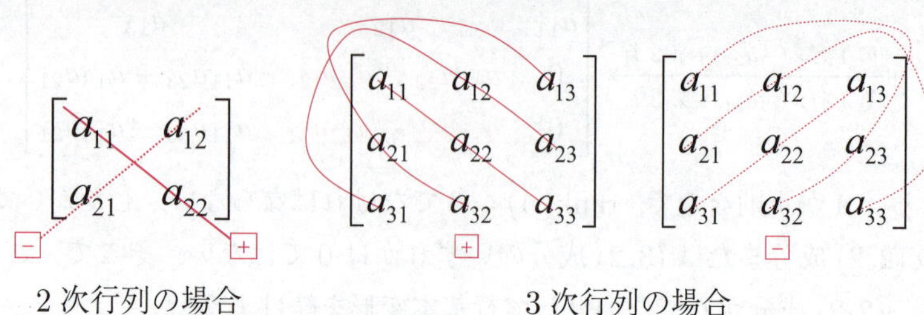

2次行列の場合　　　　　　　3次行列の場合

3次行列の場合は，線の動きが少し見づらいかもしれないが，次のように描けば，たすきがけの様子がはっきり分かるだろう．

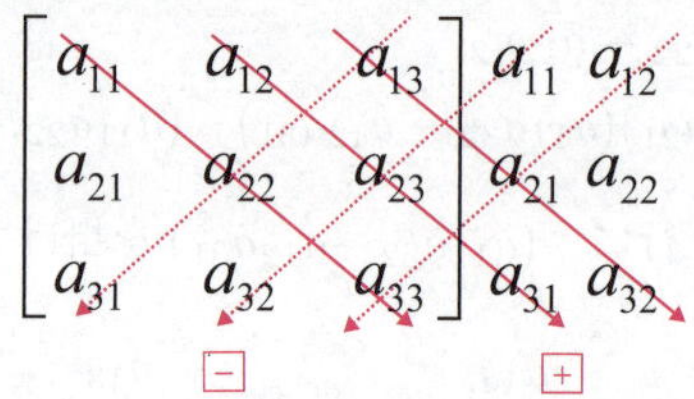

3次正方行列の行列式を求める際に，どちらの図を使うかは，読者の皆さんにお任せする．なお，**サラスの計算法は4次以上の正方行列には適用できない．サラスの計算法は，3次正方行列まで**，と覚えておこう．

▶【アクティブ・ラーニング】
3次正方行列の行列式の計算問題を自分で作り，それを他の人に紹介し，お互いに解いてみよう．そして，その問題のうち，自分たちにとって一番良い問題を選び，その理由を説明しよう．

例題 3.1（3次正方行列の行列式）

行列式 $\begin{vmatrix} -3 & 3 & 2 \\ 5 & 1 & 8 \\ 4 & -1 & 5 \end{vmatrix}$ の値を求めよ．

（解答）
サラスの計算法より

$$\begin{vmatrix} -3 & 3 & -2 \\ 5 & 1 & 8 \\ 4 & -1 & 5 \end{vmatrix} = (-3)\cdot 1\cdot 5 + 8\cdot 3\cdot 4 + (-1)\cdot 5\cdot 2 - 4\cdot 1\cdot 2 - (-1)\cdot 8\cdot (-3) - 5\cdot 3\cdot 5$$
$$= -15 + 96 - 10 - 8 - 24 - 75 = -36$$

■

[問] 3.2　次の行列式の値を求めよ．

(1) $\begin{vmatrix} 1 & 4 & -2 \\ 5 & 8 & 2 \\ 2 & -3 & 1 \end{vmatrix}$　(2) $\begin{vmatrix} 3 & 1 & 4 \\ 1 & 5 & 9 \\ 2 & 6 & 5 \end{vmatrix}$　(3) $\begin{vmatrix} 1 & 3 & -2 \\ 5 & 7 & 3 \\ 2 & -3 & 1 \end{vmatrix}$

3.3　n 次正方行列の行列式

4次以上の正方行列の行列式を考えよう．

行列式を再帰的に定義するため，まず，1 次正方行列 $A = [a_{11}]$ を考え，この行列式を $|A| = a_{11}$ と定義する．これをもとに 2 次正方行列 $A = \begin{bmatrix} a_{11} & a_{12} \\ a_{21} & a_{22} \end{bmatrix}$ の行列式

$$|A| = a_{11}a_{22} - a_{12}a_{21}$$

の定義を考えよう．右辺第 1 項の $a_{11}a_{22}$ に着目すると，a_{22} は行列から第 1 行と第 1 列を取り除いた成分 $\begin{bmatrix} \cancel{a_{11}} & \cancel{a_{12}} \\ \cancel{a_{21}} & a_{22} \end{bmatrix}$ になっている．また，右辺第 2 項の $a_{12}a_{21}$ に着目すると，a_{21} は行列から第 1 行と第 2 列を取り除いた成分 $\begin{bmatrix} \cancel{a_{11}} & \cancel{a_{12}} \\ a_{21} & \cancel{a_{22}} \end{bmatrix}$ になっている．そこで，A_{11}，A_{12} をそれぞれ A から第 1 行と第 1 列を取り除いた成分，A から第 1 行と第 2 列を取り除いた成分と定義すれば，2 次正方行列の行列式は

$$|A| = (-1)^{1+1}a_{11}|A_{11}| + (-1)^{1+2}a_{12}|A_{12}|$$

と表せる．なお，一般に n 次正方行列 A について，その第 i 行と第 j 列を取り除いて得られる $(n-1)$ 次正方行列を小行列(しょうぎょうれつ)(submatrix) といい，A_{ij} と書く．また，行列式 $|A_{ij}|$ を $(n-1)$ 次の小行列式(しょうぎょうれつしき)(minor, minor determinant) といい，

$$\Delta(A)_{ij} = (-1)^{i+j}|A_{ij}| \tag{3.3}$$

を A の (i,j)余因子(よいんし)(cofactor) という．余因子を使うと，2 次正方行列の行列式は

$$|A| = a_{11}\Delta(A)_{11} + a_{12}\Delta(A)_{12} \tag{3.4}$$

と表せる．

さて，この考え方を 3 次正方行列 $A = \begin{bmatrix} a_{11} & a_{12} & a_{13} \\ a_{21} & a_{22} & a_{23} \\ a_{31} & a_{32} & a_{33} \end{bmatrix}$ に拡張すれば，

$$|A| = a_{11}\Delta(A)_{11} + a_{12}\Delta(A)_{12} + a_{13}\Delta(A)_{13} \tag{3.5}$$

とできそうである．この (3.5) が成り立つか調べよう．

$|A_{11}|$ は A から第 1 行，第 1 列を除いて，$\begin{bmatrix} \cancel{a_{11}} & \cancel{a_{12}} & \cancel{a_{13}} \\ \cancel{a_{21}} & a_{22} & a_{23} \\ \cancel{a_{31}} & a_{32} & a_{33} \end{bmatrix}$ とした小行列 $A_{11} = \begin{bmatrix} a_{22} & a_{23} \\ a_{32} & a_{33} \end{bmatrix}$ の行列式なので，$|A_{11}| = a_{22}a_{33} - a_{23}a_{32}$ であり，$\Delta(A)_{11} = (-1)^{1+1}|A_{11}| = a_{22}a_{33} - a_{23}a_{32}$ である．同様に，$|A_{12}|$ は A から

▶ [再帰的定義]
再帰的定義(さいきてきていぎ)(recursive definition) とは，あるものを定義するに際に，それ自身を定義に含むような定義である．今の場合であれば，n 次行列式を次のように定義することである．

(1) 1 次の正方行列に対する行列式は分かっているので，これは n 次正方行列の特別な場合（$n = 1$ の場合）だと定める．
(2) $n \geqq 2$ として，$(n-1)$ 次正方行列の行列式から，n 次正方行列の行列式を作る操作を定める．
(3) 上記の操作を有限回，今の場合は $n-1$ 回行って作られた行列式を n 次行列式と定める．

ここで，n 次正方行列の行列式を定義するのに，$(n-1)$ 次正方行列の行列式の定義を使っていることに注意されたい．

なお，再帰的定義を帰納的定義(きのうてきていぎ)(inductive definition) ということもある．

第1行, 第2列を除いて, $\begin{bmatrix} \cancel{a_{11}} & \cancel{a_{12}} & \cancel{a_{13}} \\ a_{21} & \cancel{a_{22}} & a_{23} \\ a_{31} & \cancel{a_{32}} & a_{33} \end{bmatrix}$ とした小行列 $A_{12} = \begin{bmatrix} a_{21} & a_{23} \\ a_{31} & a_{33} \end{bmatrix}$ の行列式なので, $|A_{12}| = a_{21}a_{33} - a_{23}a_{31}$ であり, $\Delta(A)_{12} = (-1)^{1+2}|A_{12}| = a_{23}a_{31} - a_{21}a_{33}$ である. また, $|A_{13}|$ は A から第1行, 第3列を除いて, $\begin{bmatrix} \cancel{a_{11}} & \cancel{a_{12}} & \cancel{a_{13}} \\ a_{21} & a_{22} & \cancel{a_{23}} \\ a_{31} & a_{32} & \cancel{a_{33}} \end{bmatrix}$ とした小行列$A_{13} = \begin{bmatrix} a_{21} & a_{22} \\ a_{31} & a_{32} \end{bmatrix}$ の行列式なので, $|A_{13}| = a_{21}a_{32} - a_{22}a_{31}$ であり, $\Delta(A)_{13} = (-1)^{1+3}|A_{13}| = a_{21}a_{32} - a_{22}a_{31}$ である.

したがって,

$$\begin{aligned}(3.5)\text{ の右辺 } &= a_{11}(a_{22}a_{23} - a_{23}a_{32}) + a_{12}(a_{23}a_{31} - a_{21}a_{33}) \\ &\quad + a_{13}(a_{21}a_{32} - a_{22}a_{31}) = (3.2)\text{ の右辺}\end{aligned}$$

となり, 確かに (3.5) が成り立つ.

以上のように, 3次正方行列 A の行列式は2次の余因子 $\Delta(A)_{1j}(j = 1, 2, 3)$ を使って定義でき, 2次正方行列の行列式は1次の余因子を使って定義できる. これを一般化すれば, n 次正方行列の行列式は $(n-1)$ 次の余因子で定義できることになる.

定義 3.2（行列式の定義）

n 次正方行列 $A = [a_{ij}]$ の行列式 $|A|$ を次のように定義する.

- $n = 1$ のとき, $A = [a_{11}]$ に対して $|A| = a_{11}$
- $n \geqq 2$ のとき, $(n-1)$ 次正方行列に対して, 行列式が定義されているとする. このとき, n 次正方行列に対して

$$\begin{aligned}|A| &= a_{11}\Delta(A)_{11} + a_{12}\Delta(A)_{12} + \cdots + a_{1n}\Delta(A)_{1n} \\ &= \sum_{j=1}^{n} a_{1j}\Delta(A)_{1j}\end{aligned} \tag{3.6}$$

この (3.6) は, 行列 A の第1行に関する余因子展開 (cofactor expansion across the first row) と呼ばれている.

定義 3.2 より, n 次単位行列 E_n の行列式は1であることがすぐに分かる.

定理 3.2（単位行列の行列式）

n 次単位行列 E_n に対して, $|E_n| = 1$ が成り立つ.

（証明）

$n = 1$ のとき, $E_1 = [1]$ であり, 定義 3.2 より $|E_n| = 1$ が成り立つ.

$n=k(k \geqq 2)$ のとき $|E_k|=1$ が成り立つとし，$n=k+1$ の場合を考えると，帰納法の仮定および (3.6) より，

$$|E_{k+1}| = 1 \cdot \Delta(E_{k+1})_{11} = (-1)^{1+1}|(E_{k+1})_{11}| = |E_k| = 1$$

■

また，正方行列 A の行列式 $|A|$ と転置行列 ${}^tA$ の行列式 $|{}^tA|$ は等しい．このことは，行列式について，行に関して成立することは列に関しても成立し，その逆も成り立つことを意味する．

定理 3.3（転置行列の行列式）
n 次正方行列 A に対して，$|A| = |{}^tA|$ が成り立つ．

（証明）
$n=1$ のときは明らかに成り立つ．
$n=k(k \geqq 2)$ のとき，$|A|=|{}^tA|$ が成り立つとし，$n=k+1$ の場合を考える．$A=[a_{ij}]$ とすれば，${}^tA=[a_{ji}]$ である．また，A から第 j 行と第 1 列を取り除いて得られる k 次の小行列および ${}^tA$ から第 1 行と第 j 列を取り除いて得られる k 次の小行列は，それぞれ，次のようになる．

▶【アクティブ・ラーニング】
$n=1$ のときはなぜ成り立つのか，「明らか」という言葉を使わずに具体的に説明してみよう．

$$A_{j1} = \begin{bmatrix} a_{12} & a_{13} & \cdots & a_{1,k+1} \\ a_{22} & a_{23} & \cdots & a_{2,k+1} \\ \vdots & \vdots & \vdots & \vdots \\ a_{j-1,2} & a_{j-1,3} & \cdots & a_{j-1,k+1} \\ a_{j+1,2} & a_{j+1,3} & \cdots & a_{j+1,k+1} \\ \vdots & \vdots & \vdots & \vdots \\ a_{k+1,2} & a_{k+1,3} & \cdots & a_{k+1,k+1} \end{bmatrix}$$

$$({}^tA)_{1j} = \begin{bmatrix} a_{12} & a_{22} & \cdots & a_{j-1,2} & a_{j+1,2} & \cdots & a_{k+1,2} \\ a_{13} & a_{23} & \cdots & a_{j-1,3} & a_{j+1,3} & \cdots & a_{k+1,3} \\ \vdots & \vdots & \vdots & \vdots & \vdots & \vdots & \vdots \\ a_{1,k+1} & a_{2,k+1} & \cdots & a_{j-1,k+1} & a_{j+1,k+1} & \cdots & a_{k+1,k+1} \end{bmatrix}$$

よって，${}^tA_{j1} = ({}^tA)_{1j}$ であり，帰納法の仮定より

$$|{}^tA_{j1}| = |A_{j1}| = |({}^tA)_{1j}|, \Delta(A)_{j1} = (-1)^{j+1}|A_{j1}| = (-1)^{1+j}|({}^tA)_{1j}| = \Delta({}^tA)_{1j} \tag{3.7}$$

が成り立つ．ゆえに，

$$|{}^tA| = \sum_{j=1}^{k+1} a_{j1}\Delta({}^tA)_{1j} = \sum_{j=1}^{k+1} a_{j1}\Delta(A)_{j1} = a_{11}\Delta(A)_{11} + \sum_{j=2}^{k+1} a_{j1}\Delta(A)_{j1} \tag{3.8}$$

であり，(3.3) および (3.6) より

$$\Delta(A)_{j1} = (-1)^{j+1}|A_{j1}| = (-1)^{j+1}\sum_{p=2}^{k+1} a_{1p}\Delta(A_{j1})_{1p} \tag{3.9}$$

である．ここで

$$(A_{j1})_{1p} = \begin{bmatrix} a_{22} & \cdots & a_{2,p-1} & a_{2,p+1} & \cdots & a_{2,k+1} \\ \vdots & . & \vdots & \vdots & \vdots & \vdots \\ a_{j-1,2} & \cdots & a_{j-1,p-1} & a_{j-1,p+1} & \cdots & a_{j-1,k+1} \\ a_{j+1,2} & \cdots & a_{j+1,p-1} & a_{j+1,p+1} & \cdots & a_{j+1,k+1} \\ \vdots & \cdots & \vdots & \vdots & \vdots & \vdots \\ a_{k+1,2} & \cdots & a_{k+1,p-1} & a_{k+1,p+1} & \cdots & a_{k+1,k+1} \end{bmatrix}$$

$$A_{1p} = \begin{bmatrix} a_{21} & a_{22} & \cdots & a_{2,p-1} & a_{2,p+1} & \cdots & a_{2,k+1} \\ a_{31} & a_{32} & \cdots & a_{3,p-1} & a_{3,p+1} & \cdots & a_{3,k+1} \\ \vdots & \vdots & & \vdots & \vdots & \vdots & \vdots \\ a_{k+1,1} & a_{k+1,2} & \cdots & a_{k+1,p-1} & a_{k+1,p+1} & \cdots & a_{k+1,k+1} \end{bmatrix} \tag{3.10}$$

$$(A_{1p})_{j1} = \begin{bmatrix} a_{22} & \cdots & a_{2,p-1} & a_{2,p+1} & \cdots & a_{2,k+1} \\ \vdots & . & \vdots & \vdots & \vdots & \vdots \\ a_{j-1,2} & \cdots & a_{j-1,p-1} & a_{j-1,p+1} & \cdots & a_{j-1,k+1} \\ a_{j+1,2} & \cdots & a_{j+1,p-1} & a_{j+1,p+1} & \cdots & a_{j+1,k+1} \\ \vdots & \cdots & \vdots & \vdots & \vdots & \vdots \\ a_{k+1,2} & \cdots & a_{k+1,p-1} & a_{k+1,p+1} & \cdots & a_{k+1,k+1} \end{bmatrix}$$

より，$(A_{j1})_{1p} = (A_{1p})_{j1}$ であり，両辺の行列式を考えると，

$$|(A_{j1})_{1p}| = |(A_{1p})_{j1}| \tag{3.11}$$

を得る．また，(3.7) と同様に考えれば，

$$|A_{1p}| = |({}^tA)_{p1}|$$

▶【アクティブ・ラーニング】
${}^t\left(({}^tA)_{p1}\right) = A_{1p}$ を自分で確認してみよう．また，お互いにその結果が合っているか確認しよう．

であり，これらと

$$({}^tA)_{p1} = \begin{bmatrix} a_{21} & a_{31} & \cdots & a_{k+1,1} \\ a_{22} & a_{32} & \cdots & a_{k+1,2} \\ \vdots & \vdots & \vdots & \vdots \\ a_{2,p-1} & a_{3,p-1} & \cdots & a_{k+1,p-1} \\ a_{2,p+1} & a_{3,p+1} & \cdots & a_{k+1,p+1} \\ \vdots & \vdots & \vdots & \vdots \\ a_{2,k+1} & a_{3,k+1} & \cdots & a_{k+1,k+1} \end{bmatrix}$$

$$\left(({}^tA)_{p1}\right)_{1j} = \begin{bmatrix} a_{22} & \cdots & & a_{j+1,2} & \cdots & a_{k+1,2} \\ \vdots & & \vdots & \vdots & & \vdots \\ a_{2,p-1} & \cdots & a_{j-1,p-1} & a_{j+1,p-1} & & \\ a_{2,p+1} & \cdots & a_{j-1,p+1} & a_{j+1,p+1} & \cdots & a_{k+1,p+1} \\ \vdots & & \vdots & \vdots & & \vdots \\ a_{2,k+1} & \cdot\cdot & & a_{j+1,k+1} & \cdots & a_{k+1,k+1} \end{bmatrix}$$

の形および帰納法の仮定より，

$$\begin{aligned} |A_{1p}| &= |({}^tA)_{p1}| = \sum_{j=2}^{k+1} a_{j1}\Delta(({}^tA)_{p1})_{1j} = \sum_{j=2}^{k+1} a_{j1}\Delta(A_{1p})_{j1} \\ &= \sum_{j=2}^{k+1} a_{j1}(-1)^{1+j}|(A_{1p})_{j1}| = \sum_{j=2}^{k+1} a_{j1}(-1)^{1+j}|(A_{j1})_{1p}| \quad \leftarrow (3.11)\text{ より} \end{aligned}$$

なので，

$$\Delta(A)_{1p} = (-1)^{1+p}|A_{1p}| = \sum_{j=2}^{k+1} a_{j1}(-1)^{1+j}\Delta(A_{j1})_{1p} \tag{3.12}$$

ゆえに，(3.8) に (3.9) を代入して，

$$\begin{aligned} |{}^tA| &= a_{11}\Delta(A)_{11} + \sum_{j=2}^{k+1} a_{j1}\left((-1)^{j+1}\sum_{p=2}^{k+1} a_{1p}\Delta(A_{j1})_{1p}\right) \\ &= a_{11}\Delta(A)_{11} + \sum_{p=2}^{k+1} a_{1p}\left(\sum_{j=2}^{k+1} a_{j1}(-1)^{j+1}\Delta(A_{j1})_{1p}\right) \quad \leftarrow (3.12)\text{ の形} \\ &= a_{11}\Delta(A)_{11} + \sum_{p=2}^{k+1} a_{1p}\Delta(A)_{1p} = |A| \quad \leftarrow (3.6)\text{ より} \end{aligned}$$

■

2，3 次正方行列の行列式を計算する際にはサラスの計算法を使えばよいが，4 次以上の場合は，サラスの計算法は利用できない．そこで，4 次以上の場合は，行列式の性質を使って計算する．その一つが余因子展開である．

定理 3.4（行に関する余因子展開）
n 次正方行列 A と $1 \leqq i \leqq n$ に対して，次の等式が成り立つ．

$$\begin{aligned}|A| &= a_{i1}\Delta(A)_{i1} + a_{i2}\Delta(A)_{i2} + \cdots + a_{in}\Delta(A)_{in} \\ &= \sum_{j=1}^{n} a_{ij}\Delta(A)_{ij}\end{aligned} \tag{3.13}$$

この等式を一般に第 i 行に関する余因子展開（よいんしてんかい）(cofactor expansion across the ith row) という．

（証明）
$n=1$ のときは明らかに成り立つ．
$n=k(k \geqq 2)$ のとき，(3.13) が成り立つとし，$n=k+1$ の場合を考える．また，$i=1$ のときは，(3.6) と一致するので，$i \geqq 2$ の場合を考えればよい．
$A=[a_{ij}]$ とすれば，A から第 i 行と第 j 列を取り除いて得られる k 次の小行列は，次のようになる．

$$A_{ij} = \begin{bmatrix} a_{11} & a_{12} & \cdots & a_{1,j-1} & a_{1,j+1} & \cdots & a_{1,k+1} \\ a_{21} & a_{22} & \cdots & a_{2,j-1} & a_{2,j+1} & \cdots & a_{2,k+1} \\ \vdots & \vdots & \vdots & \vdots & \vdots & \vdots & \vdots \\ a_{i-1,1} & a_{i-1,2} & \cdots & a_{i-1,j-1} & a_{i-1,j+1} & \vdots & a_{i-1,k+1} \\ a_{i+1,1} & a_{i+1,2} & \cdots & a_{i+1,j-1} & a_{i+1,j+1} & \cdots & a_{i+1,k+1} \\ \vdots & \vdots & \vdots & \vdots & \vdots & \vdots & \vdots \\ a_{k+1,1} & a_{k+1,2} & \cdots & a_{k+1,j-1} & a_{k+1,j+1} & \cdots & a_{k+1,k+1} \end{bmatrix}$$

A_{ij} の形と (3.6) より，次式が成り立つ．

$$\Delta(A)_{ij} = (-1)^{i+j}|A_{ij}| = (-1)^{i+j}\left(\sum_{p=1}^{j-1} a_{1p}\Delta(A_{ij})_{1p} + \sum_{p=j+1}^{k+1} a_{1p}\Delta(A_{ij})_{1p}\right) \tag{3.14}$$

ただし，任意の数列 $\{\alpha_p\}$ に対して，$j=1$ のときは $\displaystyle\sum_{p=1}^{j-1}\alpha_p = 0$，$j=k+1$ のときは $\displaystyle\sum_{p=j+1}^{k+1}\alpha_p = 0$ とする．

【注意】 $j=1$ のとき $\displaystyle\sum_{p=1}^{j-1}\alpha_p$ は，$\displaystyle\sum_{p=1}^{0}\alpha_p$ となるが，このようなときは，何も加えない，と考えて $\displaystyle\sum_{p=1}^{0}\alpha_p = 0$ とする．
$j=k+1$ のとき $\displaystyle\sum_{p=j+1}^{k+1}\alpha_p = 0$ も同様に考える．

そして，(3.14) を (3.13) の右辺に代入すれば，

$$\begin{aligned}\sum_{j=1}^{k+1} a_{ij}\Delta(A)_{ij} &= \sum_{j=1}^{k+1}(-1)^{i+j}a_{ij}\left(\sum_{p=1}^{j-1} a_{1p}\Delta(A_{ij})_{1p} + \sum_{p=j+1}^{k+1} a_{1p}\Delta(A_{ij})_{1p}\right) \\ &= \sum_{j=2}^{k+1}(-1)^{i+j}a_{ij}\sum_{p=1}^{j-1} a_{1p}\Delta(A_{ij})_{1p} + \sum_{j=1}^{k}(-1)^{i+j}a_{ij}\sum_{p=j+1}^{k+1} a_{1p}\Delta(A_{ij})_{1p} \\ &= \sum_{j=2}^{k+1}\sum_{p=1}^{j-1}(-1)^{i+j+1+p}a_{ij}a_{1p}|(A_{ij})_{1p}| + \sum_{j=1}^{k}\sum_{p=j+1}^{k+1}(-1)^{i+j+1+p}a_{ij}a_{1p}|(A_{ij})_{1p}|\end{aligned} \tag{3.15}$$

ここで，$\alpha_j = a_{ij}$, $\beta_p = a_{1p}$, $c_{jp} = |(A_{ij})_{1p}|$, $\displaystyle\sum_{j=k+2}^{k+1}\alpha_j c_{jp} = 0$ とおけば，

$$\sum_{j=2}^{k+1}\sum_{p=1}^{j-1}\alpha_j\beta_p c_{jp} = \sum_{j=2}^{k+1}\alpha_j\sum_{p=1}^{j-1}\beta_p c_{jp} = \sum_{j=2}^{k+1}\alpha_j(\beta_1 c_{j1}+\beta_2 c_{j2}+\cdots+\beta_{j-1}c_{j,j-1})$$
$$= \alpha_2(\beta_1 c_{21}) + \alpha_3(\beta_1 c_{31}+\beta_2 c_{32}) + \alpha_4(\beta_1 c_{41}+\beta_2 c_{42}+\beta_3 c_{43})$$
$$+\cdots+\alpha_k(\beta_1 c_{k1}+\beta_2 c_{k2}+\cdots+\beta_{k-1}c_{k,k-1})$$
$$+\cdots+\alpha_{k+1}(\beta_1 c_{k+1,1}+\beta_2 c_{k+1,2}+\cdots+\beta_{k-1}c_{k+1,k-1}+\beta_k c_{k+1,k})$$
$$= \beta_1(\alpha_2 c_{21}+\alpha_3 c_{31}+\alpha_4 c_{41}\cdots+\alpha_{k+1}c_{k+1,1})$$
$$+\beta_2(\alpha_3 c_{32}+\alpha_4 c_{42}+\cdots+\alpha_{k+1}c_{k+1,2})$$
$$+\cdots+\beta_{k-1}(\alpha_k c_{k,k-1}+\alpha_{k+1}c_{k,k-1})+\beta_k(\alpha_{k+1}c_{k+1,k})$$
$$= \sum_{p=1}^{k}\beta_p\sum_{j=p+1}^{k+1}\alpha_j c_{jp} = \beta_{k+1}\sum_{j=k+2}^{k+1}\alpha_j c_{jp} + \sum_{p=1}^{k}\beta_p\sum_{j=p+1}^{k+1}\alpha_j c_{jp}$$
$$= \sum_{p=1}^{k+1}\beta_p\sum_{j=p+1}^{k+1}\alpha_j c_{jp} = \sum_{p=1}^{k+1}\sum_{j=p+1}^{k+1}\alpha_j\beta_p c_{jp} \tag{3.16}$$

同様に，$\displaystyle\sum_{j=1}^{0}\alpha_j c_{jp} = 0$ とおけば，

$$\sum_{j=1}^{k}\sum_{p=j+1}^{k+1}\alpha_j\beta_p c_{jp} = \sum_{p=2}^{k+1}\sum_{j=1}^{p-1}\alpha_j\beta_p c_{jp} = \sum_{p=1}^{k+1}\sum_{j=1}^{p-1}\alpha_j\beta_p c_{jp} \tag{3.17}$$

(3.15) に (3.16) と (3.17) を代入すれば，

$$\sum_{j=1}^{k+1}a_{ij}\Delta(A)_{ij} = \sum_{p=1}^{k+1}\sum_{j=p+1}^{k+1}(-1)^{i+j+1+p}a_{ij}a_{1p}|(A_{ij})_{1p}|$$
$$+\sum_{p=1}^{k+1}\sum_{j=1}^{p-1}(-1)^{i+j+1+p}a_{ij}a_{1p}|(A_{ij})_{1p}|$$
$$= \sum_{p=1}^{k+1}(-1)^{1+p}a_{1p}\left(\sum_{j=p+1}^{k+1}(-1)^{i+j}a_{ij}|(A_{ij})_{1p}| + \sum_{j=1}^{p-1}(-1)^{i+j}a_{ij}|(A_{ij})_{1p}|\right) \tag{3.18}$$

ここで，k 次正方行列 A_{1p} の行列式 $|A_{1p}|$ は帰納法の仮定より第 $i-1$ 行で展開できるが，A_{1p} の形 (3.10) より，$|A_{1p}|$ の第 $i-1$ 行は A の第 i 行の第 p 列以外の成分なので，(3.11) と同様に考えて，

$$|A_{1p}| = \sum_{j=1}^{p-1}a_{ij}\Delta(A_{1p})_{ij} + \sum_{j=p+1}^{k+1}a_{ij}\Delta(A_{1p})_{ij} \quad \leftarrow \text{帰納法の仮定}$$
$$= \sum_{j=1}^{p-1}(-1)^{i+j}a_{ij}|(A_{1p})_{ij}| + \sum_{j=p+1}^{k+1}(-1)^{i+j}a_{ij}|(A_{1p})_{ij}|$$
$$= \sum_{j=1}^{p-1}(-1)^{i+j}a_{ij}|(A_{ij})_{1p}| + \sum_{j=p+1}^{k+1}(-1)^{i+j}a_{ij}|(A_{ij})_{1p}| \quad \leftarrow \text{(3.11) と同様}$$

これは，(3.18) のカッコ内に等しい．ゆえに，

$$\sum_{j=1}^{k+1}a_{ij}\Delta(A)_{ij} = \sum_{p=1}^{k+1}(-1)^{1+p}a_{1p}|A_{1p}| = \sum_{p=1}^{k+1}a_{1p}\Delta(A)_{1p} = |A|$$

■

定理 3.3 より，$|A| = |{}^tA|$ なので，行列式の行に関して成り立つ性質は，列に関しても成り立つ．したがって，列に関しても余因子展開ができる．

定理 3.5（列に関する余因子展開）
n 次正方行列 A と $1 \leqq j \leqq n$ に対して，次の等式が成り立つ.

$$|A| = a_{1j}\Delta(A)_{1j} + a_{2j}\Delta(A)_{2j} + \cdots + a_{nj}\Delta(A)_{nj} \tag{3.19}$$

この等式を一般に第 j 列に関する**余因子展開 (cofactor expansion across the jth column)** という.

（証明）
${}^tA$ の第 j 行に関する余因子展開を考えれば，定理 3.3 より定理の主張を得る. ■

この余因子展開を使えば，4 次以上の行列式も 3 次以下の行列式へ帰着できるので，サラスの計算法を使って行列式を求めることができる．例えば，$\begin{vmatrix} a_{11} & a_{12} & a_{13} & a_{14} \\ a_{21} & a_{22} & a_{23} & a_{24} \\ a_{31} & a_{32} & a_{33} & a_{34} \\ a_{41} & a_{42} & a_{43} & a_{44} \end{vmatrix}$ の第 2 行に関する余因子展開は

$$\begin{aligned}
&\begin{vmatrix} a_{11} & a_{12} & a_{13} & a_{14} \\ a_{21} & a_{22} & a_{23} & a_{24} \\ a_{31} & a_{32} & a_{33} & a_{34} \\ a_{41} & a_{42} & a_{43} & a_{44} \end{vmatrix} \\
&\quad = a_{21}(-1)^{2+1}\begin{vmatrix} a_{12} & a_{13} & a_{14} \\ a_{32} & a_{33} & a_{34} \\ a_{42} & a_{43} & a_{44} \end{vmatrix} + a_{22}(-1)^{2+2}\begin{vmatrix} a_{11} & a_{13} & a_{14} \\ a_{31} & a_{33} & a_{34} \\ a_{41} & a_{43} & a_{44} \end{vmatrix} \\
&\qquad + a_{23}(-1)^{2+3}\begin{vmatrix} a_{11} & a_{12} & a_{14} \\ a_{31} & a_{32} & a_{34} \\ a_{41} & a_{42} & a_{44} \end{vmatrix} + a_{24}(-1)^{2+4}\begin{vmatrix} a_{11} & a_{12} & a_{13} \\ a_{31} & a_{32} & a_{33} \\ a_{41} & a_{42} & a_{43} \end{vmatrix}
\end{aligned}$$

となり，第 3 列に関する余因子展開は

$$\begin{aligned}
&\begin{vmatrix} a_{11} & a_{12} & a_{13} & a_{14} \\ a_{21} & a_{22} & a_{23} & a_{24} \\ a_{31} & a_{32} & a_{33} & a_{34} \\ a_{41} & a_{42} & a_{43} & a_{44} \end{vmatrix} \\
&\quad = a_{13}(-1)^{1+3}\begin{vmatrix} a_{21} & a_{22} & a_{24} \\ a_{31} & a_{32} & a_{34} \\ a_{41} & a_{42} & a_{44} \end{vmatrix} + a_{23}(-1)^{2+3}\begin{vmatrix} a_{11} & a_{12} & a_{14} \\ a_{31} & a_{32} & a_{34} \\ a_{41} & a_{42} & a_{44} \end{vmatrix} \\
&\qquad + a_{33}(-1)^{3+3}\begin{vmatrix} a_{11} & a_{12} & a_{14} \\ a_{21} & a_{22} & a_{24} \\ a_{41} & a_{42} & a_{44} \end{vmatrix} + a_{43}(-1)^{4+3}\begin{vmatrix} a_{11} & a_{12} & a_{14} \\ a_{21} & a_{22} & a_{24} \\ a_{31} & a_{32} & a_{34} \end{vmatrix}
\end{aligned}$$

となる．この余因子展開は，特に，特定の行あるいは列が0を多く含んでいるときには計算が楽になる．実際，$\begin{vmatrix} 3 & -7 & 8 & 9 & -6 \\ 0 & 2 & -5 & 7 & 3 \\ 0 & 0 & 1 & 5 & 0 \\ 0 & 0 & 2 & 4 & -1 \\ 0 & 0 & 0 & -2 & 0 \end{vmatrix}$ を第1列について余因子展開すると，

$$\begin{vmatrix} 3 & -7 & 8 & 9 & -6 \\ 0 & 2 & -5 & 7 & 3 \\ 0 & 0 & 1 & 5 & 0 \\ 0 & 0 & 2 & 4 & -1 \\ 0 & 0 & 0 & -2 & 0 \end{vmatrix} = 3(-1)^{1+1} \begin{vmatrix} 2 & -5 & 7 & 3 \\ 0 & 1 & 5 & 0 \\ 0 & 2 & 4 & -1 \\ 0 & 0 & -2 & 0 \end{vmatrix}$$

となり，この小行列式を第1列について余因子展開すると

$$\begin{vmatrix} 2 & -5 & 7 & 3 \\ 0 & 1 & 5 & 0 \\ 0 & 2 & 4 & -1 \\ 0 & 0 & -2 & 0 \end{vmatrix} = 2(-1)^{1+1} \begin{vmatrix} 1 & 5 & 0 \\ 2 & 4 & -1 \\ 0 & -2 & 0 \end{vmatrix}$$

となる．さらに，この小行列式を第3行について余因子展開すると

$$\begin{vmatrix} 1 & 5 & 0 \\ 2 & 4 & -1 \\ 0 & -2 & 0 \end{vmatrix} = -2(-1)^{3+2} \begin{vmatrix} 1 & 0 \\ 2 & -1 \end{vmatrix}$$

となるので，実質的に2次の行列式を計算すればよい．

▶【アクティブ・ラーニング】
2次正方行列や3次正方行列に対しても，余因子展開をしてみよう．

例題 3.2（余因子展開）

次の行列式の値を求めよ．

(1) $\begin{vmatrix} 1 & 7 & 4 & 0 \\ 2 & -2 & 3 & -1 \\ 2 & 0 & 0 & 3 \\ 0 & 5 & 1 & 3 \end{vmatrix}$　　(2) $\begin{vmatrix} 1 & 7 & 2 & 0 \\ -1 & 4 & 0 & 3 \\ -2 & 0 & 1 & 2 \\ 2 & -3 & 4 & 0 \end{vmatrix}$

▶【アクティブ・ラーニング】
例題 3.2 はすべて確実にできるようになりましたか？できない問題があれば，それがどうすればできるようになりますか？何に気をつければいいですか？また，読者全員ができるようになるにはどうすればいいでしょうか？それを紙に書き出しましょう．そして，書き出した紙を周りの人と見せ合って，それをまとめてグループごとに発表しましょう．

（解答）

(1) 0を一番多く含んでいるのは第3行なので，第3行に関する余因子展開を行う．

$$\begin{vmatrix} 1 & 7 & 4 & 0 \\ 2 & -2 & 3 & -1 \\ 2 & 0 & 0 & 3 \\ 0 & 5 & 1 & 3 \end{vmatrix} = 2(-1)^{3+1} \begin{vmatrix} 7 & 4 & 0 \\ -2 & 3 & -1 \\ 5 & 1 & 3 \end{vmatrix} + 3(-1)^{3+4} \begin{vmatrix} 1 & 7 & 4 \\ 2 & -2 & 3 \\ 0 & 5 & 1 \end{vmatrix}$$

$$= 2(63 - 20 + 7 + 24) - 3(-2 + 40 - 15 - 14) = 148 - 27 = 121$$

(2) 0を一番多く含んでいるのは第4列なので，第4列に関する余因子展開を行う．

[基本テクニック]▶ 特定の行あるいは列が0を多く含んでいたら，その行あるいは列に関する余因子展開を行う．

$$\begin{vmatrix} 1 & 7 & 2 & 0 \\ -1 & 4 & 0 & 3 \\ -2 & 0 & 1 & 2 \\ 2 & -3 & 4 & 0 \end{vmatrix} = 3(-1)^{2+4}\begin{vmatrix} 1 & 7 & 2 \\ -2 & 0 & 1 \\ 2 & -3 & 4 \end{vmatrix} + 2(-1)^{3+4}\begin{vmatrix} 1 & 7 & 2 \\ -1 & 4 & 0 \\ 2 & -3 & 4 \end{vmatrix}$$

$$= 3(14+12+3+56) - 2(16+6-16+28) = 255 - 68 = 187$$

■

[問] 3.3 次の行列式の値を求めよ．

(1) $\begin{vmatrix} 1 & 7 & 4 & 0 \\ 2 & -2 & 3 & -1 \\ -3 & 0 & 0 & 4 \\ 0 & 5 & 1 & 2 \end{vmatrix}$ (2) $\begin{vmatrix} -3 & 1 & 4 & -1 \\ 0 & 3 & 0 & 2 \\ 4 & 2 & 1 & 0 \\ 2 & 0 & 3 & 4 \end{vmatrix}$

(3) $\begin{vmatrix} 3 & 0 & 0 & 5 \\ -2 & 1 & 3 & 0 \\ 2 & 4 & 2 & -1 \\ 3 & 5 & -1 & 2 \end{vmatrix}$ (4) $\begin{vmatrix} 8 & 0 & -4 & 6 \\ -5 & 2 & 3 & -4 \\ 1 & -5 & 3 & -3 \\ 2 & 0 & 1 & -1 \end{vmatrix}$

3.4 行列式の性質

この節では，行列式の重要な性質を紹介していこう．まず，余因子展開からすぐに次のことが分かる．

定理 3.6（特殊な行列の行列式）

n 次正方行列 A に対して，次が成り立つ．

(1) ある行またはある列がすべて 0 ならば，$|A| = 0$.

$$\begin{vmatrix} a_{11} & \cdots & 0 & \cdots & a_{1n} \\ a_{21} & \cdots & 0 & \cdots & a_{2n} \\ \vdots & & \vdots & & \vdots \\ a_{n1} & \cdots & 0 & \cdots & a_{nn} \end{vmatrix} = \begin{vmatrix} a_{11} & a_{12} & \cdots & a_{1n} \\ \vdots & \vdots & & \vdots \\ 0 & 0 & \cdots & 0 \\ \vdots & \vdots & & \vdots \\ a_{n1} & a_{n2} & \cdots & a_{nn} \end{vmatrix} = 0$$

(2) 三角行列の行列式は対角成分の積に等しい．

$$\begin{vmatrix} a_{11} & \cdots & a_{1n} \\ & \ddots & \vdots \\ & & a_{nn} \end{vmatrix} = \begin{vmatrix} a_{11} & & \\ \vdots & \ddots & \\ a_{n1} & \cdots & a_{nn} \end{vmatrix} = a_{11}\cdots a_{nn}$$

（証明）

(1) 第 i 行が 0 のときは第 i 行で余因子展開，第 j 列が 0 のときは第 j 列で余因子展開すれば，直ちに結果を得る．

(2) 第 1 列で余因子展開すると，

$$\begin{vmatrix} a_{11} & a_{12} & \cdots & a_{1n} \\ & a_{22} & \cdots & a_{2n} \\ & & \ddots & \vdots \\ & & & a_{nn} \end{vmatrix} = (-1)^{1+1}a_{11}\begin{vmatrix} a_{22} & a_{23} & \cdots & a_{2n} \\ & a_{33} & \cdots & a_{3n} \\ & & \ddots & \vdots \\ & & & a_{nn} \end{vmatrix}$$

$$= (-1)^{1+1} a_{11} a_{22} \begin{vmatrix} a_{33} & a_{34} & \cdots & a_{3n} \\ & a_{44} & \cdots & a_{4n} \\ & & \ddots & \vdots \\ & & & a_{nn} \end{vmatrix} = \cdots = a_{11} a_{22} \cdots a_{nn}$$

下三角行列のときは，第 1 行に関する余因子展開を行えばよい．

■

次に列に関する行列式の性質を示すが，その証明に必要な補題をここで示そう．

基本行列の行列式

補題 3.1
定義 2.2 で定義される n 次基本行列 $(n \geqq 2)$ に対して，次が成り立つ．

$$|P(i,j;c)| = 1, \qquad |Q(i,j)| = -1, \qquad |R(i;c)| = c\ (c \neq 0) \tag{3.20}$$

また，n 次正方行列 A に対して，n 次基本行列を F とすれば，次が成り立つ．

$$|FA| = |F||A| \quad \text{かつ} \quad |AF| = |A||F| \tag{3.21}$$

（証明）
$|R(i;c)|$ を第 i 行で余因子展開すると，

$$|R(i;c)| = c\Delta(R_{ii}) = c(-1)^{i+i}|E_{n-1}| = c$$

なので，(3.20) の第 3 式が成り立つ．数学的帰納法で (3.20) の第 1，2 式を示そう．まず，$n=2$ のとき，(3.20) の第 1，2 式は明らかに成り立つ．
$n=k(k \geqq 3)$ のとき，$|P(i,j;c)| = 1$, $|Q(i,j)| = -1$ が成り立つとし，$n=k+1$ の場合を考える．第 m 行 $(m \neq i,j)$ での余因子展開を考えれば，帰納法の仮定より，

▶【アクティブ・ラーニング】
$n=2$ のとき，(3.20) が成り立つ理由をお互いに説明してみよう．

$$\begin{aligned} |P(i,j;c)| &= 1 \cdot \Delta(P(i,j;c))_{mm} = (-1)^{m+m}|P(i,j;c)_{mm}| = 1 \\ |Q(i,j)| &= 1 \cdot \Delta(Q(i,j))_{mm} = (-1)^{m+m}|Q(i,j)_{mm}| = -1 \end{aligned}$$

さて，$|FA| = |F||A|$ を示そう．$F = R(i;c)$ の場合，$|F| = c$ であり，FA は $A = [a_{ij}]$ の第 i 行を c 倍した行列なので，$|FA|$ を第 i 行で余因子展開すれば，

$$|FA| = ca_{i1}\Delta(A)_{i1} + \cdots + ca_{in}\Delta(A)_{in} = c(a_{i1}\Delta(A)_{i1} + \cdots + a_{in}\Delta(A)_{in}) = |F||A|$$

次に，$F = Q(i,j)$ または $F = P(i,j;c)$ の場合を示そう．$n=2$ のとき，(3.21) は明らかに成り立つ．$n=k(k \geqq 3)$ のとき $|FA| = |F||A|$ が成り立つとし，$n=k+1$ の場合を考えよう．このとき，帰納法の仮定より，k 次正方行列 $(FA)_{ij}$，A_{ij} に対して $|(FA)_{ij}| = |F||A_{ij}|$ が成り立つことに注意する．よって，第 m 行 $(m \neq i,j)$ で $|FA|$ を余因子展開すれば，

$$\begin{aligned} |FA| &= a_{m1}(-1)^{m+1}|(FA)_{m1}| + \cdots + a_{m,k+1}(-1)^{m+k+1}|(FA)_{m,k+1}| \\ &= a_{m1}(-1)^{m+1}|F||A_{m1}| + \cdots + a_{m,k+1}(-1)^{m+n}|F||A_{m,k+1}| \\ &= |F|\left(a_{m1}\Delta(A)_{m1} + \cdots + a_{m,k+1}\Delta(A)_{m,k+1}\right) = |F||A| \end{aligned}$$

また，基本行列 F の形より，${}^tF$ も基本行列であることに注意すれば，上記の結果と定理 3.3 より

$$|AF| = |{}^t(AF)| = |{}^tF\,{}^tA| = |{}^tF||{}^tA| = |F||A| = |A||F|$$

■

定理 3.7（列に関する行列式の性質）
n 次正方行列の行列式は次を満たす．

(1) ある 1 つの列の各成分が 2 数の和として表されているとき，行列式は 2 つの行列式の和として表せる．

$$\begin{vmatrix} a_{11} & \cdots & a_{1i}+b_{1i} & \cdots & a_{1n} \\ a_{21} & \cdots & a_{2i}+b_{2i} & \cdots & a_{2n} \\ \vdots & \vdots & \vdots & \vdots & \vdots \\ a_{n1} & \cdots & a_{ni}+b_{ni} & \cdots & a_{nn} \end{vmatrix}$$
$$= \begin{vmatrix} a_{11} & \cdots & a_{1i} & \cdots & a_{1n} \\ a_{21} & \cdots & a_{2i} & \cdots & a_{2n} \\ \vdots & \vdots & \vdots & \vdots & \vdots \\ a_{n1} & \cdots & a_{ni} & \cdots & a_{nn} \end{vmatrix} + \begin{vmatrix} a_{11} & \cdots & b_{1i} & \cdots & a_{1n} \\ a_{21} & \cdots & b_{2i} & \cdots & a_{2n} \\ \vdots & \vdots & \vdots & \vdots & \vdots \\ a_{n1} & \cdots & b_{ni} & \cdots & a_{nn} \end{vmatrix}$$

(2) ある 1 つの列の全成分に共通な因数は，行列式の因数としてくくり出せる．

$$\begin{vmatrix} a_{11} & \cdots & ca_{1i} & \cdots & a_{1n} \\ a_{21} & \cdots & ca_{2i} & \cdots & a_{2n} \\ \vdots & \vdots & \vdots & \vdots & \vdots \\ a_{n1} & \cdots & ca_{ni} & \cdots & a_{nn} \end{vmatrix} = c \begin{vmatrix} a_{11} & \cdots & a_{1i} & \cdots & a_{1n} \\ a_{21} & \cdots & a_{2i} & \cdots & a_{2n} \\ \vdots & \vdots & \vdots & \vdots & \vdots \\ a_{n1} & \cdots & a_{ni} & \cdots & a_{nn} \end{vmatrix}$$

(3) 2 つの列を交換すると，行列式の符号がかわる．

$$\begin{vmatrix} a_{11} & \cdots & \boldsymbol{a_{1i}} & \cdots & a_{1j} & \cdots & a_{1n} \\ a_{21} & \cdots & \boldsymbol{a_{2i}} & \cdots & a_{2j} & \cdots & a_{2n} \\ \vdots & \vdots & \vdots & \vdots & \vdots & \vdots & \vdots \\ a_{n1} & \cdots & \boldsymbol{a_{ni}} & \cdots & a_{2j} & \cdots & a_{nn} \end{vmatrix}$$
$$= - \begin{vmatrix} a_{11} & \cdots & a_{1j} & \cdots & \boldsymbol{a_{1i}} & \cdots & a_{1n} \\ a_{21} & \cdots & a_{2j} & \cdots & \boldsymbol{a_{2i}} & \cdots & a_{2n} \\ \vdots & \vdots & \vdots & \vdots & \vdots & \vdots & \vdots \\ a_{n1} & \cdots & a_{2j} & \cdots & \boldsymbol{a_{ni}} & \cdots & a_{nn} \end{vmatrix}$$

(1) と (2) を多重線形性(たじゅうせんけいせい)(multi-linear property) といい，(3) を交代性(こうたいせい)(alternating property) という．

（証明）

(1) $|A| = \begin{vmatrix} a_{11} & \cdots & a_{1i}+b_{1i} & \cdots a_{1n} \\ \vdots & \vdots & \vdots & \vdots \\ a_{n1} & \cdots & a_{ni}+b_{ni} & \cdots a_{nn} \end{vmatrix}$ を第 i 列で余因子展開すれば，

$$\begin{aligned} |A| &= (a_{1i}+b_{1i})\Delta(A)_{1i} + \cdots + (a_{ni}+b_{ni})\Delta(A)_{ni} \\ &= (a_{1i}\Delta(A)_{1i} + \cdots + a_{ni}\Delta(A)_{ni}) + (b_{1i}\Delta(A)_{1i} + \cdots + b_{ni}\Delta(A)_{ni}) \\ &= \begin{vmatrix} a_{11} & \cdots & a_{1i} & \cdots & a_{1n} \\ \vdots & \vdots & \vdots & \vdots & \vdots \\ a_{n1} & \cdots & a_{ni} & \cdots & a_{nn} \end{vmatrix} + \begin{vmatrix} a_{11} & \cdots & b_{1i} & \cdots & a_{1n} \\ \vdots & \vdots & \vdots & \vdots & \vdots \\ a_{n1} & \cdots & b_{ni} & \cdots & a_{nn} \end{vmatrix} \end{aligned}$$

(2)(3)

$A = [a_{ij}]$ に基本行列 $R(i;c)$ を右から掛けると A の第 i 行が c 倍されるので，補題 3.1 より

$$|AR(i;c)| = |A||R(i;c)| = c|A|$$

である．また，A に基本行列 $Q(i,j)$ を右から掛けると第 i 列と第 j 列が入れ換わるので，補題 3.1 より

$$|AQ(i,j)| = |A||Q(i,j)| = -|A|$$

■

系 3.1（列に関する行列式の性質）
n 次正方行列 A に対して次が成り立つ．

(1) A の 2 列が等しければ，$|A| = 0$ である．
(2) ある列の定数倍を他の列に加えても $|A|$ の値は変わらない．

$$\begin{vmatrix} \cdots & a_{1i} + ca_{1j} & \cdots & a_{1j} & \cdots \\ \cdots & a_{2i} + ca_{2j} & \cdots & a_{2j} & \cdots \\ \vdots & \vdots & \vdots & \vdots & \vdots \\ \cdots & a_{ni} + ca_{nj} & \cdots & a_{nj} & \cdots \end{vmatrix} = \begin{vmatrix} \cdots & a_{1i} & \cdots & a_{1j} & \cdots \\ \cdots & a_{2i} & \cdots & a_{2j} & \cdots \\ \vdots & \vdots & \vdots & \vdots & \vdots \\ \cdots & a_{ni} & \cdots & a_{nj} & \cdots \end{vmatrix}$$

（証明）
(1) 第 i 列と第 j 列が等しいとし，これらの列を入れ換えると，行列式の交代性より

$$|A| = \begin{vmatrix} \cdots & \boldsymbol{a_{1i}} & \cdots & a_{1i} & \cdots \\ \cdots & \boldsymbol{a_{2i}} & \cdots & a_{2i} & \cdots \\ \vdots & \vdots & \vdots & \vdots & \vdots \\ \cdots & \boldsymbol{a_{ni}} & \cdots & a_{ni} & \cdots \end{vmatrix} = - \begin{vmatrix} \cdots & a_{1i} & \cdots & \boldsymbol{a_{1i}} & \cdots \\ \cdots & a_{2i} & \cdots & \boldsymbol{a_{2i}} & \cdots \\ \vdots & \vdots & \vdots & \vdots & \vdots \\ \cdots & a_{ni} & \cdots & \boldsymbol{a_{ni}} & \cdots \end{vmatrix} = -|A|$$

となるので，$2|A| = 0$ となり，$|A| = 0$ を得る．
(2) $A = [a_{ij}]$ に基本行列 $P(j, i; x)$ を右から掛けると，第 j 列の x 倍を第 i 列に加えるので，補題 3.1 より

$$|AP(j, i; c)| = |A||P(j, i; c)| = |A|$$

■

▶【アクティブ・ラーニング】
行列式の性質 (定理 3.6,3.7, 系 3.1,3.2) を例を交えながら他の人に分かりやすく説明してみよう．説明を受けた人は，説明してくれた人に質問してみよう．

定理 3.3 より，行列式の列に関して成り立つ性質は，行に関しても成り立つので，次の性質が成り立つ．

系 3.2（行に関する行列式の性質）
n 次正方行列 A について次が成り立つ．

(1) ある 1 つの行の各成分が 2 数の和として表されているとき，行列式は 2 つの行列式の和として表せる．
(2) ある 1 つの行の全成分に共通な因数は，行列式の因数としてくくり出せる．
(3) 2 つの行を交換すると，行列式の符号がかわる．
(4) A の 2行が等しければ，$|A| = 0$ である．
(5) ある行の定数倍を他の行に加えても $|A|$ の値は変わらない．

これらの行列式の性質を使って，行列式の計算をしてみよう．

例題 3.3（行列式の計算）

次の行列式の値を求めよ．

(1) $\begin{vmatrix} 1 & a & b & c+d \\ 1 & b & c & d+a \\ 1 & c & d & a+b \\ 1 & d & a & b+c \end{vmatrix}$ (2) $\begin{vmatrix} 1 & -2 & 4 & 2 \\ 2 & -1 & 9 & 6 \\ 4 & -11 & 13 & 9 \\ -1 & 5 & -7 & 11 \end{vmatrix}$

[基本テクニック]▶

- 行列式の性質を使って，$\begin{vmatrix} * & * & * \\ & * & * \\ & & * \end{vmatrix}$ の形を作る．
- 等しい 2 つの列あるいは行を作り出す．

（解答）

(1)

$$\begin{vmatrix} 1 & a & b & c+d \\ 1 & b & c & d+a \\ 1 & c & d & a+b \\ 1 & d & a & b+c \end{vmatrix} \underset{\text{第 2 列+第 4 列}}{=\!=} \begin{vmatrix} 1 & a & b & a+c+d \\ 1 & b & c & b+d+a \\ 1 & c & d & c+a+b \\ 1 & d & a & d+b+c \end{vmatrix}$$

$$\underset{\text{第 3 列+第 4 列}}{=\!=} \begin{vmatrix} 1 & a & b & b+a+c+d \\ 1 & b & c & c+b+d+a \\ 1 & c & d & d+c+a+b \\ 1 & d & a & a+d+b+c \end{vmatrix} = (a+b+c+d)\begin{vmatrix} 1 & a & b & 1 \\ 1 & b & c & 1 \\ 1 & c & d & 1 \\ 1 & d & a & 1 \end{vmatrix} \underset{\text{2 列が等しい}}{=\!=} 0$$

(2)

$$\begin{vmatrix} 1 & -2 & 4 & 2 \\ 2 & -1 & 9 & 6 \\ 4 & -11 & 13 & 9 \\ -1 & 5 & -7 & 11 \end{vmatrix} \underset{\text{第 1 行×(−2)+第 2 行, 第 1 行×(−4)+第 3 行, 第 1 行+第 4 行}}{=\!=} \begin{vmatrix} 1 & -2 & 4 & 2 \\ 0 & 3 & 1 & 2 \\ 0 & -3 & -3 & 1 \\ 0 & 3 & -3 & 13 \end{vmatrix}$$

$$\underset{\text{第 2 行+第 3 行, 第 2 行×(−1)+第 4 行}}{=\!=} \begin{vmatrix} 1 & -2 & 4 & 2 \\ 0 & 3 & 1 & 2 \\ 0 & 0 & -2 & 3 \\ 0 & 0 & -4 & 11 \end{vmatrix} \underset{\text{第 3 行×(−2)+第 4 行}}{=\!=} \begin{vmatrix} 1 & -2 & 4 & 2 \\ 0 & 3 & 1 & 2 \\ 0 & 0 & -2 & 3 \\ 0 & 0 & 0 & 5 \end{vmatrix}$$

$= 5\cdot(-2)\cdot 3\cdot 1 = -30$

■

【注意】 例題 3.3 (2) は次のようにしてもよい．

$$\begin{vmatrix} 1 & -2 & 4 & 2 \\ 0 & 3 & 1 & 2 \\ 0 & -3 & -3 & 1 \\ 0 & 3 & -3 & 13 \end{vmatrix} \underset{\text{第 1 行で展開}}{=\!=} (-1)^{1+1}\begin{vmatrix} 3 & 1 & 2 \\ -3 & -3 & 1 \\ 3 & -3 & 13 \end{vmatrix}$$

$$\underset{\text{第 1 行+第 2 行, 第 3 行−第 1 行}}{=\!=} \begin{vmatrix} 3 & 1 & 2 \\ 0 & -2 & 3 \\ 0 & -4 & 11 \end{vmatrix} \underset{\text{第 1 行で展開}}{=\!=} 3(-1)^{1+1}\begin{vmatrix} -2 & 3 \\ -4 & 11 \end{vmatrix}$$

$= 3(-22+12) = -30$

[問] 3.4 次の行列式の値を求めよ．

(1) $\begin{vmatrix} 2 & 0 & 0 & 0 \\ 6 & -8 & 0 & 0 \\ 7 & 5 & 3 & 0 \\ 3 & -3 & 2 & -5 \end{vmatrix}$ (2) $\begin{vmatrix} 1 & 2 & 3 & -1 \\ 2 & -3 & 1 & -3 \\ -1 & -3 & 2 & 2 \\ -3 & 1 & -2 & 4 \end{vmatrix}$

(3) $\begin{vmatrix} 1 & a & -1 & 3 \\ 2 & a & 0 & 5 \\ 3 & a & 1 & 7 \\ 4 & a & 2 & 9 \end{vmatrix}$

例題 3.4（行列式の性質）

$\alpha = \begin{vmatrix} a_{11} & a_{12} & a_{13} \\ a_{21} & a_{22} & a_{23} \\ a_{31} & a_{32} & a_{33} \end{vmatrix}$ のとき，$\begin{vmatrix} 2a_{13}+a_{12} & 3a_{12} & a_{11}-2a_{12} \\ 2a_{23}+a_{22} & 3a_{22} & a_{21}-2a_{22} \\ 2a_{33}+a_{32} & 3a_{32} & a_{31}-2a_{32} \end{vmatrix}$ を α で表せ．

▶【アクティブ・ラーニング】

例題 3.3，3.4 はすべて確実に解けるようになりましたか？解けていない問題があれば，それがどうすればできるようになりますか？何に気をつければいいですか？また，読者全員ができるようになるにはどうすればいいでしょうか？それを紙に書き出しましょう．そして，書き出した紙を周りの人と見せ合って，それをまとめてグループごとに発表しましょう．

（解答）

$$
\begin{vmatrix} 2a_{13}+a_{12} & 3a_{12} & a_{11}-2a_{12} \\ 2a_{23}+a_{22} & 3a_{22} & a_{21}-2a_{22} \\ 2a_{33}+a_{32} & 3a_{32} & a_{31}-2a_{32} \end{vmatrix}
$$

$$
= \begin{vmatrix} 2a_{13} & 3a_{12} & \boldsymbol{a_{11}-2a_{12}} \\ 2a_{23} & 3a_{22} & \boldsymbol{a_{21}-2a_{22}} \\ 2a_{33} & 3a_{32} & \boldsymbol{a_{31}-2a_{32}} \end{vmatrix} + \begin{vmatrix} a_{12} & 3a_{12} & \boldsymbol{a_{11}-2a_{12}} \\ a_{22} & 3a_{22} & \boldsymbol{a_{21}-2a_{22}} \\ a_{32} & 3a_{32} & \boldsymbol{a_{31}-2a_{32}} \end{vmatrix}
$$

$$
= \begin{vmatrix} 2a_{13} & 3a_{12} & \boldsymbol{a_{11}} \\ 2a_{23} & 3a_{22} & \boldsymbol{a_{21}} \\ 2a_{33} & 3a_{32} & \boldsymbol{a_{31}} \end{vmatrix} + \begin{vmatrix} 2a_{13} & 3a_{12} & \boldsymbol{-2a_{12}} \\ 2a_{23} & 3a_{22} & \boldsymbol{-2a_{22}} \\ 2a_{33} & 3a_{32} & \boldsymbol{-2a_{32}} \end{vmatrix} + \begin{vmatrix} a_{12} & 3a_{12} & \boldsymbol{a_{11}} \\ a_{22} & 3a_{22} & \boldsymbol{a_{21}} \\ a_{32} & 3a_{32} & \boldsymbol{a_{31}} \end{vmatrix}
$$

$$
+ \begin{vmatrix} a_{12} & 3a_{12} & \boldsymbol{-2a_{12}} \\ a_{22} & 3a_{22} & \boldsymbol{-2a_{22}} \\ a_{32} & 3a_{32} & \boldsymbol{-2a_{32}} \end{vmatrix} \underset{\text{等しい}}{\overset{\text{2 列が}}{=\!=}} 2\cdot 3 \begin{vmatrix} a_{13} & a_{12} & a_{11} \\ a_{23} & a_{22} & a_{21} \\ a_{33} & a_{32} & a_{31} \end{vmatrix}
$$

$$
\underset{\text{第 3 列を交換}}{\overset{\text{第 1 列と}}{=\!=\!=}} -6 \begin{vmatrix} a_{11} & a_{12} & a_{13} \\ a_{21} & a_{22} & a_{23} \\ a_{31} & a_{32} & a_{33} \end{vmatrix} = -6\alpha
$$

■

[問] 3.5　$\alpha = \begin{vmatrix} a_{11} & a_{12} & a_{13} \\ a_{21} & a_{22} & a_{23} \\ a_{31} & a_{32} & a_{33} \end{vmatrix}$ のとき，$\begin{vmatrix} 3a_{11}+4a_{12} & 2a_{13}+3a_{11} & -2a_{12} \\ 3a_{21}+4a_{22} & 2a_{23}+3a_{21} & -2a_{22} \\ 3a_{31}+4a_{32} & 2a_{33}+3a_{31} & -2a_{32} \end{vmatrix}$ を α で表せ．

3.5　正方行列の正則性と行列式

2 次正方行列 A が正則行列であるための必要十分条件は $|A| \neq 0$ となることであった (定理 1.6)．これと同様のことが n 次正方行列についても成り立つことを示そう．そのために，少し準備が必要になる．

正則行列と基本行列

補題 3.2
n 次正方行列 A が正則ならば，A は基本行列の積で表せる．

（証明）
定理 2.8 より，A が正則行列ならば，$\mathrm{rank}(A) = n$ なので，基本変形により E_n に変形できる．よって，(2.12) より

$$
A = (Q_1Q_2\cdots Q_lP_k\cdots P_2P_1)^{-1} = P_1^{-1}P_2^{-1}\cdots P_k^{-1}Q_l^{-1}\cdots Q_2^{-1}Q_1^{-1}
$$

であり，基本行列の逆行列は基本行列なので，結局，A は基本行列の積で表せる．

■

正則行列と基本行列

補題 3.3
A を n 次正方行列とし，P を正則行列とすれば，$|PA| = |P||A|$ が成り立つ．

（証明）
補題 3.2 より，P は基本行列 $F_i (i = 1, 2, \ldots, k)$ の積で表せる．ここで，$P = F_1F_2\cdots F_k$ とすれば，(3.21) より

$$
|P| = |F_1F_2\cdots F_k| = |F_1||F_2F_3\cdots F_k| = |F_1||F_2||F_3\cdots F_k| = |F_1||F_2|\cdots|F_k|
$$

一方，$PA = F_1F_2\cdots F_kA$ の両辺の行列式を考え，(3.21) を繰り返し適用して，上式を代入

すれば,

$$|PA| = |F_1F_2\cdots F_kA| = |F_1||F_2|\cdots|F_k||A| = |P||A|$$

■

定理 3.8（行列の正則性と行列式）

A を n 次正方行列とするとき,

$$A \text{ が正則行列} \iff |A| \neq 0$$

（証明）

($\Longrightarrow$) A が正則ならば，補題 3.3 の証明より，基本行列 $F_i(i = 1, 2, \ldots, k)$ によって $|A| = |F_1||F_2|\cdots|F_k|$ と表せる．ここで，(3.20) より基本行列の行列式は 0 ではないので，$|A| \neq 0$ を得る．

($\Longleftarrow$) 対偶「A が正則でないならば，$|A| = 0$」を示す．A が正則でないならば，行基本変形により，A は $B = \begin{bmatrix} * & * & * & * \\ 0 & * & * & * \\ 0 & 0 & 0 & * \\ 0 & 0 & 0 & 0 \end{bmatrix}$ のように，少なくとも 1 つの行がすべて 0 となる行列に変形できる．このとき，定理 3.6 より $|B| = 0$ である．

行基本変形は基本行列を左から掛けることに対応し，基本行列の積は正則行列なので，これを P と表せば，補題 3.3 より

$$0 = |B| = |PA| = |P||A|$$

だが，基本行列の行列式は 0 ではない，つまり，$|P| \neq 0$ なので $|A| = 0$ である． ■

これらの結果をもとに，行列の積の行列式に関して次のような性質が成り立つことを示すことができる．

定理 3.9（行列式の積）

A, B を n 次正方行列とするとき，次式が成り立つ．

$$|AB| = |A||B|$$

（証明）

A が正則行列ならば，補題 3.3 より直ちに成り立つことが分かる．

そこで，A が正則でないとすれば，定理 3.8 より，$|A| = 0$ である．よって，$|AB| = 0$，つまり，AB が正則でないことを示せばよい．そのために，「AB が正則ならば，A は正則」を示す．そうすれば，この対偶「A が正則でなければ，AB は正則でない」は成立する．

AB が正則ならば，$(AB)X = E_n$ かつ $X(AB) = E_n$ となる AB の逆行列 X が存在する．このとき，行列の積の結合法則 (定理 1.3) より $A(BX) = E_n$ が成り立つ．よって，系 2.2 より，A が正則となる．

■

定理 3.9 を用いると，行列式を使って系 2.2 と同様の結果を導ける．

例題 3.5（逆行列の性質）

2 つの n 次正方行列 A, X に対して $AX = E_n$ または $XA = E_n$ が成り立てば，A は正則行列で，$X = A^{-1}$ が成り立つことを示せ．また，$|A^{-1}| = \dfrac{1}{|A|}$ を示せ．

（解答）

$AX = E_n$ とすると，

$$|AX| = |A||X| = |E_n| = 1$$

である．よって，$|A| \neq 0$(かつ $|X| \neq 0$) である．ゆえに，定理 3.8 より，A^{-1}(および X^{-1}) が存在し，$AX = E_n$ より $X = A^{-1}$ である．また，このとき $1 = |E_n| = |AA^{-1}| = |A|$ $|A^{-1}|$ なので，$|A^{-1}| = \dfrac{1}{|A|}$ が成り立つ．$XA = E_n$ の場合も同様である．

■

▶【アクティブ・ラーニング】
例題 3.5,3.6 はすべて確実に解けるようになりましたか？解けていない問題があれば，それがどうすればできるようになりますか？何に気をつければいいですか？また，読者全員ができるようになるにはどうすればいいでしょうか？それを紙に書き出しましょう．そして，書き出した紙を周りの人と見せ合って，それをまとめてグループごとに発表しましょう．

例題 3.6（行列の積の行列式）
n 次正則行列 A と B の行列式が，それぞれ $|A| = -2$, $|B| = 3$ となるとき，$|A\,{}^tAB^3B^{-1}|$ の値を求めよ．

（解答）
行列式の性質 $|AB| = |A||B|$, $|B^{-1}| = \dfrac{1}{|B|}$, $|{}^tA| = |A|$ より，

$$|A\,{}^tAB^3B^{-1}| = |A||{}^tA||B||B||B|\frac{1}{|B|} = |A|^2|B|^2 = (-2)^2 \cdot 3^2 = 36$$

■

［問］ 3.6　A と B を n 次正則行列とし，$|A| = -2$, $|B| = 5$ とする．このとき，$|{}^tBA^2BA^{-1}|$ の値を求めよ．

3.6　余因子行列と逆行列

余因子は，行列式を計算するのに重要な役割を果たすことを 3.3 節で学んだ．それだけでなく，実は，余因子を使うと，逆行列を具体的に表示できる．

▶[$\widetilde{A}$ の読み方]
$\widetilde{A}$ はエー・チルダ (tilde) と読む．

定義 3.3（余因子行列）
n 次正方行列 A に対して，その余因子行列（よいんしぎょうれつ）(adjugate matrix, classical adjoint) $\widetilde{A}$ を，その (i,j) 成分が (j,i) 余因子 $\Delta(A)_{ji}$ ($\Delta(A)_{ij}$ ではない!) であるような n 次正方行列として定義する．

$$\widetilde{A} = [\Delta(A)_{ji}],\ \text{つまり，}\ \widetilde{A} = {}^t[\Delta(A)_{ij}] \qquad (3.22)$$

例えば，$\widetilde{A}$ が 3 次正方行列の場合，$\widetilde{A} = \begin{bmatrix} \Delta(A)_{11} & \Delta(A)_{21} & \Delta(A)_{31} \\ \Delta(A)_{12} & \Delta(A)_{22} & \Delta(A)_{32} \\ \Delta(A)_{13} & \Delta(A)_{23} & \Delta(A)_{33} \end{bmatrix}$ である．また，行列 A と余因子行列 $\widetilde{A}$ および行列式 $|A|$ の間には，次のような関係がある．

行列・余因子行列・行列式の関係

補題 3.4
n 次正方行列 A に対して，次式が成り立つ．

$$A\widetilde{A} = \widetilde{A}A = |A|E_n$$

(証明)
$i \neq j$ とし，A の第 i 列を第 j 列で置き換えた行列を B とすれば，第 i 列と第 j 列は等しいので，$|B| = 0$ である．そして，その行列式を第 i 列で展開すれば，

$$\begin{aligned} 0 &= \begin{vmatrix} a_{11} & \cdots & a_{1j} & \cdots & a_{1j} & \cdots & a_{1n} \\ a_{21} & \cdots & a_{2j} & \cdots & a_{2j} & \cdots & a_{2n} \\ \vdots & \vdots & \vdots & \vdots & \vdots & \vdots & \vdots \\ a_{n1} & \cdots & a_{nj} & \cdots & a_{nj} & \cdots & a_{nn} \end{vmatrix} \\ &= a_{1j}\Delta(A)_{1i} + a_{2j}\Delta(A)_{2i} + \cdots + a_{nj}\Delta(A)_{ni} \end{aligned}$$

ただし，赤字の列が第 i 列である．一方，

$$\widetilde{A}A = \begin{bmatrix} \Delta(A)_{11} & \Delta(A)_{21} & \cdots & \Delta(A)_{n1} \\ \vdots & \vdots & \vdots & \vdots \\ \boldsymbol{\Delta(A)_{1i}} & \boldsymbol{\Delta(A)_{2i}} & \cdots & \boldsymbol{\Delta(A)_{ni}} \\ \vdots & \vdots & \vdots & \vdots \\ \Delta(A)_{1n} & \Delta(A)_{2n} & \cdots & \Delta(A)_{nn} \end{bmatrix} \begin{bmatrix} a_{11} & \cdots & a_{1j} & \cdots & a_{1n} \\ a_{21} & \cdots & a_{2j} & \cdots & a_{2n} \\ \vdots & \vdots & \vdots & \vdots & \vdots \\ a_{n1} & \cdots & a_{nj} & \cdots & a_{nn} \end{bmatrix}$$

より，

$$\widetilde{A}A \text{ の } (i,j) \text{ 成分} = a_{1j}\boldsymbol{\Delta(A)_{1i}} + a_{2j}\boldsymbol{\Delta(A)_{2i}} + \cdots + a_{nj}\boldsymbol{\Delta(A)_{ni}}$$

なので，結局，

$$\widetilde{A}A \text{ の } (i,j) \text{ 成分} = \begin{cases} |A| = a_{1j}\Delta(A)_{1j} + \cdots + a_{nj}\Delta(A)_{nj} & (i = j) \\ 0 & (i \neq j) \end{cases}$$

を得る．これより，$\widetilde{A}A = \begin{bmatrix} |A| & & \\ & \ddots & \\ & & |A| \end{bmatrix} = |A|E_n$ であり，同様にして $A\widetilde{A} = |A|E_n$ も得る．

■

【注意】 (3.23) は具体的に逆行列を求める公式を示している．掃き出し法で逆行列を求めることはできるが，あくまで方法であって，公式ではない．

定理 3.10（余因子行列と逆行列）
n 次正方行列 A が正則行列ならば，次が成り立つ．

$$A^{-1} = \frac{1}{|A|}\widetilde{A} \tag{3.23}$$

(証明)
A は正則行列なので，定理 3.8 より，$|A| \neq 0$ である．$X = \dfrac{1}{|A|}\widetilde{A}$ とおくと，補題 3.4 より，

$$AX = \frac{A}{|A|}\widetilde{A} = \frac{1}{|A|}|A|E_n = E_n$$

である．したがって，系 2.2 あるいは例題 3.5 より，A の逆行列が存在し，それは X である．

■

例えば，$A = \begin{bmatrix} a & b \\ c & d \end{bmatrix}$ のときは，

$$\Delta(A)_{11} = (-1)^{1+1}d = d, \quad \Delta(A)_{12} = (-1)^{1+2}c = -c,$$
$$\Delta(A)_{21} = (-1)^{2+1}b = -b, \quad \Delta(A)_{22} = (-1)^{2+2}a = a$$

なので，A の余因子行列は

$$\widetilde{A} = \begin{bmatrix} \Delta(A)_{11} & \Delta(A)_{21} \\ \Delta(A)_{12} & \Delta(A)_{22} \end{bmatrix} = \begin{bmatrix} d & -b \\ -c & a \end{bmatrix}$$

となる．$|A| = ad - bc$ なので，定理 3.10 より，

$$A^{-1} = \frac{1}{ad-bc}\begin{bmatrix} d & -b \\ -c & a \end{bmatrix} \tag{3.24}$$

となるが，これは (1.9) と一致する．

例題 3.7（余因子行列と逆行列の計算）

$A = \begin{bmatrix} 1 & 0 & 0 \\ 2 & 0 & -1 \\ -1 & 5 & 4 \end{bmatrix}$ に対して次の問に答えよ．

(1) A の行列式 $|A|$ を求めよ．

(2) A の (i,j) 余因子 $\Delta(A)_{ij}$ をすべて求めよ．ただし，$1 \leqq i, j \leqq 3$ である．

(3) A の余因子行列 $\widetilde{A}$ を求めよ．

(4) A の逆行列 A^{-1} が存在すれば，それを求めよ．

▶【アクティブ・ラーニング】
例題 3.7 はすべて確実にできるようになりましたか？できない問題があれば，それがどうすればできるようになりますか？何に気をつければいいですか？また，読者全員ができるようになるにはどうすればいいでしょうか？それを紙に書き出しましょう．そして，書き出した紙を周りの人と見せ合って，それをまとめてグループごとに発表しましょう．

（解答）
(1) 第 1 行に関する余因子展開を行うと，次のようになる．

$$|A| = \begin{vmatrix} 1 & 0 & 0 \\ 2 & 0 & -1 \\ -1 & 5 & 4 \end{vmatrix} = (-1)^{1+1}\begin{vmatrix} 0 & -1 \\ 5 & 4 \end{vmatrix} = 5$$

$|A| \neq 0$ なので，A は正則である．
(2)

$$\Delta(A)_{11} = (-1)^{1+1}\begin{vmatrix} 0 & -1 \\ 5 & 4 \end{vmatrix} = 5, \quad \Delta(A)_{12} = (-1)^{1+2}\begin{vmatrix} 2 & -1 \\ -1 & 4 \end{vmatrix} = -7,$$

$$\Delta(A)_{13} = (-1)^{1+3}\begin{vmatrix} 2 & 0 \\ -1 & 5 \end{vmatrix} = 10, \quad \Delta(A)_{21} = (-1)^{2+1}\begin{vmatrix} 0 & 0 \\ 5 & 4 \end{vmatrix} = 0,$$

$$\Delta(A)_{22} = (-1)^{2+2}\begin{vmatrix} 1 & 0 \\ -1 & 4 \end{vmatrix} = 4, \quad \Delta(A)_{23} = (-1)^{2+3}\begin{vmatrix} 1 & 0 \\ -1 & 5 \end{vmatrix} = -5$$

$$\Delta(A)_{31} = (-1)^{3+1}\begin{vmatrix} 0 & 0 \\ 0 & -1 \end{vmatrix} = 0, \quad \Delta(A)_{32} = (-1)^{3+2}\begin{vmatrix} 1 & 0 \\ 2 & -1 \end{vmatrix} = 1,$$

$$\Delta(A)_{33} = (-1)^{3+3}\begin{vmatrix} 1 & 0 \\ 2 & 0 \end{vmatrix} = 0$$

(3)

$$\widetilde{A} = \begin{bmatrix} \Delta(A)_{11} & \Delta(A)_{21} & \Delta(A)_{31} \\ \Delta(A)_{12} & \Delta(A)_{22} & \Delta(A)_{32} \\ \Delta(A)_{13} & \Delta(A)_{23} & \Delta(A)_{33} \end{bmatrix} = \begin{bmatrix} 5 & 0 & 0 \\ -7 & 4 & 1 \\ 10 & -5 & 0 \end{bmatrix}$$

(4) (1) より $|A| \neq 0$ なので，逆行列 A^{-1} は存在し，それは

$$A^{-1} = \frac{1}{|A|}\widetilde{A} = \frac{1}{5}\begin{bmatrix} 5 & 0 & 0 \\ -7 & 4 & 1 \\ 10 & -5 & 0 \end{bmatrix}$$

である. ■

[問] 3.7 次の行列が正則であるかどうかを調べ，正則ならば，その逆行列を求めよ．

(1) $\begin{bmatrix} 1 & -1 & -2 \\ -5 & -9 & 3 \\ 2 & 12 & 5 \end{bmatrix}$ (2) $\begin{bmatrix} 1 & 1 & 1 \\ 1 & 4 & 2 \\ 2 & 4 & 1 \end{bmatrix}$

3.7 行列式と連立一次方程式

ここでは，未知数と方程式の数が等しい連立一次方程式

$$\begin{cases} a_{11}x_1 + a_{12}x_2 + \cdots + a_{1n}x_n = b_1 \\ a_{21}x_1 + a_{22}x_2 + \cdots + a_{2n}x_n = b_2 \\ \vdots \\ a_{n1}x_1 + a_{n2}x_2 + \cdots + a_{nn}x_n = b_n \end{cases}$$

，つまり，

$$\begin{bmatrix} a_{11} & a_{12} & \cdots & a_{1n} \\ a_{21} & a_{22} & \cdots & a_{2n} \\ \vdots & \vdots & \cdots & \vdots \\ a_{n1} & a_{n2} & \cdots & a_{nn} \end{bmatrix} \begin{bmatrix} x_1 \\ x_2 \\ \vdots \\ x_n \end{bmatrix} = \begin{bmatrix} b_1 \\ b_2 \\ \vdots \\ b_n \end{bmatrix}$$

を考えよう．2.1 節で見たように，左辺の係数行列を A，右辺の列ベクトルを $\boldsymbol{b}$ とすれば，これは，$A\boldsymbol{x} = \boldsymbol{b}$ と表せる．実は，この連立一次方程式の解は (3.25) のように行列式で具体的に表せる．この (3.25) をクラメールの公式 (Cramer's rule) という．

【注意】 逆行列 A^{-1} が行列式 (余因子行列の成分は行列式であることに注意) で表示できたのだから，連立一次方程式 $A\boldsymbol{x} = \boldsymbol{b}$ の解 $\boldsymbol{x} = A^{-1}\boldsymbol{b}$ も行列式で表示できるハズ，と考えるのは自然である．

定理 3.11（クラメールの公式）
n 次正方行列 A が正則行列ならば，$A\boldsymbol{x} = \boldsymbol{b}$ の解 $\boldsymbol{x}$ の各成分は次式で与えられる．

$$x_i = \frac{1}{|A|} \begin{vmatrix} a_{11} & \cdots & a_{1,i-1} & b_1 & a_{1,i+1} & \cdots & a_{1n} \\ a_{21} & \cdots & a_{2,i-1} & b_2 & a_{2,i+1} & \cdots & a_{2n} \\ \vdots & \ddots & \vdots & \vdots & \vdots & \ddots & \vdots \\ a_{n1} & \cdots & a_{n,i-1} & b_n & a_{n,i+1} & \cdots & a_{nn} \end{vmatrix} \tag{3.25}$$

例えば，連立一次方程式 $\begin{cases} a_{11}x_1 + a_{12}x_2 + a_{13}x_3 = b_1 \\ a_{21}x_1 + a_{22}x_2 + a_{23}x_3 = b_2 \\ a_{31}x_1 + a_{32}x_2 + a_{33}x_3 = b_3 \end{cases}$ の解は，

$$x_1 = \frac{\begin{vmatrix} b_1 & a_{12} & a_{13} \\ b_2 & a_{22} & a_{23} \\ b_3 & a_{32} & a_{33} \end{vmatrix}}{\begin{vmatrix} a_{11} & a_{12} & a_{13} \\ a_{21} & a_{22} & a_{23} \\ a_{31} & a_{32} & a_{33} \end{vmatrix}},\ x_2 = \frac{\begin{vmatrix} a_{12} & b_1 & a_{13} \\ a_{22} & b_2 & a_{23} \\ a_{32} & b_3 & a_{33} \end{vmatrix}}{\begin{vmatrix} a_{11} & a_{12} & a_{13} \\ a_{21} & a_{22} & a_{23} \\ a_{31} & a_{32} & a_{33} \end{vmatrix}}, x_3 = \frac{\begin{vmatrix} a_{11} & a_{12} & b_1 \\ a_{21} & a_{22} & b_2 \\ a_{31} & a_{32} & b_3 \end{vmatrix}}{\begin{vmatrix} a_{11} & a_{12} & a_{13} \\ a_{21} & a_{22} & a_{23} \\ a_{31} & a_{32} & a_{33} \end{vmatrix}}$$

と表せる．

(証明)
A は正則なので，定理 3.8 より $|A| \neq 0$ であり，$\boldsymbol{Ax} = \boldsymbol{b}$ へ左から逆行列 A^{-1} を掛けると，定理 3.10 より，

$$\begin{bmatrix} x_1 \\ \vdots \\ x_i \\ \vdots \\ x_n \end{bmatrix} = A^{-1} \begin{bmatrix} b_1 \\ \vdots \\ b_i \\ \vdots \\ b_n \end{bmatrix} = \frac{1}{|A|} \begin{bmatrix} \Delta(A)_{11} & \Delta(A)_{21} & \cdots & \Delta(A)_{n1} \\ \vdots & \vdots & \vdots & \vdots \\ \boldsymbol{\Delta(A)_{1i}} & \boldsymbol{\Delta(A)_{2i}} & \boldsymbol{\cdots} & \boldsymbol{\Delta(A)_{ni}} \\ \vdots & \vdots & \vdots & \vdots \\ \Delta(A)_{1n} & \Delta(A)_{2n} & \cdots & \Delta(A)_{nn} \end{bmatrix} \begin{bmatrix} b_1 \\ \vdots \\ b_i \\ \vdots \\ b_n \end{bmatrix}$$

であり，第 i 行に着目すれば，

$$x_i = \frac{1}{|A|}(b_1 \boldsymbol{\Delta(A)_{1i}} + b_2 \boldsymbol{\Delta(A)_{2i}} + \cdots + b_n \boldsymbol{\Delta(A)_{ni}}) \tag{3.26}$$

一方，(3.25) の右辺を第 i 列に関して余因子展開すれば，

$$\frac{1}{|A|} \begin{vmatrix} a_{11} & \cdots & a_{1,i-1} & b_1 & a_{1,i+1} & \cdots & a_{1n} \\ a_{21} & \cdots & a_{2,i-1} & b_2 & a_{2,i+1} & \cdots & a_{2n} \\ \vdots & \ddots & \vdots & \vdots & \vdots & \ddots & \vdots \\ a_{n1} & \cdots & a_{n,i-1} & b_n & a_{n,i+1} & \cdots & a_{nn} \end{vmatrix}$$
$$= \frac{1}{|A|}(b_1 \boldsymbol{\Delta(A)_{1i}} + b_2 \boldsymbol{\Delta(A)_{2i}} + \cdots + b_n \boldsymbol{\Delta(A)_{ni}})$$

であり，これは (3.26) と一致する．

■

クラメールの公式が重要なのは，「連立一次方程式 $\boldsymbol{Ax} = \boldsymbol{b}$ の解が具体的に表現できることを保証」している，という点である．

▶【アクティブ・ラーニング】
クラメールの公式のメリットとデメリットについて，自分の考えをまとめ，お互いに話しあってみよう．掃き出し法と比較してもいいでしょう．

例題 3.8（クラメールの公式）

連立一次方程式 $\begin{cases} -2x - y + 2z = 5 \\ 3x + y + 2z = -6 \\ 6x + 3y - 2z = -13 \end{cases}$ をクラメールの公式で解け．

【注意】 ここでは，余因子展開を使って計算しているが，最初からサラスの計算法を使って行列式の値を求めてもよい．

(解答)

$A = \begin{bmatrix} -2 & -1 & 2 \\ 3 & 1 & 2 \\ 6 & 3 & -2 \end{bmatrix}$，$\boldsymbol{b} = \begin{bmatrix} 5 \\ -6 \\ -13 \end{bmatrix}$ とすると，

$$|A| = \begin{vmatrix} -2 & -1 & 2 \\ 3 & 1 & 2 \\ 6 & 3 & -2 \end{vmatrix} \underset{\text{第 2 列×(−1)+第 1 列}}{\overset{\text{第 2 列×2+第 3 列}}{=\!=\!=}} \begin{vmatrix} 0 & -1 & 0 \\ 1 & 1 & 4 \\ 0 & 3 & 4 \end{vmatrix} = (-1)^{2+1} \begin{vmatrix} -1 & 0 \\ 3 & 4 \end{vmatrix} = 4$$

なので，クラメールの公式より，以下を得る．

$$x = \frac{1}{|A|}\begin{vmatrix} 5 & -1 & 2 \\ -6 & 1 & 2 \\ -13 & 3 & -2 \end{vmatrix} \underset{\text{第 1 行}\times 3+\text{第 3 行}}{\overset{\text{第 1 行}+\text{第 2 行}}{=\!=}} \frac{1}{4}\begin{vmatrix} 5 & -1 & 2 \\ -1 & 0 & 4 \\ 2 & 0 & 4 \end{vmatrix}$$

$$\underset{\text{余因子展開}}{\overset{\text{第 2 列で}}{=\!=}} \frac{1}{4}(-1)(-1)^{1+2}\begin{vmatrix} -1 & 4 \\ 2 & 4 \end{vmatrix} = \frac{1}{4}(-4-8) = -3$$

$$y = \frac{1}{|A|}\begin{vmatrix} -2 & 5 & 2 \\ 3 & -6 & 2 \\ 6 & -13 & -2 \end{vmatrix} \underset{\text{第 3 行}+\text{第 2 行}}{\overset{\text{第 3 行}+\text{第 1 行}}{=\!=}} \frac{1}{4}\begin{vmatrix} 4 & -8 & 0 \\ 9 & -19 & 0 \\ 6 & -13 & -2 \end{vmatrix}$$

$$\underset{\text{余因子展開}}{\overset{\text{第 3 列で}}{=\!=}} \frac{1}{4}(-2)(-1)^{3+3}\begin{vmatrix} 4 & -8 \\ 9 & -19 \end{vmatrix} = -\frac{1}{2}(-76+72) = 2$$

$$z = \frac{1}{|A|}\begin{vmatrix} -2 & -1 & 5 \\ 3 & 1 & -6 \\ 6 & 3 & -13 \end{vmatrix} \underset{\text{第 1 行}\times 3+\text{第 3 行}}{\overset{\text{第 1 行}+\text{第 2 行}}{=\!=}} \frac{1}{4}\begin{vmatrix} -2 & -1 & 5 \\ 1 & 0 & -1 \\ 0 & 0 & 2 \end{vmatrix}$$

$$\underset{\text{余因子展開}}{\overset{\text{第 2 列で}}{=\!=}} \frac{1}{4}(-1)(-1)^{1+2}\begin{vmatrix} 1 & -1 \\ 0 & 2 \end{vmatrix} = \frac{2}{4} = \frac{1}{2}$$

■

▶【アクティブ・ラーニング】
例題 3.8 はすべて確実にできるようになりましたか？できなければ，それがどうすればできるようになりますか？何に気をつければいいですか？また，読者全員ができるようになるにはどうすればいいでしょうか？それを紙に書き出しましょう．そして，書き出した紙を周りの人と見せ合って，それをまとめてグループごとに発表しましょう．

[問] 3.8 次の連立一次方程式をクラメールの公式で解け．

(1) $\begin{cases} 2x - 7y = -20 \\ -3x + 5y = 19 \end{cases}$ (2) $\begin{cases} 2x - y - z = 3 \\ x + 2y - z = 13 \\ x + y + 2z = 0 \end{cases}$

最後に，定理 2.9 と定理 2.11 を「行列式」という用語を使って表現しておこう．以下の定理は，定理 2.9, 2.11 と定理 3.8 より直ちに成り立つことが分かる．

▶【アクティブ・ラーニング】
正方行列の正則性の条件について，お互いに説明し合おう．

定理 3.12（正則性の条件）
次の 3 つの条件は同値である．

(1) n 次正方行列 A は正則

(2) $\mathrm{rank}(A) = n$

(3) 連立一次方程式 $A\boldsymbol{x} = \boldsymbol{b}$ の解がただ 1 つ存在する

(4) $|A| \neq 0$

定理 3.13（同次連立一次方程式とその解）
n 次正方行列 A に対して，次が成り立つ．

(1) $|A| \neq 0 \iff A\boldsymbol{x} = \boldsymbol{0}$ は自明解のみをもつ．

(2) $|A| = 0 \iff A\boldsymbol{x} = \boldsymbol{0}$ は非自明解をもつ．

【注意】例題 2.8(3) と比較せよ．

例題 3.9（非自明解の存在）

連立一次方程式 $\begin{cases} x+2y+3z=0 \\ 2x+3y+4z=0 \\ 3x+4y+5z=0 \end{cases}$ の自明解・非自明解の存在を調べよ．

（解答）

$A=\begin{bmatrix} 1 & 2 & 3 \\ 2 & 3 & 4 \\ 3 & 4 & 5 \end{bmatrix}$ とすれば，$|A|=0$ なので，定理 3.13 より，与えられた連立一次方程式は非自明解をもつ．

■

［問］3.9　次の連立一次方程式が，非自明解をもつように k の値を定めよ．

(1) $\begin{cases} 2x+ky=0 \\ 3x+4y=0 \end{cases}$　　(2) $\begin{cases} x+y+2z=0 \\ -2x+3y-2z=0 \\ -x+ky+2z=0 \end{cases}$

第 3 章のまとめ

- 2 次正方行列の行列式の絶対値は，平面上の平行四辺形の面積に等しい．
- 2 次正方行列と 3 次正方行列の行列式を計算する際には，サラスの計算法を用いる．ただし，サラスの計算法は 4 次以上の正方行列には使えない．
- n 次正方行列 A, B に対して $|{}^tA|=|A|$ と $|AB|=|A||B|$ が成り立つ．
- 行列式の計算をする際には，余因子展開や行列式の性質を使う．行列式の性質を使う際は，行列式を三角行列の形に変形する．
- 正方行列 A の逆行列 A^{-1} は，行列式 $|A|$ と余因子行列 $\widetilde{A}$ で表せる．余因子行列の (i,j) 成分は $\Delta(A)_{ji}$ であることに注意．
- 正方行列 A が正則であるための必要十分条件は $|A|\neq 0$．
- 連立一次方程式 $A\boldsymbol{x}=\boldsymbol{b}$ の解は，クラメールの公式で具体的に表現できる．

▶【アクティブ・ラーニング】
まとめに記載されている項目について，例を交えながら他の人に説明しよう．また，あなたならどのように本章をまとめますか？あなたの考えで本章をまとめ，それを他の人とも共有し，自分たちオリジナルのまとめを作成しよう．

▶【アクティブ・ラーニング】
本章で登場した例題および問において，重要な問題を 5 つ選び，その理由を述べてください．その際，選定するための基準は，自分たちで考えてください．

第 3 章　演習問題

[A. 基本問題]

演習 3.1 次の行列式の値を求めよ．

(1) $\begin{vmatrix} 2 & 3 \\ 9 & -11 \end{vmatrix}$　(2) $\begin{vmatrix} -2 & -7 \\ 3 & 5 \end{vmatrix}$　(3) $\begin{vmatrix} -2 & 5 & 3 \\ 1 & 4 & 7 \\ 5 & -3 & 6 \end{vmatrix}$　(4) $\begin{vmatrix} -2 & 3 & -1 \\ 5 & 1 & 6 \\ 3 & -2 & 6 \end{vmatrix}$

演習 3.2 次の行列式の値を求めよ．

(1) $\begin{vmatrix} 5 & 2 & 0 & 2 \\ 1 & 0 & -2 & 3 \\ 4 & 0 & 2 & 1 \\ 2 & 7 & 1 & 0 \end{vmatrix}$　(2) $\begin{vmatrix} a_{11} & 0 & a_{13} & 0 \\ 0 & a_{22} & 0 & a_{24} \\ a_{31} & a_{32} & 0 & 0 \\ a_{41} & 0 & a_{43} & 0 \end{vmatrix}$　(3) $\begin{vmatrix} 1 & 0 & 1 & 2 \\ 1 & 2 & 4 & 1 \\ 3 & 0 & 0 & 2 \\ 2 & 4 & 3 & 1 \end{vmatrix}$

(4) $\begin{vmatrix} 1 & 0 & 0 & 1 & 2 \\ 1 & 0 & 2 & 4 & 1 \\ 2 & 4 & 3 & 2 & 2 \\ 3 & 0 & 0 & 0 & 2 \\ 2 & 0 & 4 & 3 & 1 \end{vmatrix}$　(5) $\begin{vmatrix} 1 & 7 & 2 & 0 \\ -1 & 4 & 0 & 3 \\ -2 & 0 & 1 & -2 \\ 2 & -3 & 5 & 0 \end{vmatrix}$　(6) $\begin{vmatrix} 1 & 7 & 3 & 4 & 0 \\ 0 & 0 & 2 & 0 & 0 \\ 2 & -2 & 4 & 3 & -1 \\ -2 & 0 & 7 & 0 & 3 \\ 0 & 5 & 8 & 1 & 2 \end{vmatrix}$

(7) $\begin{vmatrix} 8 & 0 & -4 & 6 \\ -5 & 2 & 3 & -4 \\ 1 & -5 & 3 & -3 \\ 2 & 0 & 1 & -1 \end{vmatrix}$　(8) $\begin{vmatrix} 8 & 0 & 0 & -4 & 6 \\ -5 & 2 & 0 & 3 & -4 \\ 1 & -5 & 0 & 3 & -3 \\ 1 & 3 & 7 & -2 & 3 \\ 2 & 0 & 0 & 1 & -1 \end{vmatrix}$

演習 3.3 次の行列式の値を求めよ．ただし，(8) については因数分解せよ．

(1) $\begin{vmatrix} 1 & 2 & 3 & 4 \\ 0 & -2 & 3 & 4 \\ 0 & 0 & 6 & 3 \\ 0 & 0 & 0 & 3 \end{vmatrix}$　(2) $\begin{vmatrix} 3 & 0 & 0 & 0 \\ 2 & 1 & 0 & 0 \\ 4 & 5 & -2 & 0 \\ 9 & -3 & 6 & -4 \end{vmatrix}$　(3) $\begin{vmatrix} 1 & -2 & 2 & 1 \\ -1 & 3 & -2 & 2 \\ 3 & -2 & 3 & -5 \\ 2 & -3 & 4 & 5 \end{vmatrix}$

(4) $\begin{vmatrix} 2 & -2 & -4 & 0 \\ -3 & 5 & 4 & 5 \\ 4 & -2 & -5 & 3 \\ 5 & -7 & -3 & 0 \end{vmatrix}$　(5) $\begin{vmatrix} 1 & 1 & -2 & 4 \\ 0 & 1 & 1 & 3 \\ 2 & -1 & 1 & 0 \\ 3 & 1 & 2 & 5 \end{vmatrix}$　(6) $\begin{vmatrix} -1 & -1 & -1 & 1 \\ 2 & 1 & -1 & 3 \\ 4 & 3 & -2 & 2 \\ 2 & 2 & 5 & 3 \end{vmatrix}$

(7) $\begin{vmatrix} 1 & 5 & 3 & 6 \\ 1 & 4 & 1 & 6 \\ -1 & 5 & 2 & 4 \\ 0 & 2 & -1 & -2 \end{vmatrix}$　(8) $\begin{vmatrix} -1 & x-1 & -3 & 2 \\ 0 & -1 & x-1 & 1 \\ x & -1 & -1 & 1 \\ -1 & -3 & -5 & x+4 \end{vmatrix}$

演習 3.4 $\alpha = \begin{vmatrix} a_{11} & a_{12} & a_{13} \\ a_{21} & a_{22} & a_{23} \\ a_{31} & a_{32} & a_{33} \end{vmatrix}$ のとき，$\begin{vmatrix} 2a_{13}-3a_{12} & 2a_{12} & a_{11}+2a_{12} \\ 2a_{23}-3a_{22} & 2a_{22} & a_{21}+2a_{22} \\ 2a_{33}-3a_{32} & 2a_{32} & a_{31}+2a_{32} \end{vmatrix}$ を α で表せ．

演習 3.5 n 次正則行列 A, B の行列式 $|A|$, $|B|$ がカッコ内の値のとき，次の行列式の値を求めよ．

(1) $|A^2BA^{-1}|$　$(|A|=4,\ |B|=7)$　　(2) $|A^2B^tBA^{-1}|$　$(|A|=3,\ |B|=5)$

演習 3.6 $A=\begin{bmatrix}1&0&-4\\2&1&0\\0&1&1\end{bmatrix}$，$B=\begin{bmatrix}a&0&2\\3&-2&1\\0&1&1\end{bmatrix}$ に対して，$|AB|=0$ となるように a を定めよ．

演習 3.7 $A=\begin{bmatrix}2&3&-1&1\\0&1&2&3\\0&1&1&2\\0&2&0&0\end{bmatrix}$ の行列式の値を求め，A の逆行列 A^{-1} の $(3,2)$ 成分を求めよ．

演習 3.8 $A=\begin{bmatrix}3&-4&2\\4&2&-4\\-2&3&1\end{bmatrix}$，$\boldsymbol{b}=\begin{bmatrix}14\\5\\-6\end{bmatrix}$，$\boldsymbol{x}=\begin{bmatrix}x\\y\\z\end{bmatrix}$ とするとき，$A\boldsymbol{x}=\boldsymbol{b}$ を満たす z をクラメールの公式を使って求めよ．また，A^{-1} の $(2,3)$ 成分を求めよ．

演習 3.9 $A=\begin{bmatrix}2&5&3\\-3&4&2\\3&6&4\end{bmatrix}$ および $B=\begin{bmatrix}1&2&3&4\\0&5&6&7\\0&0&8&9\\0&0&0&10\end{bmatrix}$ に対して次の問に答えよ．

(1) A の (i,j) 余因子 $\Delta(A)_{ij}$ をすべて求めよ．ただし，$1\leqq i,j\leqq 3$ である．

(2) A の余因子行列 $\widetilde{A}$ および A の逆行列 A^{-1} を求めよ．

(3) $\boldsymbol{b}={}^t[7,11,7]$，$\boldsymbol{x}={}^t[x,y,z]$ とするとき，$A\boldsymbol{x}=\boldsymbol{b}$ を満たす y をクラメールの公式を使って求めよ．

(4) B の逆行列 B^{-1} の $(3,4)$ 成分を求めよ．

[B. 応用問題]

演習 3.10 次の命題は正しいか？理由を述べて答えよ．

(1) n 次正方行列に対して $|{}^tAA|\geqq 0$ が成り立つ．

(2) n 次正方行列に対して $|A|\neq 0$ ならば，連立一次方程式 $A\boldsymbol{x}=\boldsymbol{b}$ の解が存在する．

(3) n 次正方行列 A,B に対して $|AB|=|BA|$ が成り立つ．

(4) n 次正方行列 A の2つの行が同じならば，$|A|=1$ である．

(5) n 次正方行列 A に対して，$|2A|=2|A|$ が成り立つ．

(6) n 次正方行列 A の2つの列を入れ換えた後，2つの行を入れ換えても $|A|$ は変わらない．

(7) n 次正方行列 A に対して，$\widetilde{A}A=|A|E_n$ が成り立つ．

(8) n 次正方行列に対して，$|A|=|B|$ ならば $A=B$ である．

(9) n 次正方行列 A に対して，$\mathrm{tr}(A)=0$ ならば $|A|=0$ である．

第 3 章　略解とヒント

[問]

問 3.1 (1) 11　(2) 14　(3) 11

問 3.2 (1) 72　(2) -90　(3) 77

問 3.3 (1) -171　(2) -346　(3) -258　(4) -50

問 3.4 (1) 240　(2) 16　(3) 0

問 3.5 12α

問 3.6 -50

問 3.7 (1) 行列式が 0 なので，正則でない．　(2) 行列式が -5 であり，0 ではないので正則．$A^{-1} = \frac{1}{5}\begin{bmatrix} 4 & -3 & 2 \\ -3 & 1 & 1 \\ 4 & 2 & -3 \end{bmatrix}$

問 3.8 (1) $x = -3,\ y = 2$　(2) $x = 2,\ y = 4,\ z = -3$

問 3.9 (1) $k = \dfrac{8}{3}$　(2) $k = 9$

[演習]

演習 3.1 (1) -49　(2) 11　(3) -14　(4) -59

演習 3.2 (1) -130　(2) $a_{11}a_{24}a_{32}a_{43} - a_{13}a_{24}a_{32}a_{41}$　(3) -34　(4) 136　(5) 387　(6) 234　(7) -50　(8) 350

演習 3.3 (1) -36　(2) 24　(3) 0　(4) 140　(5) -18　(6) -18　(7) -80　(8) $x^2(x+1)^2$

演習 3.4 -4α

演習 3.5 (1) 28　(2) 75

演習 3.6 $a = 2$．$|A| \neq 0$ を示し，$|B| = 0$ となるように a を定める．

演習 3.7 $|A| = 4$, A^{-1} の $(3,2)$ 成分 $= \dfrac{\Delta(A)_{23}}{|A|} = 2$

演習 3.8 $z = \dfrac{3}{2}$, A^{-1} の $(2,3)$ 成分 $= \dfrac{\Delta(B)_{43}}{|B|} = \dfrac{10}{29}$

演習 3.9 (1) $\Delta(A)_{11} = 4,\ \Delta(A)_{12} = 18,\ \Delta(A)_{13} = -30,\ \Delta(A)_{21} = -2,\ \Delta(A)_{22} = -1,\ \Delta(A)_{23} = 3,\ \Delta(A)_{31} = -2,\ \Delta(A)_{32} = -13,\ \Delta(A)_{33} = 23$　(2) $\widetilde{A} = \begin{bmatrix} 4 & -2 & -2 \\ 18 & -1 & -13 \\ -30 & 3 & 23 \end{bmatrix}$, $A^{-1} = \frac{1}{8}\begin{bmatrix} 4 & -2 & -2 \\ 18 & -1 & -13 \\ -30 & 3 & 23 \end{bmatrix}$　(3) $y = 3$　(4) B の $(3,4)$ 成分 $= \dfrac{\Delta(B)_{43}}{|B|} = -\dfrac{9}{80}$

演習 3.10 (1) 正しい　(2) 間違い　(3) 正しい　(4) 間違い　(5) 間違い　(6) 正しい　(7) 正しい　(8) 間違い　(9) 間違い

第 4 章　平面ベクトルと空間ベクトル

[ねらい]

読者の多くは高校数学 B で「ベクトル」を学んでいるだろうが，念のため，平面ベクトルと空間ベクトルについて簡単に復習する．また，行列を使って平面ベクトルを移動させる方法や空間ベクトルと行列式の関係などについても学ぶ．

[この章の項目]

平面ベクトル，空間ベクトル，ベクトルの成分表示，正射影，内積，直線と平面の方程式，平面上の一次変換（回転，鏡映），外積

4.1　ベクトルとその大きさ

平面あるいは空間における 2 点 P, Q を考える．始点(してん)(starting point) P から終点(しゅうてん)(terminal point) Q に至る矢印のことを有向線分(ゆうこうせんぶん)(directed segment) といい，これを $\overrightarrow{PQ}$ で表す．ベクトル とは，この有向線分のことである．また，線分 PQ の長さをベクトルの大きさ (magnitude) あるいはノルム (norm) といい，$\boldsymbol{a} = \overrightarrow{PQ}$ としたとき，$\|\boldsymbol{a}\|$ で表す．特に，大きさが 1 のベクトルを単位ベクトル (unit vector) という．

そして，有向線分 $\overrightarrow{P'Q'}$ が $\overrightarrow{PQ}$ と同じ大きさと同じ方向をもつとき，$\overrightarrow{P'Q'}$ と $\overrightarrow{PQ}$ はベクトルとして等しい といい，$\overrightarrow{PQ} = \overrightarrow{P'Q'}$ と表す．したがって，$\overrightarrow{PQ}$ を平行移動して得られるすべての有向線分は $\overrightarrow{PQ}$ と等しい．そこで，$\overrightarrow{PQ}$ にベクトルとして等しい有向線分はすべて同一のベクトルを表すと考え，まとめて幾何ベクトル または単にベクトル と呼ぶ

例えば，一辺の長さが 1 の正方形 $ABCD$ において，$\overrightarrow{AB} = \overrightarrow{DC}$, $\overrightarrow{AD} = \overrightarrow{BC}$ であり，$\overrightarrow{AB}, \overrightarrow{BC}, \overrightarrow{AD}, \overrightarrow{DC}$ は単位ベクトルである．

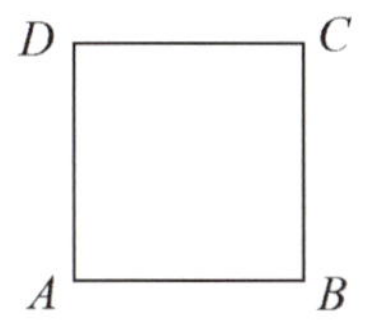

なお，平面上のベクトルのことを平面ベクトル (vectors in the plane)，空間のベクトルのことを空間ベクトル (vectors in a three-dimensional coordinate space)，などと呼ぶ．

▶[ベクトルの表記]
高校数学の教科書では，$\boldsymbol{a} = \overrightarrow{PQ}$ を $\vec{a} = \overrightarrow{PQ}$ のように表すが，本書ではベクトルを $\boldsymbol{a}$ のように太字で表す．また，高校数学ではベクトルの大きさを $|\vec{a}|$ と表したが，本書では $\|\boldsymbol{a}\|$ と表す．その方が，実数 c の絶対値 $|c|$ とベクトル $\boldsymbol{a}$ の大きさ $\|\boldsymbol{a}\|$ の区別がつきやすい．なお，本によっては，ベクトルの大きさを $|\boldsymbol{a}|$ と表すこともある．

▶[ベクトルと大きさ]

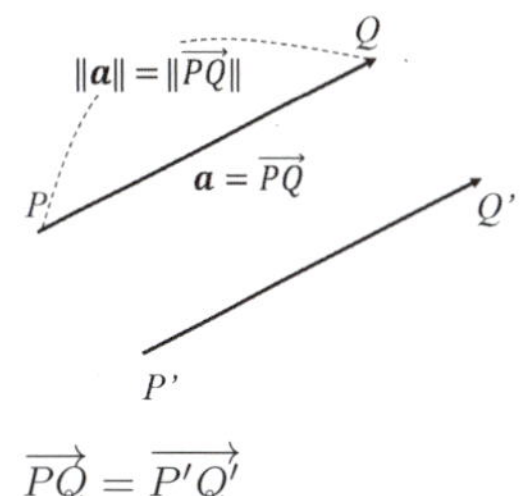

$\overrightarrow{PQ} = \overrightarrow{P'Q'}$

【注意】位置ベクトルにおける点 O は，平面あるいは空間のどこに定めてもよい．

4.2　位置ベクトル

ベクトル $\boldsymbol{a}$ と等しいベクトルは，始点の選び方によって無数に存在するが，始点を定めればただ一つに定まる．そこで，ベクトルを考える際には，始点として原点 O を選ぶことが多い．このように始点が O であるベクトルを位置ベクトル (position vector, located vector) という．

▶［ベクトルの成分表示と座標の関係］

$A(a_1, a_2)$
$\iff \boldsymbol{a} = (a_1, a_2)$
$A(a_1, a_2, a_3)$
$\iff \boldsymbol{a} = (a_1, a_2, a_3)$

4.3　ベクトルの成分

O を原点とする座標平面上で，x 軸，y 軸の正の向きと同じ向きの単位ベクトルを基本ベクトル (basic vector) といい，それぞれ $\boldsymbol{e}_1$, $\boldsymbol{e}_2$ と表す．

座標平面上のベクトル $\boldsymbol{a}$ に対し，$\boldsymbol{a} = \overrightarrow{OA}$ である点 A の座標が (a_1, a_2) のとき，$\boldsymbol{a}$ は

$$\boldsymbol{a} = a_1\boldsymbol{e}_1 + a_2\boldsymbol{e}_2 \tag{4.1}$$

と表される．この $\boldsymbol{a}$ を

$$\boldsymbol{a} = (a_1, a_2) \tag{4.2}$$

とも表す．この (a_1, a_2) をベクトル $\boldsymbol{a}$ の成分 (component,entry,element) といい，(4.2) を成分表示 (representation by components) という．結局のところ，平面上の任意の点 A の座標を (a_1, a_2) とすれば，位置ベクトル $\boldsymbol{a} = \overrightarrow{OA}$ の成分表示は $\boldsymbol{a} = (a_1, a_2)$ となり，逆に原点 O に関する点 A の位置ベクトル $\boldsymbol{a}$ の成分表示が $\boldsymbol{a} = (a_1, a_2)$ であるとき，点 A の座標は (a_1, a_2) となる．また，座標平面上の，基本ベクトルの成分表示は $\boldsymbol{e}_1 = (1, 0)$, $\boldsymbol{e}_2 = (0, 1)$ である．さらに，図 4.1 より $\|\boldsymbol{a}\| = \sqrt{a_1^2 + a_2^2}$ である．

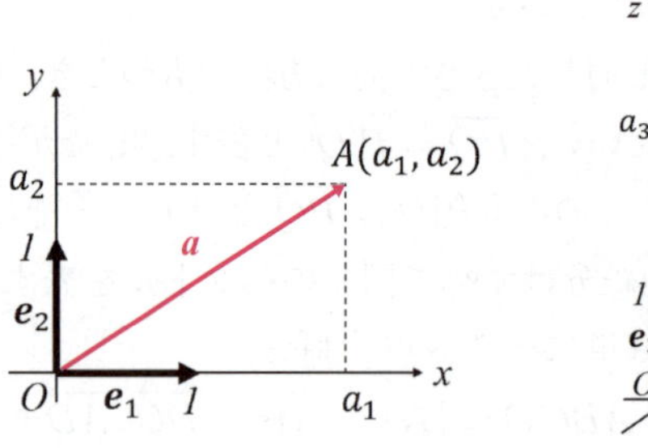

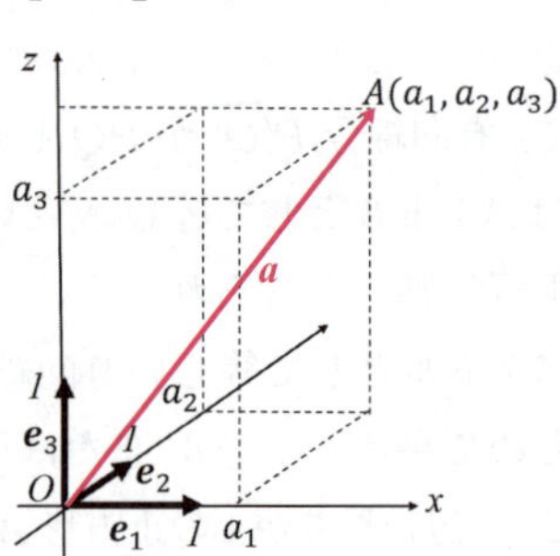

図 4.1　位置ベクトルと基本ベクトルの関係

同様に空間ベクトル $\boldsymbol{a}$ に対し，$\boldsymbol{a} = \overrightarrow{OA}$ である点 A の座標が (a_1, a_2, a_3) のとき，$\boldsymbol{a}$ は基本ベクトル $\boldsymbol{e}_1$, $\boldsymbol{e}_2$, $\boldsymbol{e}_3$ により，

$$\boldsymbol{a} = a_1\boldsymbol{e}_1 + a_2\boldsymbol{e}_2 + a_3\boldsymbol{e}_3 \tag{4.3}$$

と表される．ただし，基本ベクトルの成分表示は $\boldsymbol{e}_1 = (1, 0, 0)$, $\boldsymbol{e}_2 = (0, 1, 0)$, $\boldsymbol{e}_3 = (0, 0, 1)$ である．また，$\boldsymbol{a}$ の成分表示は

$$\boldsymbol{a} = (a_1, a_2, a_3)$$

であり，$\|\boldsymbol{a}\| = \sqrt{a_1^2 + a_2^2 + a_3^2}$ である．

なお，(4.1) の右辺 $a_1\boldsymbol{e}_1 + a_2\boldsymbol{e}_2$ を $\boldsymbol{e}_1, \boldsymbol{e}_2$ の一次結合(いちじけつごう)(linear combination) または線形結合(せんけいけつごう)(linear combination)，同様に，(4.3) の右辺 $a_1\boldsymbol{e}_1 + a_2\boldsymbol{e}_2 + a_3\boldsymbol{e}_3$ を $\boldsymbol{e}_1, \boldsymbol{e}_2, \boldsymbol{e}_3$ の一次結合 (linear combination) または線形結合 (linear combination) という．

4.4 ベクトルの演算

$\boldsymbol{a} = \overrightarrow{AB}$ に対して $\boldsymbol{b} = \overrightarrow{BC}$ となるようにとり，

$$\boldsymbol{a} + \boldsymbol{b} = \overrightarrow{AC}$$

と定め，$\boldsymbol{a} + \boldsymbol{b}$ を $\boldsymbol{a}$ と $\boldsymbol{b}$ の和(わ)(sum) という．また，ベクトル $\boldsymbol{b} = \overrightarrow{BC}$ に対して $-\boldsymbol{b} = \overrightarrow{CB}$ と表し，$\boldsymbol{a}$ と $-\boldsymbol{b}$ との和 $\boldsymbol{a} + (-\boldsymbol{b})$ を $\boldsymbol{a} - \boldsymbol{b}$ と書き，これを $\boldsymbol{a}$ と $\boldsymbol{b}$ との差(さ)(difference) という．

ベクトル $\boldsymbol{a} = \overrightarrow{AB}$ に対して，$-\boldsymbol{a} = \overrightarrow{BA}$ なので，

$$\boldsymbol{a} + (-\boldsymbol{a}) = \overrightarrow{AB} + \overrightarrow{BA} = \overrightarrow{AA}$$

となる．このように始点と終点が一致したベクトルを零ベクトル (zero vector) いい，$\boldsymbol{0}$ と表す．$\boldsymbol{0}$ は大きさが 0 であり，向きは考えない．ちなみに，平面における零ベクトルの成分表示は $\boldsymbol{0} = (0, 0)$，空間における零ベクトルの成分表示は $\boldsymbol{0} = (0, 0, 0)$ である．

定理 4.1（ベクトルの和と差の性質）
平面あるいは空間におけるベクトル $\boldsymbol{a}$ と $\boldsymbol{b}$ に対して，次が成り立つ．
(1) $\boldsymbol{a} + \boldsymbol{b} = \boldsymbol{b} + \boldsymbol{a}$　　(2) $(\boldsymbol{a} + \boldsymbol{b}) + \boldsymbol{c} = \boldsymbol{a} + (\boldsymbol{b} + \boldsymbol{c})$

（証明）
図 4.2 より明らか． ■

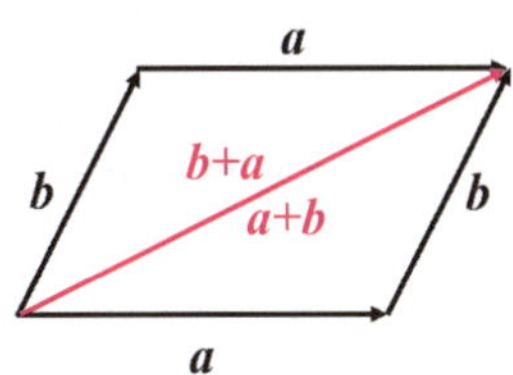

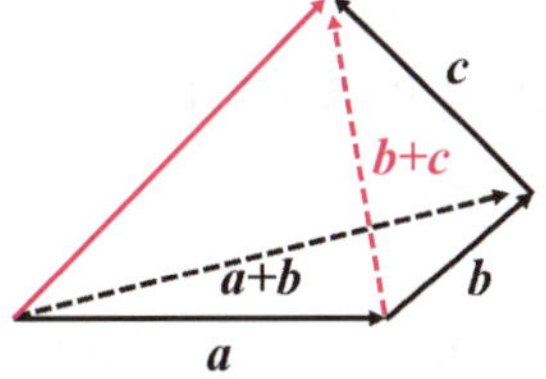

図 4.2　和の性質

ベクトル $\boldsymbol{a} = \overrightarrow{AB}$ と実数 α を考える．$\alpha \neq 0$ のとき，点 C を $\|\overrightarrow{AC}\| = |\alpha|\|\overrightarrow{AB}\|$ となるようにとる．ただし，$\alpha > 0$ ならば $\boldsymbol{a}$ と同じ方向に，$\alpha < 0$ ならば $\boldsymbol{a}$ と逆の方向にとる．そして，$\boldsymbol{a}$ のスカラー倍 $\alpha\boldsymbol{a}$ をベクトル $\overrightarrow{AC}$ として定義する．例えば，$\boldsymbol{a} = (a_x, a_y, a_z)$ のとき，$\alpha\boldsymbol{a} = (\alpha a_x, \alpha a_y, \alpha a_z)$ である．なお，$\alpha = 0$ ならば点 A と点 B は一致すると定める．このとき

▶[ベクトルの和と差]

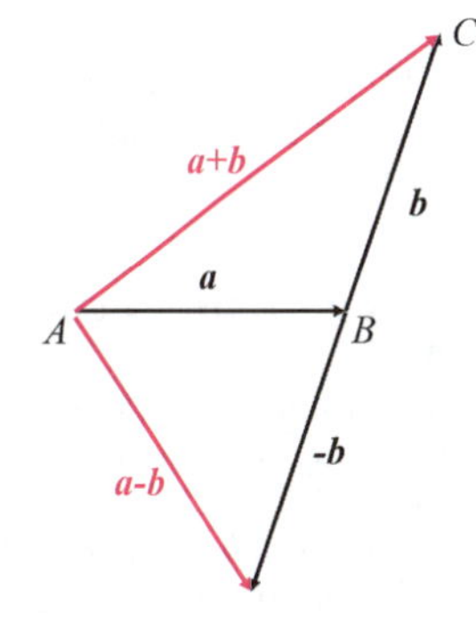

▶【アクティブ・ラーニング】
図 4.2 を使って，定理 4.1 が成り立つことをお互いに説明し合おう．

▶[$\overrightarrow{AB}$ の成分表示]
3 点 O，A，B をとり，$\overrightarrow{OA} = (a_1, a_2)$，$\overrightarrow{OB} = (b_1, b_2)$ とすれば，$\overrightarrow{OA} + \overrightarrow{AB} = \overrightarrow{OB}$ なので，

$$\begin{aligned}\overrightarrow{AB} &= \overrightarrow{OB} - \overrightarrow{OA} \\ &= (b_1, b_2) - (a_1, a_2) \\ &= (b_1 - a_1, b_2 - a_2)\end{aligned}$$

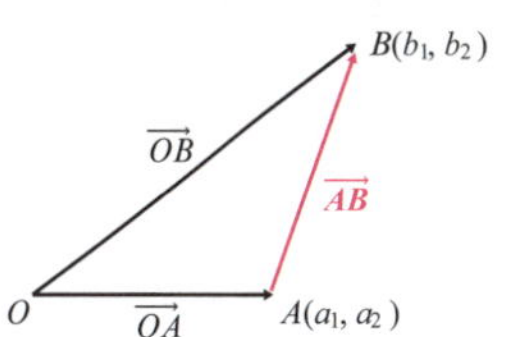

$\alpha\boldsymbol{a} = 0\boldsymbol{a} = \boldsymbol{0}$ である．$\alpha = -1$ のとき $-1\boldsymbol{a} = -\boldsymbol{a}$ と定める．

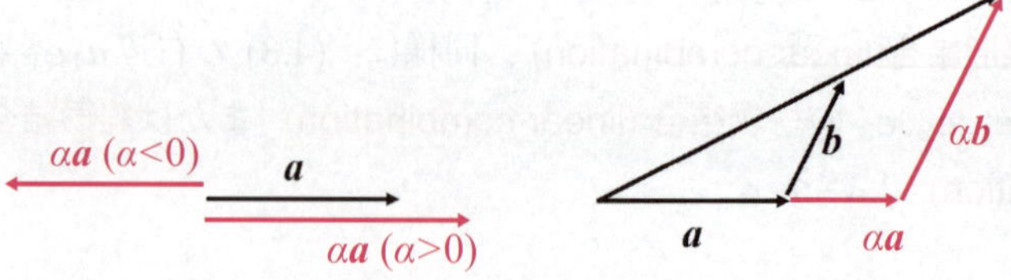

図 4.3　スカラー倍

▶【アクティブ・ラーニング】
図を描いて定理 4.2 が成り立つことをお互いに説明し合おう．

定理 4.2（ベクトルのスカラー倍の性質）

平面あるいは空間におけるベクトル $\boldsymbol{a}$ と $\boldsymbol{b}$ および実数 α, β に対して次が成り立つ．

(1) $(\alpha+\beta)\boldsymbol{a} = \alpha\boldsymbol{a} + \beta\boldsymbol{a}$　　(2) $(\alpha\beta)\boldsymbol{a} = \alpha(\beta\boldsymbol{a}) = \beta(\alpha\boldsymbol{a})$

(3) $\alpha(\boldsymbol{a}+\boldsymbol{b}) = \alpha\boldsymbol{a} + \alpha\boldsymbol{b}$

▶［ベクトルの和・差の成分表示］
$\boldsymbol{a} = (a_1, a_2)$, $\boldsymbol{b} = (b_1, b_2)$ のとき, $\boldsymbol{a} \pm \boldsymbol{b} = (a_1 \pm b_1, a_2 \pm b_2)$ となる．同様に，$\boldsymbol{a} = (a_1, a_2, a_3)$, $\boldsymbol{b} = (b_1, b_2, b_3)$ のとき, $\boldsymbol{a} \pm \boldsymbol{b} = (a_1 \pm b_1, a_2 \pm b_2, a_3 \pm b_3)$ となる．

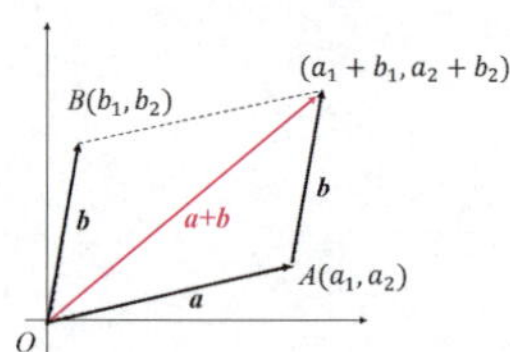

（証明）
図を描けば明らか．図 4.3 を参照．■

例題 4.1（平面ベクトルの演算）

次のベクトルを求めよ．

(1) $\boldsymbol{a} = (1, 2)$ と同じ向きの単位ベクトル

(2) $\boldsymbol{b} = (2, -\sqrt{5})$ と逆向きで，大きさが 9 のベクトル．

（解答）

(1) $\dfrac{\boldsymbol{a}}{\|\boldsymbol{a}\|} = \dfrac{1}{\sqrt{1^2+2^2}}(1, 2) = \left(\dfrac{1}{\sqrt{5}}, \dfrac{2}{\sqrt{5}}\right)$

(2) $-9\dfrac{\boldsymbol{b}}{\|\boldsymbol{b}\|} = -\dfrac{9}{\sqrt{2^2+(-\sqrt{5})^2}}(2, -\sqrt{5}) = (-6, 3\sqrt{5})$ ■

▶【アクティブ・ラーニング】
例題 4.1, 例題 4.2 の類題を自分で作り，それを他の人に紹介し，お互いに解いてみよう．そして，その問題のうち，自分たちにとって一番良い問題を選び，その理由を説明しよう．

例題 4.2（空間ベクトルの演算）

$\boldsymbol{a} = (-2, -1, -2)$, $\boldsymbol{b} = (1, -1, 2)$ とする．このとき，次のものを求めよ．

(1) $2\boldsymbol{a} + 3\boldsymbol{b}$ と逆向きの単位ベクトル

(2) $2\boldsymbol{a} - 3\boldsymbol{b}$ と同じ向きで大きさ 3 のベクトル

（解答）

(1)

$$2\boldsymbol{a} + 3\boldsymbol{b} = (-4, -2, -4) + (3, -3, 6) = (-4+3, -2-3, -4+6) = (-1, -5, 2)$$

$$\|2\boldsymbol{a} + 3\boldsymbol{b}\| = \sqrt{(-1)^2 + (-5)^2 + 2^2} = \sqrt{1+25+4} = \sqrt{30}$$

なので，求めるべきベクトルは

$$-\frac{2\boldsymbol{a}+3\boldsymbol{b}}{\|2\boldsymbol{a}+3\boldsymbol{b}\|}=-\frac{1}{\sqrt{30}}(-1,-5,2)$$

(2)

$$2\boldsymbol{a}-3\boldsymbol{b}=(-4-3,-2+3,-4-6)=(-7,1,-10)$$

$$\|2\boldsymbol{a}-3\boldsymbol{b}\|=\sqrt{(-7)^2+1^2+(-10)^2}=\sqrt{49+1+100}=\sqrt{150}=5\sqrt{6}$$

なので，求めるべきベクトルは

$$3\frac{2\boldsymbol{a}-3\boldsymbol{b}}{\|2\boldsymbol{a}-3\boldsymbol{b}\|}=\frac{3}{5\sqrt{6}}(-7,1,-10)=\frac{\sqrt{6}}{10}(-7,1,-10)$$

■

［問］4.1　$\boldsymbol{a}=(x,-1)$, $\boldsymbol{b}=(2,-3)$ に対して，$\boldsymbol{a}+3\boldsymbol{b}$ と $\boldsymbol{b}-\boldsymbol{a}$ が平行となるように，実数 x を定めよ．

［問］4.2　座標空間において，点 $A(1,2,3)$, $B(-2,3,1)$ の位置ベクトルをそれぞれ $\boldsymbol{a}$, $\boldsymbol{b}$ とするとき，次のベクトルの成分表示を求めよ．

(1) $\boldsymbol{a}-2\boldsymbol{b}$　　(2) $\boldsymbol{a}-2\boldsymbol{b}$ に平行な単位ベクトル

4.5　正射影

平面あるいは空間において，点 P から直線 l に下ろした垂線の足を P' とするとき，点 P' を P の直線 l 上への正射影（せいしゃえい）(orthogonal projection) という．また，空間において点 P から平面 S に下ろした垂線の足を P'' とするとき，点 P'' を P の平面 S 上への正射影 (orthogonal projection) という．

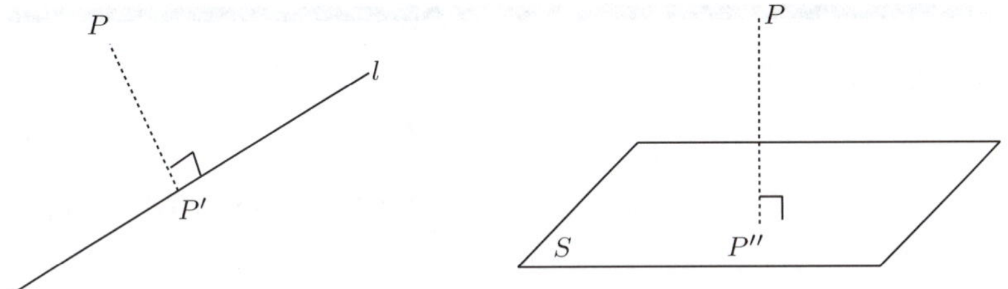

図 4.4　点の直線と平面への正射影

平面または空間において，ベクトル $\boldsymbol{a}$ の始点 P と終点 Q の直線 l 上への正射影をそれぞれ P' と Q' とするとき，ベクトル $\boldsymbol{a}'=\overrightarrow{P'Q'}$ を $\boldsymbol{a}$ の直線 l 上への正射影 という．また，空間において始点 P と終点 Q の平面 S への正射影をそれぞれ P'' と Q'' とするとき，ベクトル $\boldsymbol{a}''=\overrightarrow{P''Q''}$ を $\boldsymbol{a}$ の平面 S 上への正射影 という．

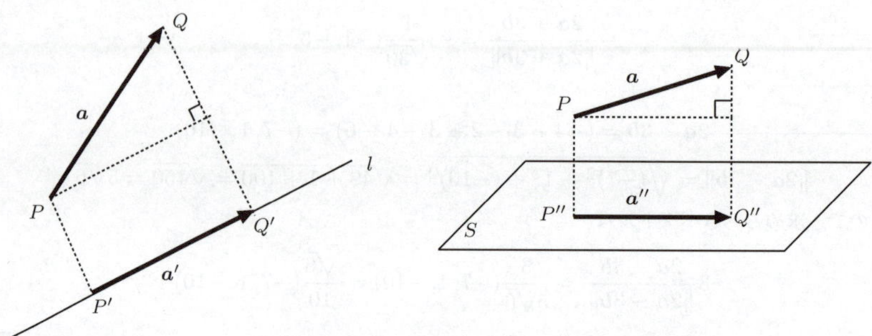

図 4.5　ベクトルの直線と平面への正射影

4.6 内積

図形を計量するには，線分の長さ（ベクトルの大きさ）や角度（ベクトルのなす角）が必要で，そのもととなるのが内積である．

▶[内積の表記]
ベクトルの内積は $\boldsymbol{a}\cdot\boldsymbol{b}$ や $(\boldsymbol{a},\boldsymbol{b})$ などと表されるが，$(\boldsymbol{a},\boldsymbol{b})$ は平面あるいは空間ベクトルの成分表示 (a_x, a_y), (a_x, a_y, a_z) と混同する恐れがあるので，特に，平面ベクトルや空間ベクトルを考える場合は，$\boldsymbol{a}\cdot\boldsymbol{b}$ を使うことが多い．一方で，$\boldsymbol{a}\cdot\boldsymbol{b}$ は $\boldsymbol{ab}$ と誤記される恐れもある．本書では，後に一般的なベクトルを扱うし，$\boldsymbol{ab}$ と誤記される恐れを避けるため，内積を $(\boldsymbol{a},\boldsymbol{b})$ と表す．

定義 4.1（内積）
平面あるいは空間にある 2 つのベクトル $\boldsymbol{a} \neq \boldsymbol{0}$, $\boldsymbol{b} \neq \boldsymbol{0}$ のなす角を $\theta(0 \leqq \theta \leqq \pi)$ とするとき，

$$(\boldsymbol{a},\boldsymbol{b}) = \begin{cases} \|\boldsymbol{a}\|\|\boldsymbol{b}\|\cos\theta & (\boldsymbol{a} \neq \boldsymbol{0} \text{ かつ } \boldsymbol{b} \neq \boldsymbol{0}) \\ 0 & (\boldsymbol{a} = \boldsymbol{0} \text{ または } \boldsymbol{b} = \boldsymbol{0}) \end{cases} \tag{4.4}$$

を $\boldsymbol{a}$ と $\boldsymbol{b}$ の内積（ないせき）(inner product) といい，左辺の記号または $\boldsymbol{a}\cdot\boldsymbol{b}$ で表す．

$|\cos\theta| \leqq 1$ なので，

$$|(\boldsymbol{a},\boldsymbol{b})| \leqq \|\boldsymbol{a}\|\|\boldsymbol{b}\| \tag{4.5}$$

が成り立つ．この不等式をシュワルツの不等式 (Schwarz inequality, Cauchy-Schwarz inequality) という．

▶[内積と正射影]

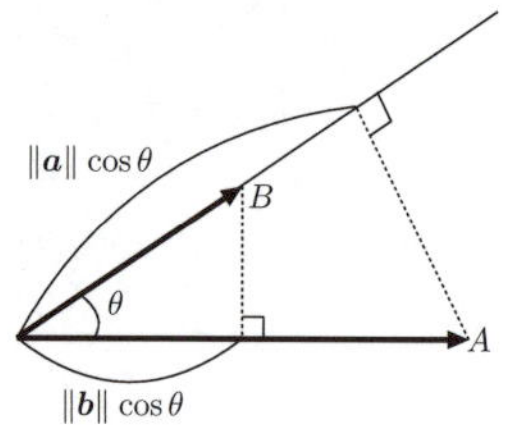

また，(4.4) より，

$$(\boldsymbol{a},\boldsymbol{b}) = \|\boldsymbol{a}\|(\|\boldsymbol{b}\|\cos\theta) = \|\boldsymbol{b}\|(\|\boldsymbol{a}\|\cos\theta)$$

なので，内積 $(\boldsymbol{a},\boldsymbol{b})$ は「$\|\boldsymbol{a}\|$ と $\boldsymbol{b}$ の $\boldsymbol{a}$ 上への正射影の積」に等しく，また「$\|\boldsymbol{b}\|$ と $\boldsymbol{a}$ の $\boldsymbol{b}$ 上への正射影の積」に等しい．なお，$\boldsymbol{b}$ の $\boldsymbol{a}$ への正射影は

$$(\|\boldsymbol{b}\|\cos\theta)\frac{\boldsymbol{a}}{\|\boldsymbol{a}\|} = \frac{\|\boldsymbol{a}\|\|\boldsymbol{b}\|\cos\theta}{\|\boldsymbol{a}\|^2}\boldsymbol{a} = \frac{(\boldsymbol{a},\boldsymbol{b})}{\|\boldsymbol{a}\|^2}\boldsymbol{a}$$

であり，同様に $\boldsymbol{a}$ の $\boldsymbol{b}$ への正射影は $\dfrac{(\boldsymbol{a},\boldsymbol{b})}{\|\boldsymbol{b}\|^2}\boldsymbol{b}$ である．

定理 4.3（内積の成分表示）

平面ベクトル $\boldsymbol{a} = (a_x, a_y)$, $\boldsymbol{b} = (b_x, b_y)$ に対して，

$$(\boldsymbol{a}, \boldsymbol{b}) = a_x b_x + a_y b_y \tag{4.6}$$

が成り立つ．また，空間ベクトル $\boldsymbol{a} = (a_x, a_y, a_z)$, $\boldsymbol{b} = (b_x, b_y, b_z)$ に対して，次式が成り立つ．

$$(\boldsymbol{a}, \boldsymbol{b}) = a_x b_x + a_y b_y + a_z b_z \tag{4.7}$$

▶［三角形とベクトルの関係］

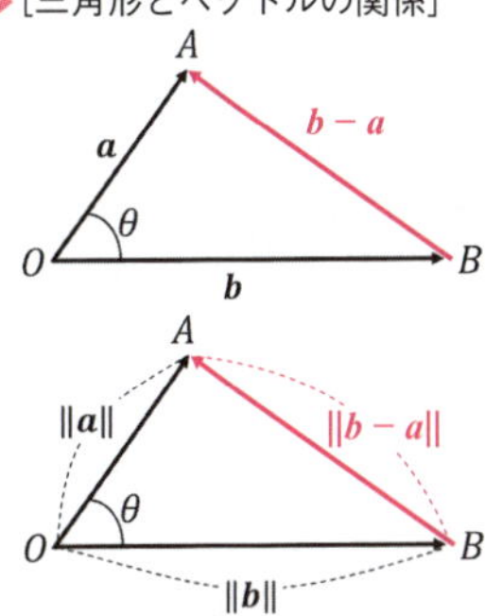

（証明）
(4.7) のみを示す．(4.6) を示すには，(4.7) において $a_z = 0,\ b_z = 0$ とすればよい．
$\boldsymbol{a} = \overrightarrow{OA} = (a_x, a_y, a_z)$, $\boldsymbol{b} = \overrightarrow{OB} = (b_x, b_y, b_z)$ のとき，$\boldsymbol{a}$ と $\boldsymbol{b}$ のなす角を θ として $\triangle OAB$ において余弦定理を使えば，

$$\|\boldsymbol{b} - \boldsymbol{a}\|^2 = \|\boldsymbol{a}\|^2 + \|\boldsymbol{b}\|^2 - 2\|\boldsymbol{a}\|\|\boldsymbol{b}\|\cos\theta$$

となる．さらに，これを成分で表せば，

$$\begin{aligned}(b_x - a_x)^2 &+ (b_y - a_y)^2 + (b_z - a_z)^2 \\ &= (a_x^2 + a_y^2 + a_z^2) + (b_x^2 + b_y^2 + b_z^2) - 2(\boldsymbol{a}, \boldsymbol{b})\end{aligned}$$

なので，これを計算して整理すれば，$(\boldsymbol{a}, \boldsymbol{b}) = a_x b_x + a_y b_y + a_z b_z$ ■

定理 4.4（内積の性質）

平面ベクトルあるいは空間ベクトル $\boldsymbol{a}, \boldsymbol{b}, \boldsymbol{c}$ と任意の実数 α について次が成り立つ．

(1) $(\boldsymbol{a}, \boldsymbol{b}) = (\boldsymbol{b}, \boldsymbol{a})$　　（交換法則）

(2) $(\boldsymbol{a} + \boldsymbol{b}, \boldsymbol{c}) = (\boldsymbol{a}, \boldsymbol{c}) + (\boldsymbol{b}, \boldsymbol{c})$　　（分配法則）

(3) $(\alpha\boldsymbol{a}, \boldsymbol{b}) = (\boldsymbol{a}, \alpha\boldsymbol{b}) = \alpha(\boldsymbol{a}, \boldsymbol{b})$

(4) $(\boldsymbol{a}, \boldsymbol{a}) \geqq 0$ であり，$(\boldsymbol{a}, \boldsymbol{a}) = 0$ は $\boldsymbol{a} = \boldsymbol{0}$ のときに限る．

なお，(2) と (3) をまとめて**内積の線形性 (linearity of the inner product)** という．

▶【アクティブ・ラーニング】
定理 4.3 を使って，定理 4.4 を証明しよう．そして，それをお互いに説明し合って確認しよう．

（証明）
(4.6), (4.7) を使えば容易に証明できる． ■

▶［垂直と平行を表す記号］
2 つのベクトル $\boldsymbol{a}$ と $\boldsymbol{b}$ が垂直（なす角が直角）であるとき $\boldsymbol{a} \perp \boldsymbol{b}$ と表し，$\boldsymbol{a}$ と $\boldsymbol{b}$ が平行であるとき $\boldsymbol{a} /\!/ \boldsymbol{b}$ と表す．

定理 4.5（ベクトルの大きさ・垂直・平行）

平面ベクトルあるいは空間ベクトル $\boldsymbol{a}, \boldsymbol{b}$ および実数 k について次が成り立つ．

(1) $\|\boldsymbol{a}\| = \sqrt{(\boldsymbol{a}, \boldsymbol{a})}$　　(2) $\|k\boldsymbol{a}\| = |k|\|\boldsymbol{a}\|$

(3) $\boldsymbol{a} \neq \boldsymbol{0},\ \boldsymbol{b} \neq \boldsymbol{0}$ のとき，

$$\boldsymbol{a} \perp \boldsymbol{b} \iff (\boldsymbol{a}, \boldsymbol{b}) = 0$$

$$\boldsymbol{a} /\!/ \boldsymbol{b} \iff (\boldsymbol{a}, \boldsymbol{b}) = \pm\|\boldsymbol{a}\|\|\boldsymbol{b}\|$$

(証明)
(1)(2) (4.6),(4.7) に直接代入すればよい.
(3) $\boldsymbol{a}$ と $\boldsymbol{b}$ のなす角を θ とすれば,

$$\boldsymbol{a} \perp \boldsymbol{b} \iff \theta = \frac{\pi}{2} \iff \cos\theta = 0 \iff (\boldsymbol{a}, \boldsymbol{b}) = 0$$

$$\begin{aligned}\boldsymbol{a} /\!/ \boldsymbol{b} &\iff \theta = 0 \text{ または } \theta = \pi \\ &\iff \cos\theta = 1 \text{ または } \cos\theta = -1 \\ &\iff (\boldsymbol{a}, \boldsymbol{b}) = \|\boldsymbol{a}\|\|\boldsymbol{b}\| \text{ または } (\boldsymbol{a}, \boldsymbol{b}) = -\|\boldsymbol{a}\|\|\boldsymbol{b}\|\end{aligned}$$

■

例題4.3（交角の余弦の計算）
$\boldsymbol{a} = (3, 6, -2)$ と $\boldsymbol{b} = (4, -2, 4)$ のなす角を θ とするとき，$\cos\theta$ の値を求めよ.

(解答)

$$\|\boldsymbol{a}\| = \sqrt{3^2 + 6^2 + (-2)^2} = \sqrt{49} = 7, \|\boldsymbol{b}\| = \sqrt{4^2 + (-2)^2 + 4^2} = \sqrt{36} = 6,$$
$$(\boldsymbol{a}, \boldsymbol{b}) = 3 \cdot 4 + 6 \cdot (-2) + (-2) \cdot 4 = -8$$

なので,

$$\cos\theta = \frac{(\boldsymbol{a}, \boldsymbol{b})}{\|\boldsymbol{a}\|\|\boldsymbol{b}\|} = -\frac{8}{42} = -\frac{4}{21}$$

■

▶【アクティブ・ラーニング】
例題 4.3, 例題 4.4 の類題を自分で作り，それを他の人に紹介し，お互いに解いてみよう．そして，その問題のうち，自分たちにとって一番良い問題を選び，その理由を説明しよう.

例題4.4（ベクトルの直交，正射影）
$\boldsymbol{a} = (2, k, 1)$ の $\boldsymbol{b} = (3, -2, 4)$ への正射影の大きさを求めよ．また，$\boldsymbol{a}$ と $\boldsymbol{b}$ とが垂直となるように k の値を定めよ.

(解答)
$(\boldsymbol{a}, \boldsymbol{b}) = 6 - 2k + 4 = 10 - 2k$ より，$\boldsymbol{a}$ の $\boldsymbol{b}$ への正射影の大きさは

$$\left\| \frac{(\boldsymbol{a}, \boldsymbol{b})}{\|\boldsymbol{b}\|^2} \boldsymbol{b} \right\| = \frac{|(\boldsymbol{a}, \boldsymbol{b})|}{\|\boldsymbol{b}\|^2} \|\boldsymbol{b}\| = \frac{|(\boldsymbol{a}, \boldsymbol{b})|}{\|\boldsymbol{b}\|} = \frac{|10 - 2k|}{\sqrt{9 + 4 + 16}} = \frac{|10 - 2k|}{\sqrt{29}}$$

また，$\boldsymbol{a}$ と $\boldsymbol{b}$ が垂直となるには $(\boldsymbol{a}, \boldsymbol{b}) = 0$ であればよいので,

$$10 - 2k = 0 \Longrightarrow k = 5$$

■

[問] 4.3　定理 4.5 を使って，$\boldsymbol{a} = (-1, 6)$, $\boldsymbol{b} = (3, t)$ が平行になるように，t の値を定めよ.

[問] 4.4　$\boldsymbol{a} = (-2, 1, -4)$, $\boldsymbol{b} = (3, -2, 1)$ のとき，次のものを求めよ.

(1) $(\boldsymbol{a}, \boldsymbol{b})$, $\|\boldsymbol{a}\|$, $\|\boldsymbol{b}\|$, $(2\boldsymbol{a} - 3\boldsymbol{b}, 4\boldsymbol{a} + 3\boldsymbol{b})$
(2) $2\boldsymbol{a} + 3\boldsymbol{b}$ と平行な大きさが 2 のベクトル
(3) $\boldsymbol{a}, \boldsymbol{b}$ のなす角

[問] 4.5 次の問に答えよ.

(1) $\boldsymbol{a}=(k^2,-1,-5)$ と $\boldsymbol{b}=(1,-6,k)$ が垂直になるように実数 k を定めよ.
(2) $\boldsymbol{a}=(2,1,3)$, $\boldsymbol{b}=(-3,2,-1)$ のなす角を求めよ.
(3) $\boldsymbol{a}=(-1,2,3)$, $\boldsymbol{b}=(1,5,4)$ のなす角を求めよ.

4.7 直線と平面の方程式

ここでは, ベクトルの応用として, 平面と直線の方程式を導こう.

定理 4.6（平面と直線の方程式）
座標空間において, 点 $A(x_0,y_0,z_0)$ を通り, 空間ベクトル $\boldsymbol{n}=(a,b,c)$ に垂直な平面の方程式は

$$a(x-x_0)+b(y-y_0)+c(z-z_0)=0 \tag{4.8}$$

であり, 点 A を通り $\boldsymbol{n}$ に平行な直線の方程式は

$$\frac{x-x_0}{a}=\frac{y-y_0}{b}=\frac{z-z_0}{c} \tag{4.9}$$

（証明）
平面 π 上の固定された任意の点を $A(x_0,y_0,z_0)$ とし, π に垂直なベクトルを $\boldsymbol{n}=(a,b,c)$ とする. このとき, π 上の任意の点を $P(x,y,z)$ とすると $\overrightarrow{AP}=(x-x_0,y-y_0,z-z_0)$ と $\boldsymbol{n}$ は直交するので,

$$(\overrightarrow{AP},\boldsymbol{n})=a(x-x_0)+b(y-y_0)+c(z-z_0)=0$$

である. これが, 点 A を通り, $\boldsymbol{n}$ に平行な平面 π の方程式である. なお, 平面 π に垂直なベクトル $\boldsymbol{n}$ を法線ベクトル(ほうせんべくとる)(normal vector) という.

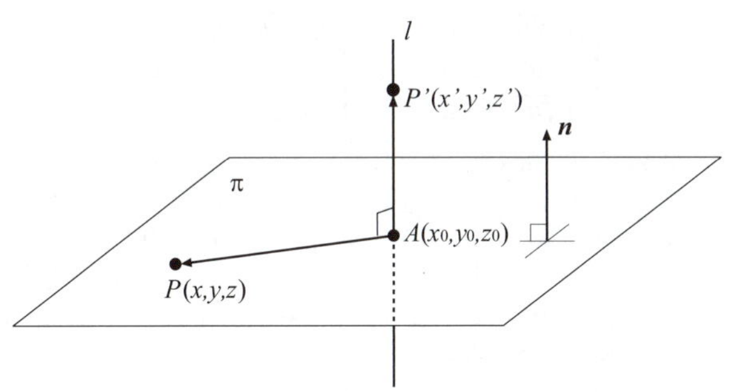

また, 点 A を通り $\boldsymbol{n}$ に平行な直線 l 上の任意の点を $P'(x',y',z')$ とすると, $\overrightarrow{AP'}=t\boldsymbol{n}$（$t$ は 0 でない実数）なので,

$$(x'-x_0,y'-y_0,z'-z_0)=t(a,b,c)$$

である. よって,

$$x'-x_0=ta,\quad y'-y_0=tb,\quad z'-z_0=tc \tag{4.10}$$

で, $a\neq0, b\neq0, c\neq0$ のときは,

$$t=\frac{x'-x_0}{a}=\frac{y'-y_0}{b}=\frac{z'-z_0}{c}$$

である. P' は任意なので (x',y',z') をあらためて (x,y,z) と表示すれば,

▶[空間における平面の内積表示]
$\boldsymbol{x}=(x,y,z)$, $\boldsymbol{x}_0=(x_0,y_0,z_0)$ とすれば, (4.8) は

$$(\boldsymbol{n},\boldsymbol{x}-\boldsymbol{x}_0)=0$$

と表せる.

▶[空間における直線の媒介変数表示]
(4.10) より, (4.9) は

$$x=x_0+ta,$$
$$y=y_0+tb,$$
$$z=z_0+tc$$

と表せる. これを, 直線の媒介変数方程式(ばいかいへんすうほうていしき)(parametric equation) あるいはパラメータ方程式 といい, t を媒介変数(ばいかいへんすう)(parameter) あるいはパラメータ という.

$$\frac{x-x_0}{a}=\frac{y-y_0}{b}=\frac{z-z_0}{c}$$

である．これが点 A を通り $\boldsymbol{n}$ に平行な直線の方程式である．
なお，ベクトル $\boldsymbol{n}=(a,b,c)$ は直線の方向を表しているので，これを方向ベクトル(direction vector) という． ■

【注意】(4.9) において $a=0$ のときは，$x-x_0=0$ と解釈する．これは，(4.10) において $a=0$ とおいたことに相当する．$b=0$, $c=0$ の場合も同様に考える．

空間では平面と直線の方程式が考えられるが，平面では直線の方程式しか考えられない．定理 4.6 において，$c=0$ とすれば次が得られる．

系 4.1（平面上の直線の方程式）
座標平面において，点 $A(x_0,y_0)$ を通り，平面ベクトル $\boldsymbol{n}=(a,b)$ に垂直な直線の方程式は

$$a(x-x_0)+b(y-y_0)=0 \tag{4.11}$$

であり，点 A を通り $\boldsymbol{n}$ に平行な直線の方程式は

$$\frac{x-x_0}{a}=\frac{y-y_0}{b} \tag{4.12}$$

▶[平面における直線の内積表示]
$\boldsymbol{x}=(x,y)$, $\boldsymbol{x}_0=(x_0,y_0)$ とすれば，(4.11) は

$$(\boldsymbol{n},\boldsymbol{x}-\boldsymbol{x}_0)=0$$

と表せる．

▶[平面における直線の媒介変数表示]
(4.10) において $z-z_0=0$ とすれば，(4.12) は

$$x=x_0+ta,$$
$$y=y_0+tb,$$

と表せることが分かる．

例題 4.5（空間における平面と直線の方程式）
3 点 $A(0,1,2)$, $B(3,0,-1)$, $C(4,0,1)$ を通る平面 π の方程式および点 B を通り π に垂直な直線 l の方程式を求めよ．

（解答）
$\overrightarrow{AB}=(3,-1,-3)$, $\overrightarrow{AC}=(4,-1,-1)$, $\overrightarrow{BC}=(1,0,2)$ なので，π の法線ベクトルを $\boldsymbol{n}=(a,b,c)$ とすると，

$$\begin{cases}\boldsymbol{n}\cdot\overrightarrow{AB}&=0\\ \boldsymbol{n}\cdot\overrightarrow{AC}&=0\\ \boldsymbol{n}\cdot\overrightarrow{BC}&=0\end{cases}\iff\begin{cases}3a-b-3c&=0\\ 4a-b-c&=0\\ a+2c&=0\end{cases}$$

である．これらを掃き出し法で解くと，

$$\begin{bmatrix}3&-1&-3\\4&-1&-1\\1&0&2\end{bmatrix}\to\begin{bmatrix}1&0&2\\3&-1&-3\\4&-1&-1\end{bmatrix}\to\begin{bmatrix}1&0&2\\0&-1&-9\\0&-1&-9\end{bmatrix}\to\begin{bmatrix}1&0&2\\0&1&9\\0&0&0\end{bmatrix}$$

より，c は任意であり，$b=-9c$, $a=-2c$ である．そこで，$c=1$ とすれば，$a=-2$, $b=-9$ となるので，平面 π の方程式は

$$-2x-9(y-1)+(z-2)=0\Longrightarrow -2x-9y+z=-7$$

である．また，直線 l の方程式は，点 B を通ることに注意すれば，

$$\frac{x-3}{-2}=\frac{y}{-9}=\frac{z+1}{1}\Longrightarrow\frac{x-3}{2}=\frac{y}{9}=-(z+1)$$

■

【注意】$A(A_x,A_y,A_z)$, $B(B_x,B_y,B_z)$ とすると $\overrightarrow{AB}=(B_x-A_x,B_y-A_y,B_z-A_z)$ である．「終点から始点を引く」と覚える．

【注意】平面や直線の方程式を求めたら，点を代入して検算しよう．例えば，$C(4,0,1)$ を得られた平面の方程式 $-2x-9y+z=-7$ に代入すると，$-8-0+1=-7$ となる．右辺が -7 でなければ必ず間違いがある．

例題 4.6（平面における直線の方程式）
$A(2,6)$, $B(1,1)$, $C(3,4)$ とする．点 A を通り，直線 BC に垂直な直線の方程式を求めよ．

(解答)
$\boldsymbol{n} = \overrightarrow{BC} = (3-1, 4-1) = (2,3)$ とすれば，(4.11) より，$2(x-2)+3(y-6)=6$，つまり，$2x+3y-22=0$. ■

[問] 4.6　$A(1,5)$, $B(5,3)$ とする．線分 AB の垂直二等分線の方程式を求めよ．

[問] 4.7　3 点 $A(-3,4,-2)$, $B(1,1,-3)$, $C(2,0,-4)$ を通る平面 π の方程式および点 C を通り π に垂直な直線 l の方程式を求めよ．

[問] 4.8　次の問に答えよ．

(1) $A(1,-2,3)$ を平面 π 上の点とし，π に垂直なベクトルを $\boldsymbol{n}=(2,3,1)$ とする．このとき，平面 π の方程式を求めよ．また，点 A を通り，π に垂直な直線 l の方程式を求めよ．
(2) 2 点 $A(-2,1,-1)$, $B(1,3,2)$ を通る直線の方程式を求めよ．
(3) 平面 $2x-3y+z-2=0$ に平行で，点 $A(2,1,0)$ を通る平面の方程式を求めよ．
(4) 2 点 $A(1,1,1)$, $B(2,-1,3)$ を通り $\boldsymbol{p}=(-1,2,1)$ に平行な平面の方程式を求めよ．

▶【アクティブ・ラーニング】
例題 4.5,4.6 はすべて確実に解けるようになりましたか？解けていない問題があれば，それがどうすればできるようになりますか？何に気をつければいいですか？また，読者全員ができるようになるにはどうすればいいでしょうか？それを紙に書き出しましょう．そして，書き出した紙を周りの人と見せ合って，それをまとめてグループごとに発表しましょう．

4.8　平面上の一次変換

座標平面上の点を 2 次正方行列で移動させてみよう．

定義 4.2（一次変換）
座標平面上の点 $P(x,y)$ に対して，同じ平面上の点 $P'(x',y')$ がただ 1 つに定まるとき，この対応を座標平面上の変換(へんかん)(transformation) という．そして，座標平面上の変換 f が，a,b,c,d を定数として

$$\begin{bmatrix} x' \\ y' \end{bmatrix} = \begin{bmatrix} a & b \\ c & d \end{bmatrix} \begin{bmatrix} x \\ y \end{bmatrix} \tag{4.13}$$

で表されるとき，f を行列 $\begin{bmatrix} a & b \\ c & d \end{bmatrix}$ の表す一次変換(いちじへんかん)(linear transformation) あるいは線形変換(せんけいへんかん)(linear transformation) という．

【注意】 座標 (x,y) を列ベクトル $\begin{bmatrix} x \\ y \end{bmatrix}$ で表していることに注意．そうしないと，(4.13) の右辺の行列の積が定義できない．

▶[逆変換]
(4.13) において，$A = \begin{bmatrix} a & b \\ c & d \end{bmatrix}$ が正則行列のとき，$\begin{bmatrix} x \\ y \end{bmatrix} = A^{-1}\begin{bmatrix} x' \\ y' \end{bmatrix}$ で表される変換を f の逆変換 (inverse transformation) といい，f^{-1} と表す．一次変換 f によって点 P が点 P' に移動した場合，逆変換 f^{-1} は点 P' を点 P に移動させる変換である．

面積比と行列式の間には次の関係がある．

定理 4.7（面積比と行列式）
A を 2 次正方行列とし，$\boldsymbol{v}_1, \boldsymbol{v}_2$ を相異なる $\mathbf{0}$ でない任意の平面ベクトルとする．また，S を $\boldsymbol{v}_1$ と $\boldsymbol{v}_2$ を 2 辺とする平行四辺形の面積とし，$T(S)$ を $A\boldsymbol{v}_1, A\boldsymbol{v}_2$ を 2 辺とする平行四辺形の面積とする．このとき，

$$T(S) = |\det A| S$$

が成立する．

【注意】 ここでは，行列式を $|A|$ ではなく $\det A$ と表している．$|\det A|$ は行列式の絶対値である．

【注意】ここでは，平面ベクトル $\boldsymbol{v}$ を成分表示 $\boldsymbol{v} = (v_1, v_2)$ ではなく，列ベクトル $\boldsymbol{v} = \begin{bmatrix} v_1 \\ v_2 \end{bmatrix}$ として表していることに注意．そうしないと，行列 A とベクトル $\boldsymbol{v}$ の積 $A\boldsymbol{v}$ 定義できない．

▶【アクティブ・ラーニング】
例題 4.7 の類題を自分で作り，それを他の人に紹介し，お互いに解いてみよう．そして，その問題のうち，自分たちにとって一番良い問題を選び，その理由を説明しよう．

（証明）

まず，定理 3.1 より，任意の 2 つのベクトル $\boldsymbol{a} = \begin{bmatrix} a_1 \\ a_2 \end{bmatrix}$, $\boldsymbol{b} = \begin{bmatrix} b_1 \\ b_2 \end{bmatrix}$ を 2 辺とする平行四辺形の面積 S は $S = |a_1b_2 - b_1a_2|$ であることに注意する．
次に，$A = \begin{bmatrix} a & b \\ c & d \end{bmatrix}$ とし，$\boldsymbol{v}_1 = \begin{bmatrix} x \\ y \end{bmatrix}$, $\boldsymbol{v}_2 = \begin{bmatrix} u \\ v \end{bmatrix}$ とすると，

$$A\boldsymbol{v}_1 = \begin{bmatrix} ax+by \\ cx+dy \end{bmatrix}, \qquad A\boldsymbol{v}_2 = \begin{bmatrix} au+bv \\ cu+dv \end{bmatrix}$$

なので，

$$T(S) = |(ax+by)(cu+dv) - (cx+dy)(au+bv)| = |(ad-bc)(xv-yu)| = |\det A|S$$

である．■

定理 4.7 より，面積 $T(S)$ の面積 S に対する比 $T(S)/S$ が行列式の絶対値 $|\det A|$ であることが分かる．

例題 4.7（行列式と面積）

次の問に答えよ．

(1) 2 つのベクトル $\boldsymbol{v}_1 = \begin{bmatrix} 1 \\ 3 \end{bmatrix}$ と $\boldsymbol{v}_2 = \begin{bmatrix} -5 \\ 2 \end{bmatrix}$ を 2 辺とする平行四辺形の面積 S を求めよ．

(2) $A = \begin{bmatrix} 4 & 2 \\ -1 & -3 \end{bmatrix}$ とするとき，$A\boldsymbol{v}_1$ と $A\boldsymbol{v}_2$ を 2 辺とする平行四辺形の面積 $T(S)$ を求めよ．

（解答）
(1) $S = |1 \cdot 2 - 3 \cdot (-5)| = 2 + 15 = 17$
(2) $T(S) = |\det A|S = |-12+2| \cdot 17 = 170$ ■

[問] 4.9　次の行列 A とベクトル $\boldsymbol{v}_1$, $\boldsymbol{v}_2$ に対して，$A\boldsymbol{v}_1$ と $A\boldsymbol{v}_2$ を 2 辺とする平行四辺形の面積を求めよ．

(1) $A = \begin{bmatrix} -3 & -2 \\ 4 & -5 \end{bmatrix}$, $\boldsymbol{v}_1 = \begin{bmatrix} 1 \\ 3 \end{bmatrix}$, $\boldsymbol{v}_2 = \begin{bmatrix} 2 \\ -5 \end{bmatrix}$

(2) $A = \begin{bmatrix} -3 & 4 \\ 7 & -3 \end{bmatrix}$, $\boldsymbol{v}_1 = \begin{bmatrix} -2 \\ 4 \end{bmatrix}$, $\boldsymbol{v}_2 = \begin{bmatrix} 3 \\ 1 \end{bmatrix}$

(3) $A = \begin{bmatrix} 2 & -3 \\ -5 & 4 \end{bmatrix}$, $\boldsymbol{v}_1 = \begin{bmatrix} 2 \\ 3 \end{bmatrix}$, $\boldsymbol{v}_2 = \begin{bmatrix} -3 \\ 1 \end{bmatrix}$

ここでは，変換として「回転」と「鏡映」を考える．回転(かいてん)(rotation) とは与えられたベクトルを座標系の原点を中心に回転させる変換である．また，鏡映とは，鏡に映すように裏返す変換のことである．座標平面の場合，鏡映(きょうえい)(reflection) とは，平面上の原点を通る直線 l があるとき，与えられたベクトル $\boldsymbol{a}$ を直線 l と線対称の位置にあるベクトル $\boldsymbol{a}'$ に移動させる変換のことである．

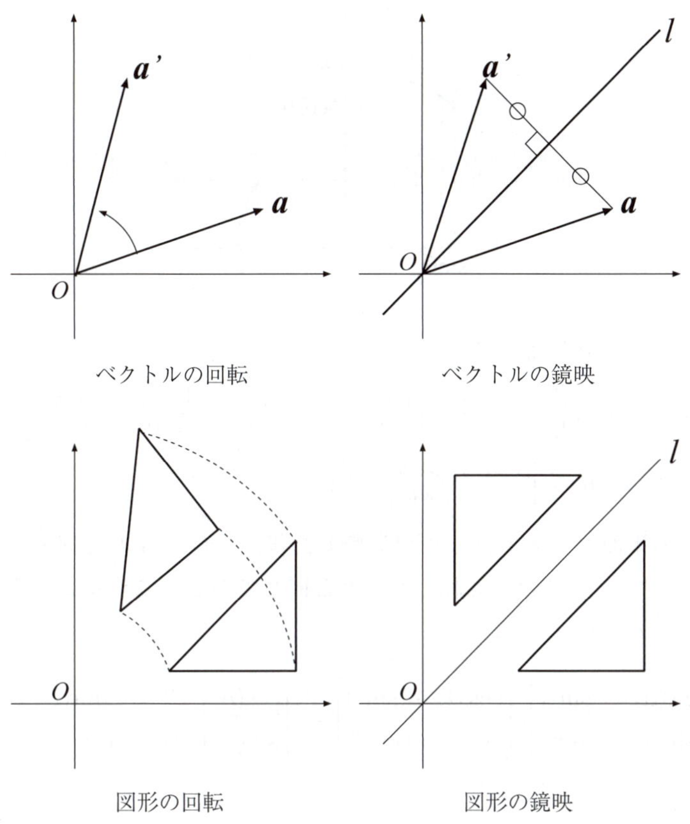

ベクトルの回転　ベクトルの鏡映

図形の回転　図形の鏡映

▶[回転の向き]
原点を中心として，反時計周りが正の方向，時計回りが負の方向である．

定理 4.8（回転移動）
平面上で，原点を中心として正の方向 (反時計回り) へ角 θ だけ回転する移動は

$$R_\theta = \begin{bmatrix} \cos\theta & -\sin\theta \\ \sin\theta & \cos\theta \end{bmatrix}$$

で与えられる．

すなわち，任意の平面ベクトル $\boldsymbol{a} = \begin{bmatrix} a \\ b \end{bmatrix}$ を原点を中心として正の方向に角度 θ だけ回転して得られるベクトルを $r_\theta(\boldsymbol{a})$ とするとき

$$r_\theta(\boldsymbol{a}) = \begin{bmatrix} \cos\theta & -\sin\theta \\ \sin\theta & \cos\theta \end{bmatrix} \begin{bmatrix} a \\ b \end{bmatrix}$$

が成り立つ．

(証明)
原点 O を中心とする角 θ の回転移動によって，$\begin{bmatrix} a \\ 0 \end{bmatrix}$ は $\begin{bmatrix} a\cos\theta \\ a\sin\theta \end{bmatrix}$ に移り，$\begin{bmatrix} 0 \\ b \end{bmatrix}$ は $\begin{bmatrix} b\cos\left(\theta + \frac{\pi}{2}\right) \\ b\sin\left(\theta + \frac{\pi}{2}\right) \end{bmatrix} = \begin{bmatrix} -b\sin\theta \\ b\cos\theta \end{bmatrix}$ に移ることに注意する．

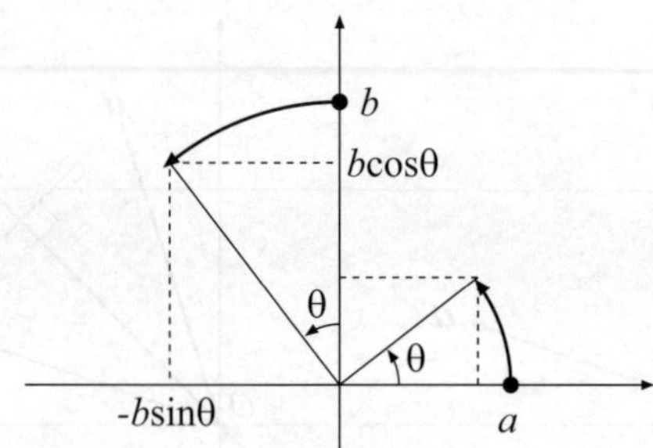

ここで，$\begin{bmatrix} a \\ b \end{bmatrix} = \begin{bmatrix} a \\ 0 \end{bmatrix} + \begin{bmatrix} 0 \\ b \end{bmatrix}$ であることに注意すると，

$$R_\theta \begin{bmatrix} a \\ b \end{bmatrix} = R_\theta \begin{bmatrix} a \\ 0 \end{bmatrix} + R_\theta \begin{bmatrix} 0 \\ b \end{bmatrix} = \begin{bmatrix} a\cos\theta \\ a\sin\theta \end{bmatrix} + \begin{bmatrix} -b\sin\theta \\ b\cos\theta \end{bmatrix} = \begin{bmatrix} \cos\theta & -\sin\theta \\ \sin\theta & \cos\theta \end{bmatrix} \begin{bmatrix} a \\ b \end{bmatrix}$$

を得る．よって，$R_\theta = \begin{bmatrix} \cos\theta & -\sin\theta \\ \sin\theta & \cos\theta \end{bmatrix}$ である． ■

任意の平面ベクトルを β だけ回転した後，さらに α だけ回転すると，結果として $\alpha+\beta$ だけ回転したことと同じである．これを式で表すと，$R_\alpha R_\beta = R_{\alpha+\beta}$，つまり，

$$\begin{bmatrix} \cos\alpha & -\sin\alpha \\ \sin\alpha & \cos\alpha \end{bmatrix} \begin{bmatrix} \cos\beta & -\sin\beta \\ \sin\beta & \cos\beta \end{bmatrix} = \begin{bmatrix} \cos(\alpha+\beta) & -\sin(\alpha+\beta) \\ \sin(\alpha+\beta) & \cos(\alpha+\beta) \end{bmatrix}$$

であり，

$$\begin{aligned} &\begin{bmatrix} \cos\alpha\cos\beta - \sin\alpha\sin\beta & -\cos\alpha\sin\beta - \sin\alpha\cos\beta \\ \sin\alpha\cos\beta + \cos\alpha\sin\beta & -\sin\alpha\sin\beta + \cos\alpha\cos\beta \end{bmatrix} \\ &\quad = \begin{bmatrix} \cos(\alpha+\beta) & -\sin(\alpha+\beta) \\ \sin(\alpha+\beta) & \cos(\alpha+\beta) \end{bmatrix} \end{aligned}$$

が成り立つ．これより，加法定理

$$\begin{aligned} \cos(\alpha+\beta) &= \cos\alpha\cos\beta - \sin\alpha\sin\beta \\ \sin(\alpha+\beta) &= \sin\alpha\cos\beta + \cos\alpha\sin\beta \end{aligned}$$

が導かれる．

また，$R_0 = E_2$ なので，R_θ には逆行列が存在して

$$R_\theta R_{-\theta} = R_{-\theta} R_\theta = R_0 = E_2$$

より，$R_\theta^{-1} = R_{-\theta}$ であることが分かる．

例題 4.8（回転移動）

次の問に答えよ．

(1) 点 (x, y) を反時計回りの方向に $45°$ 回転した後の点を (X, Y) とする．このとき，X と Y を x と y で表せ．

(2) (2) と同じ条件下で，x と y を X と Y で表せ．

(3) $x^2 + xy + y^2 = \dfrac{3}{2}$ の表す図形が楕円であることを示せ．

（解答）

(1)

$$\begin{bmatrix} X \\ Y \end{bmatrix} = \begin{bmatrix} \cos\frac{\pi}{4} & -\sin\frac{\pi}{4} \\ \sin\frac{\pi}{4} & \cos\frac{\pi}{4} \end{bmatrix} \begin{bmatrix} x \\ y \end{bmatrix} = \frac{1}{\sqrt{2}} \begin{bmatrix} 1 & -1 \\ 1 & 1 \end{bmatrix} \begin{bmatrix} x \\ y \end{bmatrix} = \frac{1}{\sqrt{2}} \begin{bmatrix} x - y \\ x + y \end{bmatrix}$$

(2) $R_\theta^{-1} = R_{-\theta}$ に注意すれば，

$$\begin{bmatrix} x \\ y \end{bmatrix} = \begin{bmatrix} \cos\frac{\pi}{4} & -\sin\frac{\pi}{4} \\ \sin\frac{\pi}{4} & \cos\frac{\pi}{4} \end{bmatrix}^{-1} \begin{bmatrix} X \\ Y \end{bmatrix} = \begin{bmatrix} \cos\left(-\frac{\pi}{4}\right) & -\sin\left(-\frac{\pi}{4}\right) \\ \sin\left(-\frac{\pi}{4}\right) & \cos\left(-\frac{\pi}{4}\right) \end{bmatrix} \begin{bmatrix} X \\ Y \end{bmatrix}$$

$$= \frac{1}{\sqrt{2}} \begin{bmatrix} 1 & 1 \\ -1 & 1 \end{bmatrix} \begin{bmatrix} X \\ Y \end{bmatrix} = \frac{1}{\sqrt{2}} \begin{bmatrix} X + Y \\ -X + Y \end{bmatrix}$$

(4)

$$x^2 + xy + y^2 = \frac{3}{2} \Longrightarrow \frac{1}{2}(X+Y)^2 + \frac{1}{2}(X+Y)(-X+Y) + \frac{1}{2}(-X+Y)^2 = \frac{3}{2}$$

$$\Longrightarrow X^2 + 2XY + Y^2 + Y^2 - X^2 + X^2 - 2XY + Y^2 = 3 \Longrightarrow X^2 + 3Y^2 = 3$$

$$\Longrightarrow \frac{X^2}{(\sqrt{3})^2} + Y^2 = 1$$

これは，楕円の方程式である．

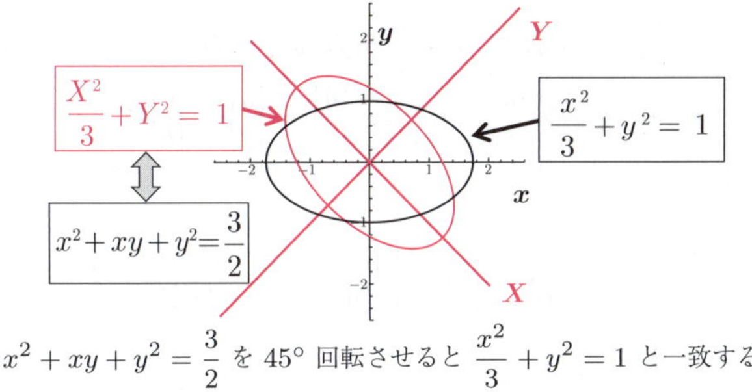

$x^2 + xy + y^2 = \dfrac{3}{2}$ を $45°$ 回転させると $\dfrac{x^2}{3} + y^2 = 1$ と一致する．

■

[問] 4.10 次の座標を求めよ．

(1) 点 $(1, 2)$ を原点まわりに正の方向へ $30°$ 回転させて得られる座標．
(2) 点 $(\sqrt{3}, \sqrt{2})$ を正の方向へ $120°$ 回転させて得られる座標．

[問] 4.11 次の曲線は，それぞれの回転によって，どのような曲線に移るか？

(1) $3x^2 - 2\sqrt{3}xy + y^2 - 8x - 8\sqrt{3}y = 0$ を原点の周りに $-60°$(時計周りに $60°$) 回転させる．
(2) $11x^2 + 10\sqrt{3}xy + y^2 = 16$ で表された曲線を原点のまわりに $-30°$ 回転させる．

▶【アクティブ・ラーニング】

例題 4.8 はすべて確実に解けるようになりましたか？解けていない問題があれば，それがどうすればできるようになりますか？何に気をつければいいですか？また，読者全員ができるようになるにはどうすればいいでしょうか？それを紙に書き出しましょう．そして，書き出した紙を周りの人と見せ合って，それをまとめてグループごとに発表しましょう．

▶[2 次曲線の標準形]

放物線(ほうぶつせん)の方程式

$y^2 = 4px \quad (p \neq 0)$

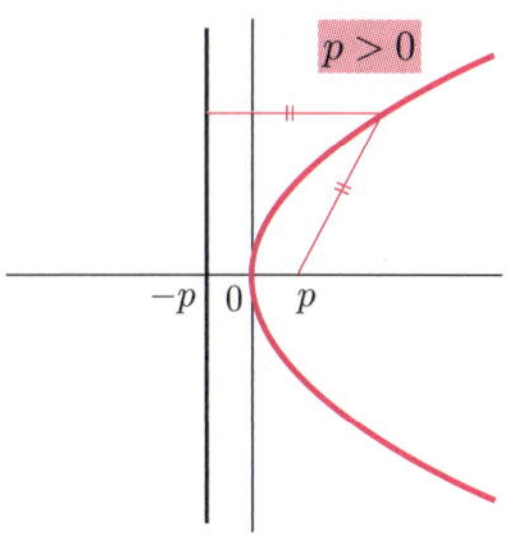

楕円(だえん)の方程式

$\dfrac{x^2}{a^2} + \dfrac{y^2}{b^2} = 1$

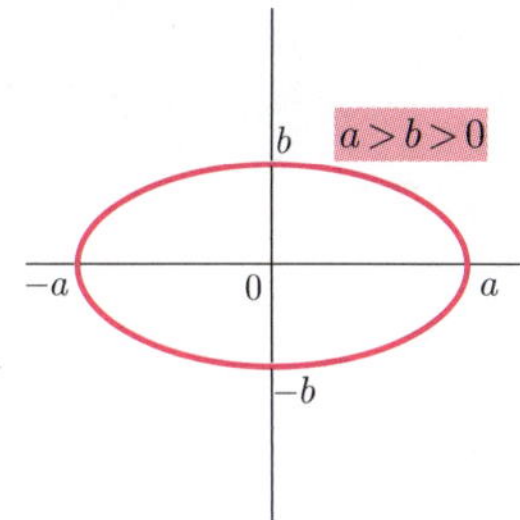

双曲線(そうきょくせん)の方程式

$\dfrac{x^2}{a^2} - \dfrac{y^2}{b^2} = 1$

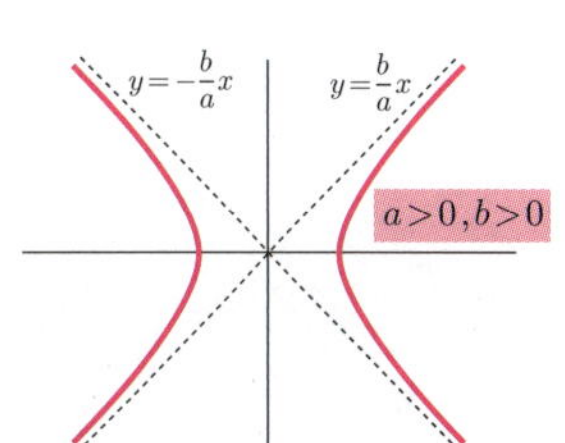

定理 4.9（対称移動）
平面において，原点を通る直線 l と x 軸とのなす角を θ とするとき，ベクトル $\boldsymbol{a}$ を直線 l と線対称の位置 $t_l(\boldsymbol{a})$ に移す行列 T_l，つまり，$t_l(\boldsymbol{a}) = T_l\boldsymbol{a}$ を満たす行列 T_l は次式で与えられる．

$$T_l = \begin{bmatrix} \cos 2\theta & \sin 2\theta \\ \sin 2\theta & -\cos 2\theta \end{bmatrix} \tag{4.14}$$

（証明）
任意の平面ベクトル $\boldsymbol{a}$ と直線 l についての鏡映 $t_l(\boldsymbol{a})$ を $-\theta$ だけ回転すると，$r_{-\theta}(\boldsymbol{a})$ と $r_{-\theta}(\mathrm{t}_l(\boldsymbol{a}))$ は x 軸に関して対称の位置にあるから，

$$t_{x\text{ 軸}}(r_{-\theta}(\boldsymbol{a})) = r_{-\theta}(t_l(\boldsymbol{a}))$$

となる．これを行列で表すと

$$T_{x\text{ 軸}}R_{-\theta} = R_{-\theta}T_l$$

である．

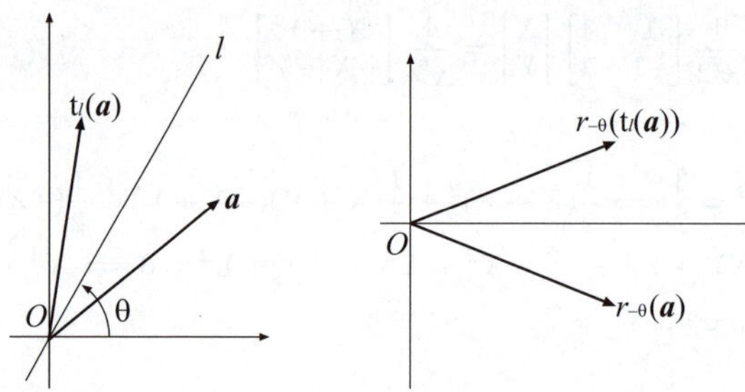

$R_{-\theta}$ は R_θ の逆行列だったので，

$$R_\theta T_{x\text{ 軸}}R_{-\theta} = R_\theta R_{-\theta}T_l = T_l$$

である．ここで，任意のベクトル $\begin{bmatrix} a \\ b \end{bmatrix}$ に対して，$\begin{bmatrix} a \\ b \end{bmatrix} = \begin{bmatrix} a \\ 0 \end{bmatrix} + \begin{bmatrix} 0 \\ b \end{bmatrix}$ であり，

$T_{x\text{ 軸}}\begin{bmatrix} a \\ 0 \end{bmatrix} = \begin{bmatrix} a \\ 0 \end{bmatrix}$，$T_{x\text{ 軸}}\begin{bmatrix} 0 \\ b \end{bmatrix} = \begin{bmatrix} 0 \\ -b \end{bmatrix}$ なので，

$$T_{x\text{ 軸}}\begin{bmatrix} a \\ b \end{bmatrix} = \begin{bmatrix} a \\ 0 \end{bmatrix} + \begin{bmatrix} 0 \\ -b \end{bmatrix} = \begin{bmatrix} 1 & 0 \\ 0 & -1 \end{bmatrix}\begin{bmatrix} a \\ b \end{bmatrix}$$

より，$T_{x\text{ 軸}} = \begin{bmatrix} 1 & 0 \\ 0 & -1 \end{bmatrix}$ である．
ゆえに，

$$\begin{aligned} T_l &= \begin{bmatrix} \cos\theta & -\sin\theta \\ \sin\theta & \cos\theta \end{bmatrix}\begin{bmatrix} 1 & 0 \\ 0 & -1 \end{bmatrix}\begin{bmatrix} \cos\theta & \sin\theta \\ -\sin\theta & \cos\theta \end{bmatrix} \\ &= \begin{bmatrix} \cos\theta & \sin\theta \\ \sin\theta & -\cos\theta \end{bmatrix}\begin{bmatrix} \cos\theta & \sin\theta \\ -\sin\theta & \cos\theta \end{bmatrix} = \begin{bmatrix} \cos^2\theta - \sin^2\theta & 2\sin\theta\cos\theta \\ 2\sin\theta\cos\theta & \sin^2\theta - \cos^2\theta \end{bmatrix} \\ &= \begin{bmatrix} \cos 2\theta & \sin 2\theta \\ \sin 2\theta & -\cos 2\theta \end{bmatrix} \end{aligned}$$

である． ■

なお，直線 l の傾きを m とすると，$m = \tan\theta$ なので，(4.14) は

$$T_l = \frac{1}{1+m^2}\begin{bmatrix} 1-m^2 & 2m \\ 2m & m^2-1 \end{bmatrix} \tag{4.15}$$

と表すこともできる．実際，$\cos\theta \neq 0$ のとき，

$$T_l = \begin{bmatrix} \cos 2\theta & \sin 2\theta \\ \sin 2\theta & -\cos 2\theta \end{bmatrix} = \begin{bmatrix} \cos^2\theta - \sin^2\theta & 2\sin\theta\cos\theta \\ 2\sin\theta\cos\theta & \sin^2\theta - \cos^2\theta \end{bmatrix}$$

$$= \cos^2\theta \begin{bmatrix} \frac{\cos^2\theta - \sin^2\theta}{\cos^2\theta} & 2\frac{\sin\theta}{\cos\theta} \\ 2\frac{\sin\theta}{\cos\theta} & -\frac{\cos^2\theta - \sin^2\theta}{\cos^2\theta} \end{bmatrix}$$

$$= \frac{1}{1+\tan^2\theta} \begin{bmatrix} 1-\tan^2\theta & 2\tan\theta \\ 2\tan\theta & \tan^2\theta - 1 \end{bmatrix}$$

$$= \frac{1}{1+m^2} \begin{bmatrix} 1-m^2 & 2m \\ 2m & m^2-1 \end{bmatrix}$$

である．

例題 4.9（点の対称移動）

点 $P(3,2)$ を直線 $l : x+y+1=0$ と線対称の位置に移した点 Q の座標を求めよ．

【注意】定理 4.9 が適用できるように直線 l を原点を通るように移動させる．

▶【アクティブ・ラーニング】
例題 4.9 の類題を自分で作り，それを他の人に紹介し，お互いに解いてみよう．そして，その問題のうち，自分たちにとって一番良い問題を選び，その理由を説明しよう．

（解答）
l は $y=-x-1$ であり，l と P を y の正方向へ 1 だけ移動させると，それぞれ $l' : y=-x$ と $P'(3,3)$ に移る．
また，P' の l' に関して線対称の位置にある点 $Q'(x', y')$ の座標は

$$\begin{bmatrix} x' \\ y' \end{bmatrix} = \frac{1}{1+(-1)^2} \begin{bmatrix} 1-(-1)^2 & 2\cdot(-1) \\ 2\cdot(-1) & (-1)^2-1 \end{bmatrix} \begin{bmatrix} 3 \\ 3 \end{bmatrix}$$

$$= \frac{1}{2} \begin{bmatrix} 0 & -2 \\ -2 & 0 \end{bmatrix} \begin{bmatrix} 3 \\ 3 \end{bmatrix} = \begin{bmatrix} -3 \\ -3 \end{bmatrix}$$

なので，これを y の負の方向へ 1 だけ移動させると，Q と一致する．したがって，Q の座標は $(-3, -3-1) = (-3, -4)$ である．

■

［問］4.12　次の座標を求めよ．

(1) 点 $(\sqrt{2}, 1)$ を直線 $y = \sqrt{2}x$ と線対称に移したときの座標．
(2) 点 $P(2,-3)$ を直線 $l : y = -2x+3$ と線対称の位置に移した点 Q の座標．

4.9　空間ベクトルの外積

空間ベクトル特有の概念として外積がある．なお，ここからは，空間ベクトルを成分ではなく，列ベクトルで表示する．

定義 4.3（外積）

空間ベクトル $\boldsymbol{a} = \begin{bmatrix} a_1 \\ a_2 \\ a_3 \end{bmatrix}, \boldsymbol{b} = \begin{bmatrix} b_1 \\ b_2 \\ b_3 \end{bmatrix}$ に対して，ベクトル

$$\boldsymbol{a} \times \boldsymbol{b} = \begin{bmatrix} a_2b_3 - a_3b_2 \\ a_3b_1 - a_1b_3 \\ a_1b_2 - a_2b_1 \end{bmatrix} \tag{4.16}$$

を $\boldsymbol{a}$ と $\boldsymbol{b}$ の外積(がいせき)(outer product, cross product, vector product, exterior product) という．

▶【アクティブ・ラーニング】
外積がどのような分野で活躍しているか各自で調べ，その情報をお互いに共有しよう．

外積の結果はベクトルなので，外積のことをベクトル積 (outer product, cross product, vector product, exterior product) と呼ぶことがある．また，外積は ×(cross) を使って表示されるので，英語では外積を cross product とも呼ぶことがある．特に，「内積はスカラー，外積は空間ベクトル」という点に注意してもらいたい．

一見すると，(4.16) は分かりづらいが，形式的に，第 1 行に関する余因子展開と基本ベクトル $\boldsymbol{e}_1, \boldsymbol{e}_2, \boldsymbol{e}_3$ を用いると，

$$\begin{aligned} \boldsymbol{a} \times \boldsymbol{b} &= \begin{vmatrix} \boldsymbol{e}_1 & \boldsymbol{e}_2 & \boldsymbol{e}_3 \\ a_1 & a_2 & a_3 \\ b_1 & b_2 & b_3 \end{vmatrix} = \begin{vmatrix} a_2 & a_3 \\ b_2 & b_3 \end{vmatrix} \boldsymbol{e}_1 - \begin{vmatrix} a_1 & a_3 \\ b_1 & b_3 \end{vmatrix} \boldsymbol{e}_2 + \begin{vmatrix} a_1 & a_2 \\ b_1 & b_2 \end{vmatrix} \boldsymbol{e}_3 \\ &= {}^t \begin{bmatrix} \begin{vmatrix} a_2 & a_3 \\ b_2 & b_3 \end{vmatrix} & \begin{vmatrix} a_3 & a_1 \\ b_3 & b_1 \end{vmatrix} & \begin{vmatrix} a_1 & a_2 \\ b_1 & b_2 \end{vmatrix} \end{bmatrix} \end{aligned} \tag{4.17}$$

と書ける．数学的には，このように行列の第 1 行のみにベクトル $\boldsymbol{e}_1, \boldsymbol{e}_2, \boldsymbol{e}_3$ を書くといったことは許されないので，これはあくまでも外積の計算を行うための手段だと考えよう．

この方法が気持ち悪くて嫌だ!，という人は，次のような図を描いて 2 次のサラスの計算法のように計算しても構わない．

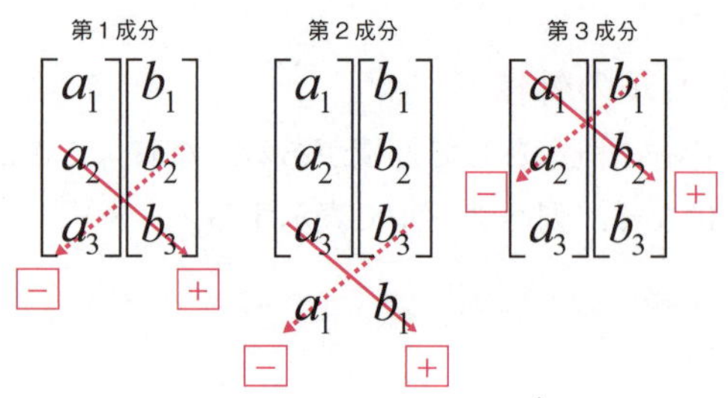

図 4.6　外積の計算法（第 i 成分を計算するときは，「第 i 成分以外をたすき掛け」と覚える）

定理 4.10（外積の性質）
空間ベクトル $\boldsymbol{a}_1, \boldsymbol{a}_2, \boldsymbol{a}, \boldsymbol{b}, \boldsymbol{b}_1, \boldsymbol{b}_2$ とスカラー x_1, x_2 について，次が成り立つ．

$$(\text{双線形性}) \begin{cases} (x_1\boldsymbol{a}_1 + x_2\boldsymbol{a}_2) \times \boldsymbol{b} = x_1(\boldsymbol{a}_1 \times \boldsymbol{b}) + x_2(\boldsymbol{a}_2 \times \boldsymbol{b}) \\ \boldsymbol{a} \times (x_1\boldsymbol{b}_1 + x_2\boldsymbol{b}_2) = x_1(\boldsymbol{a} \times \boldsymbol{b}_1) + x_2(\boldsymbol{a} \times \boldsymbol{b}_2) \end{cases}$$

(歪対称性) $\boldsymbol{a} \times \boldsymbol{b} = -(\boldsymbol{b} \times \boldsymbol{a})$ および $\boldsymbol{a} \times \boldsymbol{a} = \boldsymbol{0}$

(直交性) $(\boldsymbol{a} \times \boldsymbol{b}, \boldsymbol{a}) = (\boldsymbol{a} \times \boldsymbol{b}, \boldsymbol{b}) = 0$

（証明）

定義に基づいて計算すればよい．例えば，直交性の前半については $\boldsymbol{a} \times \boldsymbol{b} = \begin{bmatrix} a_2b_3 - a_3b_2 \\ a_3b_1 - a_1b_3 \\ a_1b_2 - a_2b_1 \end{bmatrix}$ より，

$$(\boldsymbol{a} \times \boldsymbol{b}, \boldsymbol{b}) = (a_2b_3 - a_3b_2)b_1 + (a_3b_1 - a_1b_3)b_2 + (a_1b_2 - a_2b_1)b_3 = 0$$

として証明する．

■

次に，外積と内積を使って，3 次正方行列の行列式が求められることを示そう．

定理 4.11（外積と 3 次行列の行列式）
3 つの空間ベクトル $\boldsymbol{a}, \boldsymbol{b}, \boldsymbol{c}$ について，次の等式が成立する．

$$(\boldsymbol{a} \times \boldsymbol{b}, \boldsymbol{c}) = (\boldsymbol{b} \times \boldsymbol{c}, \boldsymbol{a}) = (\boldsymbol{c} \times \boldsymbol{a}, \boldsymbol{b}) \tag{4.18}$$

また，$\boldsymbol{a}, \boldsymbol{b}, \boldsymbol{c}$ の中に等しいベクトルがある場合にはこの値は 0 である．さらに，これらの値は 3 次正方行列 $A = [\boldsymbol{a}\ \boldsymbol{b}\ \boldsymbol{c}]$ の行列式 $|A|$ に等しい．つまり，

$$|A| = (\boldsymbol{a} \times \boldsymbol{b}, \boldsymbol{c}) = (\boldsymbol{b} \times \boldsymbol{c}, \boldsymbol{a}) = (\boldsymbol{c} \times \boldsymbol{a}, \boldsymbol{b})$$

である．

▶［スカラー 3 重積］
(4.18) の $(\boldsymbol{a} \times \boldsymbol{b}, \boldsymbol{c})$ を $\boldsymbol{a}$, $\boldsymbol{b}$, $\boldsymbol{c}$ のスカラー 3 重積 (scalar triple product) という．

（証明）
$\boldsymbol{a} = \begin{bmatrix} a_{11} \\ a_{21} \\ a_{31} \end{bmatrix}, \boldsymbol{b} = \begin{bmatrix} a_{12} \\ a_{22} \\ a_{32} \end{bmatrix}, \boldsymbol{c} = \begin{bmatrix} a_{13} \\ a_{23} \\ a_{33} \end{bmatrix}$ とすると，$\boldsymbol{a} \times \boldsymbol{b} = \begin{bmatrix} a_{21}a_{32} - a_{31}a_{22} \\ a_{31}a_{12} - a_{11}a_{32} \\ a_{11}a_{22} - a_{21}a_{12} \end{bmatrix}$ なので，

$$\begin{aligned} (\boldsymbol{a} \times \boldsymbol{b}, \boldsymbol{c}) &= (a_{21}a_{32} - a_{31}a_{22})a_{13} + (a_{31}a_{12} - a_{11}a_{32})a_{23} + (a_{11}a_{22} - a_{21}a_{12})a_{33} \\ &= a_{11}a_{22}a_{33} + a_{12}a_{23}a_{31} + a_{13}a_{21}a_{32} - a_{11}a_{23}a_{32} - a_{12}a_{21}a_{33} - a_{13}a_{22}a_{31} \\ &= |A| \qquad (\text{定義 3.1 より}) \end{aligned}$$

である．また，行列式の性質 (系 3.1) より，$\boldsymbol{a}$, $\boldsymbol{b}$, $\boldsymbol{c}$ の中に等しいベクトルがある場合は，この値は 0 になる．
なお，$(\boldsymbol{b} \times \boldsymbol{c}, \boldsymbol{a})$, $(\boldsymbol{c} \times \boldsymbol{a}, \boldsymbol{b})$ の場合も同様に考えればよい．

ちなみに，$\boldsymbol{a} = \begin{bmatrix} a_1 \\ a_2 \\ a_3 \end{bmatrix}, \boldsymbol{b} = \begin{bmatrix} b_1 \\ b_2 \\ b_3 \end{bmatrix}, \boldsymbol{c} = \begin{bmatrix} c_1 \\ c_2 \\ c_3 \end{bmatrix}$ としたとき，(4.17) および定理 3.3 より，

$$(\boldsymbol{a} \times \boldsymbol{b}, \boldsymbol{c}) = \begin{vmatrix} a_1 & a_2 & a_3 \\ b_1 & b_2 & b_3 \\ c_1 & c_2 & c_3 \end{vmatrix} = \begin{vmatrix} a_1 & b_1 & c_1 \\ a_2 & b_2 & c_2 \\ a_3 & b_3 & c_3 \end{vmatrix}$$

▶［行列のベクトル表示］
$$A = \begin{bmatrix} a_{11} & a_{12} & a_{13} \\ a_{21} & a_{22} & a_{23} \\ a_{31} & a_{32} & a_{33} \end{bmatrix}$$
に対して，
$$\boldsymbol{a} = \begin{bmatrix} a_{11} \\ a_{21} \\ a_{31} \end{bmatrix}, \boldsymbol{b} = \begin{bmatrix} a_{12} \\ a_{22} \\ a_{32} \end{bmatrix},$$
$$\boldsymbol{c} = \begin{bmatrix} a_{13} \\ a_{23} \\ a_{33} \end{bmatrix}$$
として，行列 A を $A = [\boldsymbol{a}\ \boldsymbol{b}\ \boldsymbol{c}]$ と表す．これを A の列ベクトル表示 (column vector representation)

と表せることに注意せよ．このように表せば，行列式の性質を使って，(4.18) を導ける．■

外積を使って余因子行列が求められることを示そう．

定理 4.12（外積と 3 次行列の逆行列）
3 次実行列 $A = [\boldsymbol{a}\ \boldsymbol{b}\ \boldsymbol{c}]$ の余因子行列 $\widetilde{A}$ は，

$$\widetilde{A} = {}^t[\boldsymbol{b}\times\boldsymbol{c}\ \boldsymbol{c}\times\boldsymbol{a}\ \boldsymbol{a}\times\boldsymbol{b}]$$

で与えられる．

▶[内積と行列の積]

$\boldsymbol{a} = \begin{bmatrix} a_1 \\ a_2 \\ a_3 \end{bmatrix}$, $\boldsymbol{b} = \begin{bmatrix} b_1 \\ b_2 \\ b_3 \end{bmatrix}$ のとき，行列の積の定義より，

$$(\boldsymbol{a},\boldsymbol{b}) = a_1b_1 + a_2b_2 + a_3b_3 = [a_1\ a_2\ a_3]\begin{bmatrix} b_1 \\ b_2 \\ b_3 \end{bmatrix} = {}^t\boldsymbol{a}\boldsymbol{b}$$

（証明）
補題 3.4 より，

$$\widetilde{A}A = |A|E_3$$

なので，

$${}^t[\boldsymbol{b}\times\boldsymbol{c}\ \boldsymbol{c}\times\boldsymbol{a}\ \boldsymbol{a}\times\boldsymbol{b}]A = |A|E_3$$

となることを示せばよい．そこで，実際に左辺を計算すると，定理 4.11 より

$$\begin{aligned}
\text{左辺} &= \begin{bmatrix} {}^t(\boldsymbol{b}\times\boldsymbol{c}) \\ {}^t(\boldsymbol{c}\times\boldsymbol{a}) \\ {}^t(\boldsymbol{a}\times\boldsymbol{b}) \end{bmatrix}[\boldsymbol{a}\ \boldsymbol{b}\ \boldsymbol{c}] = \begin{bmatrix} (\boldsymbol{b}\times\boldsymbol{c},\boldsymbol{a}) & (\boldsymbol{b}\times\boldsymbol{c},\boldsymbol{b}) & (\boldsymbol{b}\times\boldsymbol{c},\boldsymbol{c}) \\ (\boldsymbol{c}\times\boldsymbol{a},\boldsymbol{a}) & (\boldsymbol{c}\times\boldsymbol{a},\boldsymbol{b}) & (\boldsymbol{c}\times\boldsymbol{a},\boldsymbol{c}) \\ (\boldsymbol{a}\times\boldsymbol{b},\boldsymbol{a}) & (\boldsymbol{a}\times\boldsymbol{b},\boldsymbol{b}) & (\boldsymbol{a}\times\boldsymbol{b},\boldsymbol{c}) \end{bmatrix} \\
&= \begin{bmatrix} (\boldsymbol{b}\times\boldsymbol{c},\boldsymbol{a}) & 0 & 0 \\ 0 & (\boldsymbol{c}\times\boldsymbol{a},\boldsymbol{b}) & 0 \\ 0 & 0 & (\boldsymbol{a}\times\boldsymbol{b},\boldsymbol{c}) \end{bmatrix} = \begin{bmatrix} |A| & 0 & 0 \\ 0 & |A| & 0 \\ 0 & 0 & |A| \end{bmatrix} \\
&= |A|E_3
\end{aligned}$$

となり，主張したい結果を得る．■

行列を $A = [\boldsymbol{a}_1\ \boldsymbol{a}_2\ \boldsymbol{a}_3]$ と表せば，$\widetilde{A} = {}^t[\boldsymbol{a}_2\times\boldsymbol{a}_3\ \boldsymbol{a}_3\times\boldsymbol{a}_1\ \boldsymbol{a}_1\times\boldsymbol{a}_2]$ となっているので，余因子行列 $\widetilde{A}$ を求める際には，第 j 列 $(j=1,2,3)$ に第 j 列を含んでいない外積を転置して並べばよい，ことが分かる．この際，第 1 行 ${}^t(\boldsymbol{a}_2\times\boldsymbol{a}_3)$ の次は ${}^t(\boldsymbol{a}_3\times\boldsymbol{a}_1)$，第 2 行 ${}^t(\boldsymbol{a}_3\times\boldsymbol{a}_1)$ の次は ${}^t(\boldsymbol{a}_1\times\boldsymbol{a}_2)$，第 3 行 ${}^t(\boldsymbol{a}_1\times\boldsymbol{a}_2)$ の次は第 1 行と考えて，${}^t(\boldsymbol{a}_2\times\boldsymbol{a}_3)$ といったように，各行の境目には同じベクトルがくる，と覚えておくとよい．

例題 4.10（外積と内積を利用した逆行列の計算）
$\boldsymbol{a} = \begin{bmatrix} -1 \\ -5 \\ 3 \end{bmatrix}$, $\boldsymbol{b} = \begin{bmatrix} 3 \\ 2 \\ 1 \end{bmatrix}$, $\boldsymbol{c} = \begin{bmatrix} -4 \\ 3 \\ 2 \end{bmatrix}$, $A = [\boldsymbol{a}\ \boldsymbol{b}\ \boldsymbol{c}]$ とするとき，次の問に答えよ．

(1) $\boldsymbol{a}\times\boldsymbol{b}$, $\boldsymbol{b}\times\boldsymbol{c}$, $\boldsymbol{c}\times\boldsymbol{a}$ を求めよ．

(2) $(3\boldsymbol{a}+\boldsymbol{b})\times(\boldsymbol{b}-2\boldsymbol{a})$ を求めよ．

(3) A の余因子行列 $\widetilde{A}$ を求めよ．

(4) 行列式 $|A|$ を外積を使って求めよ．

(5) 逆行列 A^{-1} を求めよ．

【注意】例題 4.10 では，(4.16) および図 4.6 に基づいて，外積を求めている．

▶【アクティブ・ラーニング】
例題 4.10 の類題を自分で作り，それを他の人に紹介し，お互いに解いてみよう．そして，その問題のうち，自分たちにとって一番良い問題を選び，その理由を説明しよう．

（解答）

(1)

$$\boldsymbol{a}\times\boldsymbol{b}=\begin{bmatrix}-1\\-5\\3\end{bmatrix}\times\begin{bmatrix}3\\2\\1\end{bmatrix}=\begin{bmatrix}-5-6\\9+1\\-2+15\end{bmatrix}=\begin{bmatrix}-11\\10\\13\end{bmatrix}$$

$$\boldsymbol{b}\times\boldsymbol{c}=\begin{bmatrix}3\\2\\1\end{bmatrix}\times\begin{bmatrix}-4\\3\\2\end{bmatrix}=\begin{bmatrix}4-3\\-4-6\\9+8\end{bmatrix}=\begin{bmatrix}1\\-10\\17\end{bmatrix}$$

$$\boldsymbol{c}\times\boldsymbol{a}=\begin{bmatrix}-4\\3\\2\end{bmatrix}\times\begin{bmatrix}-1\\-5\\3\end{bmatrix}=\begin{bmatrix}9+10\\-2+12\\20+3\end{bmatrix}=\begin{bmatrix}19\\10\\23\end{bmatrix}$$

(2) $(3\boldsymbol{a}+\boldsymbol{b})\times(\boldsymbol{b}-2\boldsymbol{a})=3(\boldsymbol{a}\times\boldsymbol{b})-6(\boldsymbol{a}\times\boldsymbol{a})+\boldsymbol{b}\times\boldsymbol{b}-2(\boldsymbol{b}\times\boldsymbol{a})=5(\boldsymbol{a}\times\boldsymbol{b})=\begin{bmatrix}-55\\50\\65\end{bmatrix}$

(3) $\widetilde{A}={}^t[\boldsymbol{b}\times\boldsymbol{c}\ \boldsymbol{c}\times\boldsymbol{a}\ \boldsymbol{a}\times\boldsymbol{b}]=\begin{bmatrix}1&-10&17\\19&10&23\\-11&10&13\end{bmatrix}$

(4) $|A|=(\boldsymbol{a}\times\boldsymbol{b},\boldsymbol{c})=[-11\ 10\ 13]\begin{bmatrix}-4\\3\\2\end{bmatrix}=44+30+26=100$

(5) $A^{-1}=\dfrac{1}{100}\begin{bmatrix}1&-10&17\\19&10&23\\-11&10&13\end{bmatrix}$

■

[問] 4.13　次の問に答えよ．

(1) 空間ベクトル $\boldsymbol{a}$, $\boldsymbol{b}$ に対して，$(\boldsymbol{a}+\boldsymbol{b})\times(2\boldsymbol{a}-\boldsymbol{b})=\alpha(\boldsymbol{a}\times\boldsymbol{b})$ を満たす定数 α を求めよ．
(2) 3 つの空間ベクトル $\boldsymbol{a}$, $\boldsymbol{b}$, $\boldsymbol{c}$ が $\boldsymbol{a}+\boldsymbol{b}+\boldsymbol{c}=\boldsymbol{0}$ を満たすとき，等式 $\boldsymbol{a}\times\boldsymbol{b}=\boldsymbol{b}\times\boldsymbol{c}=\boldsymbol{c}\times\boldsymbol{a}$ が成り立つことを示せ．

[問] 4.14　次の $\boldsymbol{a}$, $\boldsymbol{b}$, $\boldsymbol{c}$, A に対して，外積 $\boldsymbol{a}\times\boldsymbol{b}$, $\boldsymbol{b}\times\boldsymbol{c}$, $\boldsymbol{c}\times\boldsymbol{a}$, 行列式 $|A|$，余因子行列 $\widetilde{A}$ および逆行列 A^{-1} を求めよ．

(1) $\boldsymbol{a}=\begin{bmatrix}1\\1\\1\end{bmatrix}$, $\boldsymbol{b}=\begin{bmatrix}2\\-1\\3\end{bmatrix}$, $\boldsymbol{c}=\begin{bmatrix}4\\1\\5\end{bmatrix}$, $A=[\boldsymbol{b}\ \boldsymbol{c}\ \boldsymbol{a}]$

(2) $\boldsymbol{a}=\begin{bmatrix}1\\-2\\1\end{bmatrix}$, $\boldsymbol{b}=\begin{bmatrix}0\\2\\1\end{bmatrix}$, $\boldsymbol{c}=\begin{bmatrix}5\\3\\0\end{bmatrix}$, $A=[\boldsymbol{a}\ \boldsymbol{c}\ \boldsymbol{b}]$

外積の図形的な意味を考えよう．

定理 4.13（外積の向きと大きさ）
$\boldsymbol{0}$ でない 2 つの空間ベクトルを $\boldsymbol{a}$, $\boldsymbol{b}$ とし，これらがなす角を $\theta(0\leqq\theta\leqq\pi)$ とするとき，次が成り立つ．

(1) $\boldsymbol{a}\neq\boldsymbol{b}$ ならば，外積 $\boldsymbol{a}\times\boldsymbol{b}$ は $\boldsymbol{a}$ と $\boldsymbol{b}$ に垂直である．
(2) $\|\boldsymbol{a}\times\boldsymbol{b}\|$ は，$\boldsymbol{a}$ と $\boldsymbol{b}$ を 2 辺とする平行四辺形の面積に等しい．つまり，次式が成り立つ．

$$\|\boldsymbol{a} \times \boldsymbol{b}\| = \|\boldsymbol{a}\|\|\boldsymbol{b}\| \sin\theta$$

(3) $\boldsymbol{a}$ と $\boldsymbol{b}$ が平行であるための必要十分条件は $\boldsymbol{a} \times \boldsymbol{b} = \boldsymbol{0}$ となることである．

(4) 3 重積 $(\boldsymbol{a} \times \boldsymbol{b}, \boldsymbol{c})$ の絶対値 $|(\boldsymbol{a} \times \boldsymbol{b}, \boldsymbol{c})|$ は，3 つのベクトル $\boldsymbol{a}$, $\boldsymbol{b}$, $\boldsymbol{c}$ を 3 辺とする平行六面体の体積に等しい．

▶［外積の図形的な意味］

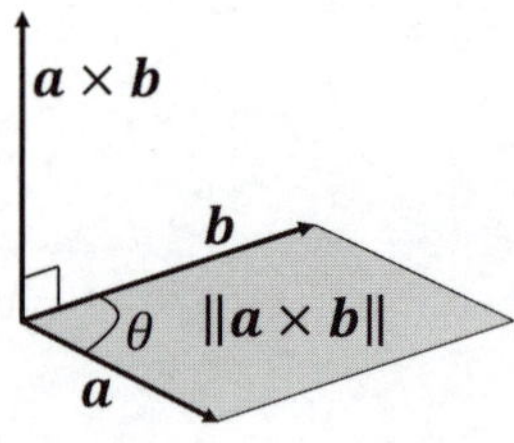

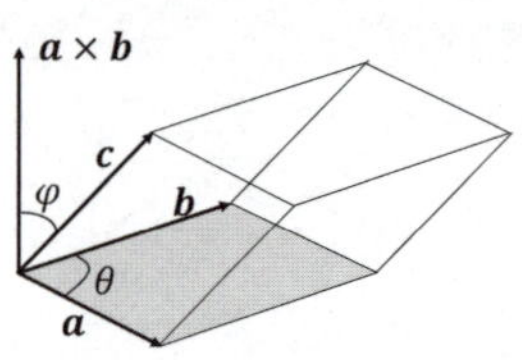

【注意】 $\theta = 0$, $\theta = \pi$ のときは $\boldsymbol{a}$, $\boldsymbol{b}$ を 2 辺とする平行四辺形の面積は 0 だと考える．また，$\varphi = \dfrac{\pi}{2}$ のときは，$\boldsymbol{a}$, $\boldsymbol{b}$, $\boldsymbol{c}$ を 3 辺とする平行六面体の体積は 0 だと考える．

（証明）

(1) 定理 4.10 より，$(\boldsymbol{a} \times \boldsymbol{b}, \boldsymbol{a}) = (\boldsymbol{a} \times \boldsymbol{b}, \boldsymbol{b}) = 0$ が成り立つので，$\boldsymbol{a} \times \boldsymbol{b}$ が，$\boldsymbol{a}$ と $\boldsymbol{b}$ に直交することは直ちに分かる．

(2) $\boldsymbol{a}$ と $\boldsymbol{b}$ を 2 辺とする平行四辺形の面積の 2 乗は，

$$\|\boldsymbol{a}\|^2\|\boldsymbol{b}\|^2 \sin^2\theta = \|\boldsymbol{a}\|^2\|\boldsymbol{b}\|^2(1 - \cos^2\theta) = \|\boldsymbol{a}\|^2\|\boldsymbol{b}\|^2 - (\boldsymbol{a}, \boldsymbol{b})$$

である．ここで，$\boldsymbol{a} = \begin{bmatrix} a_1 \\ a_2 \\ a_3 \end{bmatrix}$, $\boldsymbol{b} = \begin{bmatrix} b_1 \\ b_2 \\ b_3 \end{bmatrix}$ とすると，

$$\begin{aligned} \|\boldsymbol{a}\|^2\|\boldsymbol{b}\|^2 - (\boldsymbol{a}, \boldsymbol{b})^2 &= (a_1^2 + a_2^2 + a_3^2)(b_1^2 + b_2^2 + b_3^2) - (a_1b_1 + a_2b_2 + a_3b_3)^2 \\ &= (a_3b_2 - a_2b_3)^2 + (a_3b_1 - a_1b_3)^2 + (a_1b_2 - a_2b_1)^2 \\ &= \|\boldsymbol{a} \times \boldsymbol{b}\|^2 \end{aligned}$$

が成り立つので，結局，$\|\boldsymbol{a} \times \boldsymbol{b}\| = \|\boldsymbol{a}\|\|\boldsymbol{b}\| \sin\theta$ を得る．

(3)

$$\begin{aligned} \boldsymbol{a} \times \boldsymbol{b} = \boldsymbol{0} &\iff \|\boldsymbol{a} \times \boldsymbol{b}\| = \|\boldsymbol{a}\|\|\boldsymbol{b}\| \sin\theta = 0 \iff \sin\theta = 0 \\ &\iff \theta = 0 \text{ または } \theta = \pi \iff \boldsymbol{a} \text{ と } \boldsymbol{b} \text{ は平行} \end{aligned}$$

(4) $\boldsymbol{a} \times \boldsymbol{b}$ と $\boldsymbol{c}$ がなす角を φ とすれば，$\boldsymbol{a}$, $\boldsymbol{b}$, $\boldsymbol{c}$ を 3 辺とする平行六面体の体積 V は

$$V = \begin{cases} \|\boldsymbol{a} \times \boldsymbol{b}\|\|\boldsymbol{c}\| \cos\varphi = (\boldsymbol{a} \times \boldsymbol{b}, \boldsymbol{c}) & \left(0 \leqq \varphi \leqq \dfrac{\pi}{2}\right) \\ -\|\boldsymbol{a} \times \boldsymbol{b}\|\|\boldsymbol{c}\| \cos\varphi = -(\boldsymbol{a} \times \boldsymbol{b}, \boldsymbol{c}) & \left(\dfrac{\pi}{2} \leqq \varphi \leqq \pi\right) \end{cases}$$

なので，$V = |(\boldsymbol{a} \times \boldsymbol{b}, \boldsymbol{c})|$． ■

定理 4.13 と定理 4.18 より直ちに次の系を得る．

系 4.2（行列式の幾何学的意味）

3 次正方行列 $A = [\boldsymbol{a}_1\ \boldsymbol{a}_2\ \boldsymbol{a}_3]$ の行列式の絶対値は，3 つのベクトル $\boldsymbol{a}_1$, $\boldsymbol{a}_2$, $\boldsymbol{a}_3$ を 3 辺とする平行六面体の体積に等しい．

▶［右手系］

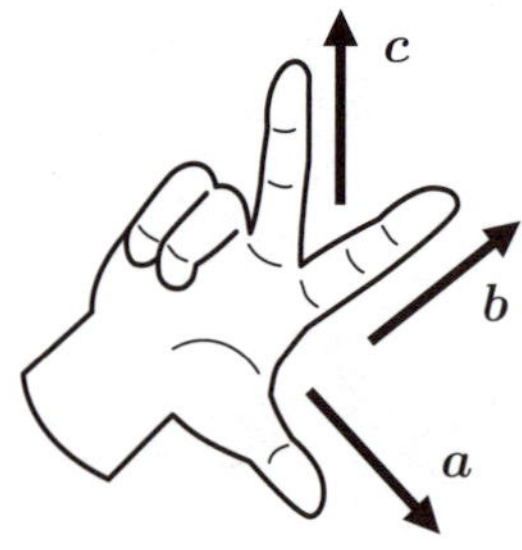

【注意】 空間ベクトル $\boldsymbol{a}$, $\boldsymbol{b}$, $\boldsymbol{c}$ が左手系をなすとき，これらは，それぞれ左手の親指，人差し指，中指の位置関係にある．

さて，空間ベクトル $\boldsymbol{a}$, $\boldsymbol{b}$, $\boldsymbol{c}$ が，それぞれ右手の親指，人差し指，中指の位置関係にあるとき，$\boldsymbol{a}, \boldsymbol{b}, \boldsymbol{c}$ は**右手系**（みぎてけい）**(right-hand system)** をなすという．また，$\boldsymbol{a}$, $\boldsymbol{b}$, $\boldsymbol{c}$ が右手系をなさないとき，これらは**左手系**（ひだりてけい）**(left-hand system)** をなすという．

定理 4.14（外積と右手系）

3 つの空間ベクトル $\boldsymbol{a}$, $\boldsymbol{b}$, $\boldsymbol{a} \times \boldsymbol{b}$ は右手系をなす．ただし，$\boldsymbol{a} \neq \boldsymbol{0}$, $\boldsymbol{b} \neq \boldsymbol{0}$, $\boldsymbol{a} \neq \boldsymbol{b}$, $\boldsymbol{a}$ と $\boldsymbol{b}$ のなす角 θ は $0 \leqq \theta \leqq \pi$ とする．

（証明）

$\boldsymbol{a}$ と $\boldsymbol{b}$ が xy 平面にあるとき，つまり，$\boldsymbol{a} = \begin{bmatrix} a_1 \\ a_2 \\ 0 \end{bmatrix}$, $\boldsymbol{b} = \begin{bmatrix} b_1 \\ b_2 \\ 0 \end{bmatrix}$ の場合のみを考えればよい．

このとき，$\boldsymbol{a} \times \boldsymbol{b} = \begin{bmatrix} 0 \\ 0 \\ a_1b_2 - a_2b_1 \end{bmatrix}$ であり，定理 3.1 の証明より，$\boldsymbol{a}$ から $\boldsymbol{b}$ への正の方向の角 θ が $0 < \theta < \pi$ のとき $a_1b_2 - a_2b_1 > 0$ である．よって，$\boldsymbol{a}, \boldsymbol{b}, \boldsymbol{a} \times \boldsymbol{b}$ は右手系をなす．同様に，$\boldsymbol{b}$ から $\boldsymbol{a}$ への正の方向の角 θ が $0 < \theta < \pi$ のとき $a_1b_2 - a_2b_1 < 0$ であり，このときも $\boldsymbol{a}, \boldsymbol{b}, \boldsymbol{a} \times \boldsymbol{b}$ は右手系をなす．■

定理 4.15（右手系と行列式）
3 つの空間ベクトル $\boldsymbol{a}, \boldsymbol{b}, \boldsymbol{c}$ に対して行列 $A = [\boldsymbol{a}\ \boldsymbol{b}\ \boldsymbol{c}]$ の行列式が正，つまり，$|A| > 0$ のとき，$\boldsymbol{a}, \boldsymbol{b}, \boldsymbol{c}$ は右手系をなす．ただし，$\boldsymbol{a} \neq \boldsymbol{0}$, $\boldsymbol{b} \neq \boldsymbol{0}$, $\boldsymbol{a} \neq \boldsymbol{b}$, $\boldsymbol{a}$ と $\boldsymbol{b}$ のなす角 θ は $0 \leqq \theta \leqq \pi$ とする．

（証明）

定理 4.13(4) の証明より，$|A| = (\boldsymbol{a} \times \boldsymbol{b}, \boldsymbol{c}) > 0$ のとき，$\cos\varphi > 0$ なので，$\boldsymbol{c}$ は $\boldsymbol{a}$ と $\boldsymbol{b}$ を 2 辺とする平面について $\boldsymbol{a} \times \boldsymbol{b}$ と同じ方向にある．よって，定理 4.14 より $\boldsymbol{a}, \boldsymbol{b}, \boldsymbol{c}$ は右手系である．■

例題 4.11（2 つのベクトルに垂直なベクトル）
$\boldsymbol{a} = (1, 2, -3)$, $\boldsymbol{b} = (-3, -1, 4)$ のとき，$\boldsymbol{a}$ および $\boldsymbol{b}$ に垂直な単位ベクトル $\boldsymbol{n}$ を求め，しかも，$\boldsymbol{a}, \boldsymbol{b}, \boldsymbol{n}$ が右手系になるようにせよ．

（解答）

定理 4.14 より，$\boldsymbol{a}, \boldsymbol{b}, \boldsymbol{a} \times \boldsymbol{b}$ は右手系をなすので，$\boldsymbol{a} \times \boldsymbol{b}$ をその大きさ $\|\boldsymbol{a} \times \boldsymbol{b}\|$ で割ったものが $\boldsymbol{n}$ である．

$$\boldsymbol{a} \times \boldsymbol{b} = \begin{vmatrix} \boldsymbol{e}_1 & \boldsymbol{e}_2 & \boldsymbol{e}_3 \\ 1 & 2 & -3 \\ -3 & -1 & 4 \end{vmatrix} = \begin{vmatrix} 2 & -3 \\ -1 & 4 \end{vmatrix} \boldsymbol{e}_1 - \begin{vmatrix} 1 & -3 \\ -3 & 4 \end{vmatrix} \boldsymbol{e}_2 + \begin{vmatrix} 1 & 2 \\ -3 & -1 \end{vmatrix} \boldsymbol{e}_3$$

$$= 5(\boldsymbol{e}_1 + \boldsymbol{e}_2 + \boldsymbol{e}_3) = (5, 5, 5),$$

$$\boldsymbol{n} = \frac{\boldsymbol{a} \times \boldsymbol{b}}{\|\boldsymbol{a} \times \boldsymbol{b}\|} = \frac{5(1,1,1)}{\sqrt{25+25+25}} = \frac{1}{\sqrt{3}}(1,1,1)$$

■

【注意】 例題 4.11, 4.12 では，では，(4.17) に基づいて，外積を求めている．

例題 4.12（外積と面積・体積）
4 点 $A(1,3,1)$, $B(2,5,4)$, $C(3,6,2)$, $D(2,7,4)$ に対して，$\boldsymbol{a} = \overrightarrow{AB}$, $\boldsymbol{b} = \overrightarrow{AC}$, $\boldsymbol{c} = \overrightarrow{AD}$ とするとき，$\triangle ABC$ の面積を求め，四面体 $ABCD$ の体積を求めよ．

（解答）

まず，$\boldsymbol{a} = \begin{bmatrix} 1 \\ 2 \\ 3 \end{bmatrix}$, $\boldsymbol{b} = \begin{bmatrix} 2 \\ 3 \\ 1 \end{bmatrix}$, $\boldsymbol{c} = \begin{bmatrix} 1 \\ 4 \\ 3 \end{bmatrix}$ に注意する．

$$\boldsymbol{a} \times \boldsymbol{b} = \begin{vmatrix} \boldsymbol{e}_1 & \boldsymbol{e}_2 & \boldsymbol{e}_3 \\ 1 & 2 & 3 \\ 2 & 3 & 1 \end{vmatrix} = {}^t\left[\begin{vmatrix} 2 & 3 \\ 3 & 1 \end{vmatrix} \quad -\begin{vmatrix} 1 & 3 \\ 2 & 1 \end{vmatrix} \quad \begin{vmatrix} 1 & 2 \\ 2 & 3 \end{vmatrix}\right] = \begin{bmatrix} 2-9 \\ -(1-6) \\ 3-4 \end{bmatrix} = \begin{bmatrix} -7 \\ 5 \\ -1 \end{bmatrix}$$

【注意】

$$\overrightarrow{AB} = \overrightarrow{OB} - \overrightarrow{OA} = (2,5,4) - (1,3,1) = (1,2,3)$$

$$\overrightarrow{AC} = \overrightarrow{OC} - \overrightarrow{OA} = (3,6,2) - (1,3,1) = (2,3,1)$$

$$\overrightarrow{AD} = \overrightarrow{OD} - \overrightarrow{OA} = (2,7,4) - (1,3,1) = (1,4,3)$$

▶【アクティブ・ラーニング】
例題 4.11, 4.12 の類題を自分で作り，それを他の人に紹介し，お互いに解いてみよう．そして，その問題のうち，自分たちにとって一番良い問題を選び，その理由を説明しよう．

$\boldsymbol{a}$ と $\boldsymbol{b}$ を2辺とする平行四辺形の面積は，$\|\boldsymbol{a}\times\boldsymbol{b}\|$ であり，$\triangle ABC$ の面積はこれの半分なので，

$$\triangle ABC\text{ の面積} = \frac{1}{2}\|\boldsymbol{a}\times\boldsymbol{b}\| = \frac{1}{2}\sqrt{49+25+1} = \frac{\sqrt{75}}{2} = \frac{5\sqrt{3}}{2}$$

また，$\boldsymbol{a}, \boldsymbol{b}, \boldsymbol{c}$ を3辺とする平行六面体の体積を V とすれば，四面体 $ABCD$ の体積は V の6分の1なので，

$$\text{四面体 } ABCD\text{ の体積} = \frac{1}{6}|(\boldsymbol{a}\times\boldsymbol{b},\boldsymbol{c})| = \frac{10}{6} = \frac{5}{3}$$

■

[問] 4.15　次の問に答えよ．

(1) $\boldsymbol{a} = \begin{bmatrix}1\\-1\\-1\end{bmatrix}, \boldsymbol{b} = \begin{bmatrix}4\\1\\3\end{bmatrix}, \boldsymbol{c} = \begin{bmatrix}7\\2\\5\end{bmatrix}$ とするとき，外積 $\boldsymbol{a}\times\boldsymbol{b}$ を求め，これを用いて $\boldsymbol{a}$ と $\boldsymbol{b}$ を2辺とする平行四辺形の面積 S および $\boldsymbol{a}, \boldsymbol{b}, \boldsymbol{c}$ を3辺とする平行六面体の体積 V を求めよ．

(2) $\boldsymbol{a} = \begin{bmatrix}-2\\-3\\1\end{bmatrix}, \boldsymbol{b} = \begin{bmatrix}1\\5\\3\end{bmatrix}, \boldsymbol{c} = \begin{bmatrix}3\\2\\0\end{bmatrix}$ とするとき，ベクトルの外積を用いて，$\boldsymbol{b}$ と $\boldsymbol{c}$ を2辺とする平行四辺形の面積 S および $\boldsymbol{a}, \boldsymbol{b}, \boldsymbol{c}$ を3辺とする平行六面体の体積 V を求めよ．

[問] 4.16　次の問に答えよ．

(1) 空間内に3点 $A(1,3,2)$, $B(3,5,3)$, $C(2,5,5)$ がある．このとき，次の問に答えよ．

(a) $\overrightarrow{AB}\times\overrightarrow{AC}$ の成分表示を求めよ．
(b) AB, AC を2辺とする平行四辺形の面積 S を求めよ．
(c) $\overrightarrow{AB}$, $\overrightarrow{AC}$ の両方に垂直な単位ベクトル $\boldsymbol{n}$ を求めよ．

(2) $\boldsymbol{a} = (m,-1,-5)$, $\boldsymbol{b} = (1,-6,n)$ が平行になるように実数 m, n の値を定めよ．

第4章のまとめ

▶【アクティブ・ラーニング】
まとめに記載されている項目について，例を交えながら他の人に説明しよう．また，あなたならどのように本章をまとめますか？あなたの考えで本章をまとめ，それを他の人とも共有し，自分たちオリジナルのまとめを作成しよう．

▶【アクティブ・ラーニング】
本章で登場した例題および問において，重要な問題を5つ選び，その理由を述べてください．その際，選定するための基準は，自分たちで考えてください．

- 平面あるいは空間ベクトルの座標は，位置ベクトルの成分表示と同一視できる．
- 座標空間において，点 $A(x_0, y_0, z_0)$ を通り，空間ベクトル $\boldsymbol{n} = (a,b,c)$ に垂直な平面の方程式は $a(x-x_0)+b(y-y_0)+c(z-z_0)=0$，点 A を通り $\boldsymbol{n}$ に平行な直線の方程式は $\dfrac{x-x_0}{a} = \dfrac{y-y_0}{b} = \dfrac{z-z_0}{c}$ である．座標平面では，$z-z_0=0$ と考える．
- 内積を使うとベクトルのなす角を求められる．
- 平面上で，原点を中心として正の方向へ角 θ だけ回転させる行列は $R_\theta = \begin{bmatrix}\cos\theta & -\sin\theta\\ \sin\theta & \cos\theta\end{bmatrix}$，直線 $y=mx$ と線対称の位置へ移動させる行列は $T_l = \dfrac{1}{1+m^2}\begin{bmatrix}1-m^2 & 2m\\ 2m & m^2-1\end{bmatrix}$．

- 外積を使うと，3 次正方行列の行列式，余因子行列を求められる.
- 外積の大きさ $\|\boldsymbol{a} \times \boldsymbol{b}\|$ は $\boldsymbol{a}$ と $\boldsymbol{b}$ を 2 辺とする平行四辺形の面積に等しい.
- 3 次正方行列 $A = [\boldsymbol{a}\ \boldsymbol{b}\ \boldsymbol{c}]$ の行列式 $\det A$ の絶対値 $|\det A|$ は $\boldsymbol{a}, \boldsymbol{b}, \boldsymbol{c}$ を 3 辺とする平行六面体の体積に等しい.
- $\boldsymbol{a} \times \boldsymbol{b}$ は $\boldsymbol{a}, \boldsymbol{b}$ に垂直で，$\boldsymbol{a}, \boldsymbol{b}, \boldsymbol{a} \times \boldsymbol{b}$ は右手系をなす.

第4章　演習問題

[A. 基本問題]

演習 4.1 次の問に答えよ.

(1) $\boldsymbol{a} = (2, -1, 4)$, $\boldsymbol{b} = (-1, -3, 5)$ のとき，次のおのおのを求めよ.

(a) $(\boldsymbol{a}, \boldsymbol{b})$　(b) $\|\boldsymbol{a}\|$　(c) $\|\boldsymbol{b}\|$　(d) $(2\boldsymbol{a} - \boldsymbol{b}, \boldsymbol{a} + 3\boldsymbol{b})$　(e) $\boldsymbol{a}, \boldsymbol{b}$ のなす角

(2) $\boldsymbol{a} = (2, -k, 5)$ と $\boldsymbol{b} = (-26, -k^2, 5)$ が垂直になるように実数 k を定めよ.

(3) $\boldsymbol{a} = (-1, 3, 2)$, $\boldsymbol{b} = (0, -1, 0)$ の両方に直交する単位ベクトルを求めよ.

(4) $\boldsymbol{a} = (\sqrt{2}, 2, 3\sqrt{2})$, $\boldsymbol{b} = (1, \sqrt{2}, 1)$ のなす角 θ を求めよ.

演習 4.2 次の問に答えよ.

(1) 3点 $A(1, 2, 2)$, $B(2, 1, -3)$, $C(2, 3, 1)$ を通る平面 π の方程式および点 B を通り π に垂直な直線 l の方程式を求めよ.

(2) 平面 $2x + y - 4z - 3 = 0$ に平行で，点 $A(2, 0, -1)$ を通る平面 π の方程式を求めよ．また，点 A を通り，平面 π に垂直な直線 l の方程式を求めよ.

(3) 2平面 $\pi_1 : 2x + y + z = 3$, $\pi_2 : x - y + 3z = 1$ に平行で，原点 $(0, 0, 0)$ を通る直線 l の方程式を求めよ.

(4) 点 $(3, 1, -1)$ を通り，平面 $\pi_1 : 2x - y + 3z = 1$ に平行な平面 π_2 の方程式を求めよ.

(5) 点 $(1, -1, 2)$ を通り，平面 $\pi : 2x - y + 5z = 10$ に垂直な直線 l の方程式を求めよ.

(6) 点 $(3, -2, 5)$ を通り，x 軸に垂直な平面の方程式を求めよ．また，xy 平面に平行な平面の方程式を求めよ.

(7) 2点 $A(3, 2, 4)$, $B(4, 5, 1)$ に対して，点 A を通り直線 AB に垂直な平面の方程式を求めよ.

演習 4.3 次の曲線あるいは直線を正の方向に 60° 回転させるとき，どのような図形に移るか？

(1) 曲線 $(x - \sqrt{3}y)^2 + x^2 + y^2 = 1$　(2) 直線 $x - \sqrt{3}y + 6 = 0$

演習 4.4 次の座標を求めよ.

(1) 点 $(1, \sqrt{2})$ を直線 $y = \sqrt{5}x$ と線対称に移したときの座標.

(2) 点 $(\sqrt{3}, 2\sqrt{3})$ を直線 $y = -3x$ と線対称に移したときの座標.

(3) 点 $P(-3, 5)$ を直線 $l : 3x - 2y + 12 = 0$ と線対称の位置に移した点 Q の座標.

演習 4.5 次の $\boldsymbol{a}$, $\boldsymbol{b}$, $\boldsymbol{c}$ および A に対して，外積 $\boldsymbol{a} \times \boldsymbol{b}$, $\boldsymbol{b} \times \boldsymbol{c}$, $\boldsymbol{c} \times \boldsymbol{a}$, 行列式 $|A|$, 余因子行列 $\widetilde{A}$, 逆行列 A^{-1}, $\boldsymbol{a}$ と $\boldsymbol{b}$ を2辺とする平行四辺形の面積 S および $\boldsymbol{a}$, $\boldsymbol{b}$, $\boldsymbol{c}$ を3辺とする平行六面体の体積 V を求めよ.

(1) $\boldsymbol{a} = \begin{bmatrix} 1 \\ 3 \\ 4 \end{bmatrix}$, $\boldsymbol{b} = \begin{bmatrix} -2 \\ 3 \\ 1 \end{bmatrix}$, $\boldsymbol{c} = \begin{bmatrix} 3 \\ 1 \\ -2 \end{bmatrix}$, $A = [\boldsymbol{b}\ \boldsymbol{c}\ \boldsymbol{a}]$

(2) $\boldsymbol{a} = \begin{bmatrix} 2 \\ -3 \\ 0 \end{bmatrix}, \boldsymbol{b} = \begin{bmatrix} 1 \\ 4 \\ -3 \end{bmatrix}, \boldsymbol{c} = \begin{bmatrix} 3 \\ 2 \\ -1 \end{bmatrix}, A = [\boldsymbol{b}\ \boldsymbol{a}\ \boldsymbol{c}]$

演習 4.6 $\boldsymbol{a} = (2, -3, -1), \boldsymbol{b} = (1, 4, -2)$ のとき，次を求めよ．

(1) $\boldsymbol{a} \times \boldsymbol{b}$　　(2) $(2\boldsymbol{a} - \boldsymbol{b}) \times (3\boldsymbol{a} + 2\boldsymbol{b})$　　(3) $(\boldsymbol{a}, \boldsymbol{b})^2 + (\boldsymbol{a} \times \boldsymbol{b}, \boldsymbol{a} \times \boldsymbol{b})$

演習 4.7 $\boldsymbol{a} = (2, 3, -1), \boldsymbol{b} = (-1, -3, 2)$ とするとき，次の問に答えよ．

(1) 外積 $\boldsymbol{a} \times \boldsymbol{b}$ を求め，$\boldsymbol{a}$ と $\boldsymbol{b}$ を 2 辺とする平行四辺形の面積 S を求めよ．

(2) $\boldsymbol{a}$ と $\boldsymbol{b}$ に垂直な単位ベクトル $\boldsymbol{n}$ を求めよ．ただし，$\boldsymbol{a}, \boldsymbol{b}, \boldsymbol{n}$ は右手系をなすものとする．

(3) $\boldsymbol{a}$ と $\boldsymbol{b}$ のなす角を θ とするとき，$\cos\theta$ の値を求めよ．

演習 4.8 次の問に答えよ．

(1) 空間内に 3 点 $A(2, 1, 3), B(1, -1, 2), C(2, 2, 1)$ がある．このとき，$\overrightarrow{AB} \times \overrightarrow{AC}$ を求めよ．また，$\triangle ABC$ の面積を求めよ．

(2) $\boldsymbol{a} = (m, 1, 3), \boldsymbol{b} = (2, -6, n)$ が平行になるように実数 m, n の値を定めよ．

(3) $\boldsymbol{a} = (1, 3, 0), \boldsymbol{b} = (-2, 3, 1), \boldsymbol{c} = (3, 0, 1)$ に対して，外積 $(\boldsymbol{a} \times \boldsymbol{b}) \times \boldsymbol{c}$ および $\boldsymbol{a} \times (\boldsymbol{b} \times \boldsymbol{c})$ を求めよ．

[B. 応用問題]

演習 4.9 4 つの空間ベクトル $\boldsymbol{a}, \boldsymbol{b}, \boldsymbol{d}, \boldsymbol{d}$ はすべて $\boldsymbol{0}$ でないとし，$\boldsymbol{a} + \boldsymbol{b} + \boldsymbol{c} + \boldsymbol{d} = \boldsymbol{0}$ を満たすとする．このとき，$\boldsymbol{a}$ と $\boldsymbol{b}$ が平行ならば，$\boldsymbol{c} \times \boldsymbol{a} = \boldsymbol{a} \times \boldsymbol{d}$ であることを示せ．

演習 4.10 3 つのベクトル $\boldsymbol{a}, \boldsymbol{b}, \boldsymbol{c}$ に対して

$$\boldsymbol{a} \times (\boldsymbol{b} \times \boldsymbol{c}) = (\boldsymbol{a}\cdot\boldsymbol{c})\boldsymbol{b} - (\boldsymbol{a}\cdot\boldsymbol{b})\boldsymbol{c} \tag{4.19}$$

$$(\boldsymbol{b} \times \boldsymbol{c}) \times \boldsymbol{a} = (\boldsymbol{a}\cdot\boldsymbol{b})\boldsymbol{c} - (\boldsymbol{a}\cdot\boldsymbol{c})\boldsymbol{b} \tag{4.20}$$

が成り立つことを示せ．なお，$\boldsymbol{a} \times (\boldsymbol{b} \times \boldsymbol{c})$ をベクトル $\boldsymbol{a}, \boldsymbol{b}, \boldsymbol{c}$ のベクトル 3 重積 (vector triple product) という．

第 4 章　略解とヒント

[問]

問 4.1 $x = \dfrac{2}{3}$. $\boldsymbol{a} + 3\boldsymbol{b} = \alpha(\boldsymbol{b} - \boldsymbol{a})$ となるように α と x を定めればよい．

問 4.2 (1) $(5, -4, 1)$　　(2) $\pm\dfrac{1}{\sqrt{42}}(5, -4, 1)$

問 4.3 $t = -18$. $-3 + 6t = \pm\sqrt{37}\sqrt{9 + t^2}$ の両辺を 2 乗して整理すると，$(t + 18)^2 = 0$.

問 4.4 (1) $(\boldsymbol{a}, \boldsymbol{b}) = -12$, $\|\boldsymbol{a}\| = \sqrt{21}$, $\|\boldsymbol{b}\| = \sqrt{14}$, $(2\boldsymbol{a} - 3\boldsymbol{b}, 4\boldsymbol{a} + 3\boldsymbol{b}) = 114$　　(2) $\pm\dfrac{\sqrt{66}}{33}(5, -4, -5)$

(3) $\cos^{-1}\left(-\dfrac{2\sqrt{6}}{7}\right)$

問 4.5 (1) $k = 2, 3$　(2) $\dfrac{2}{3}\pi$　(3) $\dfrac{\pi}{6}$
問 4.6 $2x - y - 2 = 0$
問 4.7 $\pi : 2x + 3y - z = 8,\quad l : \dfrac{x-2}{2} = \dfrac{y}{3} = -(z+4)$
問 4.8 (1) $\pi : 2x + 3y + z + 1 = 0,\quad l : \dfrac{x-1}{2} = \dfrac{y+2}{3} = z - 3$　(2) $\dfrac{x+2}{3} = \dfrac{y-1}{2} = \dfrac{z+1}{3}$ または $\dfrac{x-1}{3} = \dfrac{y-3}{2} = \dfrac{z-2}{3}$. なお，この両式は同じ式である．(3) $2x - 3y + z = 1$　(4) $2x + y = 3$
問 4.9 (1) 253　(2) 266　(3) 77
問 4.10 (1) $\left(\dfrac{\sqrt{3}}{2} - 1, \dfrac{1}{2} + \sqrt{3}\right)$　(2) $\left(\dfrac{-\sqrt{3}-\sqrt{6}}{2}, \dfrac{3-\sqrt{2}}{2}\right)$
問 4.11 (1) $\begin{bmatrix} X \\ Y \end{bmatrix} = \begin{bmatrix} \cos(-60^\circ) & -\sin(-60^\circ) \\ \sin(-60^\circ) & \cos(-60^\circ) \end{bmatrix} \begin{bmatrix} x \\ y \end{bmatrix}$，放物線 $Y^2 = 4X$.

(2) $\begin{bmatrix} X \\ Y \end{bmatrix} = \begin{bmatrix} \cos(-30^\circ) & -\sin(-30^\circ) \\ \sin(-30^\circ) & \cos(-30^\circ) \end{bmatrix} \begin{bmatrix} x \\ y \end{bmatrix}$, 双曲線 $X^2 - \dfrac{Y^2}{4} = 1$
問 4.12 (1) $\left(\dfrac{\sqrt{2}}{3}, \dfrac{5}{3}\right)$　(2) $\left(\dfrac{18}{5}, -\dfrac{11}{5}\right)$
問 4.13 (1) -3　(2) $\boldsymbol{a} \times \boldsymbol{b} = \boldsymbol{a} \times (-\boldsymbol{a} - \boldsymbol{c})$, $\boldsymbol{b} \times \boldsymbol{c} = \boldsymbol{b} \times (-\boldsymbol{a} - \boldsymbol{b})$ を整理すればよい．
問 4.14 (1) $\boldsymbol{a} \times \boldsymbol{b} = \begin{bmatrix} 4 \\ -1 \\ -3 \end{bmatrix}, \boldsymbol{b} \times \boldsymbol{c} = \begin{bmatrix} -8 \\ 2 \\ 6 \end{bmatrix}, \boldsymbol{c} \times \boldsymbol{a} = \begin{bmatrix} -4 \\ 1 \\ 3 \end{bmatrix}$, $|A| = (\boldsymbol{b} \times \boldsymbol{c}, \boldsymbol{a}) = 0$, $\widetilde{A} = {}^t[\boldsymbol{c} \times \boldsymbol{a}\ \ \boldsymbol{a} \times \boldsymbol{b}\ \ \boldsymbol{b} \times \boldsymbol{c}] = \begin{bmatrix} -4 & 1 & 3 \\ 4 & -1 & -3 \\ -8 & 2 & 6 \end{bmatrix}$, A^{-1} は存在しない．　(2) $\boldsymbol{a} \times \boldsymbol{b} = \begin{bmatrix} -4 \\ -1 \\ 2 \end{bmatrix}, \boldsymbol{b} \times \boldsymbol{c} = \begin{bmatrix} -3 \\ 5 \\ -10 \end{bmatrix}, \boldsymbol{c} \times \boldsymbol{a} = \begin{bmatrix} 3 \\ -5 \\ -13 \end{bmatrix}$,

$|A| = (\boldsymbol{a} \times \boldsymbol{c}, \boldsymbol{b}) = 23$, $\widetilde{A} = {}^t[\boldsymbol{c} \times \boldsymbol{b}\ \ \boldsymbol{b} \times \boldsymbol{a}\ \ \boldsymbol{a} \times \boldsymbol{c}] = \begin{bmatrix} 3 & -5 & 10 \\ 4 & 1 & -2 \\ -3 & 5 & 13 \end{bmatrix}$, $A^{-1} = \dfrac{1}{23}\begin{bmatrix} 3 & -5 & 10 \\ 4 & 1 & -2 \\ -3 & 5 & 13 \end{bmatrix}$
問 4.15 (1) $\boldsymbol{a} \times \boldsymbol{b} = \begin{bmatrix} -2 \\ -7 \\ 5 \end{bmatrix}$, $S = \|\boldsymbol{a} \times \boldsymbol{b}\| = \sqrt{78}$, $V = |(\boldsymbol{a} \times \boldsymbol{b}, \boldsymbol{c})| = 3$　(2) $\boldsymbol{b} \times \boldsymbol{c} = \begin{bmatrix} -6 \\ 9 \\ -13 \end{bmatrix}$,
$S = \|\boldsymbol{b} \times \boldsymbol{c}\| = \sqrt{286}$, $V = |(\boldsymbol{b} \times \boldsymbol{c}, \boldsymbol{a})| = 28$
問 4.16 (1) (a) $(4, -5, 2)$　(b) $3\sqrt{5}$　(c) $\pm\dfrac{1}{3\sqrt{5}}(4, -5, 2)$　(2) $\boldsymbol{a} \times \boldsymbol{b} = \boldsymbol{0}$ より，$n = -30,\quad m = \dfrac{1}{6}$

[演習]

演習 4.1 (1) (a) 21　(b) $\sqrt{21}$　(c) $\sqrt{35}$　(d) 42　(e) $\cos^{-1}\left(\dfrac{\sqrt{15}}{5}\right)$　(2) 3
(3) $\pm\dfrac{1}{\sqrt{5}}(2, 0, 1)$　(4) $\dfrac{\pi}{6}$
演習 4.2 (1) $\pi : 3x - 2y + z - 1 = 0,\quad l : \dfrac{x-2}{3} = -\dfrac{y-1}{2} = z + 3$　(2) $\pi : 2x + y - 4z - 8 = 0$,
$l : \dfrac{x-2}{2} = y = -\dfrac{z+1}{4}$　(3) $-\dfrac{x}{4} = \dfrac{y}{5} = \dfrac{z}{3}$　(4) $2x - y + 3z - 2 = 0$
(5) $\dfrac{x-1}{2} = -(y+1) = \dfrac{z-2}{5}$　(6) $x = 3,\ z = 5$　(7) $x + 3y - 3z = -3$
演習 4.3 (1) $\begin{bmatrix} X \\ Y \end{bmatrix} = \begin{bmatrix} \cos 60^\circ & -\sin 60^\circ \\ \sin 60^\circ & \cos 60^\circ \end{bmatrix} \begin{bmatrix} x \\ y \end{bmatrix}$，楕円 $5X^2 + Y^2 = 1$　(2) 直線 $X = -3$
演習 4.4 (1) $\left(\dfrac{-2+\sqrt{10}}{3}, \dfrac{\sqrt{5}+2\sqrt{2}}{3}\right)$　(2) $(-2\sqrt{3}, \sqrt{3})$　(3) $\left(\dfrac{3}{13}, \dfrac{37}{13}\right)$

演習 4.5 (1) $\boldsymbol{a}\times\boldsymbol{b} = \begin{bmatrix}-9\\-9\\9\end{bmatrix}$, $\boldsymbol{b}\times\boldsymbol{c} = \begin{bmatrix}-7\\-1\\-11\end{bmatrix}$, $\boldsymbol{c}\times\boldsymbol{a} = \begin{bmatrix}10\\-14\\8\end{bmatrix}$, $|A| = (\boldsymbol{b}\times\boldsymbol{c},\boldsymbol{a}) = -54$, $\widetilde{A} = {}^t[\boldsymbol{c}\times\boldsymbol{a}\ \ \boldsymbol{a}\times\boldsymbol{b}\ \ \boldsymbol{b}\times\boldsymbol{c}] = \begin{bmatrix}10 & -14 & 8\\-9 & -9 & 9\\-7 & -1 & -11\end{bmatrix}$, $A^{-1} = -\dfrac{1}{54}\begin{bmatrix}10 & -14 & 8\\-9 & -9 & 9\\-7 & -1 & -11\end{bmatrix}$, $S = \|\boldsymbol{a}\times\boldsymbol{b}\| = 9\sqrt{3}$, $V = |\det A| = |-54| = 54$　(2) $\boldsymbol{a}\times\boldsymbol{b} = \begin{bmatrix}9\\6\\11\end{bmatrix}$, $\boldsymbol{b}\times\boldsymbol{c} = \begin{bmatrix}2\\-8\\-10\end{bmatrix}$, $\boldsymbol{c}\times\boldsymbol{a} = \begin{bmatrix}-3\\-2\\-13\end{bmatrix}$, $|A| = (\boldsymbol{b}\times\boldsymbol{a},\boldsymbol{c}) = -28$, $\widetilde{A} = {}^t[\boldsymbol{a}\times\boldsymbol{c}\ \boldsymbol{c}\times\boldsymbol{b}\ \boldsymbol{b}\times\boldsymbol{a}] = \begin{bmatrix}3 & 2 & 13\\-2 & 8 & 10\\-9 & -6 & -11\end{bmatrix}$, $A^{-1} = -\dfrac{1}{28}\begin{bmatrix}3 & 2 & 13\\-2 & 8 & 10\\-9 & -6 & -11\end{bmatrix}$, $S = \|\boldsymbol{a}\times\boldsymbol{b}\| = \sqrt{238}$, $V = |\det A| = 28$

演習 4.6 (1) $(10,3,11)$　(2) $(70,21,77)$　(3) 294

演習 4.7 (1) $\boldsymbol{a}\times\boldsymbol{b} = 3(1,-1,-1)$, $S = \|\boldsymbol{a}\times\boldsymbol{b}\| = 3\sqrt{3}$　(2) $\dfrac{1}{\sqrt{3}}(1,-1,-1)$　(3) $-\dfrac{13}{14}$

演習 4.8 (1) $\overrightarrow{AB}\times\overrightarrow{AC} = (5,-2,-1)$, $\triangle ABC$ の面積 $= \dfrac{\sqrt{30}}{2}$　(2) $n=-18$,　$m=-\dfrac{1}{3}$.
(3) $(\boldsymbol{a}\times\boldsymbol{b})\times\boldsymbol{c} = (-1,24,3)$, $\boldsymbol{a}\times(\boldsymbol{b}\times\boldsymbol{c}) = (-27,9,-4)$

演習 4.9 $\boldsymbol{0} = \boldsymbol{a}\times\boldsymbol{b} = \boldsymbol{a}\times(-\boldsymbol{a}-\boldsymbol{c}-\boldsymbol{d})$ を整理すればよい.

演習 4.10 $\boldsymbol{a} = (a_x,a_y,a_z)$, $\boldsymbol{b} = (b_x,b_y,b_z)$, $\boldsymbol{c} = (c_x,c_y,c_z)$ とおいて計算すればよい.

第 5 章　数ベクトル空間と計量

[ねらい]

ここでは，第 4 章で学んだ平面ベクトルと空間ベクトルを数ベクトルに拡張し，それを図形的に扱う方法について学ぶ．平たく言えば，数ベクトルは数の集まりである．デジタル画像や観測によって得られるデータなどは，数の集まりなので，これらは数ベクトルの枠で扱える．

[この章の項目]

数ベクトル，数ベクトル空間，内積，ノルム，シュワルツの不等式，三角不等式，実ベクトルのなす角，直交行列，部分空間，一次結合，生成される部分空間，一次独立，一次従属，基底，次元，正規直交基底，グラム・シュミットの直交化，ユニタリ行列，エルミート行列，ベクトル空間，計量ベクトル空間

5.1　数ベクトル空間と内積

平面ベクトルと空間ベクトルの成分は，それぞれ $\boldsymbol{a} = (a_x, a_y)$，$\boldsymbol{a} = (a_x, a_y, a_z)$ のように表した．しかし，行列や行列式と関連したこと，例えば，平面ベクトルを回転させたり，空間ベクトルの外積を考えるときには，これらのベクトルを列ベクトルで考えた方が都合がよかった．そこで，n 個の成分からなる数ベクトルを次のように列ベクトルとして定義する．

なお，これ以降，実数全体の集合を $\mathbb{R}$ と表す．

▶[ベクトルの意味]
もともと「ベクトル」の英訳 vector は，「運ぶ物」とか「動因」という意味だが，もう少し緩やかに解釈して，「ベクトルとは何かを方向付けるもとになるもの」くらいに解釈しておくとよい．

定義 5.1（数ベクトル）

自然数 n を固定して n 個の実数を縦に並べた列ベクトル $\boldsymbol{a}=\begin{bmatrix} a_1 \\ a_2 \\ \vdots \\ a_n \end{bmatrix}$ を $\mathbb{R}$ 上の n 次元数ベクトル (number vector) または実ベクトル (real vector) といい，各実数 $a_1, a_2, \ldots, a_n$ をベクトルの成分 (component,entry,element) あるいは要素 (component,entry,element) などという．そして，これらの各成分を順に第 1 成分，第 2 成分，…，第 n 成分という．また，並べた実数の数 n をベクトルのサイズ (size)，大きさ (size)，次元(じげん)(dimension) などと呼ぶ．

例えば，$\boldsymbol{a} = \begin{bmatrix} 1 \\ 2 \end{bmatrix}$ や $\boldsymbol{a} = \begin{bmatrix} \sqrt{3} \\ 2 \end{bmatrix}$ は $\mathbb{R}$ 上の2次元数ベクトル，$\boldsymbol{a} = \begin{bmatrix} 1 \\ 2 \\ -3 \end{bmatrix}$ や $\boldsymbol{a} = \begin{bmatrix} \sqrt{3} \\ -2 \\ \sqrt{5} \end{bmatrix}$ は $\mathbb{R}$ 上の3次元数ベクトルである．また，複素数全体の集合を $\mathbb{C}$ と表せば，$\boldsymbol{a} = \begin{bmatrix} -3+4i \\ 2i \end{bmatrix}$ は $\mathbb{C}$ 上の2次元数ベクトルである．

▶［複素ベクトル空間］
$\mathbb{C}$ 上の n 次元数ベクトル全体の集合を $\mathbb{C}^n$ と書いて，これを $\mathbb{C}$ 上の n 次元数ベクトル空間，または n 次元複素ベクトル空間 (complex vector space) という．

定義 5.2（数ベクトル空間）
$\mathbb{R}$ 上の n 次元数ベクトル全体の集合を $\mathbb{R}^n$ と書いて，これを $\mathbb{R}$ 上の n 次元数ベクトル空間 (number vector space) または n 次元実ベクトル空間 (real vector space) という．

【注意】数ベクトルは単に複数の値をひとまとめにしたもので，平面ベクトルや空間ベクトルのように，「大きさ」と「向き」を表すとは限らないため，n 次元数ベクトルを表すのに $\vec{a}$ といった矢印を使った記号はあまり使わない．

2つのベクトルの関係や演算を導入しよう．これらは，$n \times 1$ 行列の演算と同じである．

2つの n 次元数ベクトル $\boldsymbol{a} = \begin{bmatrix} a_1 \\ a_2 \\ \vdots \\ a_n \end{bmatrix}, \boldsymbol{b} = \begin{bmatrix} b_1 \\ b_2 \\ \vdots \\ b_n \end{bmatrix}$ について，$a_i = b_i$ がすべての $i = 1, 2, \ldots, n$ について成立するとき，これら2つの数ベクトル $\boldsymbol{a}$ と $\boldsymbol{b}$ は等しい (equal) といって，$\boldsymbol{a}$=$\boldsymbol{b}$ と表す．また，和(わ)(sum,addition) $\boldsymbol{a}+\boldsymbol{b}$ を $\boldsymbol{a}+\boldsymbol{b} = \begin{bmatrix} a_1+b_1 \\ a_2+b_2 \\ \vdots \\ a_n+b_n \end{bmatrix}$ と定義する．さらに，$c \in \mathbb{R}$ による n 次元数ベクトル $\boldsymbol{a}$ のスカラー倍 (scalar multiplication) $c\boldsymbol{a}$ を $c\boldsymbol{a} = \begin{bmatrix} ca_1 \\ ca_2 \\ \vdots \\ ca_n \end{bmatrix}$ と定義し，特に $c = -1$ のとき $-\boldsymbol{a}$ と表す．

定理 5.1（ベクトルの和とスカラー倍の性質）
数ベクトル $\boldsymbol{a}, \boldsymbol{b}$ とスカラー c, d について次の等式が成り立つ．

$$\boldsymbol{a}+\boldsymbol{b} = \boldsymbol{b}+\boldsymbol{a}, \quad (cd)\boldsymbol{a} = c(d\boldsymbol{a}),$$
$$c(\boldsymbol{a}+\boldsymbol{b}) = c\boldsymbol{a}+c\boldsymbol{b}, \quad (c+d)\boldsymbol{a} = c\boldsymbol{a}+d\boldsymbol{a}$$

（証明）
実数の性質（交換則，結合則，分配則）を使うと次が成り立つ．

$$\boldsymbol{a}+\boldsymbol{b}=\begin{bmatrix}a_1+b_1\\ \vdots\\ a_n+b_n\end{bmatrix}=\begin{bmatrix}b_1+a_1\\ \vdots\\ b_n+a_n\end{bmatrix}=\boldsymbol{b}+\boldsymbol{a},\quad (cd)\boldsymbol{a}=\begin{bmatrix}cda_1\\ \vdots\\ cda_n\end{bmatrix}=\begin{bmatrix}c(da_1)\\ \vdots\\ c(da_n)\end{bmatrix}=c(d\boldsymbol{a})$$

$$c(\boldsymbol{a}+\boldsymbol{b})=\begin{bmatrix}c(a_1+b_1)\\ \vdots\\ c(a_n+b_n)\end{bmatrix}=\begin{bmatrix}ca_1+cb_1\\ \vdots\\ ca_n+cb_n\end{bmatrix}=\begin{bmatrix}ca_1\\ \vdots\\ ca_n\end{bmatrix}+\begin{bmatrix}cb_1\\ \vdots\\ cb_n\end{bmatrix}=c\boldsymbol{a}+c\boldsymbol{b}$$

$$(c+d)\boldsymbol{a}=\begin{bmatrix}(c+d)a_1\\ \vdots\\ (c+d)a_n\end{bmatrix}=\begin{bmatrix}ca_1+da_1\\ \vdots\\ ca_n+da_n\end{bmatrix}=\begin{bmatrix}ca_1\\ \vdots\\ ca_n\end{bmatrix}+\begin{bmatrix}da_1\\ \vdots\\ da_n\end{bmatrix}=c\boldsymbol{a}+d\boldsymbol{a}$$ ■

2 つのベクトル $\boldsymbol{a}=\begin{bmatrix}a_1\\ \vdots\\ a_n\end{bmatrix}$, $\boldsymbol{b}=\begin{bmatrix}b_1\\ \vdots\\ b_n\end{bmatrix}$ に対して，和とスカラー倍は定義したが，ベクトルの積は定義されていないことに注意して欲しい．また，零ベクトルや基本ベクトルも，平面ベクトルや空間ベクトルと同様に定義される．

【注意】 $\boldsymbol{a}$ と $\boldsymbol{b}$ はともに $n\times1$ 行列であり，$n\times1$ 行列と $n\times1$ 行列の積は定義されないことに注意しよう．

定義 5.3（零ベクトル・基本ベクトル）

$\boldsymbol{0}=\begin{bmatrix}0\\0\\ \vdots\\0\end{bmatrix}$ を零ベクトル (zero vector) と呼び，$\boldsymbol{e}_1=\begin{bmatrix}1\\0\\ \vdots\\0\end{bmatrix}$, $\boldsymbol{e}_2=\begin{bmatrix}0\\1\\ \vdots\\0\end{bmatrix}$,

$\cdots$, $\boldsymbol{e}_n=\begin{bmatrix}0\\0\\ \vdots\\1\end{bmatrix}$, を n 次元基本ベクトル (basic vector) と呼ぶ．

さて，$\mathbb{R}^n$ における議論で必要な基本的なベクトルはすべて登場したので，ここで，ベクトルの性質をまとめておこう．これらは定理 5.1 と同様に証明できるので，証明を省略する．

定理 5.2（数ベクトルの性質）

任意のベクトル $\boldsymbol{a},\boldsymbol{b},\boldsymbol{c}\in\mathbb{R}^n$ と任意のスカラー $\alpha,\beta\in\mathbb{R}$ に対して，次の性質が成り立つ．

① 和の結合則 $\boldsymbol{a}+(\boldsymbol{b}+\boldsymbol{c})=(\boldsymbol{a}+\boldsymbol{b})+\boldsymbol{c}$
② 和の可換性 $\boldsymbol{a}+\boldsymbol{b}=\boldsymbol{b}+\boldsymbol{a}$
③ $\boldsymbol{0}$ の存在 $\boldsymbol{a}+\boldsymbol{0}=\boldsymbol{0}+\boldsymbol{a}=\boldsymbol{a}$

④ マイナスの存在 $\boldsymbol{a}+(-\boldsymbol{a})=-\boldsymbol{a}+\boldsymbol{a}=\boldsymbol{0}$

⑤ 1によるスカラー倍 $1\cdot\boldsymbol{a}=\boldsymbol{a}$

⑥ スカラー倍の結合則 $\alpha(\beta\boldsymbol{a})=(\alpha\beta)\boldsymbol{a}$

⑦ スカラー倍の分配則 $\alpha(\boldsymbol{a}+\boldsymbol{b})=\alpha\boldsymbol{a}+\alpha\boldsymbol{b}$ かつ $(\alpha+\beta)\boldsymbol{a}=\alpha\boldsymbol{a}+\beta\boldsymbol{a}$

平面ベクトルや空間ベクトルと同様に，数ベクトルの内積も定義できる．

定義 5.4（内積）

2つの実ベクトル $\boldsymbol{a}=\begin{bmatrix}a_1\\a_2\\\vdots\\a_n\end{bmatrix}, \boldsymbol{b}=\begin{bmatrix}b_1\\b_2\\\vdots\\b_n\end{bmatrix}$ に対して，実数値

$$(\boldsymbol{a},\boldsymbol{b})=a_1b_1+a_2b_2+\cdots+a_nb_n \tag{5.1}$$

をベクトル $\boldsymbol{a}$ と $\boldsymbol{b}$ の (標準) 内積 (standard inner product) あるいは自然な内積 (natural inner product) という．

転置行列の記号を使うと，実ベクトルの内積は

$$(\boldsymbol{a},\boldsymbol{b})=a_1b_1+a_2b_2+\cdots+a_nb_n=[a_1\ a_2\ \ldots\ a_n]\begin{bmatrix}b_1\\\vdots\\b_n\end{bmatrix}={}^t\boldsymbol{a}\boldsymbol{b}$$

と表せる．

▶［スカラー積］
内積はスカラーなので，内積のことをスカラー積 (scalar product) と呼ぶことがある．

定理 5.3（内積の性質）

ベクトル $\boldsymbol{a}_1,\boldsymbol{a}_2,\boldsymbol{b}_1,\boldsymbol{b}_2,\boldsymbol{a},\boldsymbol{b}\in\mathbb{R}^n$ とスカラー $x_1,x_2\in\mathbb{R}$ について次が成り立つ．

(双線形性) $\begin{cases}(x_1\boldsymbol{a}_1+x_2\boldsymbol{a}_2,\boldsymbol{b})=x_1(\boldsymbol{a}_1,\boldsymbol{b})+x_2(\boldsymbol{a}_2,\boldsymbol{b})\\(\boldsymbol{a},x_1\boldsymbol{b}_1+x_2\boldsymbol{b}_2)=x_1(\boldsymbol{a},\boldsymbol{b}_1)+x_2(\boldsymbol{a},\boldsymbol{b}_2)\end{cases}$

(対称性) $(\boldsymbol{a},\boldsymbol{b})=(\boldsymbol{b},\boldsymbol{a})$

(正定値性) $(\boldsymbol{a},\boldsymbol{a})\geqq 0$ であって，等号が成立するのは $\boldsymbol{a}=\boldsymbol{0}$ であるときに限る．

（証明）
定義から容易に導かれる．■

内積が導入されると，これをもとに「長さ」とか「2つのベクトルのなす角」といった図形の計量のもとになる概念を導入できる．これにより，単なる数字をひとまとめにした数ベクトルの関係を図形的に考えられる．

定義 5.5（長さ・直交・単位ベクトル）
$\mathbb{R}^n$ の任意のベクトル $\boldsymbol{a}$ に対して $\sqrt{(\boldsymbol{a},\boldsymbol{a})}$ をベクトル $\boldsymbol{a}$ のノルム (norm)，大きさ (magnitude)，長さ (length) などといい，$\|\boldsymbol{a}\|$ で表す．すなわち，

$$\|\boldsymbol{a}\| = \sqrt{(\boldsymbol{a},\boldsymbol{a})}$$

である．また，$\mathbb{R}^n$ の 2 つのベクトル $\boldsymbol{a}$ と $\boldsymbol{b}$ が $(\boldsymbol{a},\boldsymbol{b}) = 0$ を満たすとき，$\boldsymbol{a}$ と $\boldsymbol{b}$ は直交する (perpendicular, orthogonal) といい $\boldsymbol{a} \perp \boldsymbol{b}$ と表す．さらに，$\|\boldsymbol{e}\| = 1$ となるベクトル $\boldsymbol{e}$ を単位ベクトル (unit vector) という．

それでは，ベクトルの内積とノルムに関する重要な性質を導こう．

定理 5.4（シュワルツの不等式と三角不等式）
任意の 2 つのベクトル $\boldsymbol{a},\boldsymbol{b}$ に対して，次の不等式が成り立つ．

(1) $|(\boldsymbol{a},\boldsymbol{b})| \leqq \|\boldsymbol{a}\|\|\boldsymbol{b}\|$　（シュワルツの不等式 (Schwarz inequality, Cauchy-Schwarz inequality)）

(2) $\|\boldsymbol{a}+\boldsymbol{b}\| \leqq \|\boldsymbol{a}\| + \|\boldsymbol{b}\|$　（三角不等式（さんかくふとうしき）(triangle inequality)）

ここで，(1) において等号が成り立つのは $\boldsymbol{a} = k\boldsymbol{b}$ または $\boldsymbol{b} = k'\boldsymbol{a}$ の場合で，(2) において等号が成り立つのは $\boldsymbol{a} = k\boldsymbol{b}(k \geqq 0)$ または $\boldsymbol{b} = k'\boldsymbol{a}(k' \geqq 0)$ の場合に限る．なお，$k, k' \in \mathbb{R}$ である．

▶[三角不等式]
三角形の 3 辺の長さを $\|\boldsymbol{a}\|$, $\|\boldsymbol{b}\|$, $\|\boldsymbol{a}+\boldsymbol{b}\|$ としたとき，$\|\boldsymbol{a}+\boldsymbol{b}\| \leqq \|\boldsymbol{a}\| + \|\boldsymbol{b}\|$ が成り立つ（第 4 章の図 4.2 を参照）．三角不等式はこの三角形で成り立つ不等式と同じ形をしているのがその名の由来である．

（証明）
(1) $\boldsymbol{a} = \boldsymbol{0}$ または $\boldsymbol{b} = \boldsymbol{0}$ のとき，両辺ともに 0 となり等号が成立する．そこで，$\boldsymbol{a} \neq \boldsymbol{0}$ かつ $\boldsymbol{b} \neq \boldsymbol{0}$ とする．
まず，

$$\|x\boldsymbol{a} - \boldsymbol{b}\|^2 = (x\boldsymbol{a} - \boldsymbol{b}, x\boldsymbol{a} - \boldsymbol{b}) = \|\boldsymbol{a}\|^2x^2 - 2(\boldsymbol{a},\boldsymbol{b})x + \|\boldsymbol{b}\|^2 \geqq 0$$

が任意の $x \in \mathbb{R}$ について成立することに注意する．よって，x の 2 次式として，左辺の判別式を D とすると，

$$\frac{D}{4} = (\boldsymbol{a},\boldsymbol{b})^2 - \|\boldsymbol{a}\|^2\|\boldsymbol{b}\|^2 \leqq 0$$

つまり，

$$|(\boldsymbol{a},\boldsymbol{b})| \leqq \|\boldsymbol{a}\|\|\boldsymbol{b}\|$$

である．次に，$\boldsymbol{b} = k'\boldsymbol{a}$ と仮定すると，

$$\begin{aligned} \|\boldsymbol{a}\|\|\boldsymbol{b}\| &= \|\boldsymbol{a}\|\|k'\boldsymbol{a}\| = |k'|\|\boldsymbol{a}\|^2 \\ |(\boldsymbol{a},\boldsymbol{b})| &= \|(\boldsymbol{a},k'\boldsymbol{a})\| = |k'|\|\boldsymbol{a}\|^2 \end{aligned}$$

となり，等号が成立する．$\boldsymbol{a} = k\boldsymbol{b}$ の場合も同様である．
逆に等号が成立したとすると，

$$\|x\boldsymbol{a} - \boldsymbol{b}\| = 0$$

なので，$\boldsymbol{a} = \dfrac{1}{x}\boldsymbol{b}$ または $\boldsymbol{b} = x\boldsymbol{a}$ となるが，それぞれ $\boldsymbol{a} = k\boldsymbol{b}$, $\boldsymbol{b} = k'\boldsymbol{a}$ と表せる．
なお，最初に見たように，$\boldsymbol{a} = \boldsymbol{0}$ あるいは $\boldsymbol{b} = \boldsymbol{0}$ の場合も等号が成立するが，このときは，それぞれ，$\boldsymbol{a} = 0\boldsymbol{b}$，$\boldsymbol{b} = 0\boldsymbol{a}$ と表せる．したがって，等号が成立したときには，$\boldsymbol{a} = k\boldsymbol{b}$ または $\boldsymbol{b} = k'\boldsymbol{a}$ と表すことができる．
(2) シュワルツの不等式より

$$\|\boldsymbol{a}+\boldsymbol{b}\|^2 = (\boldsymbol{a}+\boldsymbol{b},\boldsymbol{a}+\boldsymbol{b}) = \|\boldsymbol{a}\|^2 + 2(\boldsymbol{a},\boldsymbol{b}) + \|\boldsymbol{b}\|^2 \leqq \|\boldsymbol{a}\|^2 + 2|(\boldsymbol{a},\boldsymbol{b})| + \|\boldsymbol{b}\|^2$$

$$\leqq \|\boldsymbol{a}\|^2 + 2\|\boldsymbol{a}\|\|\boldsymbol{b}\| + \|\boldsymbol{b}\|^2 = (\|\boldsymbol{a}\| + \|\boldsymbol{b}\|)^2$$

なので，$\|\boldsymbol{a}+\boldsymbol{b}\| \leqq \|\boldsymbol{a}\| + \|\boldsymbol{b}\|$ である．
また，等号が成立するのは，シュワルツの不等式において等号が成立し，かつ，

$$(\boldsymbol{a}, \boldsymbol{b}) = |(\boldsymbol{a}, \boldsymbol{b})| \quad \text{つまり，} \quad (\boldsymbol{a}, \boldsymbol{b}) \geqq 0$$

となる場合なので，$\boldsymbol{a} = k\boldsymbol{b}(k \geqq 0)$ または $\boldsymbol{b} = k'\boldsymbol{a}(k' \geqq 0)$ の場合である． ■

【注意】一般に，$\boldsymbol{a} = \boldsymbol{0}$ または $\boldsymbol{b} = \boldsymbol{0}$ のときは，なす角を定義しない．

シュワルツの不等式より，$\boldsymbol{a} \neq \boldsymbol{0}$ かつ $\boldsymbol{b} \neq \boldsymbol{0}$ となる2つの実ベクトルに対して，$-1 \leqq \dfrac{(\boldsymbol{a}, \boldsymbol{b})}{\|\boldsymbol{a}\|\|\boldsymbol{b}\|} \leqq 1$ が成り立つので，$\cos\theta = \dfrac{(\boldsymbol{a}, \boldsymbol{b})}{\|\boldsymbol{a}\|\|\boldsymbol{b}\|}$ となる $0 \leqq \theta \leqq \pi$ がただひとつに定まる．そこで，この θ を2つのベクトル $\boldsymbol{a}$ と $\boldsymbol{b}$ のなす角と定義する．

定義 5.6（実ベクトルのなす角）
2つの実ベクトル $\boldsymbol{a}, \boldsymbol{b}$ に対し，

$$\cos\theta = \frac{(\boldsymbol{a}, \boldsymbol{b})}{\|\boldsymbol{a}\|\|\boldsymbol{b}\|}$$

となる θ $(0 \leqq \theta \leqq \pi)$ を $\boldsymbol{a}$ と $\boldsymbol{b}$ の**なす角 (angle)** という．

内積を導入するメリットは，n 次元数ベクトルに対して，「角度」や「大きさ（ノルム）」という概念を導入できることである．

▶［交角］
なす角 θ を $\boldsymbol{a}$ と $\boldsymbol{b}$ の交角（こうかく）(angle between $\boldsymbol{a}$ and $\boldsymbol{b}$) と呼ぶこともある．

例題 5.1（なす角の計算）
$\mathbb{R}^4$ の2つのベクトル $\boldsymbol{a} = {}^t[1\ 1\ -1\ -1], \boldsymbol{b} = {}^t[2\ 2\ 0\ 1]$ のなす角 θ を求めよ．

（解答）

$$(\boldsymbol{a}, \boldsymbol{b}) = 2 + 2 - 1 = 3, \quad \|\boldsymbol{a}\| = \sqrt{1+1+1+1} = 2, \quad \|\boldsymbol{b}\| = \sqrt{4+4+1} = 3$$

なので，$\cos\theta = \dfrac{(\boldsymbol{a}, \boldsymbol{b})}{\|\boldsymbol{a}\|\|\boldsymbol{b}\|} = \dfrac{3}{6} = \dfrac{1}{2}$ である．よって，$\theta = \dfrac{\pi}{3}$ である． ■

▶【アクティブ・ラーニング】
例題 5.1，5.2 はすべて確実にできるようになりましたか？ できない問題があれば，それがどうすればできるようになりますか？ 何に気をつければいいですか？ また，読者全員ができるようになるにはどうすればいいでしょうか？ それを紙に書き出しましょう．そして，書き出した紙を周りの人と見せ合って，それをまとめてグループごとに発表しましょう．

例題 5.2（内積の性質）
$\boldsymbol{x}, \boldsymbol{y}$ を $\mathbb{R}^n$ の任意のベクトルとする．このとき，次の問に答えよ．

(1) $\boldsymbol{x}$ と $\boldsymbol{y}$ が直交しているならば，$\|\boldsymbol{x}+\boldsymbol{y}\|^2 = \|\boldsymbol{x}\|^2 + \|\boldsymbol{y}\|^2$ が成立することを示せ．

(2) シュワルツの不等式を用いて $|(\boldsymbol{x}, \boldsymbol{y})| \leqq \dfrac{1}{2}(\|\boldsymbol{x}\|^2 + \|\boldsymbol{y}\|^2)$ が成り立つことを示せ．

（解答）
(1) $\|\boldsymbol{x}+\boldsymbol{y}\|^2 = (\boldsymbol{x}+\boldsymbol{y}, \boldsymbol{x}+\boldsymbol{y}) = \|\boldsymbol{x}\|^2 + 2(\boldsymbol{x}, \boldsymbol{y}) + \|\boldsymbol{y}\|^2$ である．ここで，$\boldsymbol{x}$ と $\boldsymbol{y}$ は直交しているので $(\boldsymbol{x}, \boldsymbol{y}) = 0$ であることに注意すれば $\|\boldsymbol{x}+\boldsymbol{y}\|^2 = \|\boldsymbol{x}\|^2 + \|\boldsymbol{y}\|^2$ が成立することが分かる．

(2) シュワルツの不等式より $|(\boldsymbol{x},\boldsymbol{y})| \leqq \|\boldsymbol{x}\|\|\boldsymbol{y}\|$ であり，$(\|\boldsymbol{x}\|-\|\boldsymbol{y}\|)^2 \geqq 0$ より，
$\|\boldsymbol{x}\|\|\boldsymbol{y}\| \leqq \frac{1}{2}(\|\boldsymbol{x}\|^2+\|\boldsymbol{y}\|^2)$ が成り立つので，$|(\boldsymbol{x},\boldsymbol{y})| \leqq \frac{1}{2}(\|\boldsymbol{x}\|^2+\|\boldsymbol{y}\|^2)$ が成り立つ． ■

[問] 5.1　$\mathbb{R}^4$ の 2 つの数ベクトル $\boldsymbol{a} = {}^t[-4\ 4\ 0\ -4]$, $\boldsymbol{b} = {}^t[2\ -2\ 2\ 2]$ のなす角 θ を求めよ．

[問] 5.2　次の問に答えよ．

(1) 任意の $\boldsymbol{a},\boldsymbol{b} \in \mathbb{R}^n$ に対して，$\|3\boldsymbol{a}-2\boldsymbol{b}\|^2 + \|2\boldsymbol{a}+3\boldsymbol{b}\|^2 = 13\|\boldsymbol{a}\|^2 + 13\|\boldsymbol{b}\|^2$ が成り立つことを示せ．
(2) 任意のベクトル $\boldsymbol{x},\boldsymbol{y} \in \mathbb{R}^n$ について，$\|\boldsymbol{x}-\boldsymbol{y}\|^2 = \|\boldsymbol{x}\|^2 + \|\boldsymbol{y}\|^2$ とする．このとき，$\boldsymbol{x}$ と $\boldsymbol{y}$ は直交しているといえるか？ 理由を述べて答えよ．

5.2 直交行列

内積の導入により，ベクトルに「直交」という概念が導入された．これを行列に拡張しよう．

定義 5.7（直交行列）
n 次実行列 A が等式 $A{}^tA = {}^tAA = E_n$ を満たすとき，A を n 次直交行列（ちょっこうぎょうれつ）(orthogonal matrix) という．

定義より，A が直交行列ならば $A^{-1} = {}^tA$ である．これと例題 3.5 より，${}^tAA = E_n$ もしくは $A{}^tA = E_n$ が成り立てば A は直交行列であることが分かる．

それでは，定義 5.7 で定義される行列がなぜ「直交行列」と呼ばれるのか？ この問題を解決するためには，次の等式が必要となる．

定理 5.5（${}^tAB$ の成分）
2 つの n 次実行列 $A = [\boldsymbol{a}_1\ \boldsymbol{a}_2\ \ldots\ \boldsymbol{a}_n]$ と $B = [\boldsymbol{b}_1\ \boldsymbol{b}_2\ \ldots\ \boldsymbol{b}_n]$ に対して，次式が成立する．

$$ {}^tAB = \begin{bmatrix} (\boldsymbol{a}_1,\boldsymbol{b}_1) & \cdots & (\boldsymbol{a}_1,\boldsymbol{b}_n) \\ \vdots & \ddots & \vdots \\ (\boldsymbol{a}_n,\boldsymbol{b}_1) & \cdots & (\boldsymbol{a}_n,\boldsymbol{b}_n) \end{bmatrix} \tag{5.2} $$

（証明）
$A = [a_{ij}]$, $B = [b_{ij}]$ とし，${}^tA$ の (i,j) 成分が a_{ji} であることに注意すると

$$ {}^tAB \text{ の } (i,k) \text{ 成分} = \sum_{j=1}^{n} a_{ji}b_{jk} = [a_{1i}\ a_{2i}\ \ldots\ a_{ni}] \begin{bmatrix} b_{1k} \\ b_{2k} \\ \vdots \\ b_{nk} \end{bmatrix} = (\boldsymbol{a}_i,\boldsymbol{b}_k) $$

■

▶ [直交行列の行列式]
$1 = |E_n| = |{}^tAA| = |A|^2$ より，直交行列の行列式は ± 1 である．

▶【アクティブ・ラーニング】
n 次実行列 A の行列式 $|A|$ が 1 のとき，A は直交行列だといえるか？ みんなで考えてみよう．

▶ [行列の列ベクトル表示]
$\boldsymbol{a}_1 = \begin{bmatrix} a_{11} \\ a_{21} \\ \vdots \\ a_{m1} \end{bmatrix}$, $\boldsymbol{a}_2 = \begin{bmatrix} a_{12} \\ a_{22} \\ \vdots \\ a_{m2} \end{bmatrix}$, $\ldots$, $\boldsymbol{a}_n = \begin{bmatrix} a_{1n} \\ a_{2n} \\ \vdots \\ a_{mn} \end{bmatrix}$ とするとき，
$A = \begin{bmatrix} a_{11} & a_{12} & \cdots & a_{1n} \\ a_{21} & a_{22} & \cdots & a_{2n} \\ \vdots & \vdots & \ddots & \vdots \\ a_{m1} & a_{m2} & \cdots & a_{mn} \end{bmatrix}$
は，$A = [\boldsymbol{a}_1\ \boldsymbol{a}_2 \ldots \boldsymbol{a}_n]$ と表せる．

直交行列の「直交」は，直交行列の列ベクトルは互いに直交する，ことに由来する．

定理 5.6（直交行列の性質）
n 次実行列 $A = [\boldsymbol{a}_1\ \boldsymbol{a}_2\ \ldots\ \boldsymbol{a}_n]$ が直交行列であるための必要十分条件は，ベクトル $\boldsymbol{a}_1, \boldsymbol{a}_2, \ldots, \boldsymbol{a}_n$ が長さ 1 の互いに直交するベクトルとなることである．つまり，$(\boldsymbol{a}_i, \boldsymbol{a}_j) = \delta_{ij} (i, j = 1, 2, \ldots, n)$ となることである．

（証明）
定理 5.5 より，${}^tAA$ の (i, j) 成分 $= (\boldsymbol{a}_i, \boldsymbol{a}_j)$ なので，

$$A \text{ が直交行列} \iff {}^tAA = E_n \iff (\boldsymbol{a}_i, \boldsymbol{a}_j) = \delta_{ij}$$

■

また，直交行列には次のような特徴がある．

定理 5.7（直交行列と内積）
n 次実行列 A が直交行列となるための必要十分条件は，任意の $\boldsymbol{x}, \boldsymbol{y} \in \mathbb{R}^n$ に対して

$$(A\boldsymbol{x}, A\boldsymbol{y}) = (\boldsymbol{x}, \boldsymbol{y}) \tag{5.3}$$

が成り立つことである．

（証明）
$(\Longrightarrow)$
A が直交行列ならば，任意の $\boldsymbol{x}, \boldsymbol{y} \in \mathbb{R}^n$ に対して

$$(A\boldsymbol{x}, A\boldsymbol{y}) = {}^t(A\boldsymbol{x})A\boldsymbol{y} = {}^t\boldsymbol{x}{}^tAA\boldsymbol{y} = {}^t\boldsymbol{x}\boldsymbol{y} = (\boldsymbol{x}, \boldsymbol{y})$$

$(\Longleftarrow)$
$\mathbb{R}^n$ の基本ベクトル $\boldsymbol{e}_i$ と $\boldsymbol{e}_j$ に対して，$A\boldsymbol{e}_i = \boldsymbol{a}_i$，$A\boldsymbol{e}_j = \boldsymbol{a}_j$ が成り立つので，
$(A\boldsymbol{x}, A\boldsymbol{y}) = (\boldsymbol{x}, \boldsymbol{y})$ において，$\boldsymbol{x} = \boldsymbol{e}_i$，$\boldsymbol{y} = \boldsymbol{e}_j$ とすれば，

$$(A\boldsymbol{e}_i, A\boldsymbol{e}_j) = (\boldsymbol{e}_i, \boldsymbol{e}_j) \iff (\boldsymbol{a}_i, \boldsymbol{a}_j) = \delta_{ij}$$

となる．定理 5.6 より，これは，A が直交行列であることを意味する．■

(5.3) において，$\boldsymbol{y} = \boldsymbol{x}$ とすると，

$$\|A\boldsymbol{x}\|^2 = \|\boldsymbol{x}\|^2 \iff \|A\boldsymbol{x}\| = \|\boldsymbol{x}\|$$

なので，$A\boldsymbol{x}$ と $\boldsymbol{x}$ とのノルムが等しいことが分かる．同様に，$\|A\boldsymbol{y}\| = \|\boldsymbol{y}\|$ なので，これと (5.3) より，

$$\frac{(A\boldsymbol{x}, A\boldsymbol{y})}{\|A\boldsymbol{x}\|\|A\boldsymbol{y}\|} = \frac{(\boldsymbol{x}, \boldsymbol{y})}{\|\boldsymbol{x}\|\|\boldsymbol{y}\|}$$

が成り立ち，結果として，ベクトル $\boldsymbol{x}$ と $\boldsymbol{y}$ のなす角は，$A\boldsymbol{x}$ と $A\boldsymbol{y}$ のなす角と等しいことも分かる．つまり，定理 5.7 は，2 つのベクトル $\boldsymbol{x}$ と $\boldsymbol{y}$ に直交行列 P を左から掛けて $P\boldsymbol{x}, P\boldsymbol{y}$ としてもそれらのノルムとなす角は変わらない，ということを示している．

例題 5.3（直交行列の決定）

行列 $\begin{bmatrix} \frac{1}{3} & \frac{2}{3} & x \\ \frac{2}{3} & \frac{1}{3} & y \\ \frac{2}{3} & -\frac{2}{3} & z \end{bmatrix}$ が直交行列となるように x, y, z を定めよ．

（解答）

$\boldsymbol{a}_1 = \begin{bmatrix} \frac{1}{3} \\ \frac{2}{3} \\ \frac{2}{3} \end{bmatrix}$, $\boldsymbol{a}_2 = \begin{bmatrix} \frac{2}{3} \\ \frac{1}{3} \\ -\frac{2}{3} \end{bmatrix}$, $\boldsymbol{a}_3 = \begin{bmatrix} x \\ y \\ z \end{bmatrix}$ とおく．このとき，$(\boldsymbol{a}_i, \boldsymbol{a}_j) = \delta_{ij} (i, j = 1, 2, 3)$ であればよい．

$$(\boldsymbol{a}_1, \boldsymbol{a}_1) = \frac{1}{9} + \frac{4}{9} + \frac{4}{9} = 1, \quad (\boldsymbol{a}_2, \boldsymbol{a}_2) = \frac{4}{9} + \frac{1}{9} + \frac{4}{9} = 1,$$
$$(\boldsymbol{a}_1, \boldsymbol{a}_2) = \frac{2}{9} + \frac{2}{9} - \frac{4}{9} = 0, \quad (\boldsymbol{a}_2, \boldsymbol{a}_1) = 0$$

となっている．そこで，

$$\begin{aligned} (\boldsymbol{a}_1, \boldsymbol{a}_3) &= \frac{1}{3}x + \frac{2}{3}y + \frac{2}{3}z = 0 \\ (\boldsymbol{a}_2, \boldsymbol{a}_3) &= \frac{2}{3}x + \frac{1}{3}y - \frac{2}{3}z = 0 \\ (\boldsymbol{a}_3, \boldsymbol{a}_3) &= x^2 + y^2 + z^2 = 1 \end{aligned}$$

となればよい．この第 1 式と第 2 式を足すと，$x + y = 0$ となるので，$x = -y$ である．これを第 1 式に代入すると $y = -2z$ なので，$x = 2z$ である．これらを第 3 式に代入すると $9z^2 = 1$ となるので，$z = \pm\frac{1}{3}$ となり，$x = \pm\frac{2}{3}$, $y = \mp\frac{2}{3}$ を得る．よって，

$$(x, y, z) = \left(\frac{2}{3}, -\frac{2}{3}, \frac{1}{3}\right), \quad (x, y, z) = \left(-\frac{2}{3}, \frac{2}{3}, -\frac{1}{3}\right)$$ ■

【注意】 ここの解答では，定理 5.6 を利用しているが，${}^tAA = E_3$ あるいは $A{}^tA = E_3$ となるように x, y, z を定めてもよい．

例題 5.4（直交行列の性質）

A と B は n 次実行列で，P は n 次直交行列だとする．このとき，$D_1 = {}^tPAP$ と $D_2 = {}^tPBP$ が共に対角行列ならば，$AB = BA$ となることを示せ．

（解答）

$A = PD_1{}^tP$, $B = PD_2{}^tP$ であり，D_1 と D_2 が対角行列のとき $D_1D_2 = D_2D_1$ が成り立つことに注意すれば，

$$\begin{aligned} AB &= (PD_1{}^tP)(PD_2{}^tP) = PD_1({}^tPP)D_2{}^tP = PD_1E_nD_2{}^tP = PD_1D_2{}^tP \\ &= PD_2D_1{}^tP = PD_2({}^tPP)D_1{}^tP = (PD_2{}^tP)(PD_1{}^tP) = BA \end{aligned}$$

が成り立つ． ■

▶【アクティブ・ラーニング】
例題 5.3，5.4 はすべて確実にできるようになりましたか？ できない問題があれば，それがどうすればできるようになりますか？ 何に気をつければいいですか？ また，読者全員ができるようになるにはどうすればいいでしょうか？ それを紙に書き出しましょう．そして，書き出した紙を周りの人と見せ合って，それをまとめてグループごとに発表しましょう．

[問] 5.3 定理 4.8，4.9 で登場した行列 $R_\theta = \begin{bmatrix} \cos\theta & -\sin\theta \\ \sin\theta & \cos\theta \end{bmatrix}$, $T_l = \begin{bmatrix} \cos 2\theta & \sin 2\theta \\ \sin 2\theta & -\cos 2\theta \end{bmatrix}$ はともに直交行列であることを示せ．

【注意】 問 5.3 より，2 つのベクトルを回転させたり，線対称の位置に移動させてもそれらの大きさとなす角は変わらないことが分かる．

[問] 5.4 次の行列が直交行列になるように a, b を定めよ．

(1) $\frac{1}{5}\begin{bmatrix} 3 & a \\ b & 3 \end{bmatrix}$　　(2) $\begin{bmatrix} -\frac{1}{\sqrt{2}} & a \\ \frac{1}{\sqrt{2}} & b \end{bmatrix}$

[問] 5.5　$A = \frac{1}{3}\begin{bmatrix} x & 2 & 2 \\ -2 & -1 & y \\ 2 & z & 1 \end{bmatrix}$ が直交行列になるように x, y, z を定めよ.

[問] 5.6　A を n 次正方行列とし, P を n 次直交行列とする. このとき, $D = {}^tPAP$ が対角行列ならば A は対称行列であることを示せ.

5.3　部分空間

皆さんは, 直線や平面を考えるとき, どのような状況を想定するだろうか? ほとんどの人は, 直線上にある直線や平面上にある平面ではなく, 平面上にある直線や, 空間内にある平面を想定するだろう. また, n 個のデータのうち, m 個 $(m < n)$ のデータだけを考えることもあるだろう.

このように, 様々な問題を扱う場合, 数ベクトル空間 $\mathbb{R}^n$ の部分空間 W といったものを考えざるを得ない.

定義 5.8（部分空間）
n 次元数ベクトル空間 $\mathbb{R}^n$ の部分集合 V が
(1) $V \neq \emptyset$
(2) 任意の $\boldsymbol{a}, \boldsymbol{b} \in V$ に対し $\boldsymbol{a} + \boldsymbol{b} \in V$
(3) 任意の $\boldsymbol{a} \in V, \alpha \in \mathbb{R}$ に対し $\alpha\boldsymbol{a} \in V$
を満たすとき, V を $\mathbb{R}^n$ の部分ベクトル空間 (vector subspace, linear subspace) または単に部分空間(ぶぶんくうかん)(subspace) という.

▶ [空集合]
要素をもたない集合を空集合(くうしゅうごう) (empty set) といい, $\emptyset$ で表す.

定義から, 直ちに次のことが分かる.

系 5.1（部分空間となるための必要十分条件）
$\mathbb{R}^n$ の空でない部分集合 W が部分空間であるための必要十分条件は,

$$任意の\ \boldsymbol{a}, \boldsymbol{b} \in W, \alpha, \beta \in \mathbb{R}\ に対して, \alpha\boldsymbol{a} + \beta\boldsymbol{b} \in W \tag{5.4}$$

が成り立つことである.

（証明）
$W \neq \emptyset$ より, 定義 5.8(1) は成立している.
$(\Longrightarrow)$ 任意の $\boldsymbol{a}, \boldsymbol{b} \in W$ と任意の $\alpha, \beta \in \mathbb{R}$ に対して, 定義 5.8(3) より, $\alpha\boldsymbol{a} \in W$ かつ $\beta\boldsymbol{b} \in W$ である. よって, 定義 5.8(2) より $\alpha\boldsymbol{a} + \beta\boldsymbol{b} \in W$ が成り立つ.
$(\Longleftarrow)$
(5.4) において $\alpha = \beta = 1$ とすれば, 定義 5.8(2) が示され, $\beta = 0$ とすれば定義 5.8(3) が示される. ■

例題 5.5（部分空間の判定）

次の問に答えよ．

(1) U と V を $\mathbb{R}^n$ の部分空間とする．このとき，U と V の共通部分 $U \cap V = \{\boldsymbol{a} \in \mathbb{R}^n | \boldsymbol{a} \in U$ かつ $\boldsymbol{a} \in V\}$ が $\mathbb{R}^n$ の部分空間になるかどうか調べよ．

(2) $B = \left\{ \begin{bmatrix} x \\ y \end{bmatrix} \middle| x + y = 0 \right\}$ が $\mathbb{R}^2$ の部分空間となるかどうか調べよ．

（解答）

(1) $\mathbf{0} \in U, \mathbf{0} \in V$ なので $\mathbf{0} \in U \cap V$ である．よって，$U \cap V \neq \emptyset$ である．

次に，任意の $\boldsymbol{a}, \boldsymbol{b} \in U \cap V$ に対し，$\boldsymbol{a}, \boldsymbol{b} \in U$ かつ $\boldsymbol{a}, \boldsymbol{b} \in V$ であり，U と V は部分空間なので，

$$\boldsymbol{a} + \boldsymbol{b} \in U \quad \text{かつ} \quad \boldsymbol{a} + \boldsymbol{b} \in V$$

である．よって，$\boldsymbol{a} + \boldsymbol{b} \in U \cap V$ である．

また，任意の $\alpha \in \mathbb{R}$ に対して，U と V が部分空間であることより，$\alpha\boldsymbol{a} \in U$ かつ $\alpha\boldsymbol{a} \in V$ となるので，$\alpha\boldsymbol{a} \in U \cap V$ である．ゆえに，$U \cap V$ は $\mathbb{R}^n$ の部分空間である．

(2) $\begin{bmatrix} 0 \\ 0 \end{bmatrix} \in B$ なので，$B \neq \emptyset$ である．任意の $\boldsymbol{a} = \begin{bmatrix} a_1 \\ a_2 \end{bmatrix}, \boldsymbol{b} = \begin{bmatrix} b_1 \\ b_2 \end{bmatrix} \in B$ および任意の $\alpha, \beta \in \mathbb{R}$ に対して

$$\alpha\boldsymbol{a} + \beta\boldsymbol{b} = \begin{bmatrix} \alpha a_1 \\ \alpha a_2 \end{bmatrix} + \begin{bmatrix} \beta b_1 \\ \beta b_2 \end{bmatrix} = \begin{bmatrix} \alpha a_1 + \beta b_1 \\ \alpha a_2 + \beta b_2 \end{bmatrix}$$

である．ここで，仮定より $a_1 + a_2 = 0$ および $b_1 + b_2 = 0$ が成り立つことに注意すれば，

$$(\alpha a_1 + \beta b_1) + (\alpha a_2 + \beta b_2) = \alpha(a_1 + a_2) + \beta(b_1 + b_2) = 0$$

が成り立つので，$\alpha\boldsymbol{a} + \beta\boldsymbol{b} \in B$ である．よって，B は $\mathbb{R}^2$ の部分空間となる．■

▶【アクティブ・ラーニング】

例題 5.5 はすべて確実にできるようになりましたか？ できない問題があれば，それがどうすればできるようになりますか？ 何に気をつければいいですか？ また，読者全員ができるようになるにはどうすればいいでしょうか？ それを紙に書き出しましょう．そして，書き出した紙を周りの人と見せ合って，それをまとめてグループごとに発表しましょう．

なお，本節の冒頭で，「空間内にある平面」という言い方をしたが，これは，「$\mathbb{R}^2$ は $\mathbb{R}^3$ の部分空間である」という意味ではない．なぜならば，$\mathbb{R}^2$ は $\mathbb{R}^3$ の部分集合ですらないからである．実際，任意のベクトル $\begin{bmatrix} a_1 \\ a_2 \end{bmatrix} \in \mathbb{R}^2$ は，$\begin{bmatrix} a_1 \\ a_2 \end{bmatrix} \notin \mathbb{R}^3$ である．しかし，$\begin{bmatrix} a_1 \\ a_2 \\ 0 \end{bmatrix} \in \mathbb{R}^3$ となるので，$W = \left\{ \begin{bmatrix} a_1 \\ a_2 \\ 0 \end{bmatrix} \middle| a_1, a_2 \in \mathbb{R} \right\}$ は，$\mathbb{R}^2$ と同じような働きをする $\mathbb{R}^3$ の部分空間となる．

▶【アクティブ・ラーニング】

$W = \left\{ \begin{bmatrix} a_1 \\ a_2 \\ 0 \end{bmatrix} \middle| a_1, a_2 \in \mathbb{R} \right\}$ が $\mathbb{R}^3$ の部分空間になることを示し，それをお互いに説明しよう．

[問] 5.7　$U = \left\{ \begin{bmatrix} x \\ y \end{bmatrix} \middle| x^2 + y^2 = 4 \right\}$ が $\mathbb{R}^2$ の部分空間になるかどうか調べよ．

[問] 5.8　次の $\mathbb{R}^3$ の部分集合が部分空間となるかどうか調べよ．

(1) $U = \left\{ \begin{bmatrix} x \\ y \\ z \end{bmatrix} \middle| x = 0 \right\}$　　(2) $V = \left\{ \begin{bmatrix} x \\ y \\ z \end{bmatrix} \middle| xyz = 0 \right\}$

次に，$\mathbb{R}^n$ の部分空間を作り出す方法を考えよう．

定義 5.9（一次結合）

$\boldsymbol{a}_1, \boldsymbol{a}_2, \ldots, \boldsymbol{a}_m \in \mathbb{R}^n$ および $c_1, c_2, \ldots, c_m \in \mathbb{R}$ に対して

$$\sum_{i=1}^{m} c_i \boldsymbol{a}_i = c_1 \boldsymbol{a}_1 + c_2 \boldsymbol{a}_2 + \cdots + c_m \boldsymbol{a}_m \tag{5.5}$$

を $\boldsymbol{a}_1, \boldsymbol{a}_2, \ldots, \boldsymbol{a}_m \in \mathbb{R}^n$ の一次結合(いちじけつごう)(linear combination) または線形結合(せんけいけつごう)(linear combination) という．

一次結合が「ある部分」を考える上で有効だという考えに基づき，一次結合で表されるベクトルの全体を考えると，実は，これが部分空間になることが分かる．

定理 5.8（部分空間の生成）

$\mathbb{R}^n$ のいくつかのベクトル $\boldsymbol{a}_1, \boldsymbol{a}_2, \ldots, \boldsymbol{a}_r$ が与えられたとき，これら r 個のベクトルの一次結合で表されるベクトルの全体を $\mathrm{Span}\{\boldsymbol{a}_1, \boldsymbol{a}_2, \ldots, \boldsymbol{a}_r\}$ と表す．すなわち，

$$\mathrm{Span}\{\boldsymbol{a}_1, \boldsymbol{a}_2, \ldots, \boldsymbol{a}_r\} = \{c_1\boldsymbol{a}_1 + c_2\boldsymbol{a}_2 + \cdots + c_r\boldsymbol{a}_r \mid c_1, c_2, \ldots, c_r \in \mathbb{R}\} \tag{5.6}$$

である．このとき，$\mathrm{Span}\{\boldsymbol{a}_1, \boldsymbol{a}_2, \ldots, \boldsymbol{a}_r\}$ は $\mathbb{R}^n$ の部分ベクトル空間である．

（証明）

$W = \mathrm{Span}\{\boldsymbol{a}_1, \boldsymbol{a}_2, \ldots, \boldsymbol{a}_r\}$ とすると，$\boldsymbol{a}_i \in W (i = 1, 2, \ldots, r)$ より $W \neq \emptyset$ である．
任意の $\boldsymbol{x}, \boldsymbol{y} \in W$ に対して，(5.6) より，

$$\boldsymbol{x} = x_1\boldsymbol{a}_1 + x_2\boldsymbol{a}_2 + \cdots + x_r\boldsymbol{a}_r, \quad \boldsymbol{y} = y_1\boldsymbol{a}_1 + y_2\boldsymbol{a}_2 + \cdots + y_r\boldsymbol{a}_r,$$

と表される．
よって，任意の $\alpha, \beta \in \mathbb{R}$ に対して

$$\alpha\boldsymbol{x} + \beta\boldsymbol{y} = (\alpha x_1 + \beta y_1)\boldsymbol{a}_1 + (\alpha x_2 + \beta y_2)\boldsymbol{a}_2 + \cdots + (\alpha x_r + \beta y_r)\boldsymbol{a}_r$$

は，$\boldsymbol{a}_1$, $\boldsymbol{a}_2$, ..., $\boldsymbol{a}_r$ の一次結合なので，

$$\alpha\boldsymbol{x} + \beta\boldsymbol{y} \in W$$

である．よって，系 5.1 より W は $\mathbb{R}^n$ の部分空間である．■

$\mathrm{Span}\{\boldsymbol{a}_1, \boldsymbol{a}_2, \ldots, \boldsymbol{a}_r\}$ が部分空間になることが分かったので，これに名前をつけよう．

【注意】 定義 5.10 では，ベクトル $\boldsymbol{a}_1, \boldsymbol{a}_2, \ldots, \boldsymbol{a}_r$ を 1 つの集合として考えているので，$\{\boldsymbol{a}_1, \boldsymbol{a}_2, \ldots, \boldsymbol{a}_r\}$ のように波括弧（中括弧）で囲む必要がある．

定義 5.10（生成される部分空間）

$\mathrm{Span}\{\boldsymbol{a}_1, \boldsymbol{a}_2, \ldots, \boldsymbol{a}_r\}$ をベクトルの集合 $\{\boldsymbol{a}_1, \boldsymbol{a}_2, \ldots, \boldsymbol{a}_r\}$ によって生成される部分空間 (subspace generated by $\{\boldsymbol{a}_1, \boldsymbol{a}_2, \ldots, \boldsymbol{a}_r\}$) あるいは張られた部分空間 (subspace spanned by $\{\boldsymbol{a}_1, \boldsymbol{a}_2, \ldots, \boldsymbol{a}_r\}$) といい，$\{\boldsymbol{a}_1, \boldsymbol{a}_2, \ldots, \boldsymbol{a}_r\}$ をその部分空間の生成系(せいせいけい)(spanning set, generating set) と呼ぶ．

例題 5.6（生成される部分空間）

$W = \left\{ \begin{bmatrix} \alpha - 3\beta \\ -\alpha + \beta \\ \alpha \end{bmatrix} \middle| \ \alpha, \beta \in \mathbb{R} \right\}$ とするとき，W は $\mathbb{R}^3$ の部分空間となることを示せ．

▶【アクティブ・ラーニング】
$\mathbb{R}^2$ もしくは $\mathbb{R}^3$ の生成される部分空間を作り，お互いに披露してみよう．そして，その部分空間のうち，自分たちにとって一番良いものを選び，その理由を説明しよう．

（解答）

$$\begin{bmatrix} \alpha - 3\beta \\ -\alpha + \beta \\ \alpha \end{bmatrix} = \alpha \begin{bmatrix} 1 \\ -1 \\ 1 \end{bmatrix} + \beta \begin{bmatrix} -3 \\ 1 \\ 0 \end{bmatrix}$$

より，$\boldsymbol{x} = \begin{bmatrix} \alpha - 3\beta \\ -\alpha + \beta \\ \alpha \end{bmatrix}$ は，$\boldsymbol{a}_1 = \begin{bmatrix} 1 \\ -1 \\ 1 \end{bmatrix}$ と $\boldsymbol{a}_2 = \begin{bmatrix} -3 \\ 1 \\ 0 \end{bmatrix}$ の一次結合で表されるので，$W = \mathrm{Span}\{\boldsymbol{a}_1, \boldsymbol{a}_2\}$ と書ける．よって，$\boldsymbol{a}_1, \boldsymbol{a}_2 \in \mathbb{R}^3$ であることに注意すれば，定理 5.8 より，W が $\mathbb{R}^3$ の部分空間であることが分かる． ■

［問］ 5.9 $\mathbb{R}^2$ の部分空間として $W = \mathrm{Span}\left\{\begin{bmatrix} 0 \\ 1 \end{bmatrix}\right\}$ と $W' = \mathrm{Span}\left\{\begin{bmatrix} 1 \\ 0 \end{bmatrix}\right\}$ を考える．このとき，$W \cup W' = \{\boldsymbol{a} \in \mathbb{R}^2 | \boldsymbol{a} \in W$ または $\boldsymbol{a} \in W'\}$ が $\mathbb{R}^2$ の部分空間となるかどうか調べよ．

5.4 一次独立と一次従属

前節では，ベクトル $\boldsymbol{a}_1, \boldsymbol{a}_2, \ldots, \boldsymbol{a}_r$ の一次結合で部分空間が生成できることを学んだ．しかし，

- 部分空間を作るのに，いくつのベクトルが必要なのか？ つまり，定理 5.8 や定義 5.10 で登場する r の値は一体いくらなのか？

といった疑問は残っている．この節では，数ベクトル間の関係について考え，この疑問を解決しよう．

定義 5.11（一次関係式）

$\boldsymbol{a}_1, \boldsymbol{a}_2, \ldots, \boldsymbol{a}_m \in \mathbb{R}^n$ および $c_1, c_2, \ldots, c_m \in \mathbb{R}$ に対して

$$\sum_{i=1}^{m} c_i \boldsymbol{a}_i = c_1 \boldsymbol{a}_1 + c_2 \boldsymbol{a}_2 + \cdots + c_m \boldsymbol{a}_m = \boldsymbol{0} \tag{5.7}$$

となるとき，(5.7) をベクトルの一次関係式（いちじかんけいしき）(linear relation) という．

ここで,

$$c_1 = c_2 = \cdots = c_m = 0$$

のとき，この一次関係式は自明である (trivial,linear independence relation, trivial linear relation) といい，そうでないときに自明でない (nontrivial, linear dependence relation, nontrivial linear relation) という.

この定義はベクトルではなく関係式に着目したものになっているが，ベクトルに着目した形で表すと次のようになる.

定義 5.11（一次独立・一次従属）

$\boldsymbol{a}_1, \boldsymbol{a}_2, \ldots, \boldsymbol{a}_m \in \mathbb{R}^n$ について，これらの一次関係式が自明なものに限るとき，つまり，任意の $c_i \in \mathbb{R}(i = 1, 2, \ldots, m)$ に対して

$$\sum_{i=1}^{m} c_i \boldsymbol{a}_i = 0 \Longrightarrow c_1 = c_2 = \cdots = c_m = 0 \tag{5.8}$$

を満たすとき，$\boldsymbol{a}_1, \boldsymbol{a}_2, \ldots, \boldsymbol{a}_m$ は一次独立(いちじどくりつ)(linearly independent)（または線形独立(せんけいどくりつ)(linearly independent)）であるという．また，ベクトル $\boldsymbol{a}_1, \boldsymbol{a}_2, \ldots, \boldsymbol{a}_m$ が一次独立でないときに，これらのベクトルは一次従属(いちじじゅうぞく)(linearly dependent)（または線形従属(せんけいじゅうぞく)(linearly dependent)）であるという.

【注意】「一次関係式が自明である」の否定は,「一次関係式で自明でないものが存在する」である.「一次関係式が自明でない」と勘違いしないようにしよう．このことは，例えば,「このクラスには男がいない」の否定が,「このクラスには男でない人 (女) がいる」ということを考えれば，納得できるであろう.

一次従属は一次独立の否定なので，$\boldsymbol{a}_1, \boldsymbol{a}_2, \ldots, \boldsymbol{a}_m$ が一次従属であるとは，一次関係式で自明でないものが存在する，つまり，一次関係式

$$c_1\boldsymbol{a}_1 + c_2\boldsymbol{a}_2 + \cdots + c_m\boldsymbol{a}_m = \boldsymbol{0}$$

を満たす $c_1, c_2, \ldots, c_m$ が存在して，そのうちの少なくとも 1 つが 0 でない，ということである．このとき，例えば，$c_m \neq 0$ だったとすると,

$$\boldsymbol{a}_m = \frac{1}{c_m}(-c_1\boldsymbol{a}_1 - c_2\boldsymbol{a}_2 - \cdots - c_{m-1}\boldsymbol{a}_{m-1})$$

と表せるので，ベクトル $\boldsymbol{a}_1, \boldsymbol{a}_2, \ldots, \boldsymbol{a}_m$ が一次従属とは，そのうちの少なくとも 1 つが，他のベクトルの一次結合で表されること，ともいえる．したがって，ベクトル $\boldsymbol{a}_1, \boldsymbol{a}_2, \ldots, \boldsymbol{a}_m$ が一次独立であるとは，どの 1 つも，他のベクトルの一次結合では表せないこと，ともいえる.

このことを踏まえると，数ベクトル空間 $\mathbb{R}^2$ の場合，$\boldsymbol{a}, \boldsymbol{b} \in \mathbb{R}^2$ が一次従属ならば，$x\boldsymbol{a} + y\boldsymbol{b} = \boldsymbol{0}$ において，少なくとも $x \neq 0$ あるいは $y \neq 0$ になるので，$\boldsymbol{a} = -\dfrac{y}{x}\boldsymbol{b}$ あるいは $\boldsymbol{b} = -\dfrac{x}{y}\boldsymbol{a}$ と表される．したがって，$\boldsymbol{a}$ と $\boldsymbol{b}$ が同一直線上にあることが分かる．また，この議論を逆にたどれば，$\boldsymbol{a}$ と $\boldsymbol{b}$ が同一直線上にあれば，$\boldsymbol{a}$ と $\boldsymbol{b}$ は一次従属であることが分かる．

▶【アクティブ・ラーニング】
一次独立と一次従属について，お互いに分かりやすく説明してみよう．

ゆえに，数ベクトル空間 $\mathbb{R}^2$ の場合，

- $\boldsymbol{a}, \boldsymbol{b} \in \mathbb{R}^2$ が一次従属 $\iff$ $\boldsymbol{a}$ と $\boldsymbol{b}$ は同一直線上にある
- $\boldsymbol{a}, \boldsymbol{b} \in \mathbb{R}^2$ が一次独立 $\iff$ $\boldsymbol{a}$ と $\boldsymbol{b}$ は同一直線上にない

が成り立つ．

同様に，数ベクトル空間 $\mathbb{R}^3$ の場合，$\boldsymbol{a}, \boldsymbol{b}, \boldsymbol{c} \in \mathbb{R}^3$ が一次従属ならば，$x\boldsymbol{a} + y\boldsymbol{b} + z\boldsymbol{c} = \boldsymbol{0}$ において，少なくとも x, y, z のうち 1 つは 0 でないので，例えば，$x \neq 0$ とすると，$\boldsymbol{a} = -\dfrac{y}{x}\boldsymbol{b} - \dfrac{z}{x}\boldsymbol{c}$ となる．このことは，$\boldsymbol{a}, \boldsymbol{b}, \boldsymbol{c}$ が同一平面上にあることを意味する．同様に $y \neq 0$ または $z \neq 0$ とすると，それぞれ，$\boldsymbol{b}$ は $\boldsymbol{a}$ と $\boldsymbol{c}$ の，または $\boldsymbol{c}$ は $\boldsymbol{a}$ と $\boldsymbol{c}$ の一次結合で表される．いずれにせよ，このことは，$\boldsymbol{a}, \boldsymbol{b}, \boldsymbol{c}$ が同一平面上にあることを意味する．

【注意】 空間ベクトル $\boldsymbol{a}, \boldsymbol{b}, \boldsymbol{c}$ とスカラー x, y に対して，$\boldsymbol{a} = x\boldsymbol{b} + y\boldsymbol{c}$ ならば，$\boldsymbol{a}$ は $\boldsymbol{b}$ と $\boldsymbol{c}$ の張る平面上にある．

ゆえに，数ベクトル空間 $\mathbb{R}^3$ の場合，

- $\boldsymbol{a}, \boldsymbol{b}, \boldsymbol{c} \in \mathbb{R}^3$ が一次従属 $\iff$ $\boldsymbol{a}, \boldsymbol{b}, \boldsymbol{c}$ は同一平面上にある
- $\boldsymbol{a}, \boldsymbol{b}, \boldsymbol{c} \in \mathbb{R}^3$ が一次独立 $\iff$ $\boldsymbol{a}, \boldsymbol{b}, \boldsymbol{c}$ は同一平面上にない

が成り立つ．

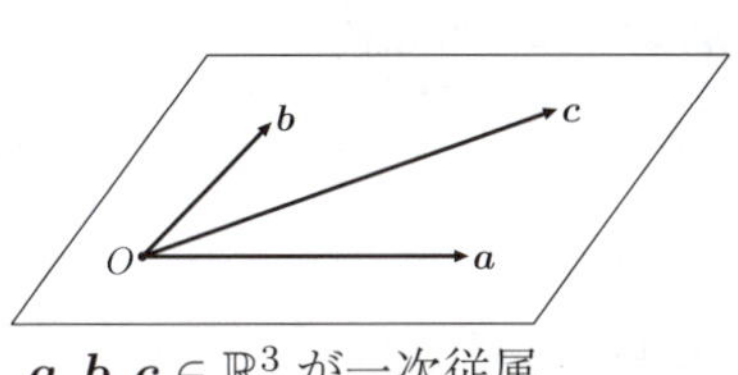

$\boldsymbol{a}, \boldsymbol{b}, \boldsymbol{c} \in \mathbb{R}^3$ が一次従属
$\iff$ $\boldsymbol{a}, \boldsymbol{b}, \boldsymbol{c}$ は同一平面上にある

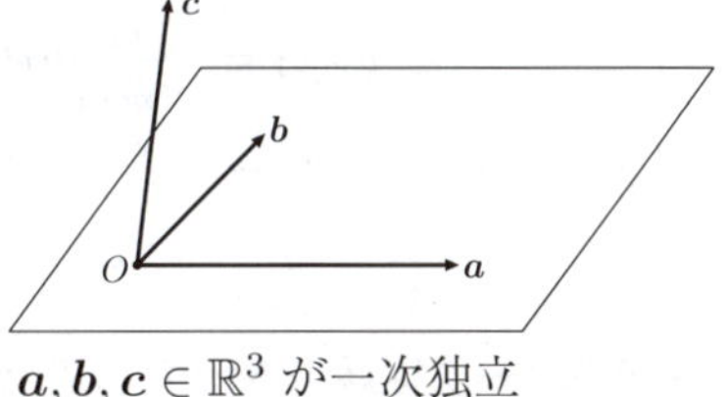

$\boldsymbol{a}, \boldsymbol{b}, \boldsymbol{c} \in \mathbb{R}^3$ が一次独立
$\iff$ $\boldsymbol{a}, \boldsymbol{b}, \boldsymbol{c}$ は同一平面上にない

以下では，一次独立，一次従属に関する基本的な性質を定理としてまとめておこう．

定理 5.9（ベクトルの集合の部分集合と一次独立性）
$\mathbb{R}^n$ において，そのベクトルの集合 $\{\boldsymbol{a}_1, \boldsymbol{a}_2, \ldots, \boldsymbol{a}_m\}$ が一次独立ならば，その部分集合 $\{\boldsymbol{a}_{i_1}, \boldsymbol{a}_{i_2}, \ldots, \boldsymbol{a}_{i_k}\}(1 \leqq i_1 < i_2 < \ldots < i_k \leqq m)$ も一次独立である．また，$\{\boldsymbol{a}_{i_1}, \boldsymbol{a}_{i_2}, \ldots, \boldsymbol{a}_{i_k}\}$ が一次従属ならば $\{\boldsymbol{a}_1, \boldsymbol{a}_2, \ldots, \boldsymbol{a}_m\}$ は一次従属である．

（証明）
$\boldsymbol{a}_1, \boldsymbol{a}_2, \ldots, \boldsymbol{a}_m$ が一次独立ならば，

$$c_1\boldsymbol{a}_1 + c_2\boldsymbol{a}_2 + \cdots + c_m\boldsymbol{a}_m = \boldsymbol{0}$$

を満たすスカラー $c_i \in \mathbb{R}(i = 1, 2, \ldots, m)$ は $c_1 = c_2 = \cdots = c_m = 0$ しかないので，

$$c_{i_1}\boldsymbol{a}_{i_1} + c_{i_2}\boldsymbol{a}_{i_2} + \cdots + c_{i_k}\boldsymbol{a}_{i_k} = \boldsymbol{0}$$

の解も $c_{i_1} = c_{i_2} = \cdots = c_{i_k} = 0$ だけである．よって，$\boldsymbol{a}_{i_1}, \boldsymbol{a}_{i_2}, \ldots, \boldsymbol{a}_{i_k}$ は一次独立である．
なお，定理の後半は，前半の対偶である．■

定理 5.10（一次結合となるための十分条件）
$\mathbb{R}^n$ のベクトル $\boldsymbol{a}_1, \boldsymbol{a}_2, \ldots, \boldsymbol{a}_m$ が一次独立で $\boldsymbol{a}_1, \boldsymbol{a}_2, \ldots, \boldsymbol{a}_m, \boldsymbol{a}_{m+1}$ は一次従属だとする．このとき，$\boldsymbol{a}_{m+1}$ は $\boldsymbol{a}_1, \boldsymbol{a}_2, \ldots, \boldsymbol{a}_m$ の一次結合である．

（証明）
$\boldsymbol{a}_1, \boldsymbol{a}_2, \ldots, \boldsymbol{a}_m, \boldsymbol{a}_{m+1}$ は一次従属なので，自明でない一次関係式

$$c_1\boldsymbol{a}_1 + c_2\boldsymbol{a}_2 + \cdots + c_m\boldsymbol{a}_m + c_{m+1}\boldsymbol{a}_{m+1} = \boldsymbol{0}$$

が成り立つ．したがって，$c_1, c_2, \ldots, c_{m+1} \in \mathbb{R}$ の中には少なくとも 1 つは 0 でないものがある．
もしも $c_{m+1} = 0$ ならば，上の一次関係式は

$$c_1\boldsymbol{a}_1 + c_2\boldsymbol{a}_2 + \cdots + c_m\boldsymbol{a}_m = \boldsymbol{0}$$

であり，かつ，$c_1, c_2, \ldots, c_m$ の中に 0 でないものが存在することになる．しかし，$\boldsymbol{a}_1, \boldsymbol{a}_2, \ldots, \boldsymbol{a}_m$ が一次独立なので

$$c_1\boldsymbol{a}_1 + c_2\boldsymbol{a}_2 + \cdots + c_m\boldsymbol{a}_m = \boldsymbol{0}$$

ならば $c_1 = c_2 = \cdots = c_m = 0$ とならなければならないので，これは矛盾である．よって，$c_{m+1} \neq 0$ である．
このとき，最初の一次関係式より

$$\boldsymbol{a}_{m+1} = -\frac{c_1}{c_{m+1}}\boldsymbol{a}_1 - \frac{c_2}{c_{m+1}}\boldsymbol{a}_2 - \cdots - \frac{c_m}{c_{m+1}}\boldsymbol{a}_1$$

を得るので，$\boldsymbol{a}_{m+1}$ は $\boldsymbol{a}_1, \boldsymbol{a}_2, \ldots, \boldsymbol{a}_m$ の一次結合となる．■

系 5.2（一次従属であるための必要十分条件）
$\boldsymbol{a}_1, \boldsymbol{a}_2, \ldots, \boldsymbol{a}_m, \boldsymbol{a}_{m+1} \in \mathbb{R}^n$ が一次従属であるための必要十分条件は，$\boldsymbol{a}_1, \boldsymbol{a}_2, \ldots, \boldsymbol{a}_m, \boldsymbol{a}_{m+1}$ のうち少なくとも 1 つは残りの m 個の一次結合で表せることである．

（証明）
$(\Longrightarrow)$ 定理 5.10 の証明において，$c_i \neq 0$ となる i を選べば，

$$\boldsymbol{a}_i = -\frac{c_1}{c_i}\boldsymbol{a}_1 - \frac{c_2}{c_i}\boldsymbol{a}_2 - \cdots - \frac{c_{i-1}}{c_i}\boldsymbol{a}_{i-1} - \frac{c_{i+1}}{c_i}\boldsymbol{a}_{i+1} - \cdots - \frac{c_{m+1}}{c_i}\boldsymbol{a}_{m+1}$$

と表せる．
$(\Longleftarrow)$ $\boldsymbol{a}_i$ が

$$\boldsymbol{a}_i = c_1\boldsymbol{a}_1 + \cdots + c_{i-1}\boldsymbol{a}_{i-1} + c_{i+1}\boldsymbol{a}_{i+1} + \cdots + c_{m+1}\boldsymbol{a}_{m+1}$$

と表せるなら，

$$c_1\boldsymbol{a}_1 + \cdots + c_{i-1}\boldsymbol{a}_{i-1} - \boldsymbol{a}_i + c_{i+1}\boldsymbol{a}_{i+1} + \cdots + c_{m+1}\boldsymbol{a}_{m+1} = \boldsymbol{0}$$

は自明でない一次関係式である．なぜなら，$\boldsymbol{a}_i$ の係数は -1 であり，これは 0 ではないからである．よって，$\boldsymbol{a}_1, \boldsymbol{a}_2, \ldots, \boldsymbol{a}_m, \boldsymbol{a}_{m+1}$ は一次従属である． ■

次の定理が本節の冒頭の疑問「定理 5.8 や定義 5.10 で登場する r の値はいくらなのか？」に対する答えである．

定理 5.11（生成される部分空間と生成系の一次独立性 (1)）
$\mathbb{R}^n$ のベクトル $\boldsymbol{a}_1, \boldsymbol{a}_2, \ldots, \boldsymbol{a}_m$ が一次独立で $\boldsymbol{a}_1, \boldsymbol{a}_2, \ldots, \boldsymbol{a}_m, \boldsymbol{a}_{m+1}$ は一次従属であったとする．このとき，

$$\mathrm{Span}\{\boldsymbol{a}_1, \boldsymbol{a}_2, \ldots, \boldsymbol{a}_m, \boldsymbol{a}_{m+1}\} = \mathrm{Span}\{\boldsymbol{a}_1, \boldsymbol{a}_2, \ldots, \boldsymbol{a}_m\}$$

である．

▶[集合の等号]
$A \subset B$ かつ $B \subset A$ が成り立つとき，2 つの集合 A と B は等しい (equal) といい，$A = B$ と表す．

（証明）
生成される部分空間の定義より $\mathrm{Span}\{\boldsymbol{a}_1, \boldsymbol{a}_2, \ldots, \boldsymbol{a}_m, \boldsymbol{a}_{m+1}\} \supset \mathrm{Span}\{\boldsymbol{a}_1, \boldsymbol{a}_2, \ldots, \boldsymbol{a}_m\}$ は明らかだから，生成される部分空間の定義より
$\mathrm{Span}\{\boldsymbol{a}_1, \boldsymbol{a}_2, \ldots, \boldsymbol{a}_m, \boldsymbol{a}_{m+1}\} \subset \mathrm{Span}\{\boldsymbol{a}_1, \boldsymbol{a}_2, \ldots, \boldsymbol{a}_m\}$ を示せばよい．
任意の $\boldsymbol{x} \in \mathrm{Span}\{\boldsymbol{a}_1, \boldsymbol{a}_2, \ldots, \boldsymbol{a}_m, \boldsymbol{a}_{m+1}\}$ は

$$\boldsymbol{x} = c_1\boldsymbol{a}_1 + \cdots + c_m\boldsymbol{a}_m + c_{m+1}\boldsymbol{a}_{m+1}$$

と表されるが，定理 5.10 によると，

$$\boldsymbol{a}_{m+1} = d_1\boldsymbol{a}_1 + \cdots + d_m\boldsymbol{a}_m$$

と表すことができるので，これを代入して

$$\boldsymbol{x} = (c_1 + c_{m+1}d_1)\boldsymbol{a}_1 + \cdots + (c_m + c_{m+1}d_m)\boldsymbol{a}_m$$

を得る．よって，$\boldsymbol{x} \in \mathrm{Span}\{\boldsymbol{a}_1, \boldsymbol{a}_2, \ldots, \boldsymbol{a}_m\}$ なので，
$\mathrm{Span}\{\boldsymbol{a}_1, \boldsymbol{a}_2, \ldots, \boldsymbol{a}_m, \boldsymbol{a}_{m+1}\} \subset \mathrm{Span}\{\boldsymbol{a}_1, \boldsymbol{a}_2, \ldots, \boldsymbol{a}_m\}$ である． ■

これで冒頭の疑問には「部分空間を作るために必要なベクトルの数は，一次独立なベクトルの数である」と答えられる．これで十分なような気がするが，今度は，

- 一次独立なベクトルの数 m は，最小のものか？
- 一次独立なベクトルの数は，どのように選んでもその数は一定なのか？

といった疑問が生じる．これらの疑問を解決しよう．あらかじめ話の流れを述べておくと，これらの疑問に対する解答が系 5.3 と 5.4 で，そのための準備が定理 5.12 と 5.13 である．

定理 5.12（生成される部分空間と生成系の一次独立性 (2)）
$\mathbb{R}^n$ のベクトル $\boldsymbol{a}_1, \boldsymbol{a}_2, \ldots, \boldsymbol{a}_m$ が一次独立だと仮定する．このとき，任意のベクトル $\boldsymbol{x}$ について次が成り立つ．

(1) $\boldsymbol{x} \in \mathrm{Span}\{\boldsymbol{a}_1, \boldsymbol{a}_2, \ldots, \boldsymbol{a}_m\}$ ならば $\boldsymbol{a}_1, \boldsymbol{a}_2, \ldots, \boldsymbol{a}_m, \boldsymbol{x}$ は一次従属で，$\boldsymbol{x}$ は $\boldsymbol{a}_1, \boldsymbol{a}_2, \ldots, \boldsymbol{a}_m$ の一次結合としてただ 1 通りに表される．

(2) $\boldsymbol{x} \notin \mathrm{Span}\{\boldsymbol{a}_1, \boldsymbol{a}_2, \ldots, \boldsymbol{a}_m\}$ ならば $\boldsymbol{a}_1, \boldsymbol{a}_2, \ldots, \boldsymbol{a}_m, \boldsymbol{x}$ は一次独立である．

（証明）
(1) $\boldsymbol{x}$ が $\boldsymbol{a}_1, \boldsymbol{a}_2, \ldots, \boldsymbol{a}_m$ の一次結合で表されることは，生成される部分空間の定義より明らかである．この表し方が 1 通りであることを示すために，次の 2 通りの表現

$$\boldsymbol{x} = c_1\boldsymbol{a}_1 + c_2\boldsymbol{a}_2 + \cdots + c_m\boldsymbol{a}_m, \quad \boldsymbol{x} = d_1\boldsymbol{a}_1 + d_2\boldsymbol{a}_2 + \cdots + d_m\boldsymbol{a}_m$$

が存在すると仮定する．このとき，

$$(c_1 - d_1)\boldsymbol{a}_1 + (c_2 - d_2)\boldsymbol{a}_2 + \cdots + (c_m - d_m)\boldsymbol{a}_m = \boldsymbol{0}$$

となるが，$\boldsymbol{a}_1, \boldsymbol{a}_2, \ldots, \boldsymbol{a}_m$ の一次独立性より

$$c_1 - d_1 = 0, c_2 - d_2 = 0, \cdots, c_m - d_m = 0 \Longrightarrow c_1 = d_1, c_2 = d_2, \cdots, c_m = d_m$$

を得る．したがって，表し方は 1 通りしかない．
(2) $\boldsymbol{a}_1, \boldsymbol{a}_2, \cdots, \boldsymbol{a}_m, \boldsymbol{x}$ が一次従属だとすれば，定理 5.11 より

$$\mathrm{Span}\{\boldsymbol{a}_1, \boldsymbol{a}_2, \cdots, \boldsymbol{a}_m, \boldsymbol{x}\} = \mathrm{Span}\{\boldsymbol{a}_1, \boldsymbol{a}_2, \cdots, \boldsymbol{a}_m\}$$

となるので，$\boldsymbol{x} \notin \mathrm{Span}\{\boldsymbol{a}_1, \boldsymbol{a}_2, \cdots, \boldsymbol{a}_m\}$ に矛盾する．よって，$\boldsymbol{a}_1, \boldsymbol{a}_2, \cdots, \boldsymbol{a}_m, \boldsymbol{x}$ は一次独立である．■

定理 5.13（取り換え定理 (Exchange Theorem)）
$\mathbb{R}^n$ の部分空間 $W = \mathrm{Span}\{\boldsymbol{a}_1, \boldsymbol{a}_2, \ldots, \boldsymbol{a}_m\}$ について，W の中の一次独立なベクトル $\boldsymbol{b}_1, \boldsymbol{b}_2, \ldots, \boldsymbol{b}_r (r \leqq m)$ が与えられたとする．このとき，$\boldsymbol{a}_1, \boldsymbol{a}_2, \ldots, \boldsymbol{a}_m$ のうち適当な $(m-r)$ 個 $\boldsymbol{a}_{i_{r+1}}, \boldsymbol{a}_{i_{r+2}}, \ldots, \boldsymbol{a}_{i_m}$ を選んで

$$W = \mathrm{Span}\{\boldsymbol{b}_1, \boldsymbol{b}_2, \ldots, \boldsymbol{b}_r, \boldsymbol{a}_{i_{r+1}}\boldsymbol{a}_{i_{r+2}}, \ldots, \boldsymbol{a}_{i_m}\}$$

とすることができる．すなわち，$\boldsymbol{a}_1, \boldsymbol{a}_2, \ldots, \boldsymbol{a}_m$ のうち適当な r 個を $\boldsymbol{b}_1, \boldsymbol{b}_2, \ldots, \boldsymbol{b}_r$ で取り換えて W の生成系とできる．

（証明）
r に関する数学的帰納法によって証明する．
$r = 0$ のときは，$W = \mathrm{Span}\{\boldsymbol{a}_1, \boldsymbol{a}_2, \ldots, \boldsymbol{a}_m\}$ なので明らかである．
$r > 0$ として $r-1$ までは定理の主張が正しいとする．つまり，W 内の一次独立なベクトル $\boldsymbol{b}_1, \boldsymbol{b}_2, \ldots, \boldsymbol{b}_r$ が与えられたとき，$W = \mathrm{Span}\{\boldsymbol{b}_1, \ldots, \boldsymbol{b}_{r-1}, \boldsymbol{a}_{i_r}, \boldsymbol{a}_{i_{r+1}}, \ldots, \boldsymbol{a}_{i_m}\}$ が成り立つとする．このとき，必要があれば，$\boldsymbol{a}_i$ の順序を入れ換えて
$W = \mathrm{Span}\{\boldsymbol{b}_1, \boldsymbol{b}_2, \ldots, \boldsymbol{b}_{r-1}, \boldsymbol{a}_r, \boldsymbol{a}_{r+1}, \ldots, \boldsymbol{a}_m\}$ とできる．
$\boldsymbol{b}_r \in W$ なので，生成される部分空間の定義より

$$\boldsymbol{b}_r = c_1\boldsymbol{b}_1 + c_2\boldsymbol{b}_2 + \cdots + c_{r-1}\boldsymbol{b}_{r-1} + d_r\boldsymbol{a}_r + \cdots + d_m\boldsymbol{a}_m$$

と表せる．もしも，$d_r = d_{r+1} = \cdots = d_m = 0$ ならば，この式は $\boldsymbol{b}_r$ が $\boldsymbol{b}_1, \boldsymbol{b}_2, \ldots, \boldsymbol{b}_{r-1}$ の一次結合で表せることを意味するので，これは $\boldsymbol{b}_1, \ldots, \boldsymbol{b}_r$ が一次独立であることに反する．したがって，$d_r, d_{r+1}, \ldots, d_m$ の中に 0 でないものが存在する．必要ならば $\boldsymbol{a}_i$ の順序を入れ換えて $d_r \neq 0$ としても一般性は失われないので，

$$\boldsymbol{a}_r = \frac{1}{d_r}\boldsymbol{b}_r - \frac{c_1}{d_r}\boldsymbol{b}_1 - \cdots - \frac{c_{r-1}}{d_r}\boldsymbol{b}_{r-1} - \frac{d_{r+1}}{d_r}\boldsymbol{a}_{r+1} - \cdots - \frac{d_m}{d_r}\boldsymbol{a}_m$$

が成り立つとしてよい．これは

$$\boldsymbol{a}_r \in \mathrm{Span}\{\boldsymbol{b}_1, \ldots, \boldsymbol{b}_{r-1}, \boldsymbol{b}_r, \boldsymbol{a}_{r+1}, \ldots, \boldsymbol{a}_m\}$$

であることを意味する．ゆえに，

$$W = \mathrm{Span}\{\boldsymbol{b}_1, \ldots, \boldsymbol{b}_{r-1}, \boldsymbol{a}_r, \boldsymbol{a}_{r+1}, \ldots, \boldsymbol{a}_m\} \subset \mathrm{Span}\{\boldsymbol{b}_1, \ldots, \boldsymbol{b}_{r-1}, \boldsymbol{b}_r, \boldsymbol{a}_{r+1}, \ldots, \boldsymbol{a}_m\}$$

が成り立つ．
一方，$\boldsymbol{b}_r \in W$ より，逆の包含関係は明らかだから，

$$\mathrm{Span}\{\boldsymbol{b}_1, \ldots, \boldsymbol{b}_{r-1}, \boldsymbol{a}_r, \boldsymbol{a}_{r+1}, \ldots, \boldsymbol{a}_m\} = \mathrm{Span}\{\boldsymbol{b}_1, \ldots, \boldsymbol{b}_{r-1}, \boldsymbol{b}_r, \boldsymbol{a}_{r+1}, \ldots, \boldsymbol{a}_m\}$$

が成り立つ．この式は，「$r-1$ 個を並べ換えたもの $=$ r 個を並べ換えたもの」を意味するので，結局，$r-1$ 個を並べ換えることができれば，r 個を並び換えることできることが分かった．■

系 5.3（生成系の一次独立なベクトルの最小性）
$\mathbb{R}^n$ の部分空間 $W = \mathrm{Span}\{\boldsymbol{a}_1, \boldsymbol{a}_2, \ldots, \boldsymbol{a}_m\}$ について，W の中には m 個より多くの一次独立なベクトルは存在しない．

（証明）
一次独立なベクトル $\boldsymbol{b}_1, \boldsymbol{b}_2, \ldots, \boldsymbol{b}_n$ が W の中にあって，$n > m$ であったと仮定する．このとき，最初の m 個のベクトル $\boldsymbol{b}_1, \boldsymbol{b}_2, \ldots, \boldsymbol{b}_m$ も一次独立なので，取り換え定理によって，$\boldsymbol{a}_1, \boldsymbol{a}_2, \ldots, \boldsymbol{a}_m$ をこれで取り換えて $W = \mathrm{Span}\{\boldsymbol{b}_1, \boldsymbol{b}_2, \ldots, \boldsymbol{b}_m\}$ とできるはずである．しかしながら，仮定より，$\boldsymbol{b}_{m+1} \in W$ となるので

$$\boldsymbol{b}_{m+1} \in W = \mathrm{Span}\{\boldsymbol{b}_1, \boldsymbol{b}_2, \ldots, \boldsymbol{b}_m\}$$

となり，定理 5.12(1) より $\boldsymbol{b}_1, \boldsymbol{b}_2, \ldots, \boldsymbol{b}_{m+1}$ は一次従属となって仮定に反する．したがって，$n > m$ とはなり得ない． ■

系 5.4（生成系の一次独立性とそのベクトルの数）
$\mathbb{R}^n$ の部分空間 W が

$$W = \mathrm{Span}\{\boldsymbol{a}_1, \boldsymbol{a}_2, \ldots, \boldsymbol{a}_m\} = \mathrm{Span}\{\boldsymbol{b}_1, \boldsymbol{b}_2, \ldots, \boldsymbol{b}_n\}$$

と 2 通りに表され，かつ $\boldsymbol{a}_1, \boldsymbol{a}_2, \ldots, \boldsymbol{a}_m$ も $\boldsymbol{b}_1, \boldsymbol{b}_2, \ldots, \boldsymbol{b}_n$ も共に一次独立と仮定するとき，$m = n$ である．

（証明）
仮定より，$\boldsymbol{b}_1, \ldots, \boldsymbol{b}_n$ は $W = \mathrm{Span}\{\boldsymbol{a}_1, \boldsymbol{a}_2, \ldots, \boldsymbol{a}_m\}$ に含まれる一次独立なベクトルなので，系 5.3 より $n \leqq m$ である．
また，$\boldsymbol{a}_1, \boldsymbol{a}_2, \ldots, \boldsymbol{a}_m$ は $W = \mathrm{Span}\{\boldsymbol{b}_1, \boldsymbol{b}_2, \ldots, \boldsymbol{b}_n\}$ に含まれる一次独立なベクトルは再び系 5.3 より $m \leqq n$ である．
ゆえに，$n \leqq m \leqq n$ となるので，結局，$m = n$ を得る． ■

結局，

- 一次独立なベクトルの数 m は，最小のものか？ $\Longrightarrow$ 「Yes」（系 5.3）
- 一次独立なベクトルの数は，どのように選んでもその数は一定なのか？ $\Longrightarrow$ 「Yes」（系 5.4）

と回答できることになる．

例題 5.7（数ベクトルの一次独立と一次従属）

$\mathbb{R}^3$ 内の 3 個のベクトル $\boldsymbol{a} = \begin{bmatrix} 2 \\ -1 \\ a \end{bmatrix}$, $\boldsymbol{b} = \begin{bmatrix} 1 \\ 0 \\ 1 \end{bmatrix}$, $\boldsymbol{c} = \begin{bmatrix} 0 \\ 2 \\ 2 \end{bmatrix}$ を考える．

このとき，次の問に答えよ．

(1) $\boldsymbol{b}$ と $\boldsymbol{c}$ は一次独立であることを示せ．

(2) $\boldsymbol{a}, \boldsymbol{b}, \boldsymbol{c}$ が一次従属となるように a の値を定めよ．

▶【アクティブ・ラーニング】
例題 5.7 はすべて確実に解けるようになりましたか？ 解けていない問題があれば，それがどうすればできるようになりますか？ 何に気をつければいいですか？ また，読者全員ができるようになるにはどうすればいいでしょうか？ それを紙に書き出しましょう．そして，書き出した紙を周りの人と見せ合って，それをまとめてグループごとに発表しましょう．

（解答）

(1) $x\boldsymbol{b}+y\boldsymbol{c}=\boldsymbol{0}$ より，$\begin{cases} x=0 \\ 2y=0 \\ x+2y=0 \end{cases}$ なので，$x=y=0$ である．よって，$\boldsymbol{b}$ と $\boldsymbol{c}$ は一次独立である．

(2) $\boldsymbol{a}, \boldsymbol{b}, \boldsymbol{c}$ が一次従属になるには，$\boldsymbol{a}$ が $\boldsymbol{b}$ と $\boldsymbol{c}$ の一次結合になればよい．すなわち，

$$x\boldsymbol{b}+y\boldsymbol{c}=\boldsymbol{a}$$

となればよいので，

$$\begin{cases} x=2 \\ 2y=-1 \\ x+2y=a \end{cases}$$

なので，$a=2+2\cdot\left(-\dfrac{1}{2}\right)=1$ である． ■

[問] 5.10　$\mathbb{R}^3$ 内の 3 個のベクトル

$$\boldsymbol{a}=\begin{bmatrix}1\\0\\1\end{bmatrix},\quad \boldsymbol{b}=\begin{bmatrix}1\\1\\0\end{bmatrix},\quad \boldsymbol{c}=\begin{bmatrix}a\\1\\1\end{bmatrix}$$

を考える．このとき，$\boldsymbol{a}, \boldsymbol{b}$ が一次独立であることを示し，$\boldsymbol{a}, \boldsymbol{b}, \boldsymbol{c}$ が一次従属となるように a の値を定めよ．

[問] 5.11　$\mathbb{R}^3$ 内の 3 つのベクトル

$$\boldsymbol{a}=\begin{bmatrix}1\\1\\0\end{bmatrix},\quad \boldsymbol{b}=\begin{bmatrix}1\\0\\1\end{bmatrix},\quad \boldsymbol{c}=\begin{bmatrix}0\\1\\1\end{bmatrix}$$

は一次独立か一次従属かを調べよ．

5.5　基底と次元

5.4 節で学んだことは，

- 「(部分) 空間を作るために必要なベクトルの数」＝「一次独立なベクトルの数」
- 一次独立なベクトルの数は一定
- 一次独立なベクトルの数は最小のもの

ということである．このことは，部分空間を作るために必要なちょうどいいベクトルの数があることを意味する．

ここでは空間を生成するために必要な最低限のベクトルの数に基底（きてい）(basis) という名前をつけて，これについて考えよう．

定義 5.12（基底）
$\mathbb{R}^n$ の部分空間 V の生成系 $\{\boldsymbol{a}_1, \boldsymbol{a}_2, \ldots, \boldsymbol{a}_m\}$ が，次の 2 つの条件を満たすとき，生成系 $\{\boldsymbol{a}_1, \boldsymbol{a}_2, \ldots, \boldsymbol{a}_m\}$ は V の基底（きてい）(basis) という．

(1) $V = \mathrm{Span}\{\boldsymbol{a}_1, \boldsymbol{a}_2, \ldots, \boldsymbol{a}_m\}$

(2) $\boldsymbol{a}_1, \boldsymbol{a}_2, \ldots, \boldsymbol{a}_m$ が一次独立

この定義より，$\{\boldsymbol{a}_1, \boldsymbol{a}_2, \ldots, \boldsymbol{a}_m\}$ が V の基底ならば，任意の $\boldsymbol{a} \in V$ に対して $\boldsymbol{a} \in \mathrm{Span}\{\boldsymbol{a}_1, \boldsymbol{a}_2, \ldots, \boldsymbol{a}_m\}$ となるので，$\boldsymbol{a}$ は

$$\boldsymbol{a} = \sum_{i=1}^{m} c_i \boldsymbol{a}_i, \qquad c_i \in \mathbb{R}$$

と表され，かつ，$\boldsymbol{a}_1, \boldsymbol{a}_2, \ldots, \boldsymbol{a}_m$ は一次独立なので，定理 5.12(1) より，この表現は一意的である．このことは，任意の $\boldsymbol{a} \in \mathbb{R}^n$ に対して $\boldsymbol{a} = c_1\boldsymbol{a}_1 + c_2\boldsymbol{a}_2 + \cdots + c_m\boldsymbol{a}_m$ となる $c_1, c_2, \ldots, c_m \in \mathbb{R}$ の組がただ 1 通りに存在する，と言い換えることもできる．

また，この基底という用語を使うと，系 5.4 は次のように述べることができる．

定理 5.14（基底の個数）
$\mathbb{R}^n$ に有限個のベクトルから成る基底が存在するときには，この基底のベクトルの個数は常に一定である．すなわち，$\boldsymbol{a}_1, \boldsymbol{a}_2, \ldots, \boldsymbol{a}_m$ と $\boldsymbol{b}_1, \boldsymbol{b}_2, \ldots, \boldsymbol{b}_n$ がともに $\mathbb{R}^n$ の基底であるとすると $m = n$ が成り立つ．

定理 5.14 より，ベクトル空間 $\mathbb{R}^n$ の基底を構成するベクトルの数は $\mathbb{R}^n$ に依存し，基底そのものには依存しないことが分かる．一言でいえば，$\mathbb{R}^n$ のすべての基底の数は同じ，である．つまり，基底の個数はベクトル空間 $\mathbb{R}^n$ の特徴的な量となっているので，この個数を利用して次元（じげん）(dimension) というものを定義する．これにより，部分空間を図形的にとらえることができる．

定義 5.13（次元）
V を $\mathbb{R}^n$ の部分空間とする．V に m 個のベクトルから成る基底が存在するとき，この m を V の次元（じげん）(dimension) といって，$\dim V$ と表す．

$\mathbb{R}^n$ の基本ベクトル $\boldsymbol{e}_1$, $\boldsymbol{e}_2$, ..., $\boldsymbol{e}_n$ は $\mathbb{R}^n$ の基底であり，

$$\dim\mathbb{R}^n = n$$

が成り立つ．実際，任意の $\boldsymbol{a} \in \mathbb{R}^n$ は

$$\boldsymbol{a} = c_1\boldsymbol{e}_1 + c_2\boldsymbol{e}_2 + \cdots + c_n\boldsymbol{e}_n$$

と基本ベクトルの一次結合で表される．また，

$$c_1\boldsymbol{e}_1 + c_2\boldsymbol{e}_2 + \cdots + c_n\boldsymbol{e}_n = \boldsymbol{0} \iff [\boldsymbol{e}_1\ \boldsymbol{e}_2\ \ldots\ \boldsymbol{e}_n]\begin{bmatrix} c_1 \\ c_2 \\ \vdots \\ c_n \end{bmatrix} = \boldsymbol{0}$$

$$\implies c_1 = c_2 = \cdots = c_n = 0$$

より，$\boldsymbol{e}_1, \boldsymbol{e}_2, \ldots, \boldsymbol{e}_n$ は一次独立である．なお，n 次元基本ベクトル $\boldsymbol{e}_1, \boldsymbol{e}_2, \ldots, \boldsymbol{e}_n$ は $\mathbb{R}^n$ の基底をなすので，これを**標準基底**(ひょうじゅんきてい)(**standard basis**) と呼ぶことがある．

例えば，$\mathbb{R}^3$ の基底の数は3なので，$\dim \mathbb{R}^3 = 3$ である．よく空間のことを3次元空間というが，この3という数字と一致している．そういう意味では，ここで定義した「次元」というものは，日常的に使う「次元」という言葉と同じようなものになっている．したがって，ここで定義した「次元」は，日常で使う次元と直観的なイメージはそれほど変わらない．より具体的には次のことが成り立つ．

定理 5.15（基底と次元）
$\mathbb{R}^n$ の基底と次元について，次が成り立つ．

(1) $\mathbb{R}^n$ の一次独立なベクトル $\boldsymbol{a}_1, \boldsymbol{a}_2, \ldots, \boldsymbol{a}_r (r \leqq n)$ が与えられたとき，これを延長して $\{\boldsymbol{a}_1, \boldsymbol{a}_2, \ldots, \boldsymbol{a}_r, \boldsymbol{a}_{r+1}, \ldots, \boldsymbol{a}_n\}$ を $\mathbb{R}^n$ の基底にできる．

(2) $\mathbb{R}^n$ の一次独立な n 個のベクトルの集合 $\{\boldsymbol{a}_1, \boldsymbol{a}_2, \ldots, \boldsymbol{a}_n\}$ は $\mathbb{R}^n$ の基底になる．

(3) $\mathbb{R}^n$ とその部分空間 W について，次が成り立つ．

$$\dim W \leqq \dim \mathbb{R}^n$$

(4) $\mathbb{R}^n$ とその部分空間 W について，次が成り立つ．

$$\dim W = \dim \mathbb{R}^n \iff W = \mathbb{R}^n$$

（証明）
(1) $\mathrm{Span}\{\boldsymbol{a}_1, \boldsymbol{a}_2, \ldots, \boldsymbol{a}_r\}$ に対して，$\mathbb{R}^n = \mathrm{Span}\{\boldsymbol{a}_1, \boldsymbol{a}_2, \ldots, \boldsymbol{a}_r\}$ ならば，$\{\boldsymbol{a}_1, \boldsymbol{a}_2, \ldots, \boldsymbol{a}_r\}$ が $\mathbb{R}^n$ の基底となるので，このときは定理の主張が成り立つ．
また，$\mathbb{R}^n \neq \mathrm{Span}\{\boldsymbol{a}_1, \boldsymbol{a}_2, \ldots, \boldsymbol{a}_r\}$ と仮定すれば，$\boldsymbol{a}_{r+1} \notin \mathrm{Span}\{\boldsymbol{a}_1, \boldsymbol{a}_2, \ldots, \boldsymbol{a}_r\}$ となる $\boldsymbol{a}_{r+1} \in \mathbb{R}^n$ が存在する．このときは，定理 5.12(2) より $\boldsymbol{a}_1, \ldots, \boldsymbol{a}_r, \boldsymbol{a}_{r+1}$ は一次独立である．

次に，$\mathrm{Span}\{\boldsymbol{a}_1, \boldsymbol{a}_2, \ldots, \boldsymbol{a}_{r+1}\}$ を考えて，同様の手順をとり，これを $n-r$ 回行えば $\mathbb{R}^n$ の基底 $\{\boldsymbol{a}_1, \boldsymbol{a}_2, \ldots, \boldsymbol{a}_r, \boldsymbol{a}_{r+1}, \ldots, \boldsymbol{a}_n\}$ が得られる．
(2) 一次独立な n 個のベクトルの集合 $\{\boldsymbol{a}_1, \boldsymbol{a}_2, \ldots, \boldsymbol{a}_n\}$ が $\mathbb{R}^n$ の基底でなければ，(1) よりそれにいくつかのベクトルを付け加えて基底にすることができる．しかし，$\mathbb{R}^n$ の次元は n なので，基底のベクトルの個数は全部で n 個でなければならない．よって，$\{\boldsymbol{a}_1, \boldsymbol{a}_2, \ldots, \boldsymbol{a}_n\}$ 自体が基底にならなければならない．
(3) W の基底を $\{\boldsymbol{a}_1, \boldsymbol{a}_2, \ldots, \boldsymbol{a}_r\}$ とすると，$r = \dim W$ であり，このベクトルは一次独立なので，(1) よりこれを延長して $\mathbb{R}^n$ の基底を構成できる．そして，この基底の個数が $\mathbb{R}^n$ の次元なので，結局，$r \leqq \dim \mathbb{R}^n$ である．
(4) $W = \mathbb{R}^n \Longrightarrow \dim W = \dim \mathbb{R}^n$ は明らかなので，この逆のみを示す．
$n = \dim W$ とし，W の基底を $\{\boldsymbol{a}_1, \boldsymbol{a}_2, \ldots, \boldsymbol{a}_n\}$ とすると，これは $\mathbb{R}^n$ の基底でもある．
よって，基底の定義より，$\boldsymbol{a}_1, \ldots, \boldsymbol{a}_n$ は $\mathbb{R}^n$ を生成するから，
$\mathbb{R}^n = \mathrm{Span}\{\boldsymbol{a}_1, \ldots, \boldsymbol{a}_n\} = W$ である． ■

定理 5.16（数ベクトルの基底）
$\mathbb{R}^n$ の n 個のベクトル $\boldsymbol{a}_1, \boldsymbol{a}_2, \ldots, \boldsymbol{a}_n$ について次の条件はすべて同値である．

(1) $\boldsymbol{a}_1, \boldsymbol{a}_2, \ldots, \boldsymbol{a}_n$ は $\mathbb{R}^n$ の基底である．

(2) $\boldsymbol{a}_1, \boldsymbol{a}_2, \ldots, \boldsymbol{a}_n$ は一次独立である．

(3) $\boldsymbol{a}_1, \boldsymbol{a}_2, \ldots, \boldsymbol{a}_n$ は $\mathbb{R}^n$ を生成する．すなわち，

$$\mathrm{Span}\{\boldsymbol{a}_1, \boldsymbol{a}_2, \ldots, \boldsymbol{a}_n\} = \mathbb{R}^n$$

(4) この n 個の数ベクトルを横に並べてできる n 次正方行列 $A = [\boldsymbol{a}_1\ \boldsymbol{a}_2\ \ldots\ \boldsymbol{a}_n]$ は正則である．

【注意】 定理 5.16 および定理 3.12 より，n 次正方行列 $A = [\boldsymbol{a}_1, \boldsymbol{a}_2, \ldots, \boldsymbol{a}_n]$ に対して，$\boldsymbol{a}_1, \boldsymbol{a}_2, \ldots, \boldsymbol{a}_n$ が一次独立であるための必要十分条件は，連立一次方程式 $A\boldsymbol{x} = \boldsymbol{b}$ の解がただ 1 つ存在することだと分かる．

（証明）

次の関係
$$\begin{array}{ccccc} (4) & \Longleftarrow & (1) & \Longleftrightarrow & (2) \\ & \searrow & \Updownarrow & & \\ & & (3) & & \end{array}$$
を示せば，矢印をたどることにより (1)〜(4) が同値であることが分かる．

(1)$\Longleftrightarrow$(2) の証明

($\Longrightarrow$) 基底の定義より，基底ならば一次独立，というのは明らか．
($\Longleftarrow$) 定理 5.15(2) より従う．

(1)$\Longleftrightarrow$(3) の証明

($\Longrightarrow$) 基底の定義より明らか．
($\Longleftarrow$) $\mathbb{R}^n = \mathrm{Span}\{\boldsymbol{a}_1, \boldsymbol{a}_2, \ldots, \boldsymbol{a}_n\}$ とし，$\boldsymbol{a}_1, \boldsymbol{a}_2, \ldots, \boldsymbol{a}_n$ が一次従属だとすると，系 5.2 より，このうちの 1 つのベクトルは他のベクトルの一次結合で表せる．よって，それを除いても $\mathbb{R}^n$ が生成されるはずである．このことは，$\mathbb{R}^n$ は n 個より少ない個数のベクトルで生成される，例えば，$\mathbb{R}^n = \mathrm{Span}\{\boldsymbol{a}_1, \ldots, \boldsymbol{a}_{n-1}\}$ とできることを意味する．
しかし，系 5.3 より $n-1$ 個より多くの一次独立なベクトルは存在しないので，$\mathbb{R}^n$ の中には n 個の一次独立なベクトルは存在しないことになってしまう．
$\mathbb{R}^n$ は n 次元ベクトル空間だから，こんなことはありえない．よって，$\boldsymbol{a}_1, \boldsymbol{a}_2, \ldots, \boldsymbol{a}_n$ は一次独立であり，仮定 $\mathbb{R}^n = \mathrm{Span}\{\boldsymbol{a}_1, \boldsymbol{a}_2, \ldots, \boldsymbol{a}_n\}$ より $\boldsymbol{a}_1, \boldsymbol{a}_2, \ldots, \boldsymbol{a}_n$ は $\mathbb{R}^n$ の基底となる．

(1)$\Longrightarrow$(4) の証明

$\boldsymbol{a}_1, \boldsymbol{a}_2, \ldots, \boldsymbol{a}_n$ は基底なので，標準基底 $\boldsymbol{e}_1, \boldsymbol{e}_2, \ldots, \boldsymbol{e}_n$ は，これらの一次結合

$$\begin{aligned} \boldsymbol{e}_1 &= b_{11}\boldsymbol{a}_1 + b_{21}\boldsymbol{a}_2 + \cdots + b_{n1}\boldsymbol{a}_n \\ \boldsymbol{e}_2 &= b_{12}\boldsymbol{a}_1 + b_{22}\boldsymbol{a}_2 + \cdots + b_{n2}\boldsymbol{a}_n \\ &\ \vdots \end{aligned}$$

$$\boldsymbol{e}_n = b_{1n}\boldsymbol{a}_1 + b_{2n}\boldsymbol{a}_2 + \cdots + b_{nn}\boldsymbol{a}_n$$

と一意に表される．これは，

$$[\boldsymbol{e}_1\ \boldsymbol{e}_2\ \ldots\ \boldsymbol{e}_n] = [\boldsymbol{a}_1\ \boldsymbol{a}_2\ \ldots\ \boldsymbol{a}_n]\begin{bmatrix} b_{11} & b_{12} & \cdots & b_{1n} \\ b_{21} & b_{22} & \cdots & b_{2n} \\ \vdots & \vdots & \ddots & \vdots \\ b_{n1} & b_{n2} & \cdots & b_{nn} \end{bmatrix} \tag{5.9}$$

と一意に表されることを意味するので，$E_n = [\boldsymbol{e}_1\ \boldsymbol{e}_2\ \ldots\ \boldsymbol{e}_n]$ に注意すれば，

$A = [\boldsymbol{a}_1\ \boldsymbol{a}_2\ \ldots\ \boldsymbol{a}_n]$ は正則で，その逆行列は $B = \begin{bmatrix} b_{11} & b_{12} & \cdots & b_{1n} \\ b_{21} & b_{22} & \cdots & b_{2n} \\ \vdots & \vdots & \ddots & \vdots \\ b_{n1} & b_{n2} & \cdots & b_{nn} \end{bmatrix}$ であることが分かる．

(4)⟹(3) の証明

A が正則ならば，$E_n = AA^{-1}$ が成り立ち，上の証明で $B = A^{-1}$ として逆にたどれば，(5.9) より基本ベクトルが $\boldsymbol{a}_1, \boldsymbol{a}_2, \ldots, \boldsymbol{a}_n$ の一次結合で表されることが分かる．したがって，$\mathbb{R}^n = \mathrm{Span}\{\boldsymbol{a}_1, \boldsymbol{a}_2, \ldots, \boldsymbol{a}_n\}$ である．

■

【注意】系 5.5 において，$r = n$ のときは，定理 5.16(2)(4) の主張と同じである．

▶【アクティブ・ラーニング】
例題 5.8 の $\boldsymbol{a}_1$ と $\boldsymbol{a}_2$ が一次独立であることを系 5.5 を使って，確認しよう．また，$\boldsymbol{a}_2$ と $\boldsymbol{a}_3$，$\boldsymbol{a}_1$ と $\boldsymbol{a}_3$ についても確認しよう．

系 5.5（数ベクトルの基底 ($r \leqq n$ の場合)）

n 次元数ベクトル $\boldsymbol{a}_1, \boldsymbol{a}_2, \ldots, \boldsymbol{a}_r$ ($r \leqq n$) に対して，次は同値である．

(1) $\boldsymbol{a}_1, \boldsymbol{a}_2, \ldots, \boldsymbol{a}_r$ は一次独立である．

(2) 行列 $A = [\boldsymbol{a}_1\ \boldsymbol{a}_2 \cdots\ \boldsymbol{a}_r]$ に対して $\mathrm{rank}(A) = r$ である．

（証明）

(1) ⟹ (2)

$\boldsymbol{x} = {}^t[x_1\ x_2 \cdots\ x_r]$ とすれば，

$$x_1\boldsymbol{a}_1 + x_2\boldsymbol{a}_2 + \cdots + x_r\boldsymbol{a}_r = \boldsymbol{0} \iff A\boldsymbol{x} = \boldsymbol{0}$$

であり，仮定より，$x_1 = x_2 = \cdots = x_r = 0$，つまり，$A\boldsymbol{x} = \boldsymbol{0}$ は自明解のみをもつ．よって，定理 2.11(1) より，$\mathrm{rank}(A) = r$ である．

(2) ⟹ (1)

定理 2.11(1) より，$\mathrm{rank}(A) = r$ ならば $A\boldsymbol{x} = \boldsymbol{0}$ は自明解のみをもつ．よって，$\boldsymbol{a}_1, \boldsymbol{a}_2, \ldots, \boldsymbol{a}_r$ は一次独立である．

■

▶【アクティブ・ラーニング】
例題 5.8 は確実にできるようになりましたか？ できないところがあれば，それがどうすればできるようになりますか？ 何に気をつければいいですか？ また，読者全員ができるようになるにはどうすればいいでしょうか？ それを紙に書き出しましょう．そして，書き出した紙を周りの人と見せ合って，それをまとめてグループごとに発表しましょう．

例題 5.8（数ベクトル空間の基底）

$\mathbb{R}^3$ の 3 個のベクトル $\boldsymbol{a}_1 = \begin{bmatrix} 2 \\ -1 \\ 0 \end{bmatrix}$, $\boldsymbol{a}_2 = \begin{bmatrix} 1 \\ 0 \\ 3 \end{bmatrix}$, $\boldsymbol{a}_3 = \begin{bmatrix} -2 \\ 1 \\ 0 \end{bmatrix}$ は一次独立か？ また，これらは基底をなすか？

（解答）

$A = [\boldsymbol{a}_1\ \boldsymbol{a}_2\ \boldsymbol{a}_3] = \begin{bmatrix} 2 & 1 & -2 \\ -1 & 0 & 1 \\ 0 & 3 & 0 \end{bmatrix}$ に基本変形を施すと，

$$A \to \begin{bmatrix} 1 & 0 & 0 \\ 0 & 1 & 0 \\ 0 & 0 & 0 \end{bmatrix}$$

なので，$\mathrm{rank}(A) = 2$ である．ゆえに，A は正則でないので，$\boldsymbol{a}_1$, $\boldsymbol{a}_2$, $\boldsymbol{a}_3$ は一次独立ではない．したがって，これらは，$\mathbb{R}^3$ の基底をなさない． ■

【注意】 例題 5.8 では，

$$|A| = \begin{vmatrix} 2 & 1 & -2 \\ -1 & 0 & 1 \\ 0 & 3 & 0 \end{vmatrix} = 3(-1)^{3+2}\begin{vmatrix} 2 & -2 \\ -1 & 1 \end{vmatrix} = 0$$

を示してもよい．

［問］ 5.12 $\mathbb{R}^2$ の 2 つのベクトル $\boldsymbol{a}_1 = \begin{bmatrix} 1 \\ 1 \end{bmatrix}$ と $\boldsymbol{a}_2 = \begin{bmatrix} -1 \\ -1 \end{bmatrix}$ は $\mathbb{R}^2$ の基底を成すか？

［問］ 5.13 $\mathbb{R}^3$ の 3 個のベクトル $\boldsymbol{a}_1 = \begin{bmatrix} 1 \\ 1 \\ 1 \end{bmatrix}, \boldsymbol{a}_2 = \begin{bmatrix} 1 \\ -1 \\ 1 \end{bmatrix}, \boldsymbol{a}_3 = \begin{bmatrix} -1 \\ 1 \\ 1 \end{bmatrix}$ は $\mathbb{R}^3$ の基底を成すか？

5.6 正規直交基底

これまでに学んだように，次元というのは一次独立なベクトルの数だが，我々が 2 次元平面とか 3 次元空間といった次元を考えるときは，xy 座標や xyz 座標といった，直交座標系を考えるであろう．次の定理は，一次独立なベクトルを頭でイメージする際，とりあえずは互いに直交しているベクトルをイメージしても何ら問題はないことを保証する．

定理 5.17（直交と一次独立性）
$\boldsymbol{a}_1, \boldsymbol{a}_2, \ldots, \boldsymbol{a}_r (r \leqq n)$ を $\mathbb{R}^n$ の $\boldsymbol{0}$ でないベクトルとする．このとき，このどの 2 つも互いに直交すると仮定すると，$\boldsymbol{a}_1, \boldsymbol{a}_2, \ldots, \boldsymbol{a}_r$ は一次独立である．

（証明）
$x_1\boldsymbol{a}_1 + x_2\boldsymbol{a}_2 + \cdots + x_r\boldsymbol{a}_r = \boldsymbol{0}$ と仮定して $x_1 = x_2 = \cdots = x_r = 0$ を示せばよい．
この式と任意の $i (1 \leqq i \leqq r)$ について $\boldsymbol{a}_i$ との内積をとると

$$(x\boldsymbol{a}_1 + \cdots + x_r\boldsymbol{a}_r, \boldsymbol{a}_i) = x_1(\boldsymbol{a}_1, \boldsymbol{a}_i) + \cdots + x_i(\boldsymbol{a}_i, \boldsymbol{a}_i) + \cdots + x_r(\boldsymbol{a}_r, \boldsymbol{a}_i) = 0$$

であり直交性より $x_i(\boldsymbol{a}_i, \boldsymbol{a}_i) = 0$ となる．
ここで，$\boldsymbol{a}_i \neq \boldsymbol{0}$ なので $(\boldsymbol{a}_i, \boldsymbol{a}_i) \neq 0$ となることに注意すれば，任意の $i (1 \leqq i \leqq r)$ について $x_i = 0$ となる．よって，$\boldsymbol{a}_1, \boldsymbol{a}_2, \ldots, \boldsymbol{a}_r$ は一次独立である． ■

定理 5.17 より，直交しているベクトルは一次独立であることが分かった．ベクトルが直交していると，これらの内積の計算もいらないし，イメージもしやすい．また，ベクトルのノルムを 1 にしておくと，何かと便利そうである．そうすると，「一次独立なベクトルを互いに直交し，かつ長さが 1 となるように再構成できないのか？」といった問題が生じるのは自然なことで，そのような構成法が**グラム・シュミットの直交化 (Gram-Schmidt process, Gram-Schmidt orthogonalization)** である．

グラム・シュミットの直交化の説明に入る前に，必要となる用語を導入する．

▶[直交行列と正規直交系]
定理 5.6 と定義 5.14 より，n 次実行列 $A = [\boldsymbol{a}_1\ \boldsymbol{a}_2\ \ldots\ \boldsymbol{a}_n]$ が直交行列になるための必要十分条件は，$\{\boldsymbol{a}_1, \boldsymbol{a}_2, \ldots, \boldsymbol{a}_n\}$ が正規直交系をなすことである．

定義 5.14（正規直交基底）
$\mathbb{R}^n$ の $\mathbf{0}$ でないベクトル $\boldsymbol{a}_1, \boldsymbol{a}_2, \ldots, \boldsymbol{a}_n$ がどの 2 つも互いに直交し，かつどのベクトルもそのノルムが 1 に等しいとき，つまり，

$$(\boldsymbol{a}_i, \boldsymbol{a}_j) = \delta_{ij} = \begin{cases} 1 & (i = j) \\ 0 & (i \neq j) \end{cases}$$

を満たすとき，$\{\boldsymbol{a}_1, \boldsymbol{a}_2, \ldots, \boldsymbol{a}_n\}$ を正規直交系（せいきちょっこうけい）(orthonormal system) という．また，それらが $\mathbb{R}^n$ の基底であるとき，正規直交基底（せいきちょっこうきてい）(orthonormal basis) であるという．

以下のようにして正規直交基底を作る方法をグラム・シュミットの直交化 (Gram-Schmidt process, Gram-Schmidt orthogonalization) という．

定理 5.18（グラム・シュミットの直交化 (Gram-Schmidt process, Gram-Schmidt orthogonalization)）
$\mathbb{R}^n$ のベクトル $\boldsymbol{a}_1, \boldsymbol{a}_2, \ldots, \boldsymbol{a}_n$ は一次独立であるとする．このとき，

$$\boldsymbol{e}_1 = \frac{\boldsymbol{a}_1}{\|\boldsymbol{a}_1\|}$$

$k = 2, 3, \ldots, n$ に対して

$$\boldsymbol{b}_k = \boldsymbol{a}_k - \sum_{j=1}^{k-1} (\boldsymbol{a}_k, \boldsymbol{e}_j)\boldsymbol{e}_j$$

$$\boldsymbol{e}_k = \frac{\boldsymbol{b}_k}{\|\boldsymbol{b}_k\|}$$

によって作られるベクトル $\boldsymbol{e}_1, \boldsymbol{e}_2, \ldots, \boldsymbol{e}_n$ は正規直交系である．

（証明）
$\mathbb{R}^n$ の基底として $\{\boldsymbol{a}_1, \boldsymbol{a}_2, \ldots, \boldsymbol{a}_n\}$ をとる．以下では，$\{\boldsymbol{a}_1, \boldsymbol{a}_2, \ldots, \boldsymbol{a}_n\}$ を使って，実際に正規直交系が構成できることを示す．

(1) $\boldsymbol{e}_1 = \dfrac{1}{\|\boldsymbol{a}_1\|}\boldsymbol{a}_1$ とすると $\|\boldsymbol{e}_1\| = 1$ である．

(2) $\boldsymbol{a}_1$ と $\boldsymbol{a}_2$ が一次独立なので，$\boldsymbol{e}_1$ と $\boldsymbol{a}_2$ が一次独立になることに注意する．したがって，$\boldsymbol{b}_2 = \boldsymbol{a}_2 - (\boldsymbol{a}_2, \boldsymbol{e}_1)\boldsymbol{e}_1$ とすると，$\boldsymbol{b}_2 \neq \mathbf{0}$ であり，しかも，$(\boldsymbol{b}_2, \boldsymbol{e}_1) = (\boldsymbol{a}_2, \boldsymbol{e}_1) - (\boldsymbol{a}_2, \boldsymbol{e}_1)(\boldsymbol{e}_1, \boldsymbol{e}_1) = 0$ となるので，$\boldsymbol{b}_1 \perp \boldsymbol{e}_1$ である．そこで，$\boldsymbol{e}_2 = \dfrac{1}{\|\boldsymbol{b}_2\|}\boldsymbol{b}_2$ とおくと，$\|\boldsymbol{e}_2\| = 1$ かつ $\boldsymbol{e}_1 \perp \boldsymbol{e}_2$ となる．

【注意】 もしも $\boldsymbol{b}_2 = \mathbf{0}$ ならば，$\boldsymbol{a}_2 = (\boldsymbol{a}_2, \boldsymbol{e}_1)\boldsymbol{e}_1$ となり，$\boldsymbol{e}_1$ と $\boldsymbol{a}_2$ が一次独立であることに反する．

(3) $\boldsymbol{b}_3 = \boldsymbol{a}_3 - (\boldsymbol{a}_3, \boldsymbol{e}_1)\boldsymbol{e}_1 - (\boldsymbol{a}_3, \boldsymbol{e}_2)\boldsymbol{e}_2$ とすると，$\boldsymbol{a}_1, \boldsymbol{a}_2, \boldsymbol{a}_3$ は仮定より一次独立であり，$\boldsymbol{e}_1$ は $\boldsymbol{a}_1$ で表せ，$\boldsymbol{e}_2$ は $\boldsymbol{a}_1$ と $\boldsymbol{a}_2$ の一次結合で表せるから，$\boldsymbol{b}_3 \neq \mathbf{0}$ である．しかも，

$$\begin{aligned}(\boldsymbol{b}_3, \boldsymbol{e}_1) &= (\boldsymbol{a}_3 - (\boldsymbol{a}_3, \boldsymbol{e}_1)\boldsymbol{e}_1 - (\boldsymbol{a}_3, \boldsymbol{e}_2)\boldsymbol{e}_2, \boldsymbol{e}_1) \\ &= (\boldsymbol{a}_3, \boldsymbol{e}_1) - (\boldsymbol{a}_3, \boldsymbol{e}_1)(\boldsymbol{e}_1, \boldsymbol{e}_1) - (\boldsymbol{a}_3, \boldsymbol{e}_2)(\boldsymbol{e}_2, \boldsymbol{e}_1) = 0 \\ (\boldsymbol{b}_3, \boldsymbol{e}_2) &= (\boldsymbol{a}_3 - (\boldsymbol{a}_3, \boldsymbol{e}_1)\boldsymbol{e}_1 - (\boldsymbol{a}_3, \boldsymbol{e}_2)\boldsymbol{e}_2, \boldsymbol{e}_2) \\ &= (\boldsymbol{a}_3, \boldsymbol{e}_2) - (\boldsymbol{a}_3, \boldsymbol{e}_1)(\boldsymbol{e}_1, \boldsymbol{e}_2) - (\boldsymbol{a}_3, \boldsymbol{e}_2)(\boldsymbol{e}_2, \boldsymbol{e}_2) = 0\end{aligned}$$

となるから，$\boldsymbol{b}_3 \perp \boldsymbol{e}_1$ かつ $\boldsymbol{b}_3 \perp \boldsymbol{e}_2$ である．そこで，$\boldsymbol{e}_3 = \dfrac{1}{\|\boldsymbol{b}_3\|}\boldsymbol{b}_3$ とおくと，$\|\boldsymbol{e}_3\| = 1$ で，$\boldsymbol{e}_1 \perp \boldsymbol{e}_3$ かつ $\boldsymbol{e}_2 \perp \boldsymbol{e}_3$ となる．

以上の手順を図に表したものを以下に示す．

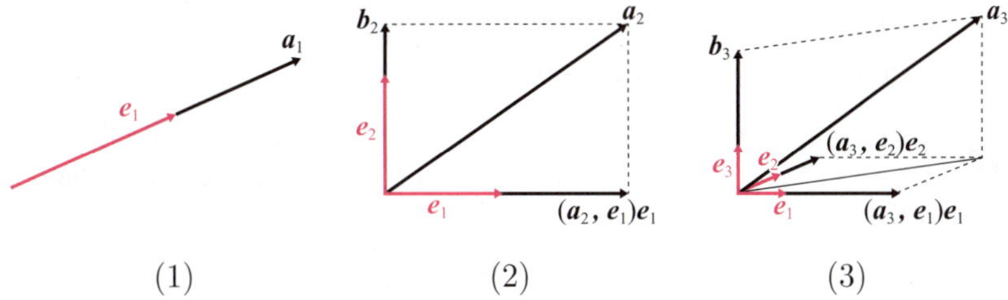

(1)　　　(2)　　　(3)

一般に，(1)〜(3) のようにして，ある自然数 $k(1 \leqq k \leqq n-1)$ に対し，$\boldsymbol{a}_1, \boldsymbol{a}_2, \ldots, \boldsymbol{a}_k$ を利用して正規直交系 $\boldsymbol{e}_1, \boldsymbol{e}_2, \ldots, \boldsymbol{e}_k$ が定められたとき，

$$\boldsymbol{b}_{k+1} = \boldsymbol{a}_{k+1} - (\boldsymbol{a}_{k+1}, \boldsymbol{e}_1)\boldsymbol{e}_1 - (\boldsymbol{a}_{k+1}, \boldsymbol{e}_2)\boldsymbol{e}_2 - \cdots - (\boldsymbol{a}_{k+1}, \boldsymbol{e}_k)\boldsymbol{e}_k$$

とおくと，$\boldsymbol{b}_{k+1} \neq \boldsymbol{0}$ であって，しかも

$$(\boldsymbol{b}_{k+1}, \boldsymbol{e}_1) = (\boldsymbol{b}_{k+1}, \boldsymbol{e}_2) = \cdots = (\boldsymbol{b}_{k+1}, \boldsymbol{e}_k) = 0$$

である．そこで，$\boldsymbol{e}_{k+1} = \dfrac{1}{\|\boldsymbol{b}_{k+1}\|}\boldsymbol{b}_{k+1}$ とおくと，$\boldsymbol{e}_1, \boldsymbol{e}_2, \ldots, \boldsymbol{e}_k, \boldsymbol{e}_{k+1}$ も正規直交系を与える． ■

▶【アクティブ・ラーニング】
例題 5.9 は確実にできるようになりましたか？ できないところがあれば，それがどうすればできるようになりますか？ 何に気をつければいいですか？ また，読者全員ができるようになるにはどうすればいいでしょうか？ それを紙に書き出しましょう．そして，書き出した紙を周りの人と見せ合って，それをまとめてグループごとに発表しましょう．

例題 5.9（正規直交基底の構成）

$\mathbb{R}^3$ の次の基底から正規直交系を構成せよ．

$$\boldsymbol{a}_1 = \begin{bmatrix} 1 \\ 1 \\ 1 \end{bmatrix}, \quad \boldsymbol{a}_2 = \begin{bmatrix} 1 \\ 0 \\ 1 \end{bmatrix}, \quad \boldsymbol{a}_3 = \begin{bmatrix} -1 \\ 0 \\ 1 \end{bmatrix}$$

（解答）

求めるべき正規直交基底を $\boldsymbol{e}_1, \boldsymbol{e}_2, \boldsymbol{e}_3$ とすると，$\boldsymbol{e}_1 = \dfrac{\boldsymbol{a}_1}{\|\boldsymbol{a}_1\|} = \dfrac{1}{\sqrt{3}}\begin{bmatrix} 1 \\ 1 \\ 1 \end{bmatrix}$，

$$\boldsymbol{b}_2 = \boldsymbol{a}_2 - (\boldsymbol{a}_2, \boldsymbol{e}_1)\boldsymbol{e}_1 = \begin{bmatrix} 1 \\ 0 \\ 1 \end{bmatrix} - \frac{1}{\sqrt{3}}(1+1)\frac{1}{\sqrt{3}}\begin{bmatrix} 1 \\ 1 \\ 1 \end{bmatrix} = \frac{1}{3}\begin{bmatrix} 1 \\ -2 \\ 1 \end{bmatrix}$$

$$\boldsymbol{e}_2 = \frac{1}{\|\boldsymbol{b}_2\|}\boldsymbol{b}_2 = \frac{3}{\sqrt{1+4+1}}\frac{1}{3}\begin{bmatrix} 1 \\ -2 \\ 1 \end{bmatrix} = \frac{1}{\sqrt{6}}\begin{bmatrix} 1 \\ -2 \\ 1 \end{bmatrix}$$

$$\boldsymbol{b}_3 = \boldsymbol{a}_3 - (\boldsymbol{a}_3, \boldsymbol{e}_1)\boldsymbol{e}_1 - (\boldsymbol{a}_3, \boldsymbol{e}_2)\boldsymbol{e}_2 = \begin{bmatrix} -1 \\ 0 \\ 1 \end{bmatrix} - \frac{1}{\sqrt{3}}(-1+1)\boldsymbol{e}_1 - \frac{1}{\sqrt{6}}(-1+1)\boldsymbol{e}_2 = \begin{bmatrix} -1 \\ 0 \\ 1 \end{bmatrix}$$

$$\boldsymbol{e}_3 = \frac{1}{\|\boldsymbol{b}_3\|}\boldsymbol{b}_3 = \frac{1}{\sqrt{2}}\begin{bmatrix} -1 \\ 0 \\ 1 \end{bmatrix}$$ ■

[問] 5.14　$\mathbb{R}^3$ の 2 つのベクトルを $\boldsymbol{e}_1 = \dfrac{1}{\sqrt{3}}\begin{bmatrix} 1 \\ 1 \\ 1 \end{bmatrix}, \boldsymbol{e}_2 = \dfrac{1}{\sqrt{2}}\begin{bmatrix} 1 \\ 0 \\ -1 \end{bmatrix}$ とする．このとき，次の問に答えよ．

(1) $\boldsymbol{e}_1$ と $\boldsymbol{e}_2$ は正規直交していることを示せ．

(2) $\boldsymbol{a}_3 = \begin{bmatrix} 1 \\ 2 \\ 1 \end{bmatrix}$ とする．グラム・シュミットの直交化を用いて $\boldsymbol{e}_1, \boldsymbol{e}_2, \boldsymbol{a}_3$ から $\boldsymbol{e}_1$ と $\boldsymbol{e}_2$ に正規直交するベクトル $\boldsymbol{e}_3$ を構成せよ．

[問] 5.15 グラム・シュミットの直交化を用いて，$\mathbb{R}^2$ の次の基底から正規直交基底を構成せよ．

$$\boldsymbol{a}_1 = \begin{bmatrix} 1 \\ 2 \end{bmatrix}, \quad \boldsymbol{a}_2 = \begin{bmatrix} 3 \\ -1 \end{bmatrix}$$

[問] 5.16 グラム・シュミットの直交化を用いて，$\mathbb{R}^3$ の次の基底から正規直交基底を構成せよ．

$$\boldsymbol{a}_1 = \begin{bmatrix} 1 \\ 1 \\ 0 \end{bmatrix}, \quad \boldsymbol{a}_2 = \begin{bmatrix} 0 \\ -1 \\ 1 \end{bmatrix}, \quad \boldsymbol{a}_3 = \begin{bmatrix} -1 \\ 2 \\ 0 \end{bmatrix}$$

5.7 複素ベクトルの内積

ここでは，複素ベクトルの内積を紹介しよう．ただし，複素数 a に対して $\overline{a}$ は共役複素数を表す．

▶[ベクトルの共役複素] $\boldsymbol{x} = \begin{bmatrix} x_1 \\ \vdots \\ x_n \end{bmatrix}$ の共役複素は，$\overline{\boldsymbol{x}} = \begin{bmatrix} \overline{x}_1 \\ \vdots \\ \overline{x}_n \end{bmatrix}$

$\mathbb{C}^n$ の任意の元 $\boldsymbol{a} = \begin{bmatrix} a_1 \\ \vdots \\ a_n \end{bmatrix}, \boldsymbol{b} = \begin{bmatrix} b_1 \\ \vdots \\ b_n \end{bmatrix}$ に対して，(標準) 複素内積(ふくそないせき)(complex inner product) を

$$(\boldsymbol{a}, \boldsymbol{b}) = a_1\overline{b_1} + a_2\overline{b_2} + \cdots + a_n\overline{b_n} = {}^t\boldsymbol{a}\overline{\boldsymbol{b}}$$

と定める．このとき，定理 5.3 と同様の性質が成り立つ．

定理 5.19（複素ベクトルの内積の性質）
ベクトル $\boldsymbol{a}, \boldsymbol{b}, \boldsymbol{c} \in \mathbb{C}^n$ とスカラー $x \in \mathbb{C}$ に対して，次が成り立つ．

(1) $(\boldsymbol{a}, \boldsymbol{b}) = \overline{(\boldsymbol{b}, \boldsymbol{a})}$ (対称性)

(2) $(\boldsymbol{a}, \boldsymbol{b}+\boldsymbol{c}) = (\boldsymbol{a}, \boldsymbol{b}) + (\boldsymbol{a}, \boldsymbol{c})$,

$(\boldsymbol{a}+\boldsymbol{b}, \boldsymbol{c}) = (\boldsymbol{a}, \boldsymbol{c}) + (\boldsymbol{b}, \boldsymbol{c})$ (線形性)

(3) $(x\boldsymbol{a}, \boldsymbol{b}) = x(\boldsymbol{a}, \boldsymbol{b})$ (線形性)

(4) $(\boldsymbol{a}, \boldsymbol{a}) \geqq 0$ かつ「$(\boldsymbol{a}, \boldsymbol{a}) = 0 \iff \boldsymbol{a} = \boldsymbol{0}$」 (正値性)

（証明）

(1) $(\boldsymbol{b}, \boldsymbol{a}) = b_1\overline{a}_1 + \cdots + b_n\overline{a}_n$ より，$\overline{(\boldsymbol{b}, \boldsymbol{a})} = a_1\overline{b}_1 + \cdots + a_n\overline{b}_n = (\boldsymbol{a}, \boldsymbol{b})$.
(2) $(\boldsymbol{a}+\boldsymbol{b}, \boldsymbol{c}) = (a_1+b_1)\overline{c}_1 + \cdots + (a_n+b_n)\overline{c}_n =$
$a_1\overline{c}_1 + \cdots + a_n\overline{c}_n + b_1\overline{c}_1 + \cdots + b_n\overline{c}_n = (\boldsymbol{a}, \boldsymbol{c}) + (\boldsymbol{b}, \boldsymbol{c})$ で，
$(\boldsymbol{a}, \boldsymbol{b}+\boldsymbol{c}) = (\boldsymbol{a}, \boldsymbol{b}) + (\boldsymbol{a}, \boldsymbol{c})$ も同様に示される．

(3) $(\alpha \boldsymbol{a}, \boldsymbol{b}) = (\alpha a_1)\overline{b}_1 + \cdots + (\alpha a_n)\overline{b}_n = \alpha(a_1\overline{b}_1 + \cdots a_n\overline{b}_n) = \alpha(\boldsymbol{a}, \boldsymbol{b})$
(4) $(\boldsymbol{a}, \boldsymbol{a}) = a_1\overline{a}_1 + \cdots + a_n\overline{a}_n = |a_1|^2 + \cdots + |a_n|^2 = 0 \iff a_1 = \cdots = a_n \iff \boldsymbol{a} = \boldsymbol{0}$. ■

▶[複素数の絶対値]
複素数 $z = a + bi$ の絶対値 $|z|$ は $|z| = \sqrt{a^2 + b^2}$ である．また，$|z|^2 = z\overline{z}$ が成り立つ．

また，ノルム (norm) も実ベクトルの場合と同様に，$\|\boldsymbol{a}\| = \sqrt{(\boldsymbol{a}, \boldsymbol{a})}$ と定義する．$\|\boldsymbol{a}\| = \sqrt{a_1\overline{a_1} + \cdots + a_n\overline{a_n}} = \sqrt{|a_1|^2 + \cdots + |a_n|^2}$ である．

定理 5.19 からすぐに分かることを列挙しよう．

- (1) と (3) より，

$$(\boldsymbol{a}, x\boldsymbol{b}) = \overline{(x\boldsymbol{b}, \boldsymbol{a})} = \overline{x(\boldsymbol{b}, \boldsymbol{a})} = \overline{x} \cdot \overline{(\boldsymbol{b}, \boldsymbol{a})} = \overline{x}(\boldsymbol{a}, \boldsymbol{b})$$

が成り立つ．

- (1) より，$(\boldsymbol{a}, \boldsymbol{a}) = \overline{(\boldsymbol{a}, \boldsymbol{a})}$ なので，$(\boldsymbol{a}, \boldsymbol{a})$ は実数である．

複素ベクトル空間 $\mathbb{C}^n$ における内積とノルムについても，実ベクトル空間 $\mathbb{R}^n$ と同様，シュワルツの不等式や三角不等式が成り立つ．

定理 5.20（シュワルツの不等式と三角不等式）
任意の $\boldsymbol{a}, \boldsymbol{b} \in \mathbb{C}^n$ に対して次の不等式が成り立つ．

(1) $|(\boldsymbol{a}, \boldsymbol{b})| \leqq \|\boldsymbol{a}\|\|\boldsymbol{b}\|$ （シュワルツの不等式 (Schwarz inequality)）

(2) $\|\boldsymbol{a} + \boldsymbol{b}\| \leqq \|\boldsymbol{a}\| + \|\boldsymbol{b}\|$ （三角不等式 (triangle inequality)）

（証明）
(1) $\boldsymbol{a} = \boldsymbol{0}$ あるいは $\boldsymbol{b} = \boldsymbol{0}$ のとき，(1) の両辺はともに 0 となるので，明らかに成り立つ．そこで，$\boldsymbol{a} \neq 0$ かつ $\boldsymbol{b} \neq \boldsymbol{0}$ とする．任意の複素数 z に対して，$0 \leqq (z\boldsymbol{a} + \boldsymbol{b}, z\boldsymbol{a} + \boldsymbol{b})$ だが，$(z\boldsymbol{a} + \boldsymbol{b}, z\boldsymbol{a} + \boldsymbol{b}) = |z|^2\|\boldsymbol{a}\|^2 + z(\boldsymbol{a}, \boldsymbol{b}) + \overline{z(\boldsymbol{a}, \boldsymbol{b})} + \|\boldsymbol{b}\|^2$ なので，$z = -\dfrac{\overline{(\boldsymbol{a}, \boldsymbol{b})}}{\|\boldsymbol{a}\|^2}$ とすれば，

$$0 \leqq \frac{|(\boldsymbol{a}, \boldsymbol{b})|^2}{\|\boldsymbol{a}\|^2} - \frac{|(\boldsymbol{a}, \boldsymbol{b})|^2}{\|\boldsymbol{a}\|^2} - \frac{|(\boldsymbol{a}, \boldsymbol{b})|^2}{\|\boldsymbol{a}\|^2} + \|\boldsymbol{b}\|^2 = \frac{-|(\boldsymbol{a}, \boldsymbol{b})|^2 + \|\boldsymbol{a}\|^2\|\boldsymbol{b}\|^2}{\|\boldsymbol{a}\|^2}$$

となる．これより，$|(\boldsymbol{a}, \boldsymbol{b})| \leqq \|\boldsymbol{a}\|\|\boldsymbol{b}\|$ を得る．
(2) シュワルツの不等式より，

$$\begin{aligned}(\|\boldsymbol{a}\| + \|\boldsymbol{b}\|)^2 &= \|\boldsymbol{a}\|^2 + 2\|\boldsymbol{a}\|\|\boldsymbol{b}\| + \|\boldsymbol{b}\|^2 \geqq \|\boldsymbol{a}\|^2 + 2|(\boldsymbol{a}, \boldsymbol{b})| + \|\boldsymbol{b}\|^2 \\ &\geq \|\boldsymbol{a}\|^2 + 2\mathrm{Re}(\boldsymbol{a}, \boldsymbol{b}) + \|\boldsymbol{b}\|^2 = \|\boldsymbol{a}\|^2 + (\boldsymbol{a}, \boldsymbol{b}) + \overline{(\boldsymbol{a}, \boldsymbol{b})} + \|\boldsymbol{b}\|^2 \\ &= (\boldsymbol{a} + \boldsymbol{b}, \boldsymbol{a} + \boldsymbol{b}) = \|\boldsymbol{a} + \boldsymbol{b}\|^2\end{aligned}$$

が成り立つので，$\|\boldsymbol{a} + \boldsymbol{b}\| \leqq \|\boldsymbol{a}\| + \|\boldsymbol{b}\|$ を得る． ■

例題 5.10（複素内積の計算）
$\mathbb{C}^3$ の 2 つのベクトル $\boldsymbol{x} = \begin{bmatrix} i \\ -1 \\ i \end{bmatrix}, \boldsymbol{y} = \begin{bmatrix} 1+i \\ 2i \\ 1-i \end{bmatrix}$ とするとき，複素内積 $(\boldsymbol{x}, \boldsymbol{y})$ を求めよ．

（解答）
$(\boldsymbol{x},\boldsymbol{y}) = i\overline{(1+i)} - \overline{2i} + i\overline{(1-i)} = i(1-i) + 2i + i(1+i) = 4i$ ■

[問] 5.17　$\mathbb{C}^3$ の 2 つのベクトルを $\boldsymbol{x} = \begin{bmatrix} 1+i \\ -i \\ -1-i \end{bmatrix}$, $\boldsymbol{y} = \begin{bmatrix} 1-i \\ i \\ 1+i \end{bmatrix}$ とするとき，$\|\boldsymbol{x}\|$, $(\boldsymbol{x},\boldsymbol{y})$ を求めよ．

5.8　ユニタリ行列とエルミート行列

ここでは直交行列の複素数版（これをユニタリ行列 (unitary matrix) という）を考えよう．そのために，1.12 節で登場した随伴行列の性質をあらためて述べておこう．

定理 5.21（随伴行列の性質）
随伴行列および任意の $\boldsymbol{x},\boldsymbol{y} \in \mathbb{C}^n$ について次が成り立つ．

(1) A が $m \times n$ 複素行列，B が $n \times r$ 複素行列ならば $(AB)^* = B^*A^*$ である．

(2) A が正方複素行列ならば，$|A^*| = \overline{|A|}$ である．

(3) A が n 次正方複素行列ならば，$(A\boldsymbol{x},\boldsymbol{y}) = (\boldsymbol{x}, A^*\boldsymbol{y})$ である．ただし，$(\cdot,\cdot)$ は複素内積である．

【注意】 正方複素行列 A の行列式 $|A|$ は，一般に複素数になる．

（証明）
(1) 定理 1.12 の証明で示したので省略する．
(2) $|A^*| = |{}^t\overline{A}| = |\overline{A}| = \overline{|A|}$
(3) $(A\boldsymbol{x},\boldsymbol{y}) = {}^t(A\boldsymbol{x})\overline{\boldsymbol{y}} = ({}^t\boldsymbol{x}\,{}^t\boldsymbol{A})\overline{\boldsymbol{y}} = {}^t\boldsymbol{x}({}^tA\overline{\boldsymbol{y}}) = {}^t\boldsymbol{x}(\overline{{}^t\overline{A}\boldsymbol{y}}) = (\boldsymbol{x}, A^*\boldsymbol{y})$ ■

この随伴行列を使えば，それぞれ直交行列と対称行列の複素数版であるユニタリ行列とエルミート行列を定義できる．

定義 5.15（ユニタリ行列・エルミート行列）
n 次複素行列 A に対して，

(1) $AA^* = E_n$，つまり，$A^* = A^{-1}$ となるとき，A をユニタリ行列 (unitary matrix)

(2) $A^* = A$ となるとき，A をエルミート行列 (Hermitian matrix)

という．

n 次実行列 A に対しては，${}^tA = A^*$ が成り立つので，ユニタリ行列は直交行列に，エルミート行列は対称行列に一致する．

定理 5.22（ユニタリ行列の特徴付け）
n 次複素行列 A に対して，次の各条件は互いに同値である．

(1) $A^*A = E_n$，すなわち，A はユニタリ行列である．

(2) 任意の $\boldsymbol{x} \in \mathbb{C}^n$ に対し，$\|A\boldsymbol{x}\| = \|\boldsymbol{x}\|$ が成り立つ．

(3) 任意の $\boldsymbol{x}, \boldsymbol{y} \in \mathbb{C}^n$ に対し，$(A\boldsymbol{x}, A\boldsymbol{y}) = (\boldsymbol{x}, \boldsymbol{y})$ が成り立つ．

(4) $A = [\boldsymbol{a}_1\ \boldsymbol{a}_2\ \ldots\ \boldsymbol{a}_n]$ のとき，$(\boldsymbol{a}_i, \boldsymbol{a}_j) = \delta_{ij}$ が成り立つ．すなわち，n 個の列ベクトルは互いに直交する単位ベクトルである．

（証明）

$$\begin{array}{ccccc} & & (1) & & \\ & \nearrow & & \searrow & \\ (4) & & & & (2) \\ & \nwarrow & & \swarrow & \\ & & (3) & & \end{array}$$

を示せば，矢印をたどって，各条件が同値であることが分かる．

<u>(1)$\Longrightarrow$(2)</u>

$\|A\boldsymbol{x}\|^2 = (A\boldsymbol{x}, A\boldsymbol{x}) = (\boldsymbol{x}, A^*A\boldsymbol{x}) = (\boldsymbol{x}, \boldsymbol{x}) = \|\boldsymbol{x}\|^2$ なので，$\|A\boldsymbol{x}\| = \|\boldsymbol{x}\|$ である．

<u>(2)$\Longrightarrow$(3)</u>

まず，任意の $\boldsymbol{x}, \boldsymbol{y} \in \mathbb{C}^n$ に対して，$\|A(\boldsymbol{x}+\boldsymbol{y})\|^2 = \|\boldsymbol{x}+\boldsymbol{y}\|^2$ が成り立つことに注意する．
ここで，

$$\begin{aligned}
\|A(\boldsymbol{x}+\boldsymbol{y})\|^2 &= (A(\boldsymbol{x}+\boldsymbol{y}), A(\boldsymbol{x}+\boldsymbol{y})) = (A\boldsymbol{x}, A\boldsymbol{x}) + (A\boldsymbol{x}, A\boldsymbol{y}) + (A\boldsymbol{y}, A\boldsymbol{x}) + (A\boldsymbol{y}, A\boldsymbol{y}) \\
&= \|A\boldsymbol{x}\|^2 + (A\boldsymbol{x}, A\boldsymbol{y}) + \overline{(A\boldsymbol{x}, A\boldsymbol{y})} + \|A\boldsymbol{y}\|^2 = \|A\boldsymbol{x}\|^2 + 2\mathrm{Re}(A\boldsymbol{x}, A\boldsymbol{y}) + \|A\boldsymbol{y}\|^2, \\
\|\boldsymbol{x}+\boldsymbol{y}\|^2 &= \|\boldsymbol{x}\|^2 + (\boldsymbol{x}, \boldsymbol{y}) + (\boldsymbol{y}, \boldsymbol{x}) + \|\boldsymbol{y}\|^2 = \|\boldsymbol{x}\|^2 + 2\mathrm{Re}(\boldsymbol{x}, \boldsymbol{y}) + \|\boldsymbol{y}\|^2
\end{aligned}$$

なので，

$$\mathrm{Re}(A\boldsymbol{x}, A\boldsymbol{y}) = \mathrm{Re}(\boldsymbol{x}, \boldsymbol{y}) \tag{5.10}$$

である．同様に，$\|A(\boldsymbol{x}+i\boldsymbol{y})\|^2 = \|\boldsymbol{x}+i\boldsymbol{y}\|^2$ に注意すると，

$$\begin{aligned}
\|A(\boldsymbol{x}+i\boldsymbol{y})\|^2 &= (A\boldsymbol{x}+iA\boldsymbol{y}, A\boldsymbol{x}+iA\boldsymbol{y}) = \|A\boldsymbol{x}\|^2 + (A\boldsymbol{x}, iA\boldsymbol{y}) + (iA\boldsymbol{y}, A\boldsymbol{x}) + \|A\boldsymbol{y}\|^2 \\
&= \|A\boldsymbol{x}\|^2 - i(A\boldsymbol{x}, A\boldsymbol{y}) + i(A\boldsymbol{y}, A\boldsymbol{x}) + \|A\boldsymbol{y}\|^2 \\
&= \|A\boldsymbol{x}\|^2 - i(A\boldsymbol{x}, A\boldsymbol{y}) + i\overline{(A\boldsymbol{x}, A\boldsymbol{y})} + \|A\boldsymbol{y}\|^2 = \|A\boldsymbol{x}\|^2 + 2\mathrm{Im}(A\boldsymbol{x}, A\boldsymbol{y}) + \|A\boldsymbol{y}\|^2, \\
\|\boldsymbol{x}+i\boldsymbol{y}\|^2 &= \|\boldsymbol{x}\|^2 + (\boldsymbol{x}, i\boldsymbol{y}) + (i\boldsymbol{y}, \boldsymbol{x}) + \|\boldsymbol{y}\|^2 = \|\boldsymbol{x}\|^2 + 2\mathrm{Im}(\boldsymbol{x}, \boldsymbol{y}) + \|\boldsymbol{y}\|^2
\end{aligned}$$

なので，

$$\mathrm{Im}(A\boldsymbol{x}, A\boldsymbol{y}) = \mathrm{Im}(\boldsymbol{x}, \boldsymbol{y}) \tag{5.11}$$

を得る．したがって，(5.10) と (5.11) より，$(A\boldsymbol{x}, A\boldsymbol{y}) = (\boldsymbol{x}, \boldsymbol{y})$ を得る．

<u>(3)$\Longrightarrow$(4)</u>

n 次元基本ベクトルを $\boldsymbol{e}_i$ とし，$\boldsymbol{x} = \boldsymbol{e}_i$, $\boldsymbol{y} = \boldsymbol{e}_j$ とすると，$A\boldsymbol{e}_i = \boldsymbol{a}_i$, $A\boldsymbol{e}_j = \boldsymbol{a}_j$ なので，
$(\boldsymbol{a}_i, \boldsymbol{a}_j) = (A\boldsymbol{e}_i, A\boldsymbol{e}_j) = (\boldsymbol{e}_i, \boldsymbol{e}_j) = \delta_{ij}$ を得る．

<u>(4)$\Longrightarrow$(1)</u>

$A = [\boldsymbol{a}_1\ \boldsymbol{a}_2\ \ldots\ \boldsymbol{a}_n]$ とすると，

$$\begin{aligned}
A^*A &= \begin{bmatrix} {}^t\overline{\boldsymbol{a}}_1 \\ {}^t\overline{\boldsymbol{a}}_2 \\ \vdots \\ {}^t\overline{\boldsymbol{a}}_n \end{bmatrix} [\boldsymbol{a}_1\ \boldsymbol{a}_2\ \ldots\ \boldsymbol{a}_n] = \begin{bmatrix} {}^t\overline{\boldsymbol{a}}_1\boldsymbol{a}_1 & {}^t\overline{\boldsymbol{a}}_1\boldsymbol{a}_2 & \cdots & {}^t\overline{\boldsymbol{a}}_1\boldsymbol{a}_n \\ {}^t\overline{\boldsymbol{a}}_2\boldsymbol{a}_1 & {}^t\overline{\boldsymbol{a}}_2\boldsymbol{a}_2 & \cdots & {}^t\overline{\boldsymbol{a}}_2\boldsymbol{a}_n \\ \vdots & \vdots & \ddots & \vdots \\ {}^t\overline{\boldsymbol{a}}_n\boldsymbol{a}_1 & {}^t\overline{\boldsymbol{a}}_n\boldsymbol{a}_2 & \cdots & {}^t\overline{\boldsymbol{a}}_n\boldsymbol{a}_n \end{bmatrix} \\
&= \begin{bmatrix} \overline{(\boldsymbol{a}_1, \boldsymbol{a}_1)} & \overline{(\boldsymbol{a}_1, \boldsymbol{a}_2)} & \cdots & \overline{(\boldsymbol{a}_1, \boldsymbol{a}_n)} \\ \overline{(\boldsymbol{a}_2, \boldsymbol{a}_1)} & \overline{(\boldsymbol{a}_2, \boldsymbol{a}_2)} & \cdots & \overline{(\boldsymbol{a}_2, \boldsymbol{a}_n)} \\ \vdots & \vdots & \ddots & \vdots \\ \overline{(\boldsymbol{a}_n, \boldsymbol{a}_1)} & \overline{(\boldsymbol{a}_n, \boldsymbol{a}_2)} & \cdots & \overline{(\boldsymbol{a}_n, \boldsymbol{a}_n)} \end{bmatrix} = \begin{bmatrix} 1 & 0 & \cdots & 0 \\ 0 & 1 & \cdots & 0 \\ \vdots & \vdots & \ddots & \vdots \\ 0 & 0 & \cdots & 1 \end{bmatrix}
\end{aligned}$$

となる．■

【注意】 ここで，$\overline{(\boldsymbol{a}_i, \boldsymbol{a}_j)} = \overline{{}^t\boldsymbol{a}_i\overline{\boldsymbol{a}}_j} = {}^t\overline{\boldsymbol{a}}_i\boldsymbol{a}_j$ となることに注意しよう．

例題 5.11（エルミート行列とユニタリ行列の性質）

次の問に答えよ．

(1) A と B がともに n 次ユニタリ行列のとき，AB および A^{-1} もユニタリ行列であることを示せ．

(2) エルミート行列 A の行列式は実数であることを示せ．

(3) ユニタリ行列 A の行列式の絶対値は 1 であることを示せ．

（解答）

(1) $A^*A = B^*B = E_n$ より

$$(AB)^*(AB) = B^*(A^*A)B = B^*B = E_n$$

が成り立つので，AB もユニタリ行列である．
また，仮定より $A^* = A^{-1}$ なので，$(A^{-1})^* = (A^*)^* = A$ となる．これより，$(A^{-1})^*A^{-1} = AA^{-1} = E_n$ となるので，A^{-1} もユニタリ行列である．

(2) $A^* = A$ なので，

$$|A| = |A^*| = |{}^t\overline{A}| = |\overline{A}| = \overline{|A|}$$

となる．よって，$|A|$ は実数である．

(3) $1 = |E_n| = |AA^*| = |A||A^*| = |A|\overline{|A|} = |A|^2$ となる．よって，$|A|$ の絶対値は 1 である．■

[問] 5.18　$A = \begin{bmatrix} 1 & 2+i \\ 2-i & 3 \end{bmatrix}$ がエルミート行列かどうか判定せよ．

[問] 5.19　次の問に答えよ．ただし，A, B は n 次正方複素行列とする．

(1) $(A^*)^{-1} = (A^{-1})^*$ を示せ．

(2) A が $A^* = -A$ を満たすとき，A を交代エルミート行列という．$E_n + A$ が正則であるような交代エルミート行列 A に対して $(E_n - A)(E_n + A)^{-1}$ はユニタリ行列であることを示せ．

5.9　ベクトル空間

この節では，数ベクトルの一般化をしてみよう．そうすれば，関数や行列などもベクトルとして扱える．

数ベクトルは，実数全体 $\mathbb{R}$ や複素数全体 $\mathbb{C}$ といった何らかの「全体」があったからこそ生まれた概念である．そこで，数ベクトルを一般化するために，まずは，ベクトル空間 (vector space) と呼ばれるベクトル「全体」の定義をする．そして，その全体に属する要素をベクトル (vector) と定義する．

ベクトル空間を定義する際，ベクトル空間が満たすべき性質として要求すべきことは何か？ ということが問題となるが，「数ベクトル空間はベクトル空間の 1 つ」にならないといけないので，ベクトル空間の定義には，数ベクトル空間が満たすべき性質（定理 5.2）を要求する．

定義 5.16（ベクトル空間の定義）
集合 V が K ベクトル空間 (vector apace) （または抽象 K ベクトル空間 (abstract vector space over the field K)）であるとは，V の任意の 2 要素 $\boldsymbol{a}, \boldsymbol{b}$ に対して，その和 (vector addition) $\boldsymbol{a}+\boldsymbol{b}$ が V の要素として定義され，また，V の任意の要素 $\boldsymbol{a}$ と K の任意の要素 α に対して，スカラー倍 (scalar multiplication) と呼ばれる $\alpha\boldsymbol{a}$ が V の要素として定義されていて，次の 7 条件が満たされるときをいう．

① **和の結合則** 任意の $\boldsymbol{a}, \boldsymbol{b}, \boldsymbol{c} \in V$ について $\boldsymbol{a}+(\boldsymbol{b}+\boldsymbol{c}) = (\boldsymbol{a}+\boldsymbol{b})+\boldsymbol{c}$ が成り立つ．

② **和の可換性** 任意の $\boldsymbol{a}, \boldsymbol{b} \in V$ について $\boldsymbol{a}+\boldsymbol{b} = \boldsymbol{b}+\boldsymbol{a}$ が成り立つ．

③ **0 の存在** 特別な要素 $\boldsymbol{0}$ があって，$\boldsymbol{a}+\boldsymbol{0} = \boldsymbol{0}+\boldsymbol{a} = \boldsymbol{a}$ が任意の $\boldsymbol{a} \in V$ について成立する．

④ **マイナスの存在** 任意の $\boldsymbol{a} \in V$ について $\boldsymbol{a}+\boldsymbol{a}' = \boldsymbol{a}'+\boldsymbol{a} = \boldsymbol{0}$ を満たす $\boldsymbol{a}' \in V$ が存在する．通常，この $\boldsymbol{a}'$ を $-\boldsymbol{a}$ と書く．

⑤ **1 によるスカラー倍** 任意の要素 $\boldsymbol{a} \in V$ について $1 \cdot \boldsymbol{a} = \boldsymbol{a}$ が成り立つ．

⑥ **スカラー倍の結合則** 任意の $\alpha, \beta \in K$ と任意の $\boldsymbol{a} \in V$ に対して $\alpha(\beta\boldsymbol{a}) = (\alpha\beta)\boldsymbol{a}$ が成り立つ．

⑦ **スカラー倍の分配則** 任意の $\boldsymbol{a}, \boldsymbol{b} \in V$ と任意の $\alpha, \beta \in K$ に対して $\alpha(\boldsymbol{a}+\boldsymbol{b}) = \alpha\boldsymbol{a}+\alpha\boldsymbol{b}$ および $(\alpha+\beta)\boldsymbol{a} = \alpha\boldsymbol{a}+\beta\boldsymbol{a}$ が成り立つ．

▶[⑤について]
$1 \cdot \boldsymbol{a}$ の定義が全く与えられていないことに注意しよう．したがって，この段階では $1 \cdot \boldsymbol{a}$ が何を表すのか，全く分からない．

▶[⑥,⑦について]
スカラー倍 $\alpha\boldsymbol{a}$ が，通常の積のように扱えるような性質を要求していることになる．

V が K ベクトル空間であるとき，V の要素をベクトル (vector)，K の要素をスカラー (scalar) という．定義だけを見てもよく分からないかもしれないが，要は，ベクトル空間とは，

- 和とスカラー倍が定義されている
- 結合法則，分配法則といった自然な計算規則が成り立つ

ような集合であり，

- ベクトル空間の要素がベクトルである

ということである．

また，この定義 5.16 のベクトルは，「方向と長さをもった量」とは定義されていないし，数ベクトル空間のように次元についても全く触れられていないことに注意しよう．

さて，定義 5.16 だけだとよく分からないだろうから，具体的な例を考えよう．

▶【アクティブ・ラーニング】
ここで取り上げているもの以外に，ベクトル空間としてどのようなものがあるかを調べてみよう．そして，それをお互いに分かりやすく説明してみよう．

(1) 定義 5.16 において，$V = \mathbb{R}^n$, $K = \mathbb{R}$ とすれば，数ベクトル空間 $\mathbb{R}^n$ は $\mathbb{R}$ ベクトル空間であることが分かる．また，定義 5.16 において，$V = \mathbb{C}^n$, $K = \mathbb{C}$ とすれば，数ベクトル空間 $\mathbb{C}^n$ は $\mathbb{C}$ ベクトル空間であることが分かる．

(2) $m \times n$ 実行列全体の集合 $M_{m\times n}(\mathbb{R})$ は行列の和とスカラー倍を考えることで $\mathbb{R}$ ベクトル空間になる．また，$m \times n$ 複素行列全体の集合 $M_{m\times n}(\mathbb{C})$ は行列の和とスカラー倍を考えることで $\mathbb{C}$ ベクトル空間になる．これらは，定義 5.16 において，それぞれ，$V = M_{m\times n}(\mathbb{R})$, $K = \mathbb{R}$ および $V = M_{m\times n}(\mathbb{C})$，$K = \mathbb{C}$ とおいたことになる．

(3) 実係数の x の多項式全体の集合を $P(\mathbb{R})$ と書くと，通常の多項式の和および定数倍を考えて $P(\mathbb{R})$ は $\mathbb{R}$ ベクトル空間となる．より具体的には，多項式全体の集合

$$
\begin{aligned}
P(\mathbb{R}) &= \left\{ \sum_{i=0}^{\infty} a_i x^i \,\middle|\, a_i \in \mathbb{R} \right\} \\
&= \left\{ a_0 + a_1 x + a_2 x^2 + \cdots \,\middle|\, a_0, a_1, a_2, \ldots \in \mathbb{R} \right\}
\end{aligned}
$$

に属する任意の元 f, g を $f(x) = \displaystyle\sum_{i=0}^{\infty} a_i x^i$，$g(x) = \displaystyle\sum_{i=0}^{\infty} b_i x^i$ と表したとき，$\alpha \in \mathbb{R}$ に対して，和 $f + g$ とスカラー倍 αf を

$$
(f+g)(x) = f(x) + g(x) = \sum_{i=0}^{\infty} (a_i + b_i) x^i, \quad x \in \mathbb{R}
$$

$$
(\alpha f)(x) = \alpha f(x) = \alpha \sum_{i=0}^{\infty} a_i x^i, \quad x \in \mathbb{R}
$$

と定義すれば，$P(\mathbb{R})$ は $\mathbb{R}$ ベクトル空間となる．このときは，定義 5.16 において，$V = P(\mathbb{R})$，$K = \mathbb{R}$ とおいたことになる．また，$P_n(\mathbb{R})$ を次数が n 以下の多項式全体の集合とすると

$$
\begin{aligned}
P_n(\mathbb{R}) &= \left\{ \sum_{i=0}^{n} a_i x^i \,\middle|\, a_i \in \mathbb{R} \right\} \\
&= \{ a_0 + a_1 x + \cdots + a_n x^n \mid a_0, a_1, \ldots, a_n \in \mathbb{R} \}
\end{aligned}
$$

は $P(\mathbb{R})$ の部分集合であり，それ自体 $\mathbb{R}$ ベクトル空間になる．なお，複素係数の多項式についても同様に考えて $P(\mathbb{C})$ および $P_n(\mathbb{C})$ が $\mathbb{C}$ ベクトル空間であることが分かる．

(4) $\mathbb{R}$ の開区間 I に対して I 上で C^n 級の関数全体を $C^n(I)$ で表すと，通常の関数の和と定数倍で $C^n(I)$ は $\mathbb{R}$ ベクトル空間となる．より具体的には，任意の $f, g \in C^n(I)$ および $\alpha \in \mathbb{R}$ に対して，和 $f + g$ とスカラー倍 αf を

$$
(f+g)(x) = f(x) + g(x), \qquad x \in I
$$

$$(\alpha f)(x) = \alpha f(x), \qquad x \in I$$

と定義すれば，$C^n(I)$ は $\mathbb{R}$ ベクトル空間となる．このときは，定義 5.16 において，$V = C^n(I)$，$K = \mathbb{R}$ とおいたことになる．

5.10 計量ベクトル空間

ここでは，ベクトル空間の計量について考えよう．そのためには内積を定義しなければならないが，複素ベクトルの内積の性質（定理 5.19）を満たすものを内積と定義する．

定義 5.17（計量空間・内積）

K 上のベクトル空間 V において任意の $\boldsymbol{a}, \boldsymbol{b} \in V$ に対して内積 (inner product) と呼ばれる K の要素 $(\boldsymbol{a}, \boldsymbol{b})$ がただ 1 つ定まり，次の性質を満たすとき V は計量ベクトル空間 (metric vector space) または単に計量空間（けいりょうくうかん）(metric space) であるという．

任意の $\boldsymbol{a}, \boldsymbol{b}, \boldsymbol{c} \in V$，$x \in K$ に対して

(1) $(\boldsymbol{a}, \boldsymbol{b}) = \overline{(\boldsymbol{b}, \boldsymbol{a})}$ （対称性）

(2) $(\boldsymbol{a}, \boldsymbol{b} + \boldsymbol{c}) = (\boldsymbol{a}, \boldsymbol{b}) + (\boldsymbol{a}, \boldsymbol{c})$,

$(\boldsymbol{a} + \boldsymbol{b}, \boldsymbol{c}) = (\boldsymbol{a}, \boldsymbol{c}) + (\boldsymbol{b}, \boldsymbol{c})$ （線形性）

(3) $(x\boldsymbol{a}, \boldsymbol{b}) = x(\boldsymbol{a}, \boldsymbol{b})$ （線形性）

(4) $(\boldsymbol{a}, \boldsymbol{a}) \geqq 0$ かつ「$(\boldsymbol{a}, \boldsymbol{a}) = 0 \iff \boldsymbol{a} = \boldsymbol{0}$」 （正値性）

定義 5.18（ノルム）

V が計量ベクトル空間であるとき，$\boldsymbol{a} \in V$ に対し，そのノルム (norm)（または長さ (length)，大きさ (magnitude)）と呼ばれる実数 $\|\boldsymbol{a}\|$ を次のように定義する．

$$\|\boldsymbol{a}\| = \sqrt{(\boldsymbol{a}, \boldsymbol{a})} \tag{5.12}$$

内積の性質 (4) より，$(\boldsymbol{a}, \boldsymbol{a}) \geqq 0$ なので，ノルム $\|\boldsymbol{a}\|$ は (5.12) のように定義でき，

$$\|\boldsymbol{a}\| \geqq 0 \quad \text{かつ} \quad \|\boldsymbol{a}\| = 0 \iff \boldsymbol{a} = \boldsymbol{0}$$

を満たす．

内積の例をいくつか挙げよう．

▶【アクティブ・ラーニング】
ここで取り上げているもの以外に，内積にはどのようなものがあるかを調べてみよう．そして，それをお互いに分かりやすく説明してみよう．

(1) $\mathbb{R}^n$ の任意の元 $\boldsymbol{x} = \begin{bmatrix} x_1 \\ \vdots \\ x_n \end{bmatrix}$, $\boldsymbol{y} = \begin{bmatrix} y_1 \\ \vdots \\ y_n \end{bmatrix}$ に対して

$$(\boldsymbol{x}, \boldsymbol{y}) = x_1y_1 + x_2y_2 + \cdots + x_ny_n = {}^t\boldsymbol{x}\boldsymbol{y}$$

と定めると $(\boldsymbol{x}, \boldsymbol{y})$ は $\mathbb{R}^n$ における内積を与える．

(2) $\mathbb{C}^n$ の任意の元 $\boldsymbol{x} = \begin{bmatrix} x_1 \\ \vdots \\ x_n \end{bmatrix}, \boldsymbol{y} = \begin{bmatrix} y_1 \\ \vdots \\ y_n \end{bmatrix}$ に対して

$$(\boldsymbol{x}, \boldsymbol{y}) = x_1\overline{y_1} + x_2\overline{y_2} + \cdots + x_n\overline{y_n} = {}^t\boldsymbol{x}\overline{\boldsymbol{y}}$$

と定めると $(\boldsymbol{x}, \boldsymbol{y})$ は $\mathbb{C}^n$ における内積を与える．

(3) $\mathbb{R}$ の閉区間 $I = [a, b]$ について，I 上で連続な関数全体の作る空間 $C(I)$ において，$f, g \in C(I)$ に対して，

$$(f, g) = \int_a^b f(x)g(x)dx \tag{5.13}$$

と定めると (f, g) は $C(I)$ における内積になる．実際，内積の性質 (1)〜(3) が成り立つことは定積分の線形性より明らかである．また，$\|f\|^2 = (f, f) = \displaystyle\int_a^b f(x)^2dx$ であり，$f(x)^2 \geqq 0$ なので $(f, f) \geqq 0$ が成り立ち，$\displaystyle\int_a^b f(x)^2dx = 0 \iff f(x) = 0$ も成り立つので，内積の性質 (4) も成り立つ．なお，(5.13) で定義される内積を L^2 内積ということがある．

(4) 複素数を成分にもつ $m \times n$ 行列の全体 $M_{m\times n}(\mathbb{C})$ は mn 次元のベクトル空間であるが，$A, B \in M_{m\times n}(\mathbb{C})$ に対して，$\overline{A} = [\overline{a}_{ij}]$, $\overline{B} = [\overline{b}_{ij}]$ とし，

$$(A, B) = \mathrm{tr}(A^t\overline{B}) \tag{5.14}$$

と定義すると (A, B) は $M_{m\times n}(\mathbb{C})$ 上の内積を与える．実際，トレースの性質より，

(1) $(A, B) = \mathrm{tr}(A^t\overline{B}) = \overline{\mathrm{tr}(\overline{A}^tB)} = \mathrm{tr}\left({}^t\left(\overline{A}^tB\right)\right) = \overline{\mathrm{tr}(B^t\overline{A})} = \overline{(B, A)}$

(2) $(A, B_1 + B_2) = \mathrm{tr}\left(A^t\overline{(B_1 + B_2)}\right) = \mathrm{tr}\left(A^t\overline{B}_1 + A^t\overline{B}_2\right) = \mathrm{tr}(A^t\overline{B}_1) + \mathrm{tr}(A^t\overline{B}_2) = (A, B_1) + (A, B_2)$ で，$(A_1 + A_2, B) = (A_1, B) + (A_2, B)$ も同様に示される．

(3) $(cA, B) = \mathrm{tr}(cA^t\overline{B}) = c\mathrm{tr}(A^t\overline{B}) = c(A, B), \quad c \in \mathbb{C}$

となるので，内積の性質 (1)〜(3) が成り立つことが分かる．また，$A = [a_{ij}]$, $B = [b_{ij}]$ とすると $A^t\overline{B}$ の (i, k) 成分 $= \displaystyle\sum_{j=1}^n a_{ij}\overline{b}_{kj}$ なので，$(A, B) = \mathrm{tr}(A^t\overline{B}) = \displaystyle\sum_{i=1}^m\sum_{j=1}^n a_{ij}\overline{b}_{ij}$ である．したがって，

$(A, A) = \sum_{i=1}^{m} \sum_{j=1}^{n} |a_{ij}|^2 \geqq 0$ となる．さらに，

$$(A, A) = \sum_{i=1}^{m} \sum_{j=1}^{n} |a_{ij}|^2 = 0 \iff a_{ij} = 0 \iff A = O$$

となるので，結局，内積の性質 (4) も満たされる．(5.14) は，$M_{m \times n}(\mathbb{C})$ を $\mathbb{C}^{mn}$ と同一視したときの普通の内積にほかならない．

シュワルツの不等式（定理 5.20）より，実計量ベクトル空間の要素 $\boldsymbol{a}, \boldsymbol{b}$ については次のように $\boldsymbol{a}, \boldsymbol{b}$ のなす角 (angle) $(0 \leqq \theta \leqq \pi)$ を定義できる．

$$\boldsymbol{a} \neq \boldsymbol{0}, \boldsymbol{b} \neq \boldsymbol{0} \text{ のとき} \cos\theta = \frac{(\boldsymbol{a}, \boldsymbol{b})}{\|\boldsymbol{a}\|\|\boldsymbol{b}\|}$$

ここで，$\boldsymbol{a} \neq \boldsymbol{0}$, $\boldsymbol{b} \neq \boldsymbol{0}$ のときは，$\|\boldsymbol{a}\|\|\boldsymbol{b}\| \neq 0$ なのでシュワルツの不等式より

$$-1 \leqq \frac{(\boldsymbol{a}, \boldsymbol{b})}{\|\boldsymbol{a}\|\|\boldsymbol{b}\|} \leqq 1$$

となるので，$0 \leqq \theta \leqq \pi$ としてなす角を定義できることに注意しよう．

例題 5.12（内積と交角の計算）

V を閉区間 $[0, 1]$ 上の連続関数全体からなる計量ベクトル空間とし，その内積は

$$(f, g) = \int_0^1 f(t)g(t)dt, \qquad f, g \in V.$$

で定義されるものとする．このとき，$f(t) = 2t - 1$ と $g(t) = t^2$ のなす角 θ に対して，$\cos\theta$ の値を求めよ．

（解答）

$$\begin{aligned}
(f, g) &= \int_0^1 (2t-1)t^2 dt = \int_0^1 (2t^3 - t^2)dt = \left[\frac{1}{2}t^4 - \frac{1}{3}t^3\right]_0^1 = \frac{1}{6} \\
\|f\|^2 &= \int_0^1 (2t-1)^2 dt = \int_0^1 (4t^2 - 4t + 1)dt = \left[\frac{4}{3}t^3 - 2t^2 + t\right]_0^1 = \frac{1}{3} \\
\|g\|^2 &= \int_0^1 t^4 dt = \left[\frac{1}{5}t^5\right]_0^1 = \frac{1}{5}.
\end{aligned}$$

よって，

$$\cos\theta = \frac{(f, g)}{\|f\|\|g\|} = \frac{1}{6} \cdot \sqrt{3} \cdot \sqrt{5} = \frac{\sqrt{15}}{6}.$$

である． ■

[問] 5.20　区間 $[-\pi, \pi]$ 上の連続関数全体を $C[-\pi, \pi]$ とする．$C[-\pi, \pi]$ 上において内積を

$$(f, g) = \int_{-\pi}^{\pi} f(x)g(x)dx, \qquad f, g \in C[-\pi, \pi]$$

によって定義し，$f_1(x) = \sin x$, $f_2(x) = \cos x$, $f_3(x) = x$ とおく．このとき，f_1 と f_2，f_1 と f_3，f_2 と f_3 は，それぞれ直交しているか？ 理由を述べて答えよ．

[問] 5.21　区間 $[0,1]$ 上の連続関数全体を $C[0,1]$ とする．$C[0,1]$ において内積を

$$(f,g) = \int_0^1 f(x)g(x)dx \qquad f,g \in C[0,1]$$

によって定義し，$f_1(x) = x, f_2(x) = e^x$ とおくとき，(f_1, f_2), $\|f_1\|$, $\|f_2\|$, および f_1 と f_2 のなす角 θ に対して $\cos\theta$ を求めよ．

▶【アクティブ・ラーニング】
まとめに記載されている項目について，例を交えながら他の人に説明しよう．また，あなたならどのように本章をまとめますか？ あなたの考えで本章をまとめ，それを他の人とも共有し，自分たちオリジナルのまとめを作成しよう．

▶【アクティブ・ラーニング】
本章で登場した例題および問において，重要な問題を 5 つ選び，その理由を述べてください．その際，選定するための基準は，自分たちで考えてください．

第 5 章のまとめ

- 数ベクトルとは，数を縦に並べた列ベクトル．
- 内積によって，数ベクトルに角度や大きさといった図形の計量に関する概念が導入できる．
- ベクトル $\boldsymbol{x}, \boldsymbol{y}$ および直交行列 P に対して，$\boldsymbol{x}$ と $\boldsymbol{y}$ のなす角と $P\boldsymbol{x}$ と $P\boldsymbol{y}$ のなす角は等しい．また，$\|P\boldsymbol{x}\| = \|\boldsymbol{x}\|, \|P\boldsymbol{y}\| = \|\boldsymbol{y}\|$ である．
- $\mathrm{Span}\{\boldsymbol{a}_1, \boldsymbol{a}_2, \ldots, \boldsymbol{a}_r\}$ は $\mathbb{R}^n$ の部分空間である．
- $\mathbb{R}^n$ において，一次独立なベクトルは，基底でもある．
- 次元とは，基底の数である．
- グラム・シュミットの直交化によって，一次独立なベクトルから正規直交系を構成できる．
- ベクトル空間には，数ベクトル空間以外にも様々なものがある．

第 5 章　演習問題

[A. 基本問題]

演習 5.1 次の $\mathbb{R}^4$ のベクトル $\boldsymbol{a}, \boldsymbol{b}$ のなす角を θ とするとき，$\cos\theta$ を求めよ．

(1) $\boldsymbol{a} = \begin{bmatrix} 1 \\ 3 \\ -4 \\ 2 \end{bmatrix}, \boldsymbol{b} = \begin{bmatrix} 5 \\ -1 \\ -2 \\ 6 \end{bmatrix}$　　(2) $\boldsymbol{a} = \begin{bmatrix} -4 \\ 2 \\ 2 \\ -5 \end{bmatrix}, \boldsymbol{b} = \begin{bmatrix} 2 \\ 2 \\ -1 \\ 4 \end{bmatrix}$

演習 5.2 任意の $\boldsymbol{x}, \boldsymbol{y} \in \mathbb{R}^n$ に対して，次の問に答えよ．

(1) $\|3\boldsymbol{x} - 2\boldsymbol{y}\|^2 + \|2\boldsymbol{x} + 5\boldsymbol{y}\|^2 = a\|\boldsymbol{x}\|^2 + b\|\boldsymbol{y}\|^2 + c(\boldsymbol{x}, \boldsymbol{y}) + d\|\boldsymbol{x}\|\|\boldsymbol{y}\|$ とおくとき，整数 $a \sim d$ の値を求めよ．

(2) $\boldsymbol{x}$ と $\boldsymbol{y}$ が直交しているならば，$\|3\boldsymbol{x} + 2\boldsymbol{y}\|^2 - \|2\boldsymbol{x} - 3\boldsymbol{y}\|^2 = 5(\|\boldsymbol{x}\|^2 - \|\boldsymbol{y}\|^2)$ は成り立つか？理由を述べて答えよ．

(3) $\boldsymbol{x}$ と $\boldsymbol{y}$ を $\mathbb{R}^n$ のベクトルとする．このとき，$\boldsymbol{x}$ と $\boldsymbol{y} - \boldsymbol{x}$ が直交しているならば，$\|\boldsymbol{y} - \boldsymbol{x}\|^2 = \|\boldsymbol{y}\|^2 - \|\boldsymbol{x}\|^2$ が成り立つことを示せ．

演習 5.3 行列 $A = \begin{bmatrix} 1 & 0 & 0 \\ 0 & \cos\theta & \sin\theta \\ 0 & -\sin\theta & \cos\theta \end{bmatrix}$ $(0 \leqq \theta \leqq 2\pi)$ が直交行列かどうかを判定せよ．

演習 5.4 次の問に答えよ．

(1) 行列 $\begin{bmatrix} \frac{5}{13} & a & 0 \\ b & -\frac{5}{13} & c \\ d & 0 & 1 \end{bmatrix}$ が直交行列であるように a, b, c, d を定めよ．

(2) A と B を n 次直交行列とすると，AB も直交行列であることを示せ．

演習 5.5 次の $\mathbb{R}^3$ の部分集合が部分空間となるかどうか調べよ．

(1) $U = \left\{ \begin{bmatrix} x \\ y \\ z \end{bmatrix} \middle| x + 2y + 3z = 0 \right\}$　　(2) $V = \left\{ \begin{bmatrix} x \\ y \\ z \end{bmatrix} \middle| x + 2y + 3z = 1 \right\}$

演習 5.6 $\mathbb{R}^3$ の 3 つのベクトル $\boldsymbol{a}_1 = \begin{bmatrix} 1 \\ -1 \\ -2 \end{bmatrix}, \boldsymbol{a}_2 = \begin{bmatrix} 5 \\ -4 \\ -7 \end{bmatrix}, \boldsymbol{a}_3 = \begin{bmatrix} -3 \\ 1 \\ 0 \end{bmatrix}$ で生成される部分空間を $\mathrm{Span}\{\boldsymbol{a}_1, \boldsymbol{a}_2, \boldsymbol{a}_3\}$ とする．このとき，$\boldsymbol{x} = \begin{bmatrix} -4 \\ 3 \\ c \end{bmatrix}$ が $\mathrm{Span}\{\boldsymbol{a}_1, \boldsymbol{a}_2, \boldsymbol{a}_3\}$ に属するように c を定めよ．

演習 5.7 $\mathbb{R}^3$ 内の 3 個のベクトル $\begin{bmatrix} a \\ 1 \\ 1 \end{bmatrix}, \begin{bmatrix} 1 \\ a \\ 1 \end{bmatrix}, \begin{bmatrix} 1 \\ 1 \\ a \end{bmatrix}$ が一次従属となるような a の値を定めよ．

演習 5.8 3 次元実ベクトル空間 $\mathbb{R}^3$ の 3 つのベクトル

$$\boldsymbol{a}_1 = \begin{bmatrix} \alpha \\ 2 \\ 4 \end{bmatrix}, \quad \boldsymbol{a}_2 = \begin{bmatrix} 3 \\ 1 \\ 2 \end{bmatrix}, \quad \boldsymbol{a}_3 = \begin{bmatrix} 7 \\ 8 \\ 2 \end{bmatrix} \qquad (\alpha\text{は定数})$$

が一次独立になるための α の条件を求めよ．

演習 5.9 $\boldsymbol{a}_1 = \begin{bmatrix} -1 \\ -1 \\ 0 \end{bmatrix}, \boldsymbol{a}_2 = \begin{bmatrix} -1 \\ 0 \\ 1 \end{bmatrix}, \boldsymbol{a}_3 = \begin{bmatrix} 0 \\ 1 \\ -1 \end{bmatrix}$ は $\mathbb{R}^3$ の基底を成すか？ 理由を述べて答えよ．

演習 5.10 グラム・シュミットの直交化を用いて $\mathbb{R}^3$ の次の基底から正規直交系を構成せよ．

$$\boldsymbol{a}_1 = \begin{bmatrix} -2 \\ 1 \\ 0 \end{bmatrix}, \quad \boldsymbol{a}_2 = \begin{bmatrix} -1 \\ 0 \\ 1 \end{bmatrix}, \quad \boldsymbol{a}_3 = \begin{bmatrix} 1 \\ 1 \\ 1 \end{bmatrix}$$

演習 5.11 次の問に答えよ．

(1) A と B を n 次エルミート行列とする．このとき，「AB がエルミート行列であるための必要十分条件は $AB = BA$ が成り立つことである」ことを示せ．

(2) エルミート行列の逆行列はエルミート行列であることを示せ．

(3) $\alpha, \beta \in \mathbb{C}$ とし，$A = \begin{bmatrix} \alpha & \beta \\ -\overline{\beta} & \overline{\alpha} \end{bmatrix}$ とする．このとき，$|\alpha|^2 + |\beta|^2 = 1$ ならば，A はユニタリ行列であることを示せ．

[B. 応用問題]

演習 5.12 $U = \left\{ \begin{bmatrix} x & y \\ 0 & x^2 \end{bmatrix} \middle| x, y \in \mathbb{R} \right\}$ が $M_{2\times 2}(\mathbb{R})$ の部分空間になるかどうか調べよ．

演習 5.13 A を $m \times n$ 行列とする．このとき，連立一次方程式 $A\boldsymbol{x} = \boldsymbol{b}(\boldsymbol{b} \neq \boldsymbol{0})$ の解全体 $V = \{\boldsymbol{x} \in \mathbb{R}^n | A\boldsymbol{x} = \boldsymbol{b}\}$ は $\mathbb{R}^n$ の部分空間となるか？ 理由を述べて答えよ．

演習 5.14 2つの空間ベクトル $\boldsymbol{a}$ と $\boldsymbol{b}$ について

$$\boldsymbol{a}, \boldsymbol{b}\text{ が一次従属} \iff \boldsymbol{a} \times \boldsymbol{b} = \boldsymbol{0}$$

が成立することを証明せよ．

演習 5.15 4次元実ベクトル空間 $\mathbb{R}^4$ の4つのベクトル

$$\boldsymbol{a}_1 = \begin{bmatrix} 1 \\ 2 \\ -1 \\ 2 \end{bmatrix}, \quad \boldsymbol{a}_2 = \begin{bmatrix} 2 \\ -1 \\ 3 \\ 1 \end{bmatrix}, \quad \boldsymbol{a}_3 = \begin{bmatrix} 1 \\ -3 \\ 4 \\ -1 \end{bmatrix}, \quad \boldsymbol{a}_4 = \begin{bmatrix} 1 \\ 7 \\ k \\ 5 \end{bmatrix}$$

および $\boldsymbol{a}_1$，$\boldsymbol{a}_2$，$\boldsymbol{a}_3$ を並べてできる行列を $A = \begin{bmatrix} 1 & 2 & 1 \\ 2 & -1 & -3 \\ -1 & 3 & 4 \\ 2 & 1 & -1 \end{bmatrix}$ を考える．ただし，k は定数で

ある．このとき，次の問に答えよ．

(1) A のランクを求めよ．

(2) $\boldsymbol{a}_1$，$\boldsymbol{a}_2$，$\boldsymbol{a}_3$ が張る $\mathbb{R}^4$ の部分空間を W とするとき，$\boldsymbol{a}_4$ が W に属するように k の値を定めよ．

第 5 章　略解とヒント

[問]

問 5.1 $\frac{5}{6}\pi$

問 5.2 (1) $\|3\boldsymbol{a}-2\boldsymbol{b}\|^2+\|2\boldsymbol{a}+3\boldsymbol{b}\|^2=9\|\boldsymbol{a}\|^2-12(\boldsymbol{a},\boldsymbol{b})+4\|\boldsymbol{b}\|^2+4\|\boldsymbol{a}\|^2+12(\boldsymbol{a},\boldsymbol{b})+9\|\boldsymbol{b}\|^2$ を整理する．
(2) $\|\boldsymbol{x}-\boldsymbol{y}\|=\|\boldsymbol{x}\|^2-2(\boldsymbol{x},\boldsymbol{y})+\|\boldsymbol{y}\|^2$ と仮定より $(\boldsymbol{x},\boldsymbol{y})=0$ なので，$\boldsymbol{x}$ と $\boldsymbol{y}$ は直交している．

問 5.3 $R_\theta{}^tR_\theta=\begin{bmatrix}1&0\\0&1\end{bmatrix}, T_l{}^tT_l=\begin{bmatrix}1&0\\0&1\end{bmatrix}$ を示す．

問 5.4 (1) $a=\pm4, b=\mp4$　(複号同順)　　(2) $a=b=\pm\frac{1}{\sqrt{2}}=\pm\frac{\sqrt{2}}{2}$　(複号同順)

問 5.5 $x=1, y=2, z=-2$

問 5.6 $P({}^tPAP){}^tP=PD{}^tP \Longrightarrow A=PD{}^tP$ および ${}^tD=D$ に注意して，${}^tA=A$ を示す．

問 5.7 $\alpha\neq1$ となる α に対して $\alpha\boldsymbol{a}\notin U$ なので U は $\mathbb{R}^2$ の部分空間ではない．

問 5.8 (1) 部分空間である．　(2) $\boldsymbol{a}=\begin{bmatrix}1\\1\\0\end{bmatrix}, \boldsymbol{b}=\begin{bmatrix}0\\1\\1\end{bmatrix}\in V$ だが，$\boldsymbol{a}+\boldsymbol{b}=\begin{bmatrix}1\\2\\1\end{bmatrix}\notin V$ なので V は $\mathbb{R}^3$ の部分空間ではない．

問 5.9 $\begin{bmatrix}1\\0\end{bmatrix}, \begin{bmatrix}0\\1\end{bmatrix}\in W\cup W'$ だが $\begin{bmatrix}0\\1\end{bmatrix}+\begin{bmatrix}1\\0\end{bmatrix}=\begin{bmatrix}1\\1\end{bmatrix}\notin W\cup W'$ なので $W\cup W'$ は部分空間ではない．

問 5.10 $x\boldsymbol{a}+y\boldsymbol{b}=\boldsymbol{0}$ より $x=y=0$ なので，$\boldsymbol{a}$ と $\boldsymbol{b}$ は一次独立．$\boldsymbol{a},\boldsymbol{b},\boldsymbol{c}$ が一次従属となるためには，$a=2$．

問 5.11 $x\boldsymbol{a}+y\boldsymbol{b}+z\boldsymbol{c}=\boldsymbol{0}$ より，$x=y=z=0$ なので，$\boldsymbol{a},\boldsymbol{b},\boldsymbol{c}$ は一次独立．

問 5.12 基底を成さない

問 5.13 基底をなす

問 5.14 (1) $(\boldsymbol{e}_1,\boldsymbol{e}_2)=0, \|\boldsymbol{e}_1\|=1, \|\boldsymbol{e}_2\|=1$ を示す．　(2) $\frac{\sqrt{6}}{6}\begin{bmatrix}-1\\2\\-1\end{bmatrix}$

問 5.15 $\frac{1}{\sqrt{5}}\begin{bmatrix}1\\2\end{bmatrix}, \frac{1}{\sqrt{5}}\begin{bmatrix}2\\-1\end{bmatrix}$

問 5.16 $\frac{1}{\sqrt{2}}\begin{bmatrix}1\\1\\0\end{bmatrix}, \frac{1}{\sqrt{6}}\begin{bmatrix}1\\-1\\2\end{bmatrix}, \frac{1}{\sqrt{3}}\begin{bmatrix}-1\\1\\1\end{bmatrix}$

問 5.17 $\|\boldsymbol{x}\|=\sqrt{5}, (\boldsymbol{x},\boldsymbol{y})=-3+2i$

問 5.18 $A^*=A$ なので，エルミート行列

問 5.19 (1) $AX=E_n$ を満たす X を A^{-1} と書いたことに注意する．　(2) $(E_n-A)(E_n+A)=(E_n+A)(E_n-A)$ に注意し，(1) と問 1.10 および交代エルミート行列の性質 $(A=-A^*)$ を利用する．

問 5.20 f_1 と f_2 および f_2 と f_3 が直交している．

問 5.21 $(f_1,f_2)=1, \|f_1\|=\frac{1}{\sqrt{3}}, \|f_2\|=\sqrt{\frac{e^2-1}{2}}, \cos\theta=\sqrt{\frac{6}{e^2-1}}$

[演習]

演習 5.1 (1) $\frac{11}{3\sqrt{55}}$　　(2) $-\frac{26}{35}$

演習 5.2 (1) $a = 13,\ b = 29,\ c = 8,\ d = 0$　　(2) 成り立つ．$(\boldsymbol{x}, \boldsymbol{y}) = 0$ に注意して左辺を展開すればよい．
(3) $\|\boldsymbol{y} - \boldsymbol{x}\|^2 = \|\boldsymbol{y}\|^2 - 2(\boldsymbol{x}, \boldsymbol{y} - \boldsymbol{x} + \boldsymbol{x}) + \|\boldsymbol{x}\|^2$ に注意し，$(\boldsymbol{x}, \boldsymbol{y} - \boldsymbol{x}) = 0$ を利用する．

演習 5.3 直交行列

演習 5.4 (1) $a = b = \pm\dfrac{12}{13}, c = d = 0$　　(2) ${}^t(AB)AB = E_n$ を示せばよい．

演習 5.5 (1) 部分空間である．　(2) $2\boldsymbol{a} = \begin{bmatrix} 2 \\ 0 \\ 0 \end{bmatrix} \notin V$ なので V は $\mathbb{R}^3$ の部分空間ではない．

演習 5.6 $c = 5$.　$\begin{bmatrix} -4 \\ 3 \\ c \end{bmatrix} = \alpha \begin{bmatrix} 1 \\ -1 \\ -2 \end{bmatrix} + \beta \begin{bmatrix} 5 \\ -4 \\ -7 \end{bmatrix} + \gamma \begin{bmatrix} -3 \\ 1 \\ 0 \end{bmatrix}$ を満たす c を求める．

演習 5.7 $a = 1$ または $a = -2$. $x\boldsymbol{a} + y\boldsymbol{b} + z\boldsymbol{c} = \boldsymbol{0}$ とするとき，少なくとも x, y, z のうち 1 つが 0 であってはならないので，例えば，$z = -1$ として，$x\boldsymbol{a} + y\boldsymbol{b} = \boldsymbol{c}$ となるように a を定めると $a = 1$ を得る．次に，$a \neq 1$ として $x\boldsymbol{a} + y\boldsymbol{b} = \boldsymbol{c}$ を考えれば，$x = y = -1, a = -2$ を得る．あるいは $\begin{vmatrix} a & 1 & 1 \\ 1 & a & 1 \\ 1 & 1 & a \end{vmatrix} = (a-1)^2(a+2) = 0$ を考えてもよい．

演習 5.8 $\alpha \neq 6$

演習 5.9 基底をなす

演習 5.10 $\dfrac{1}{\sqrt{5}} \begin{bmatrix} -2 \\ 1 \\ 0 \end{bmatrix}, \dfrac{1}{\sqrt{30}} \begin{bmatrix} -1 \\ -2 \\ 5 \end{bmatrix}, \dfrac{1}{\sqrt{6}} \begin{bmatrix} 1 \\ 2 \\ 1 \end{bmatrix}$

演習 5.11 (1) ($\Longrightarrow$) $AB = (AB)^* = B^*A^* = BA$. ($\Longleftarrow$) $(AB)^* = B^*A^* = BA = AB$.
(2) $E_n = (AA^{-1})^* = (A^{-1})^*A^* = (A^{-1})^*A$ を示す．
(3) $A^*A = E_2$ を示せばよい．

演習 5.12

$$\begin{bmatrix} 2 & 1 \\ 0 & 4 \end{bmatrix} + \begin{bmatrix} 3 & 2 \\ 0 & 9 \end{bmatrix} = \begin{bmatrix} 5 & 3 \\ 0 & 13 \end{bmatrix} \notin U$$

となるので，U は $M_{2\times 2}(\mathbb{R})$ の部分空間ではない．

演習 5.13 $\boldsymbol{x} \neq \boldsymbol{0}$ となる任意の $\boldsymbol{x} \in V$ に対して $2\boldsymbol{x} \notin V$ なので部分空間をなさない．

演習 5.14 ($\Longrightarrow$) 仮定より $x\boldsymbol{a} + y\boldsymbol{b} = \boldsymbol{0}$ であることを使う．　($\Longleftarrow$) $\boldsymbol{a} = \begin{bmatrix} a_1 \\ a_2 \\ a_3 \end{bmatrix}, \boldsymbol{b} = \begin{bmatrix} b_1 \\ b_2 \\ b_3 \end{bmatrix}$ とすると，仮定より，$a_2b_3 = a_3b_2,\ a_3b_1 = a_1b_3,\ a_1b_2 = a_2b_1$ である．$a_1 \neq 0$ のとき$a_1\boldsymbol{b} = \begin{bmatrix} a_1b_1 \\ a_1b_2 \\ a_1b_3 \end{bmatrix} = \begin{bmatrix} a_1b_1 \\ a_2b_1 \\ a_3b_1 \end{bmatrix} = b_1\boldsymbol{a}$ となるので $a_1\boldsymbol{b} - b_1\boldsymbol{a} = \boldsymbol{0}$ が成立．$a_2 \neq 0$ または $a_3 \neq 0$ のときも同様．

演習 5.15 (1) 2　　(2) $k = -6$. $\begin{bmatrix} 1 & 2 & 1 & 1 \\ 2 & -1 & -3 & 7 \\ -1 & 3 & 4 & k \\ 2 & 1 & -1 & 5 \end{bmatrix}$ のランクが 2 になるように定める．

第 6 章　線形写像

[ねらい]

ここでは，写像 $f : \mathbb{R}^n \to \mathbb{R}^m$ を考える．特に，数ベクトル空間の基本的な演算といえば，和とスカラー倍であることに着目し，これらの性質を保存するような写像，線形写像(せんけいしゃぞう)(linear mapping) を扱う．この線形写像と行列の間には密接な関係があることを学ぼう．

[この章の項目]

線形写像，行列表現，像と核，次元公式，ランクと像・核

6.1　線形写像

線形写像について説明する前に，写像を定義しておこう．

> **定義 6.1（写像）**
> 集合 A から集合 B への写像(しゃぞう)(mapping) f とは，集合 A の任意の要素 x に対して集合 B の要素 y をただ 1 つ対応づける「規則」のことであり，
> $$f : A \to B \text{ あるいは } y = f(x)$$
> などと表す．$f : A \to B$ であるとき，集合 A を写像 f の定義域(ていぎいき)(domain)，B を f の値域(ちいき)(range) という．また，自然数や実数といった数の集合に値をもつ写像を一般に関数(かんすう)(function) という．

特に「集合 A の任意の要素 x に対して集合 B の要素 y を**ただ 1 つ**対応づける」という点に注意されたい．

> **定義 6.2（合成写像）**
> 2 つの写像 $f : A \to B$ と $g : B \to C$ が与えられているとする．このとき，$x \in A$ に対して $y = f(x)$ が決まるが，この y に対して $z = g(y)$ も決まる．
> $x \in A$ に対して $z = g(f(x))$ を対応させる写像 $A \to C$ を f と g の合成(ごうせい)(composition) あるいは合成写像(ごうせいしゃぞう)(composite mapping) といい，$g \circ f$ で表す．

定義 6.3（線形写像）
写像 $f:\mathbb{R}^n \to \mathbb{R}^m$ について，これが次の2つの条件を満たすとき，f を線形写像(せんけいしゃぞう)(linear mapping) という．

(1) 任意の $\boldsymbol{a}, \boldsymbol{b} \in \mathbb{R}^n$ に対して，$f(\boldsymbol{a}+\boldsymbol{b}) = f(\boldsymbol{a}) + f(\boldsymbol{b})$

(2) 任意の $\boldsymbol{a} \in \mathbb{R}^n, c \in \mathbb{R}$ に対して，$f(c\boldsymbol{a}) = cf(\boldsymbol{a})$,

　条件 (1) と (2) はひとまとめにして次の条件としてもよい．

(3) 任意の有限個のベクトル $\boldsymbol{a}_1, \boldsymbol{a}_2, \ldots, \boldsymbol{a}_r \in \mathbb{R}^n$ とスカラー $c_1, c_2, \ldots, c_r \in \mathbb{R}(r \geqq 2)$ について

$$f(c_1\boldsymbol{a}_1 + c_2\boldsymbol{a}_2 + \cdots + c_r\boldsymbol{a}_r) = c_1 f(\boldsymbol{a}_1) + c_2 f(\boldsymbol{a}_2) + \cdots + c_r f(\boldsymbol{a}_r)$$

(1)〜(3) を線形性の条件 (cconditions for linearity) と呼ぶことも多い．特に，線形写像 $f:\mathbb{R}^n \to \mathbb{R}^n$ を $\mathbb{R}^n$ 上の一次変換(いちじへんかん)(linear transformation) あるいは線形変換(せんけいへんかん)(linear transformation) という．

▶[線形写像であることを示すには？]
　写像 f が線形であることを示すには，(1) と (2) を示すか，(3) を示せばよい．なお，(3) を示す際には，$r \geqq 2$ を満たす自然数ならば何でもいいので，$r = 2$ として示すのが最も簡単である．

一言で言えば，線形写像とは和とスカラー倍の性質を保つような写像である．

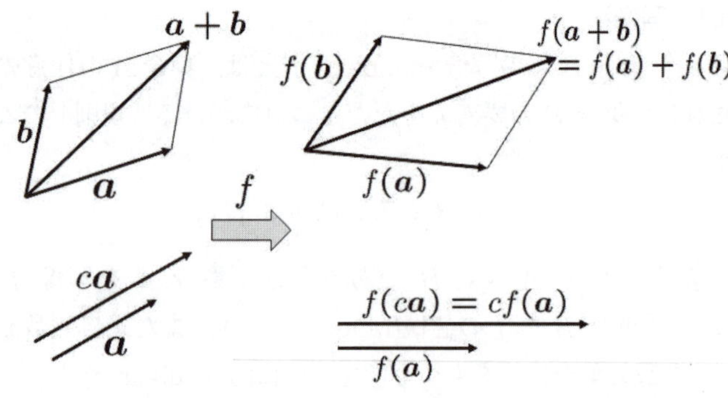

図 6.1　線形写像のイメージ

次の定理が示すように，線形写像は行列で表され，逆に行列で定義される写像は線形写像である．

定理 6.1（線形写像と行列）
写像 $f:\mathbb{R}^n \to \mathbb{R}^m$ に対して，次は同値である．

(1) f は線形写像である．

(2) ある $m \times n$ 行列および任意の $\boldsymbol{x} \in \mathbb{R}^n$ に対して，写像 $f_A:\mathbb{R}^n \to \mathbb{R}^m$ を $f_A(\boldsymbol{x}) = A\boldsymbol{x}$ によって定めると，$f = f_A$ である．

（証明）
(1) $\Longrightarrow$ (2)

$\mathbb{R}^n$ の標準基底を $\boldsymbol{e}_1, \boldsymbol{e}_2, \ldots, \boldsymbol{e}_n$ とし，$f(\boldsymbol{e}_1) = \begin{bmatrix} a_{11} \\ \vdots \\ a_{m1} \end{bmatrix}$, $f(\boldsymbol{e}_2) = \begin{bmatrix} a_{12} \\ \vdots \\ a_{m2} \end{bmatrix}, \ldots,$

$f(\boldsymbol{e}_n) = \begin{bmatrix} a_{1n} \\ \vdots \\ a_{mn} \end{bmatrix}$，$A = [a_{ij}](1 \leqq i \leqq m, 1 \leqq j \leqq n)$ とすると，

$$A = \begin{bmatrix} a_{11} & a_{12} & \cdots & a_{1n} \\ \vdots & \vdots & \ddots & \vdots \\ a_{m1} & a_{m2} & \cdots & a_{mn} \end{bmatrix} = [f(\boldsymbol{e}_1)\ f(\boldsymbol{e}_2)\ \ldots\ f(\boldsymbol{e}_n)]$$

であり，任意の $\boldsymbol{x} \in \mathbb{R}^n$ は $\boldsymbol{x} = \begin{bmatrix} x_1 \\ \vdots \\ x_n \end{bmatrix} = x_1\boldsymbol{e}_1 + \cdots + x_n\boldsymbol{e}_n$ と表せるので，f の線形性より，

$$f(\boldsymbol{x}) = x_1 f(\boldsymbol{e}_1) + x_2 f(\boldsymbol{e}_2) + \cdots + x_n f(\boldsymbol{e}_n) = x_1 \begin{bmatrix} a_{11} \\ \vdots \\ a_{m1} \end{bmatrix} + x_2 \begin{bmatrix} a_{12} \\ \vdots \\ a_{m2} \end{bmatrix} + \cdots + x_n \begin{bmatrix} a_{1n} \\ \vdots \\ a_{mn} \end{bmatrix}$$

$$= \begin{bmatrix} a_{11}x_1 + a_{12}x_2 + \cdots + a_{1n}x_n \\ \vdots \\ a_{m1}x_1 + a_{m2}x_2 + \cdots + a_{mn}x_n \end{bmatrix} = \begin{bmatrix} a_{11} & a_{12} & \cdots & a_{1n} \\ \vdots & \vdots & \ddots & \vdots \\ a_{m1} & a_{m2} & \cdots & a_{mn} \end{bmatrix} \begin{bmatrix} x_1 \\ \vdots \\ x_n \end{bmatrix} = A\boldsymbol{x} = f_A(\boldsymbol{x})$$

(2) $\Longrightarrow$ (1)
任意の $\boldsymbol{x}, \boldsymbol{y} \in \mathbb{R}^n$ および $c \in \mathbb{R}$ に対して，

$$\begin{aligned} f(\boldsymbol{x} + \boldsymbol{y}) &= A(\boldsymbol{x} + \boldsymbol{y}) = A\boldsymbol{x} + A\boldsymbol{y} = f(\boldsymbol{x}) + f(\boldsymbol{y}), \\ f(c\boldsymbol{x}) &= A(c\boldsymbol{x}) = c(A\boldsymbol{x}) = cf(\boldsymbol{x}) \end{aligned}$$

が成り立つので，f は線形写像である． ■

▶[定理 6.1 の意味]
ベクトルの変換を行う場合は，ある行列をベクトルに左から掛ければよいことを意味する．すでに 4.8 節の回転や鏡映でこの事実を使っている．

今後，このように行列 A によって定義される数ベクトル空間の線形写像を f_A という記号で表し，この f_A を行列 A によって定まる線形写像 (the linear mapping determined by the matrix A) と呼ぶ．また，行列 A を線形写像 f の行列表現(ぎょうれつひょうげん)(matrix representation,matrix of a linear mapping) あるいは表現行列(ひょうげんぎょうれつ)(matricial representation, matrix representation) という．

例題 6.1（線形性）
数ベクトル空間 $\mathbb{R}^n$ の $(n-1)$ 個のベクトル $\boldsymbol{a}_1, \boldsymbol{a}_2, \ldots, \boldsymbol{a}_{n-1}$ を固定して写像 $f: \mathbb{R}^n \to \mathbb{R}$ を $f(\boldsymbol{x}) = \det[\boldsymbol{x}\ \boldsymbol{a}_1\ \boldsymbol{a}_2\ \ldots\ \boldsymbol{a}_{n-1}]$ で定義すると，これは線形写像であることを示せ．

（解答）
任意の $\boldsymbol{x}, \boldsymbol{y} \in \mathbb{R}^n$ および $\alpha, \beta \in \mathbb{R}$ に対して，行列式の性質より，

$$\begin{aligned} f(\alpha\boldsymbol{x} + \beta\boldsymbol{y}) &= \det[\alpha\boldsymbol{x} + \beta\boldsymbol{y}\ \boldsymbol{a}_1\ \boldsymbol{a}_2\ \ldots\ \boldsymbol{a}_{n-1}] \\ &= \det[\alpha\boldsymbol{x}\ \boldsymbol{a}_1\ \boldsymbol{a}_2\ \ldots\ \boldsymbol{a}_{n-1}] + \det[\beta\boldsymbol{y}\ \boldsymbol{a}_1\ \boldsymbol{a}_2\ \ldots\ \boldsymbol{a}_{n-1}] \\ &= \alpha\det[\boldsymbol{x}\ \boldsymbol{a}_1\ \boldsymbol{a}_2\ \ldots\ \boldsymbol{a}_{n-1}] + \beta\det[\boldsymbol{y}\ \boldsymbol{a}_1\ \boldsymbol{a}_2\ \ldots\ \boldsymbol{a}_{n-1}] = \alpha f(\boldsymbol{x}) + \beta f(\boldsymbol{y}) \end{aligned}$$

が成り立つので，f は線形写像である． ■

[問] 6.1　$f:\mathbb{R}^3 \to \mathbb{R}^2$ を $f\left(\begin{bmatrix} x \\ y \\ z \end{bmatrix}\right) = \begin{bmatrix} x \\ y \end{bmatrix}$ と定義する．このとき，f が線形写像かどうか判定せよ．

[問] 6.2　次の事柄を示せ．

(1) $\boldsymbol{a} \in \mathbb{R}^n$ を固定して，内積によって $f(\boldsymbol{x}) = (\boldsymbol{x}, \boldsymbol{a})$ と定義すると $f:\mathbb{R}^n \to \mathbb{R}$ は線形写像である．
(2) $\boldsymbol{a} \in \mathbb{R}^3$ を固定して，外積によって $g(\boldsymbol{x}) = \boldsymbol{x} \times \boldsymbol{a}$ と定義すると $g:\mathbb{R}^3 \to \mathbb{R}^3$ は線形写像である．

▶[定理 6.2 の意味]
定理 6.2 は，「線形写像の行列表現は，線形写像そのものと基底に依存する」ことを意味する．

基底と線形写像の行列表現には，次のような関係がある．

定理 6.2（線形写像と行列）
$\{\boldsymbol{a}_1, \boldsymbol{a}_2, \ldots, \boldsymbol{a}_n\}$ を $\mathbb{R}^n$ の基底，$\{\boldsymbol{b}_1, \boldsymbol{b}_2, \ldots, \boldsymbol{b}_m\}$ を $\mathbb{R}^m$ の基底とする．このとき，線形写像 $f:\mathbb{R}^n \to \mathbb{R}^m$ はある $m \times n$ 行列 $A = [a_{ij}]$ を用いて表すことができる．ここで，$A = [a_{ij}]$ は

$$f(\boldsymbol{a}_j) = \sum_{i=1}^{m} a_{ij}\boldsymbol{b}_i \qquad (j = 1, 2, \ldots, n) \tag{6.1}$$

で定まるものである．なお，(6.1) は行列の積の定義より

$$[f(\boldsymbol{a}_1)\ f(\boldsymbol{a}_2)\ \ldots\ f(\boldsymbol{a}_n)] = [\boldsymbol{b}_1\ \boldsymbol{b}_2\ \ldots\ \boldsymbol{b}_m]A \tag{6.2}$$

と書ける．

（証明）
$\boldsymbol{a}_1, \boldsymbol{a}_2, \ldots, \boldsymbol{a}_n \in \mathbb{R}^n$ に対して，$f(\boldsymbol{a}_1), f(\boldsymbol{a}_2), \ldots, f(\boldsymbol{a}_n) \in \mathbb{R}^m$ なので

$$\begin{aligned}
f(\boldsymbol{a}_1) &= a_{11}\boldsymbol{b}_1 + a_{21}\boldsymbol{b}_2 + \cdots + a_{m1}\boldsymbol{b}_m \\
f(\boldsymbol{a}_2) &= a_{12}\boldsymbol{b}_1 + a_{22}\boldsymbol{b}_2 + \cdots + a_{m2}\boldsymbol{b}_m \\
&\vdots \\
f(\boldsymbol{a}_n) &= a_{1n}\boldsymbol{b}_1 + a_{2n}\boldsymbol{b}_2 + \cdots + a_{mn}\boldsymbol{b}_m
\end{aligned}$$

$$\iff [f(\boldsymbol{a}_1)\ f(\boldsymbol{a}_2)\ \ldots\ f(\boldsymbol{a}_n)] = [\boldsymbol{b}_1\ \boldsymbol{b}_2\ \ldots\ \boldsymbol{b}_m]\begin{bmatrix} a_{11} & a_{12} & \cdots & a_{1n} \\ a_{21} & a_{22} & \cdots & a_{2n} \\ \vdots & \vdots & \ddots & \vdots \\ a_{m1} & a_{m2} & \cdots & a_{mn} \end{bmatrix} \tag{6.3}$$

と書ける．
任意の $\boldsymbol{x} \in \mathbb{R}^n$ に対して

$$\boldsymbol{x} = x_1\boldsymbol{a}_1 + x_2\boldsymbol{a}_2 + \cdots + x_n\boldsymbol{a}_n \tag{6.4}$$

となる $x_1, x_2, \ldots, x_n \in \mathbb{R}$ をとると，f の線形性より

$$f(\boldsymbol{x}) = x_1 f(\boldsymbol{a}_1) + x_2 f(\boldsymbol{a}_2) + \cdots + x_n f(\boldsymbol{a}_n) \tag{6.5}$$

である．一方，$f(\boldsymbol{x}) \in \mathbb{R}^m$ より，$y_1, y_2, \ldots, y_m \in \mathbb{R}$ をとり，

$$f(\boldsymbol{x}) = y_1\boldsymbol{b}_1 + y_2\boldsymbol{b}_2 + \cdots + y_m\boldsymbol{b}_m \tag{6.6}$$

と表すことができる．
よって，(6.3)〜(6.6) より

$$
\begin{aligned}
&y_1\boldsymbol{b}_1 + y_2\boldsymbol{b}_2 + \cdots + y_m\boldsymbol{b}_m = x_1 f(\boldsymbol{a}_1) + x_2 f(\boldsymbol{a}_2) + \cdots + x_n f(\boldsymbol{a}_n)\\
&= x_1(a_{11}\boldsymbol{b}_1 + a_{21}\boldsymbol{b}_2 + \cdots + a_{m1}\boldsymbol{b}_m) + \cdots + x_n(a_{1n}\boldsymbol{b}_1 + a_{2n}\boldsymbol{b}_2 + \cdots + a_{mn}\boldsymbol{b}_m)\\
&= (a_{11}x_1 + a_{12}x_2 + \cdots + a_{1n}x_n)\boldsymbol{b}_1 + \cdots + (a_{m1}x_1 + a_{m2}x_2 + \cdots + a_{mn}x_n)\boldsymbol{b}_m
\end{aligned}
$$

が成り立つので，$\boldsymbol{b}_1, \boldsymbol{b}_2, \ldots, \boldsymbol{b}_m$ の一次独立性より

$$
\begin{aligned}
y_1 &= a_{11}x_1 + a_{12}x_2 + \cdots + a_{1n}x_n\\
y_2 &= a_{21}x_1 + a_{22}x_2 + \cdots + a_{2n}x_n\\
&\vdots\\
y_m &= a_{m1}x_1 + a_{m2}x_2 + \cdots + a_{mn}x_n
\end{aligned}
\iff
\begin{bmatrix} y_1 \\ y_2 \\ \vdots \\ y_m \end{bmatrix}
=
\begin{bmatrix} a_{11} & a_{12} & \cdots & a_{1n} \\ a_{21} & a_{22} & \cdots & a_{2n} \\ \vdots & \vdots & \ddots & \vdots \\ a_{m1} & a_{m2} & \cdots & a_{mn} \end{bmatrix}
\begin{bmatrix} x_1 \\ x_2 \\ \vdots \\ x_n \end{bmatrix}
\tag{6.7}
$$

が成り立つ．これは，f が A で表されることを意味する．

■

通常は，$\mathbb{R}^n$ と $\mathbb{R}^m$ の基底として標準基底を用いる．このとき，(6.2) は

$$
[f(\boldsymbol{e}_1)\ f(\boldsymbol{e}_2)\ \ldots\ f(\boldsymbol{e}_n)] = [\boldsymbol{e}_1\ \boldsymbol{e}_2\ \ldots \boldsymbol{e}_m]A = A \tag{6.8}
$$

となる．

▶[定理 6.3 の意味]
この定理 6.3 は，線形写像の合成は行列の積で表せる，ということを意味している．これは，行列の積が定義 1.4 のように定められているおかげだともいえる．

定理 6.3（線形写像の合成と行列の積）
2 つの線形写像 $f_A : \mathbb{R}^n \to \mathbb{R}^m$ と $f_B : \mathbb{R}^m \to \mathbb{R}^r$ は，それぞれ $m \times n$ 行列 A と $r \times m$ 行列 B で定義されるとき，合成写像 $f_B \circ f_A$ は，$r \times n$ 行列 BA で定義される．つまり，次が成立する．

$$
f_B \circ f_A = f_{BA} \tag{6.9}
$$

（証明）
任意の $\boldsymbol{x} \in \mathbb{R}^n$ に対して，

$$
f_B \circ f_A(\boldsymbol{x}) = f_B(f_A(\boldsymbol{x})) = f_B(A\boldsymbol{x}) = B(A\boldsymbol{x}) = BA\boldsymbol{x}
$$

である．一方，$f_{BA}(\boldsymbol{x}) = (BA)\boldsymbol{x}$ なので，(6.9) が成立する．■

例題 6.2（線形写像の行列表現）
次の問に答えよ．

(1) $\mathbb{R}^4$ から $\mathbb{R}^3$ への写像 $f : \begin{bmatrix} x_1 \\ x_2 \\ x_3 \\ x_4 \end{bmatrix} \mapsto \begin{bmatrix} x_2 \\ x_3 \\ -x_1 \end{bmatrix}$ に対して，f の行列表現を求めよ．ただし，$\mathbb{R}^3$，$\mathbb{R}^4$ の基底は標準基底とする．

(2) $\mathbb{R}^2 \to \mathbb{R}^2$ への写像 $f : \begin{bmatrix} x_1 \\ x_2 \end{bmatrix} \mapsto \begin{bmatrix} 2x_1 + 3x_2 \\ 4x_1 + 5x_2 \end{bmatrix}$ に対して，f の行列表現を求めよ．ただし，$\mathbb{R}^2$ の基底は，$\boldsymbol{a}_1 = \begin{bmatrix} 1 \\ 2 \end{bmatrix}$, $\boldsymbol{a}_2 = \begin{bmatrix} -2 \\ 3 \end{bmatrix}$, とする．

（解答）

(1) $f(\boldsymbol{e}_1) = f\left(\begin{bmatrix}1\\0\\0\\0\end{bmatrix}\right) = \begin{bmatrix}0\\0\\-1\end{bmatrix}$, $f(\boldsymbol{e}_2) = f\left(\begin{bmatrix}0\\1\\0\\0\end{bmatrix}\right) = \begin{bmatrix}1\\0\\0\end{bmatrix}$,

$f(\boldsymbol{e}_3) = f\left(\begin{bmatrix}0\\0\\1\\0\end{bmatrix}\right) = \begin{bmatrix}0\\1\\0\end{bmatrix}$, $f(\boldsymbol{e}_4) = f\left(\begin{bmatrix}0\\0\\0\\1\end{bmatrix}\right) = \begin{bmatrix}0\\0\\0\end{bmatrix}$ なので，(6.8) より，行列表現は

$[f(\boldsymbol{e}_1)\ f(\boldsymbol{e}_2)\ f(\boldsymbol{e}_3)\ f(\boldsymbol{e}_4)] = \begin{bmatrix}0 & 1 & 0 & 0\\0 & 0 & 1 & 0\\-1 & 0 & 0 & 0\end{bmatrix}$ である．

(2) $f(\boldsymbol{a}_1) = f\left(\begin{bmatrix}1\\2\end{bmatrix}\right) = \begin{bmatrix}8\\14\end{bmatrix}$, $f(\boldsymbol{a}_2) = f\left(\begin{bmatrix}-2\\3\end{bmatrix}\right) = \begin{bmatrix}5\\7\end{bmatrix}$ なので，(6.2) より，

$$[f(\boldsymbol{a}_1)\ f(\boldsymbol{a}_2)] = [\boldsymbol{a}_1\ \boldsymbol{a}_2]A \iff \begin{bmatrix}8 & 5\\14 & 7\end{bmatrix} = \begin{bmatrix}1 & -2\\2 & 3\end{bmatrix}\begin{bmatrix}a_{11} & a_{12}\\a_{21} & a_{22}\end{bmatrix}$$

である．よって，行列表現は

$$\begin{bmatrix}a_{11} & a_{12}\\a_{21} & a_{22}\end{bmatrix} = \begin{bmatrix}1 & -2\\2 & 3\end{bmatrix}^{-1}\begin{bmatrix}8 & 5\\14 & 7\end{bmatrix} = \frac{1}{7}\begin{bmatrix}52 & 29\\-2 & -3\end{bmatrix}$$ ■

[問] 6.3　$\mathbb{R}^3$ から $\mathbb{R}^3$ への写像 $f: \begin{bmatrix}x_1\\x_2\\x_3\end{bmatrix} \mapsto \begin{bmatrix}x_1+x_2\\x_2\\x_1-x_2\end{bmatrix}$ の行列表現を求めよ．ただし，$\mathbb{R}^3$ の基底は，標準基底とする．

[問] 6.4　$\mathbb{R}^2 \to \mathbb{R}^2$ への写像 $f: \begin{bmatrix}x_1\\x_2\end{bmatrix} \mapsto \begin{bmatrix}x_1+3x_2\\2x_1+5x_2\end{bmatrix}$ に対して，f の行列表現を求めよ．ただし，$\mathbb{R}^2$ の基底は，$\boldsymbol{a}_1 = \begin{bmatrix}2\\1\end{bmatrix}$, $\boldsymbol{a}_2 = \begin{bmatrix}-3\\2\end{bmatrix}$ とする．

6.2　線形写像の像・核と次元公式

線形写像の性質を調べるのに有用なものに像と核がある．

定義 6.4（像と核）

線形写像 $f: \mathbb{R}^n \to \mathbb{R}^m$ に対し，集合として次を定義する．

(1) f の像(ぞう)(range,image) $\iff \mathrm{Im}(f) = \{f(\boldsymbol{x}) \in \mathbb{R}^m | \boldsymbol{x} \in \mathbb{R}^n\}$

(2) f の核(かく)(kernel, null space) $\iff \mathrm{Ker}(f) = \{\boldsymbol{x} \in \mathbb{R}^n | f(\boldsymbol{x}) = \boldsymbol{0}\}$

次に示すように線形写像 f の像と核は部分空間である．

定理 6.4（像と核の部分空間性）

線形写像 $f: \mathbb{R}^n \to \mathbb{R}^m$ について，次が成り立つ．

(1) $\mathrm{Im}(f)$ は $\mathbb{R}^m$ の部分空間である．

(2) $\mathrm{Ker}(f)$ は $\mathbb{R}^n$ の部分空間である．

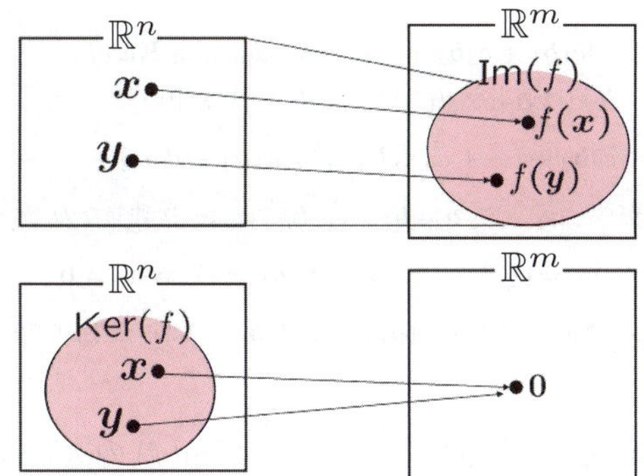

(証明)
(1) 任意の $\boldsymbol{y}_1, \boldsymbol{y}_2 \in \mathrm{Im}(f)$, $\alpha, \beta \in \mathbb{R}$ に対して，それらは $\boldsymbol{x}_1, \boldsymbol{x}_2 \in \mathbb{R}^n$ を用いて，
$\boldsymbol{y}_1 = f(\boldsymbol{x}_1)$, $\boldsymbol{y}_2 = f(\boldsymbol{x}_2)$ と表せる．よって，

$$\alpha \boldsymbol{y}_1 + \beta \boldsymbol{y}_2 = \alpha f(\boldsymbol{x}_1) + \beta f(\boldsymbol{x}_2) = f(\alpha \boldsymbol{x}_1 + \beta \boldsymbol{x}_2) \tag{6.10}$$

が成り立つ．$\mathbb{R}^n$ は $\mathbb{R}$ ベクトル空間なので，$\alpha \boldsymbol{x}_1 + \beta \boldsymbol{x}_2 \in \mathbb{R}^n$ であるから，(6.10) は
$\alpha \boldsymbol{y}_1 + \beta \boldsymbol{y}_2 \in \mathrm{Im}(f)$ を意味する．
(2) 任意の $\boldsymbol{x}, \boldsymbol{y} \in \mathrm{Ker}(f)$, $\alpha, \beta \in \mathbb{R}$ に対して $f(\alpha \boldsymbol{x} + \beta \boldsymbol{y}) = \alpha f(\boldsymbol{x}) + \beta f(\boldsymbol{y}) = \boldsymbol{0}$ なので，
$\alpha \boldsymbol{x} + \beta \boldsymbol{y} \in \mathrm{Ker}(f)$ である．■

一見すると，像と核との間には直接的な関係がないように思えるが，次元を介すると，像と核との間には定理 6.5 のような関係があることが分かる．

定理 6.5（次元公式(じげんこうしき)(dimension formula)）
線形写像 $f: \mathbb{R}^n \to \mathbb{R}^m$ について次の等式が成り立つ．

$$\dim \mathrm{Ker}(f) + \dim \mathrm{Im}(f) = \dim \mathbb{R}^n \tag{6.11}$$

(証明)
まず，$n = \dim \mathbb{R}^n$ とし，$\dim \mathrm{Ker}(f) = r$ とする．このとき，$\mathrm{Ker}(f)$ の基底を
$\{\boldsymbol{a}_1, \boldsymbol{a}_2, \ldots, \boldsymbol{a}_r\}$ とすれば，定理 5.15(1) より，これを延長して $\mathbb{R}^n$ の基底を
$\{\boldsymbol{a}_1, \boldsymbol{a}_2, \ldots, \boldsymbol{a}_r, \boldsymbol{b}_1, \boldsymbol{b}_2 \ldots, \boldsymbol{b}_{n-r}\}$ ととることができる．
示すべきことは，$\dim \mathrm{Im}(f) = n - r$ だから，$\{f(\boldsymbol{b}_1), f(\boldsymbol{b}_2), \ldots, f(\boldsymbol{b}_{n-r})\}$ が $\mathrm{Im}(f)$ の基底になることを示せばよい．これを示すために，任意の $\boldsymbol{y} \in \mathrm{Im}(f)$ に対し，$\boldsymbol{y} = f(\boldsymbol{x})$ となる $\boldsymbol{x} \in \mathbb{R}^n$ の要素をとり，

$$\boldsymbol{x} = x_1 \boldsymbol{a}_1 + \cdots + x_r \boldsymbol{a}_r + x_{r+1} \boldsymbol{b}_1 + \cdots + x_n \boldsymbol{b}_{n-r}$$

となる $x_1, \ldots, x_r, x_{r+1}, \ldots, x_n \in \mathbb{R}$ をとる．このとき，

$$f(\boldsymbol{x}) = x_1 f(\boldsymbol{a}_1) + \cdots + x_r f(\boldsymbol{a}_r) + x_{r+1} f(\boldsymbol{b}_1) + \cdots + x_n f(\boldsymbol{b}_{n-r})$$

となるので，$f(\boldsymbol{a}_1) = \cdots = f(\boldsymbol{a}_r) = \boldsymbol{0}$ に注意すれば，

$$\boldsymbol{y} = f(\boldsymbol{x}) = x_{r+1} f(\boldsymbol{b}_1) + x_{r+1} f(\boldsymbol{b}_2) + \cdots + x_n f(\boldsymbol{b}_{n-r})$$

となる．よって，

$$\mathrm{Im}(f) = \mathrm{Span}\{f(\boldsymbol{b}_1), f(\boldsymbol{b}_2), \ldots, f(\boldsymbol{b}_{n-r})\}$$

を得る．
後は，$f(\boldsymbol{b}_1)$, …, $f(\boldsymbol{b}_{n-r})$ が一次独立であることを示せばよい．そのために，一次関係式

$$c_1 f(\boldsymbol{b}_1) + c_2 f(\boldsymbol{b}_2) + \cdots + c_{n-r} f(\boldsymbol{b}_{n-r}) = \boldsymbol{0}, \qquad c_1, c_2, \ldots, c_{n-r} \in \mathbb{R}$$

を考えると，f の線形性より

$$f(c_1 \boldsymbol{b}_1 + c_2 \boldsymbol{b}_2 + \cdots + c_{n-r} \boldsymbol{b}_{n-r}) = \boldsymbol{0}$$

となるので，

$$c_1\boldsymbol{b}_1 + c_2\boldsymbol{b}_2 + \cdots + c_{n-r}\boldsymbol{b}_{n-r} \in \mathrm{Ker}(f)$$

である．したがって，左辺は適当な $d_1, d_2, \ldots, d_r \in \mathbb{R}$ を用いて

$$c_1\boldsymbol{b}_1 + c_2\boldsymbol{b}_2 + \cdots + c_{n-r}\boldsymbol{b}_{n-r} = d_1\boldsymbol{a}_1 + d_2\boldsymbol{a}_2 + \cdots + d_r\boldsymbol{a}_r$$

と表せる．しかしながら，$\boldsymbol{a}_1, \ldots, \boldsymbol{a}_r, \boldsymbol{b}_1, \ldots, \boldsymbol{b}_{n-r}$ は一次独立なので，

$$c_1 = c_2 = \cdots = c_{n-r} = d_1 = \cdots = d_r = 0$$

となる．これは，$n-r$ 個のベクトル $f(\boldsymbol{b}_1), \ldots, f(\boldsymbol{b}_{n-r})$ が一次独立であることを意味する．■

この次元公式を覚えるときは，「$\mathrm{Ker}(f)$ と $\mathrm{Im}(f)$ の次元の和は定義域 $\mathbb{R}^n$ の次元に等しい」と覚えるか，図 6.2 のような図を描くと覚えやすいだろう．

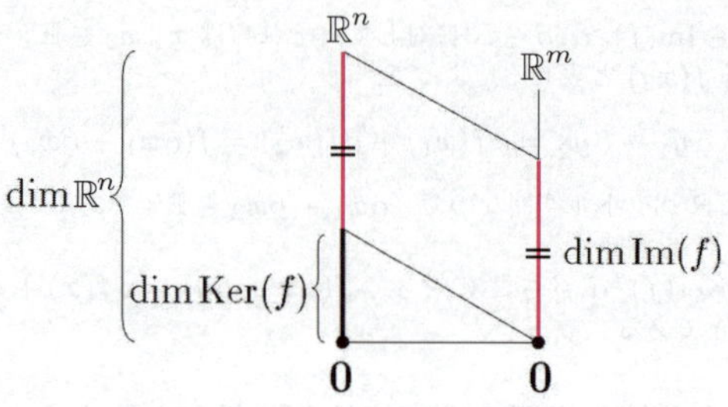

図 6.2　次元公式

具体的に像や核を求めるにはどのようにしたらいいだろうか？ 像に対する答えが，次の定理 6.6 である．

定理 6.6（像と生成された部分空間）
$m \times n$ 行列 A が m 次元数ベクトル n 個を横に並べた形で $A = [\boldsymbol{a}_1\ \boldsymbol{a}_2\ \ldots\ \boldsymbol{a}_n]$ と書かれるとき，A で定まる線形写像 $f_A : \mathbb{R}^n \to \mathbb{R}^m$ に対して

$$\mathrm{Im}(f_A) = \mathrm{Span}\{\boldsymbol{a}_1, \boldsymbol{a}_2, \ldots, \boldsymbol{a}_n\}$$

が成り立つ．

（証明）

n 次元数ベクトル $\boldsymbol{x} = \begin{bmatrix} x_1 \\ \vdots \\ x_n \end{bmatrix}$ に対して $f_A(\boldsymbol{x}) = A\boldsymbol{x} = x_1\boldsymbol{a}_1 + x_2\boldsymbol{a}_2 + \cdots + x_n\boldsymbol{a}_n$ である．
ここで，$\mathrm{Im}(f_A)$ とは，$x_1, \ldots, x_n$ を任意に動かしたときの，$x_1\boldsymbol{a}_1 + x_2\boldsymbol{a}_2 + \cdots + x_n\boldsymbol{a}_n$ の形をしたベクトルの集合なので，結局 $\mathrm{Im}(f_A)$ は $\mathrm{Span}\{\boldsymbol{a}_1, \boldsymbol{a}_2, \ldots, \boldsymbol{a}_n\}$ に一致する．■

この定理 6.6 より，線形写像 f_A が行列 $A = [\boldsymbol{a}_1\ \boldsymbol{a}_2\ \ldots\ \boldsymbol{a}_n]$ で定まるときは，単に，列ベクトルを並べて $\mathrm{Span}\{\boldsymbol{a}_1, \boldsymbol{a}_2, \ldots, \boldsymbol{a}_n\}$ とすれば，それが $\mathrm{Im}(f_A)$ になることが分かる．ただし，これでは，$\dim\mathrm{Im}(f_A)$ が分からないので，$\mathrm{Im}(f_A)$ を求めるときは，$\dim\mathrm{Im}(f_A)$ が分かるように $\boldsymbol{a}_1, \boldsymbol{a}_2, \ldots, \boldsymbol{a}_n$ のうち，一次独立なベクトルのみを記載したほうがよい．

一方，核だが，線形写像が行列 A で定まるときは，任意の $\boldsymbol{x} \in \mathrm{Ker}(f_A)$

に対して，$A\boldsymbol{x}=\boldsymbol{0}$ が成り立つので，結局，核を具体的に求めるときには，同次連立一次方程式 $A\boldsymbol{x}=\boldsymbol{0}$ を解けばよいことになる．その際，任意の $\boldsymbol{x}\in\mathrm{Ker}(f_A)$ が，例えば，$\boldsymbol{x}=x_1\boldsymbol{u}+x_2\boldsymbol{v}+x_3\boldsymbol{w}$ と一意に表せたならば，$\boldsymbol{u}$, $\boldsymbol{v}$, $\boldsymbol{w}$ は一次独立で，かつ，$\boldsymbol{x}$ はこれらの一次結合で表せているので，$\mathrm{Ker}(f_A)$ の基底は $\boldsymbol{u}$, $\boldsymbol{v}$, $\boldsymbol{w}$ であり，$\dim\mathrm{Ker}(f_A)=3$ となる．また，このとき，$\mathrm{Ker}(f_A)=\mathrm{Span}\{\boldsymbol{u},\boldsymbol{v},\boldsymbol{w}\}$ となる．像のときと同様，ここでも，一次独立なベクトルのみを記載するべきである．

例題 6.3（像と核）

線形写像 $f_A:\mathbb{R}^4\to\mathbb{R}^3$ が 3×4 行列

$$A=\begin{bmatrix}0&0&1&1\\1&0&0&1\\1&0&-1&0\end{bmatrix}$$

によって定義されるとき，$\mathrm{Ker}(f_A)$ と $\mathrm{Im}(f_A)$ を求め，さらに，それらの次元を求めよ．ただし，$\mathrm{Ker}(f_A)$ と $\mathrm{Im}(f_A)$ を求める際には，必ずそれらの基底のみを明示すること．

（解答）

$A=\begin{bmatrix}0&0&1&1\\1&0&0&1\\1&0&-1&0\end{bmatrix}=[\boldsymbol{a}_1\ \boldsymbol{a}_2\ \boldsymbol{a}_3\ \boldsymbol{a}_4]$ とする．

$$A=\begin{bmatrix}0&0&1&1\\1&0&0&1\\1&0&-1&0\end{bmatrix}\xrightarrow[\text{入れ換え}]{\text{第 1 行と第 3 行を}}\begin{bmatrix}1&0&-1&0\\1&0&0&1\\0&0&1&1\end{bmatrix}\xrightarrow[+\text{第 2 行}]{\text{第 1 行}\times(-1)}$$

$$\begin{bmatrix}1&0&-1&0\\0&0&1&1\\0&0&1&1\end{bmatrix}\xrightarrow[+\text{第 3 行}]{\text{第 2 行}\times(-1)}\begin{bmatrix}1&0&-1&0\\0&0&1&1\\0&0&0&0\end{bmatrix}$$

なので，$\mathrm{rank}(A)=2$ である．よって，系 5.5 より，$\boldsymbol{a}_1\sim\boldsymbol{a}_4$ のうち 2 つのベクトルが一次独立であることが分かる．そこで，$B=[\boldsymbol{a}_1\ \boldsymbol{a}_4]=\begin{bmatrix}0&1\\1&1\\1&0\end{bmatrix}$ とすると，

$$B\to\begin{bmatrix}1&0\\1&1\\0&1\end{bmatrix}\to\begin{bmatrix}1&0\\0&1\\0&1\end{bmatrix}\to\begin{bmatrix}1&0\\0&1\\0&0\end{bmatrix}$$

より，$\mathrm{rank}(B)=2$ なので $\boldsymbol{a}_1$ と $\boldsymbol{a}_4$ は一次独立である．よって，

$$\mathrm{Im}(f_A)=\mathrm{Span}\{\boldsymbol{a}_1,\boldsymbol{a}_4\}=\mathrm{Span}\left\{\begin{bmatrix}1\\1\\0\end{bmatrix},\begin{bmatrix}0\\1\\1\end{bmatrix}\right\}$$

であり，$\dim\mathrm{Im}(f_A)=2$ である．

一方，$\boldsymbol{x}=\begin{bmatrix}x_1\\x_2\\x_3\\x_4\end{bmatrix}\in\mathrm{Ker}(f_A)$ とすると $A\boldsymbol{x}=\boldsymbol{0}$ なので，掃き出し法を利用すると

$$[A|\boldsymbol{0}]=\left[\begin{array}{cccc|c}0&0&1&1&0\\1&0&0&1&0\\1&0&-1&0&0\end{array}\right]\to\left[\begin{array}{cccc|c}1&0&0&1&0\\0&0&1&1&0\\0&0&0&0&0\end{array}\right]$$

【注意】

$$B=\begin{bmatrix}0&-1\\1&0\\0&-1\\0&1\end{bmatrix}\to\begin{bmatrix}1&0\\0&1\\0&0\\0&0\end{bmatrix}$$

より，$\mathrm{rank}(B)=2$ なので，系 5.5 より $\begin{bmatrix}0\\1\\0\\0\end{bmatrix}$ と $\begin{bmatrix}-1\\0\\-1\\1\end{bmatrix}$ は一次独立である．

を得る．これより，$\begin{cases}x_1&=-x_4\\x_3&=-x_4\end{cases}$，$x_2$ と x_4 は任意，となる．そこで，s と t を任意の実数として $x_2=s, x_4=t$ とすると，

$$\begin{bmatrix}x_1\\x_2\\x_3\\x_4\end{bmatrix}=\begin{bmatrix}-t\\s\\-t\\t\end{bmatrix}=s\begin{bmatrix}0\\1\\0\\0\end{bmatrix}+t\begin{bmatrix}-1\\0\\-1\\1\end{bmatrix}$$

である．よって，

$$\mathrm{Ker}(f_A)=\mathrm{Span}\left\{\begin{bmatrix}0\\1\\0\\0\end{bmatrix},\begin{bmatrix}-1\\0\\-1\\1\end{bmatrix}\right\}$$

であり，$\dim\mathrm{Ker}(f_A)=2$ である．■

[問] 6.5　線形写像 $f_A:\mathbb{R}^4\to\mathbb{R}^3$ が行列 $A=\begin{bmatrix}1&-1&1&1\\1&0&2&-1\\1&1&3&-3\end{bmatrix}$ によって定義されるとき，$\mathrm{Ker}(f_A)$ と $\mathrm{Im}(f_A)$ の基底を求めよ．また，$\mathrm{Ker}(f_A)$ と $\mathrm{Im}(f_A)$ の次元も求めよ．

6.3 連立一次方程式と線形写像のランク

6.2 節では，線形写像の性質を調べるために，核と像を考えた．一方，線形写像は行列で表現でき，行列は線形写像を決定するので，行列を使って線形写像の性質を調べられるはずである．そのためには，2.4 節で学んだランクが利用できそうだ，と思うのは自然なことだろう．というのも，行列を標準形へ変形することは，ある意味，行列の構造を明らかにすること，と解釈できるからである．

定理 6.7（ランクと像・核）

$m\times n$ 行列 A に対して，次が成り立つ．

$$\dim\mathrm{Im}(A)=\mathrm{rank}(A),\quad \dim\mathrm{Ker}(A)=n-\mathrm{rank}(A) \tag{6.12}$$

（証明）

同次連立一次方程式

$$\begin{aligned}a_{11}x_1+a_{12}x_2+\cdots+a_{1n}x_n&=0\\a_{21}x_1+a_{22}x_2+\cdots+a_{2n}x_n&=0\\&\vdots\\a_{m1}x_1+a_{m2}x_2+\cdots+a_{mn}x_n&=0\end{aligned} \tag{6.13}$$

を考える．ここで，$A=\begin{bmatrix}a_{11}&\cdots&a_{1n}\\\vdots&\cdots&\vdots\\a_{m1}&\cdots&a_{mn}\end{bmatrix}$，$\boldsymbol{x}=\begin{bmatrix}x_1\\\vdots\\x_n\end{bmatrix}$ としたとき，$\boldsymbol{x}\in\mathrm{Ker}(A)$ となることに注意しよう．

ランクの性質より，$r=\mathrm{rank}(A)$ とすると $[A|\mathbf{0}]$ は次のような形になる．

$$\left[\begin{array}{ccc|ccc|c}1&&&c_{1,r+1}&\cdots&c_{1n}&0\\&\ddots&&\vdots&\ddots&\vdots&\vdots\\&&1&c_{r,r+1}&\cdots&c_{rn}&0\\\hline&O&&&O&&\mathbf{0}\end{array}\right]$$

このとき，解は，

$$\begin{cases} x_1 &= -c_{1,r+1}x_{r+1} - \cdots - c_{1n}x_n \\ x_2 &= -c_{2,r+1}x_{r+1} - \cdots - c_{2n}x_n \\ &\vdots \\ x_r &= -c_{r,r+1}x_{r+1} - \cdots - c_{rn}x_n \\ & x_{r+1}, \ldots, x_n \text{は不定} \end{cases}$$

と表せる．ここで，$x_{r+1}, x_{r+2}, \ldots, x_n$ は勝手に決めることができるので，これは

$$\dim \mathrm{Ker} A = n - r \tag{6.14}$$

であることを意味する．実際，

$$\boldsymbol{x} = \begin{bmatrix} x_1 \\ \vdots \\ x_r \\ x_{r+1} \\ x_{r+2} \\ \vdots \\ x_{n-1} \\ x_n \end{bmatrix} = x_{r+1}\begin{bmatrix} -c_{1,r+1} \\ \vdots \\ -c_{r,r+1} \\ 1 \\ 0 \\ \vdots \\ 0 \\ 0 \end{bmatrix} + x_{r+2}\begin{bmatrix} -c_{1,r+2} \\ \vdots \\ -c_{r,r+2} \\ 0 \\ 1 \\ \vdots \\ 0 \\ 0 \end{bmatrix} + \cdots x_n\begin{bmatrix} -c_{1n} \\ \vdots \\ -c_{rn} \\ 0 \\ 0 \\ \vdots \\ 0 \\ 1 \end{bmatrix} \tag{6.15}$$

であり，(6.15) の右辺に現れる $n-r$ 個のベクトルは互いに一次独立である．また，2.2 節で学んだように $n-r$ は解の自由度で，

$$\text{解の自由度} = n - r = n - \mathrm{rank}(A)$$

が成り立つ．
一方，$A : \mathbb{R}^n \to \mathbb{R}^m$ に注意すれば，次元公式より，

$$\dim \mathrm{Ker}(A) = \dim \mathbb{R}^n - \dim \mathrm{Im}(A) = n - \dim \mathrm{Im}(A) \tag{6.16}$$

が成り立つ．よって，(6.14) と (6.16) より

$$\dim \mathrm{Im}(A) = \mathrm{rank}(A)$$

が成り立つ． ■

例題 6.3 の場合，$\mathrm{rank}(A) = 2$ なので，定理 6.7 より

$$\dim \mathrm{Im}(A) = \mathrm{rank}(A) = 2, \quad \dim \mathrm{Ker}(A) = 4 - \mathrm{rank}(A) = 2$$

が分かる．

[問] 6.6 $A = B = \begin{bmatrix} 4 & 1 & -2 & -3 \\ 2 & 1 & 1 & -4 \\ 6 & 0 & -9 & 9 \end{bmatrix}$ で定まる線形写像を f_A とするとき，核 $\mathrm{Ker}(f_A)$ の次元と像 $\mathrm{Im}(f_A)$ の次元を求めよ．

第 6 章のまとめ

- 線形写像は行列で表現できる．逆に行列で定まる写像は行列である．
- 線形写像の行列表現は基底に依存する．
- 線形写像の合成写像は，その行列表現の積で表される．
- 線形写像 $f : \mathbb{R}^n \to \mathbb{R}^m$ に対して，$\mathrm{dimKer}(f) + \mathrm{dimIm}(f) = \mathrm{dim}\mathbb{R}^n$ が成り立つ．
- $m \times n$ 行列 A に対して，$\dim \mathrm{Im}(A) = \mathrm{rank}(A)$ が成り立つ．

▶【アクティブ・ラーニング】
まとめに記載されている項目について，例を交えながら他の人に説明しよう．また，あなたならどのように本章をまとめますか？ あなたの考えで本章をまとめ，それを他の人とも共有し，自分たちオリジナルのまとめを作成しよう．

▶【アクティブ・ラーニング】
本章で登場した例題および問において，重要な問題を 2 つ選び，その理由を述べてください．その際，選定するための基準は，自分たちで考えてください．

第 6 章　演習問題

[A. 基本問題]

演習 6.1 $\mathbb{R}^3 \to \mathbb{R}^2$ への写像 $f\left(\begin{bmatrix} x_1 \\ x_2 \\ x_3 \end{bmatrix}\right) = \begin{bmatrix} x_1 + x_2 \\ x_2 + x_3 \end{bmatrix}$ が線形写像であることを示せ．また，写像 $g : \mathbb{R}^2 \to \mathbb{R}$ を $g\left(\begin{bmatrix} x_1 \\ x_2 \end{bmatrix}\right) = x_1^2 + x_2^2$ と定義すると，これは線形写像になるか？

演習 6.2 $\mathbb{R}^3$ の基底として $\boldsymbol{a}_1 = \begin{bmatrix} 1 \\ -1 \\ 0 \end{bmatrix}$, $\boldsymbol{a}_2 = \begin{bmatrix} 0 \\ 1 \\ -1 \end{bmatrix}$, $\boldsymbol{a}_3 = \begin{bmatrix} 1 \\ 0 \\ 1 \end{bmatrix}$ をとり，$\mathbb{R}^2$ の基底として $\boldsymbol{b}_1 = \begin{bmatrix} 1 \\ 1 \end{bmatrix}$, $\boldsymbol{b}_2 = \begin{bmatrix} -1 \\ 1 \end{bmatrix}$ をとる．このとき，$\mathbb{R}^3$ から $\mathbb{R}^2$ への線形写像

$$f : \begin{bmatrix} x_1 \\ x_2 \\ x_3 \end{bmatrix} \to \begin{bmatrix} x_1 + x_2 \\ x_2 + x_3 \end{bmatrix}$$

の行列表現を求めよ．

演習 6.3 線形写像 $f_A : \mathbb{R}^4 \to \mathbb{R}^3$ が行列 $A = \begin{bmatrix} 1 & 1 & -1 & 2 \\ 2 & 4 & 4 & -4 \\ 4 & 6 & 2 & 0 \end{bmatrix}$ によって定義されるとき，A のランク $\mathrm{rank}(A)$ と $\mathrm{Ker}(f_A)$ の基底を求め，さらに $\mathrm{Ker}(f_A)$ と $\mathrm{Im}(f_A)$ の次元を求めよ．

演習 6.4 線形写像 $f_A : \mathbb{R}^3 \to \mathbb{R}^4$ が 4×3 行列

$$A = \begin{bmatrix} 1 & 1 & 2 \\ 1 & -1 & 1 \\ 2 & 1 & 3 \\ 1 & -1 & 0 \end{bmatrix}$$

によって定義されるとき，$\mathrm{Ker}(f_A)$ と $\mathrm{Im}(f_A)$ を求め，さらにそれらの次元を求めよ．

第 6 章　略解とヒント

[問]

問 6.1 線形写像である．

問 6.2 (1) 内積の性質 $(\alpha\boldsymbol{x} + \beta\boldsymbol{y}, \boldsymbol{a}) = \alpha(\boldsymbol{x}, \boldsymbol{a}) + \beta(\boldsymbol{y}, \boldsymbol{a})$ を使う．　(2) 外積の性質 $\boldsymbol{a} \times (\alpha\boldsymbol{x} + \beta\boldsymbol{y}) = \alpha(\boldsymbol{a} \times \boldsymbol{x}) + \beta(\boldsymbol{a} \times \boldsymbol{y})$ を使う．

問 6.3 $\begin{bmatrix} 1 & 1 & 0 \\ 0 & 1 & 0 \\ 1 & -1 & 0 \end{bmatrix}$

問 6.4 $\dfrac{1}{7}\begin{bmatrix} 37 & 18 \\ 13 & 5 \end{bmatrix}$

問 6.5 $\mathrm{Im}(f_A)$ の基底は $\begin{bmatrix} 1 \\ 1 \\ 1 \end{bmatrix}$ と $\begin{bmatrix} -1 \\ 0 \\ 1 \end{bmatrix}$ で $\dim \mathrm{Im}(f_A) = 2$． $\mathrm{Ker}(f_A)$ の基底は $\begin{bmatrix} -2 \\ -1 \\ 1 \\ 0 \end{bmatrix}$ と $\begin{bmatrix} 1 \\ 2 \\ 0 \\ 1 \end{bmatrix}$ で，$\dim \mathrm{Ker}(f_A) = 2$.

問 6.6 $\dim \mathrm{Im}(f_A) = \mathrm{rank}(A) = 3$, $\dim \mathrm{Ker}(f_A) = 4 - \dim \mathrm{Im}(f_A) = 1$.

[演習]

演習 6.1 $f(c_1\boldsymbol{x} + c_2\boldsymbol{y}) = c_1 f(\boldsymbol{x}) + c_2 f(\boldsymbol{y})$ を示せばよい．また，g は線形写像ではない．反例を作ればよい．例えば，$\boldsymbol{x} = \begin{bmatrix} 1 \\ 1 \end{bmatrix}$, $\boldsymbol{y} = \begin{bmatrix} -1 \\ -1 \end{bmatrix}$ とすると $g(\boldsymbol{x} + \boldsymbol{y}) \neq g(\boldsymbol{x}) + g(\boldsymbol{y})$.

演習 6.2 $\dfrac{1}{2}\begin{bmatrix} -1 & 1 & 2 \\ -1 & -1 & 0 \end{bmatrix}$

演習 6.3 $\mathrm{rank}(A) = 2$, $\dim \mathrm{Im}(f_A) = 2$, $\dim \mathrm{Ker}(f_A) = 2$, $\mathrm{Ker}(f_A)$ の基底は $\begin{bmatrix} 4 \\ -3 \\ 1 \\ 0 \end{bmatrix}$ と $\begin{bmatrix} -6 \\ 4 \\ 0 \\ 1 \end{bmatrix}$.

演習 6.4 $\mathrm{Im}(f_A) = \mathrm{Span}\left\{\begin{bmatrix} 1 \\ 1 \\ 2 \\ 1 \end{bmatrix}, \begin{bmatrix} 1 \\ -1 \\ 1 \\ -1 \end{bmatrix}, \begin{bmatrix} 2 \\ 1 \\ 3 \\ 0 \end{bmatrix}\right\}$，$\dim \mathrm{Im}(f_A) = 3$, $\mathrm{Ker}(f_A) = \{\boldsymbol{0}\}$，$\dim \mathrm{Ker}(f_A) = 0$.

第 7 章　固有値とその応用

[ねらい]

定理 6.2 でみたように，線形変換 $f:\mathbb{R}^n \to \mathbb{R}^n$ の行列表現 A は，基底に依存する．このことは，基底をうまく選べば，行列を対角行列あるいはそれに近い形にできる，ことを意味する．行列 A を扱うのであれば，なるべく簡単な形の方がいいし，もし，ある正則行列 P によって，$D = P^{-1}AP$ が対角行列になれば，$D^n = P^{-1}A^nP$ が成り立つので，$A^n = PD^nP^{-1}$ として A^n を求めることができる．ここでは，A を対角行列に変形する方法について学ぼう．

[この章の項目]

固有値，固有ベクトル，固有空間，対角化，対角化行列，代数的重複度，幾何的重複度，対称行列の直交行列による対角化，エルミート行列のユニタリ行列による対角化，２次形式と標準形，正定値行列，フロベニウスの定理，ケーリー・ハミルトンの定理

7.1　固有値と固有ベクトル

線形変換 $f:\mathbb{R}^n \to \mathbb{R}^n$ の行列表現 A を対角行列に変換する方法について具体的に考えるため，2 次行列 $A = \begin{bmatrix} a & b \\ c & d \end{bmatrix}$ が，ある正則行列 P によって $P^{-1}AP = \begin{bmatrix} \lambda_1 & 0 \\ 0 & \lambda_2 \end{bmatrix}$ になったとしよう．このとき，$AP = P\begin{bmatrix} \lambda_1 & 0 \\ 0 & \lambda_2 \end{bmatrix}$ となる．そこで，$P = [\boldsymbol{x}_1\ \boldsymbol{x}_2]$ とおけば，

$$[A\boldsymbol{x}_1\ A\boldsymbol{x}_2] = [\lambda_1\boldsymbol{x}_1\ \lambda_2\boldsymbol{x}_2],$$

つまり，

$$A\boldsymbol{x}_i = \lambda_i\boldsymbol{x}_i, \quad \boldsymbol{x}_i \neq \boldsymbol{0}, \quad i = 1, 2 \tag{7.1}$$

である．この (7.1) をもとに，次のような固有値と固有ベクトルという概念を導入する．

▶[固有値と固有ベクトルの図形的な意味]

$\boldsymbol{x} \in \mathbb{R}^n$ が，固有値 λ_1 に属する固有ベクトル $\boldsymbol{x}_1$ と固有値 λ_2 に属する固有ベクトル $\boldsymbol{x}_2$ によって，$\boldsymbol{x} = \boldsymbol{x}_1 + \boldsymbol{x}_2$ と表されるとき，$A\boldsymbol{x} = A\boldsymbol{x}_1 + A\boldsymbol{x}_2 = \lambda_1\boldsymbol{x}_1 + \lambda_2\boldsymbol{x}_2$ となっている．

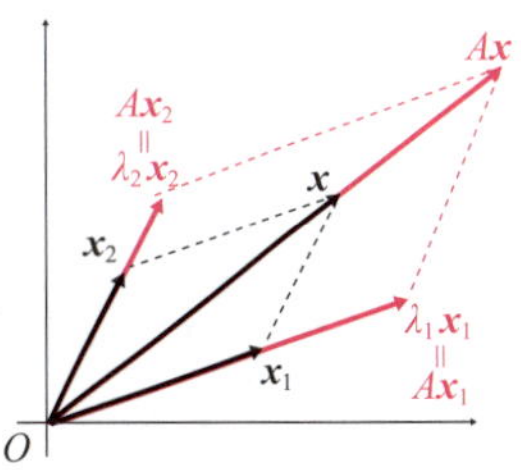

つまり，固有ベクトル $\boldsymbol{x}_1, \boldsymbol{x}_2$ は A によって向きが変わらない特別なベクトルである．

定義 7.1（行列の固有値・固有ベクトル）
与えられた n 次正方行列 A およびスカラー $\lambda \in \mathbb{C}$ に対し，

$$A\boldsymbol{x} = \lambda \boldsymbol{x} \quad \text{かつ} \quad \boldsymbol{x} \neq \boldsymbol{0} \tag{7.2}$$

となる $\boldsymbol{x} \in \mathbb{C}^n$ が存在するとき，$\lambda \in \mathbb{C}$ を A の固有値(こゆうち)(eigenvalue) という．また，この $\boldsymbol{x}$ を固有値 λ に属する A の固有ベクトル (eigen-vector) という．

▶[固有ベクトルのスカラー倍は固有ベクトル]
行列 A の固有値 λ に属する固有ベクトルを $\boldsymbol{x}$ とすれば，$A(c\boldsymbol{x}) = \lambda(c\boldsymbol{x})$ が成り立つので，そのスカラー倍 $c\boldsymbol{x}$ も固有ベクトルである．

例題 7.1（固有値・固有ベクトルの確認）
$A = \begin{bmatrix} 7 & 3 \\ -3 & 1 \end{bmatrix}$ とする．このとき，$\boldsymbol{p}_1 = \begin{bmatrix} 1 \\ -1 \end{bmatrix}$ と $\boldsymbol{p}_2 = \begin{bmatrix} 0 \\ 0 \end{bmatrix}$ が A の固有値 4 に属する固有ベクトルになっているかどうか調べよ．

（解答）
$\boldsymbol{p}_2$ は零ベクトルなので，A の固有ベクトルではない．したがって，もちろん固有値 4 に属する固有ベクトルでもない．
一方，

$$A\boldsymbol{p}_1 = \begin{bmatrix} 7 & 3 \\ -3 & 1 \end{bmatrix}\begin{bmatrix} 1 \\ -1 \end{bmatrix} = \begin{bmatrix} 4 \\ -4 \end{bmatrix} = 4\boldsymbol{p}_1$$

なので，$\boldsymbol{p}_1$ は固有値 4 に属する固有ベクトルである． ■

行列 A の成分がすべて実数だとしても，固有値や固有ベクトルの成分が複素数になる場合があるので，これらを複素数の範囲で考えなければならない．

例題 7.2（固有値が複素数になる例）
$A = \begin{bmatrix} 0 & -1 \\ 1 & 0 \end{bmatrix}$ とするとき，$\boldsymbol{x} = \begin{bmatrix} i \\ -1 \end{bmatrix}$ が，A の固有値 $-i$ に属する固有ベクトルになっていることを確認せよ．

（解答）

$$A\boldsymbol{x} = \begin{bmatrix} 0 & -1 \\ 1 & 0 \end{bmatrix}\begin{bmatrix} i \\ -1 \end{bmatrix} = \begin{bmatrix} 1 \\ i \end{bmatrix} = -i\begin{bmatrix} i \\ -1 \end{bmatrix} = -i\boldsymbol{x}$$

■

固有値を求めるには次の定理を使う．

定理 7.1（固有値の導出）
n 次正方行列 A の固有値は，x についての方程式 $|A - xE_n| = 0$ の解である．

（証明）

λが行列 A の固有値である $\iff$ $A\boldsymbol{x} = \lambda\boldsymbol{x}$ かつ $\boldsymbol{x} \neq \boldsymbol{0}$ となる $\boldsymbol{x} \in \mathbb{C}^n$が存在する
$\iff$ $(A - \lambda E_n)\boldsymbol{x} = \boldsymbol{0}$ が自明な解 $\boldsymbol{x} = \boldsymbol{0}$ 以外の解をもつ $\iff$ $(A - \lambda E_n)$ は正則ではない
$\iff$ $|A - \lambda E_n| = 0$ $\iff$ λは $|A - xE_n| = 0$ の解

■

$$|A - xE_n| = \begin{vmatrix} a_{11} - x & a_{12} & \cdots & a_{1n} \\ a_{21} & a_{22} - x & \cdots & a_{2n} \\ \vdots & \vdots & \ddots & \vdots \\ a_{n1} & a_{n2} & \cdots & a_{nn} - x \end{vmatrix}$$ の x に関する最高次数は

$$(a_{11} - x)(a_{22} - x)\cdots(a_{nn} - x)$$
$$= (-1)^n x^n + (-1)^{n-1}(a_{11} + a_{22} + \cdots + a_{nn})x^{n-1} + \cdots + a_{11}a_{22}\cdots a_{nn}$$

より $(-1)^n x^n$ となる．しかし，実際の計算では，最高次数の係数に $(-1)^n$ が付くのを嫌って，$|A - xE_n| = 0$ の代わりに，その $(-1)^n$ 倍である $|xE_n - A| = 0$ を考えることが多い．

定義 7.2（固有多項式・固有方程式）
n 次正方行列 A に対し，x の n 次多項式 $|xE_n - A|$ を A の**固有多項式**（こゆうたこうしき）**(characteristic polynomial)** といい，方程式 $|xE_n - A| = 0$ を A の**固有方程式**（こゆうほうていしき）**(characteristic equation)** という．なお，A の固有多項式を $\Phi_A(x), \varphi_A(x), \chi_A(x)$ などと表す．

固有多項式には次の性質がある．

定理 7.2（固有多項式とトレース，行列式の関係）
n 次正方行列 A の固有多項式 $\Phi_A(x) = |xE_n - A|$ に対して，

$$\Phi_A(x) = x^n - \mathrm{tr}(A)x^{n-1} + \cdots + (-1)^n|A| \tag{7.3}$$

が成り立つ．

（証明）

$$\Phi_A(x) = \alpha x^n + \beta x^{n-1} + \cdots + \gamma$$

とおく．まず，$\Phi_A(x) = |xE_n - A|$ なので，$x = 0$ として，

$$\Phi_A(0) = |-A| = (-1)^n|A|$$

となり，$\gamma = (-1)^n|A|$ を得る．次に，x^n と x^{n-1} の項が現れるのは，

$$\Phi_A(x) = \begin{vmatrix} x - a_{11} & -a_{12} & \cdots & -a_{1n} \\ -a_{21} & x - a_{22} & \cdots & -a_{2n} \\ \vdots & \vdots & \ddots & \vdots \\ -a_{n1} & -a_{n2} & \cdots & x - a_{nn} \end{vmatrix}$$ の対角成分を掛けた部分だけなので，

$$(x - a_{11})\cdots(x - a_{nn}) = x^n - (a_{11} + \cdots + a_{nn})x^{n-1} + \cdots + (-1)^n a_{11}\cdots a_{nn}$$

より，$\alpha = 1, \beta = -\mathrm{tr}(A)$ である． ■

次に固有ベクトルを求める方法を考えよう．

【注意】V_λ は「λ に属する固有ベクトルの全体」と零ベクトルからなる集合「$\{\mathbf{0}\}$」との和集合である．固有ベクトルは零ベクトルではないことに注意しよう．

定義 7.3（固有空間）

n 次正方行列 A の固有値 λ を固定し，この λ に属する固有ベクトル全体に $\mathbf{0}$ をつけ加えた

$$V_\lambda = \{\boldsymbol{x} \in \mathbb{C}^n | A\boldsymbol{x} = \lambda\boldsymbol{x}\} = \{\boldsymbol{x} \in \mathbb{C}^n | (A - \lambda E_n)\boldsymbol{x} = \mathbf{0}\}$$

を考えると，これは $\mathbb{C}^n$ の部分空間となる．この V_λ を固有値 λ に属する A の固有空間（こゆうくうかん）(eigenspace) という．

V_λ は，$A - \lambda E_n$ を係数行列とする同次連立一次方程式の解全体である．そのため，固有値 λ に属する固有ベクトル $\boldsymbol{x}$ を求めるには，連立一次方程式 $(A - \lambda E_n)\boldsymbol{x} = 0$ を解けばよい．

以上をまとめると，次のようになる．

- 固有方程式 $|xE_n - A| = 0$ の解 x が固有値
- $(A - \lambda E_n)\boldsymbol{x} = \mathbf{0}$ の非自明解 $\boldsymbol{x}$ が固有ベクトル

▶［固有空間の次元］
固有空間 V_λ の次元が1次元とは限らない．ここでは，次元については何も言っていない．もしも，$A\boldsymbol{x} = \lambda\boldsymbol{x}$ を満たす一次独立なベクトルが3つあれば，$\dim V_\lambda = 3$ となる．

例題 7.3（2次行列の固有値と固有空間の導出）

次の行列の固有値とそれに属する固有ベクトル，固有空間を求めよ．

(1) $A = \begin{bmatrix} 1 & 5 \\ 4 & 2 \end{bmatrix}$　(2) $A = \begin{bmatrix} 1 & -2 \\ 2 & -3 \end{bmatrix}$　(3) $A = \begin{bmatrix} 0 & 1 \\ -2 & 0 \end{bmatrix}$

(4) $A = \begin{bmatrix} 1 & -2+2i \\ 2+2i & -3 \end{bmatrix}$

▶【アクティブ・ラーニング】
例題 7.3 はすべて確実にできるようになりましたか？できない問題があれば，それがどうすればできるようになりますか？何に気をつければいいですか？また，読者全員ができるようになるにはどうすればいいでしょうか？それを紙に書き出しましょう．そして，書き出した紙を周りの人と見せ合って，それをまとめてグループごとに発表しましょう．

（解答）

(1)

$$\Phi_A(x) = |xE_2 - A| = \begin{vmatrix} x-1 & -5 \\ -4 & x-2 \end{vmatrix} = (x-6)(x+3) = 0$$

より，A の固有値は 6, −3 である．次に，$\boldsymbol{x} = \begin{bmatrix} x_1 \\ x_2 \end{bmatrix}$ として，$(A - 6E_2)\boldsymbol{x} = \mathbf{0}$ を掃き出し法で解くと，

$$A - 6E_2 = \begin{bmatrix} -5 & 5 \\ 4 & -4 \end{bmatrix} \xrightarrow[\text{第 2 行} \div 4]{\text{第 1 行} \div (-5)} \begin{bmatrix} 1 & -1 \\ 1 & -1 \end{bmatrix}$$
$$\xrightarrow[+\text{第 2 行}]{\text{第 1 行}} \begin{bmatrix} 1 & -1 \\ 0 & 0 \end{bmatrix}$$

より，$x_2 = \alpha$（α は任意），$x_1 = x_2 = \alpha$ である．よって，固有値 6 に属する固有ベクトルとして $\begin{bmatrix} 1 \\ 1 \end{bmatrix}$ を選ぶことができる．また，固有空間は $V_6 = \mathrm{Span}\left\{\begin{bmatrix} 1 \\ 1 \end{bmatrix}\right\}$ である．

同様に $(A + 3E_2)\boldsymbol{x} = \mathbf{0}$ を掃き出し法で解くと，

$$A+3E_2=\begin{bmatrix}4&5\\4&5\end{bmatrix}\xrightarrow[+第2行]{第1行\times(-1)}\begin{bmatrix}4&5\\0&0\end{bmatrix}$$

より，$x_2=4\alpha$(α は任意)，$x_1=-\dfrac{5}{4}x_2=-5\alpha$ である．よって，固有値 -3 に属する固有ベクトルとして $\begin{bmatrix}-5\\4\end{bmatrix}$ を選ぶことができる．また，固有空間は $V_{-3}=\mathrm{Span}\left\{\begin{bmatrix}-5\\4\end{bmatrix}\right\}$ である．

(2)

$$\Phi_A(x)=|xE_2-A|=\begin{vmatrix}x-1&-2\\2&x+3\end{vmatrix}=(x+1)^2=0$$

より，A の固有値は -1 である．次に，$\boldsymbol{x}=\begin{bmatrix}x_1\\x_2\end{bmatrix}$ として，$(A+E_2)\boldsymbol{x}=\mathbf{0}$ を掃き出し法で解くと，

$$A+E_2=\begin{bmatrix}2&-2\\2&-2\end{bmatrix}\xrightarrow[第2行\div2]{第1行\div2}\begin{bmatrix}1&-1\\1&-1\end{bmatrix}\xrightarrow[+第2行]{第1行}\begin{bmatrix}1&-1\\0&0\end{bmatrix}$$

より，$x_2=\alpha$(α は任意)，$x_1=x_2=\alpha$ である．よって，固有値 6 に属する固有ベクトルとして $\begin{bmatrix}1\\1\end{bmatrix}$ を選ぶことができる．また，固有空間は $V_6=\mathrm{Span}\left\{\begin{bmatrix}1\\1\end{bmatrix}\right\}$ である．

(3)

$$\Phi_A(x)=|xE_2-A|=\begin{vmatrix}x&1\\-2&x\end{vmatrix}=x^2+2=0$$

より，A の固有値は $\sqrt{2}i,\ -\sqrt{2}i$ である．次に，$\boldsymbol{x}=\begin{bmatrix}x_1\\x_2\end{bmatrix}$ として，$(A-\sqrt{2}iE_2)\boldsymbol{x}=\mathbf{0}$ を掃き出し法で解くと，

$$A-\sqrt{2}iE_2=\begin{bmatrix}-\sqrt{2}i&1\\-2&-\sqrt{2}i\end{bmatrix}\xrightarrow[\times\sqrt{2}i]{第2行}\begin{bmatrix}2&\sqrt{2}i\\-2&-\sqrt{2}i\end{bmatrix}\xrightarrow[+第2行]{第1行}\begin{bmatrix}2&\sqrt{2}i\\0&0\end{bmatrix}$$

より，$x_2=\alpha$(α は任意)，$x_1=-\dfrac{\sqrt{2}\alpha}{2}i$ である．よって，固有値 $\sqrt{2}i$ に属する固有ベクトルとして $\begin{bmatrix}-\frac{\sqrt{2}}{2}i\\1\end{bmatrix}$ を選ぶことができる．また，固有空間は $V_{2\sqrt{i}}=\mathrm{Span}\left\{\begin{bmatrix}-\frac{\sqrt{2}}{2}i\\1\end{bmatrix}\right\}$ である．

同様に $(A+\sqrt{2}iE_2)\boldsymbol{x}=\mathbf{0}$ を掃き出し法で解くと，

$$A+\sqrt{2}iE_2=\begin{bmatrix}-\sqrt{2}i&1\\-2&\sqrt{2}i\end{bmatrix}\xrightarrow[\times(-\sqrt{2}i)]{第1行}\begin{bmatrix}2&-\sqrt{2}i\\-2&\sqrt{2}i\end{bmatrix}\xrightarrow[+第2行]{第1行}\begin{bmatrix}2&-\sqrt{2}i\\0&0\end{bmatrix}$$

より，$x_2=\alpha$(α は任意)，$x_1=\dfrac{\sqrt{2}\alpha}{2}i$ である．よって，固有値 $\sqrt{2}i$ に属する固有ベクトルとして $\begin{bmatrix}\frac{\sqrt{2}}{2}i\\1\end{bmatrix}$ を選ぶことができる．また，固有空間は $V_{-2\sqrt{i}}=\mathrm{Span}\left\{\begin{bmatrix}\frac{\sqrt{2}}{2}i\\1\end{bmatrix}\right\}$ である．

(4)

$$\Phi_A(x)=|xE_2-A|=\begin{vmatrix}x-1&2-2i\\-2-2i&x+3\end{vmatrix}=x^2+2x+5=0$$

より，A の固有値は $-1\pm\sqrt{1-5}=-1\pm2i$ である．次に，$\boldsymbol{x}=\begin{bmatrix}x_1\\x_2\end{bmatrix}$ として，$(A-(-1+2i)E_2)\boldsymbol{x}=\mathbf{0}$ を掃き出し法で解くと，

$$A-(-1+2i)E_2=\begin{bmatrix}2-2i&-2+2i\\2+2i&-2-2i\end{bmatrix}\xrightarrow{第1行\times i}\begin{bmatrix}2+2i&-2-2i\\2+2i&-2-2i\end{bmatrix}$$

$$\xrightarrow[+第2行]{第1行\times(-1)}\begin{bmatrix}2+2i&-2-2i\\0&0\end{bmatrix}\xrightarrow[\div2+2i]{第1行}\begin{bmatrix}1&-1\\0&0\end{bmatrix}$$

より，$x_2=\alpha$(α は任意)，$x_1=x_2=\alpha$ である．よって，固有値 $-1+2i$ に属する固有ベクトルとして $\begin{bmatrix}1\\1\end{bmatrix}$ を選ぶことができる．また，固有空間は $V_{-1+2i}=\mathrm{Span}\left\{\begin{bmatrix}1\\1\end{bmatrix}\right\}$ である．

同様に $(A+(1+2i)E_2)\boldsymbol{x}=\mathbf{0}$ を掃き出し法で解くと，

$$A+(1+2i)E_2=\begin{bmatrix}2+2i & -2+2i\\ 2+2i & -2+2i\end{bmatrix}\xrightarrow[+\text{第 2 行}]{\text{第 1 行}\times(-1)}\begin{bmatrix}2+2i & -2+2i\\ 0 & 0\end{bmatrix}$$

$$\xrightarrow[\div 2]{\text{第 1 行}}\begin{bmatrix}1+i & -1+i\\ 0 & 0\end{bmatrix}$$

より，$x_2=\alpha$（α は任意），$x_1=\dfrac{i-1}{1+i}x_2=-\dfrac{(1-i)^2}{(1+i)(1-i)}\alpha=-\alpha i$ である．よって，固有値 $-1-2i$ に属する固有ベクトルとして $\begin{bmatrix}-i\\ 1\end{bmatrix}$ を選ぶことができる．また，固有空間は $V_{-1-2i}=\mathrm{Span}\left\{\begin{bmatrix}-i\\ 1\end{bmatrix}\right\}$ である．

■

[問] 7.1　次の行列の固有値とそれに属する固有ベクトル，固有空間を求めよ．

(1) $\begin{bmatrix}7 & -4\\ 8 & -5\end{bmatrix}$　(2) $\begin{bmatrix}1 & 4\\ 1 & -2\end{bmatrix}$　(3) $\begin{bmatrix}1 & -2\\ 2 & -3\end{bmatrix}$　(4) $\begin{bmatrix}-3 & 1\\ -1 & -1\end{bmatrix}$

(5) $\begin{bmatrix}1 & 2\\ -1 & 1\end{bmatrix}$　(6) $\begin{bmatrix}3 & 2i\\ -2i & 3\end{bmatrix}$　(7) $\begin{bmatrix}1 & 3i\\ 3i & 1\end{bmatrix}$

例題 7.4（3 次行列の固有値と固有空間の導出）

次の行列の固有値とそれに属する固有ベクトル，固有空間を求めよ．

(1) $A=\begin{bmatrix}3 & 7 & -1\\ 4 & 6 & 4\\ -5 & 5 & -1\end{bmatrix}$　　(2) $A=\begin{bmatrix}1 & -2 & 1\\ -1 & 2 & -1\\ 2 & -4 & 2\end{bmatrix}$

▶【アクティブ・ラーニング】
例題 7.4 はすべて確実にできるようになりましたか？できない問題があれば，それがどうすればできるようになりますか？何に気をつければいいですか？また，読者全員ができるようになるにはどうすればいいでしょうか？それを紙に書き出しましょう．そして，書き出した紙を周りの人と見せ合って，それをまとめてグループごとに発表しましょう．

（解答）

ここでは，紙面を節約するため，行列式の変形や行基本変形については，その結果のみを記す．

(1)

$$\begin{aligned}\Phi_A(x)&=|xE_3-A|=\begin{vmatrix}x-3 & -7 & 1\\ -4 & x-6 & -4\\ 5 & -5 & x+1\end{vmatrix}=\begin{vmatrix}x-10 & -7 & 1\\ x-10 & x-6 & -4\\ 0 & -5 & x+1\end{vmatrix}\\ &=\begin{vmatrix}x-10 & -7 & 1\\ 0 & x+1 & -5\\ 0 & -5 & x+1\end{vmatrix}=(-1)^{1+1}(x-10)\begin{vmatrix}x+1 & -5\\ -5 & x+1\end{vmatrix}\\ &=(x-10)\left\{(x+1)^2-25\right\}=(x-10)(x+6)(x-4)=0\end{aligned}$$

より A の固有値は $-6, 4, 10$ である．次に，$\boldsymbol{x}=\begin{bmatrix}x_1\\ x_2\\ x_3\end{bmatrix}$ として $(A+6E_3)\boldsymbol{x}=\boldsymbol{0}$ を掃き出し法で解くと

$$\begin{aligned}A+6E_3&=\begin{bmatrix}9 & 7 & -1\\ 4 & 12 & 4\\ -5 & 5 & 5\end{bmatrix}\to\begin{bmatrix}1 & -1 & -1\\ 1 & 3 & 1\\ 9 & 7 & -1\end{bmatrix}\to\begin{bmatrix}1 & -1 & -1\\ 0 & 4 & 2\\ 0 & 16 & 8\end{bmatrix}\\ &\to\begin{bmatrix}1 & -1 & -1\\ 0 & 2 & 1\\ 0 & 0 & 0\end{bmatrix}\end{aligned}$$

より，$x_3=2\alpha$（α は任意），$x_2=-\dfrac{x_3}{2}=-\alpha$，$x_1=x_2+x_3=2-\alpha+2\alpha=\alpha$ となる．

よって，固有値 -6 に属する固有ベクトルとして $\begin{bmatrix}1\\ -1\\ 2\end{bmatrix}$ を選ぶことができる．ゆえに，固有値

-6 に属する固有空間 V_{-6} は $V_{-6} = \mathrm{Span}\left\{\begin{bmatrix} 1 \\ -1 \\ 2 \end{bmatrix}\right\}$ である．また，$(A-4E_3)\boldsymbol{x} = \boldsymbol{0}$ を掃き出し法で解くと

$$A - 4E_3 = \begin{bmatrix} -1 & 7 & -1 \\ 4 & 2 & 4 \\ -5 & 5 & -5 \end{bmatrix} \to \begin{bmatrix} 1 & -7 & 1 \\ 2 & 1 & 2 \\ -1 & 1 & -1 \end{bmatrix} \to \begin{bmatrix} 1 & -7 & 1 \\ 0 & 15 & 0 \\ 0 & -6 & 0 \end{bmatrix}$$
$$\to \begin{bmatrix} 1 & -7 & 1 \\ 0 & 1 & 0 \\ 0 & 0 & 0 \end{bmatrix}$$

より，$x_3 = \alpha$(α は任意)，$x_2 = 0$，$x_1 = 7x_2 - x_3 = -\alpha$ となる．よって，固有値 4 に属する固有ベクトルとして $\begin{bmatrix} -1 \\ 0 \\ 1 \end{bmatrix}$ を選ぶことができる．ゆえに，固有値 4 に属する固有空間 V_4 は $V_4 = \mathrm{Span}\left\{\begin{bmatrix} -1 \\ 0 \\ 1 \end{bmatrix}\right\}$ である．

さらに，$(A-10E_3)\boldsymbol{x} = \boldsymbol{0}$ を掃き出し法で解くと

$$A - 10E_3 = \begin{bmatrix} -7 & 7 & -1 \\ 4 & -4 & 4 \\ -5 & 5 & -11 \end{bmatrix} \to \begin{bmatrix} 1 & -1 & 1 \\ -7 & 7 & -1 \\ -5 & 5 & -11 \end{bmatrix} \to \begin{bmatrix} 1 & -1 & 1 \\ 0 & 0 & 6 \\ 0 & 0 & -6 \end{bmatrix}$$
$$\to \begin{bmatrix} 1 & -1 & 1 \\ 0 & 0 & 1 \\ 0 & 0 & 0 \end{bmatrix}$$

より，$x_3 = 0$，$x_2 = \alpha$(α は任意)，$x_1 = x_2 - x_3 = \alpha$ となる．よって，固有値 10 に属する固有ベクトルとして $\begin{bmatrix} 1 \\ 1 \\ 0 \end{bmatrix}$ を選ぶことができる．ゆえに，固有値 10 に属する固有空間 V_{10} は $V_{10} = \mathrm{Span}\left\{\begin{bmatrix} 1 \\ 1 \\ 0 \end{bmatrix}\right\}$ である．

(2)

$$\Phi_A(x) = |xE_3 - A| = \begin{vmatrix} x-1 & 2 & -1 \\ 1 & x-2 & 1 \\ -2 & 4 & x-2 \end{vmatrix} = \begin{vmatrix} x-1 & 2 & -1 \\ x & x & 0 \\ -2 & 4 & x-2 \end{vmatrix}$$
$$= \begin{vmatrix} x-3 & 2 & -1 \\ 0 & x & 0 \\ -6 & 4 & x-2 \end{vmatrix} = (-1)^{2+2}x \begin{vmatrix} x-3 & -1 \\ -6 & x-2 \end{vmatrix}$$
$$= x\{(x-3)(x-2)-6\} = x^2(x-5) = 0$$

より A の固有値は $0, 5$ である．次に，$\boldsymbol{x} = \begin{bmatrix} x_1 \\ x_2 \\ x_3 \end{bmatrix}$ として $(A-5E_3)\boldsymbol{x} = \boldsymbol{0}$ を掃き出し法で解くと

$$A - 5E_3 = \begin{bmatrix} -4 & -2 & 1 \\ -1 & -3 & -1 \\ 2 & -4 & -3 \end{bmatrix} \to \begin{bmatrix} 1 & 3 & 1 \\ 4 & 2 & -1 \\ 2 & -4 & -3 \end{bmatrix} \to \begin{bmatrix} 1 & 3 & 1 \\ 0 & -10 & -5 \\ 0 & -10 & -5 \end{bmatrix}$$
$$\to \begin{bmatrix} 1 & 3 & 1 \\ 0 & 2 & 1 \\ 0 & 0 & 0 \end{bmatrix}$$

より，$x_3 = 2\alpha$(α は任意)，$x_2 = -\dfrac{x_3}{2} = -\alpha$，$x_1 = -3x_2 - x_3 = 3\alpha - 2\alpha = \alpha$ となる．よって，固有値 5 に属する固有ベクトルとして $\begin{bmatrix} 1 \\ -1 \\ 2 \end{bmatrix}$ を選ぶことができる．ゆえに，固有値 5

に属する固有空間 V_5 は $V_5=\mathrm{Span}\left\{\begin{bmatrix}1\\-1\\2\end{bmatrix}\right\}$ である．また，$A\boldsymbol{x}=\boldsymbol{0}$ を掃き出し法で解くと

$$A=\begin{bmatrix}1&-2&1\\-1&2&-1\\2&-4&2\end{bmatrix}\to\begin{bmatrix}1&-2&1\\0&0&0\\0&0&0\end{bmatrix}$$

より，$x_3=\alpha(\alpha$ は任意)，$x_2=\beta(\beta$ は任意)，$x_1=2x_2-x_3=2\beta-\alpha$ なので

$$\begin{bmatrix}x_1\\x_2\\x_3\end{bmatrix}=\begin{bmatrix}2\beta-\alpha\\\beta\\\alpha\end{bmatrix}=\beta\begin{bmatrix}2\\1\\0\end{bmatrix}+\alpha\begin{bmatrix}-1\\0\\1\end{bmatrix}$$

である．よって，固有値 0 に属する固有ベクトルとして $\begin{bmatrix}2\\1\\0\end{bmatrix}$ と $\begin{bmatrix}-1\\0\\1\end{bmatrix}$ を選ぶことができる．

また，これらは一次独立なので，固有値 0 に属する固有空間 V_0 は

$V_0=\mathrm{Span}\left\{\begin{bmatrix}2\\1\\0\end{bmatrix},\begin{bmatrix}-1\\0\\1\end{bmatrix}\right\}$ である．■

【注意】

$$\begin{bmatrix}-1&2\\0&1\\1&0\end{bmatrix}\to\begin{bmatrix}1&0\\0&1\\-1&2\end{bmatrix}\to\begin{bmatrix}1&0\\0&1\\0&3\end{bmatrix}\to\begin{bmatrix}1&0\\0&1\\0&0\end{bmatrix}$$

なので，系 5.5 より $\begin{bmatrix}2\\1\\0\end{bmatrix}$ と $\begin{bmatrix}-1\\0\\1\end{bmatrix}$ は一次独立である．なお, 本によっては, 固有ベクトルを $\beta\begin{bmatrix}2\\1\\0\end{bmatrix}+\alpha\begin{bmatrix}-1\\0\\1\end{bmatrix}$ としているものがある． すぐに分かるように, $\beta=1,\alpha=0$ としたときが $\begin{bmatrix}2\\1\\0\end{bmatrix}$ であり，$\beta=0$, $\alpha=1$ としたときが $\begin{bmatrix}-1\\0\\1\end{bmatrix}$ である．また，V_0 を $V_0=\left\{\begin{bmatrix}x_1\\x_2\\x_3\end{bmatrix}\middle|x_1=2x_2-x_3\right\}$ としている本もある．

［問］7.2　次の行列の固有値とそれに属する固有ベクトル，固有空間を求めよ．

(1) $\begin{bmatrix}-1&2&2\\-3&-8&-6\\3&5&3\end{bmatrix}$　(2) $\begin{bmatrix}2&1&1\\1&2&1\\1&1&2\end{bmatrix}$　(3) $\begin{bmatrix}-3&1&1\\0&-2&0\\-1&1&-1\end{bmatrix}$

(4) $\begin{bmatrix}-2&-3&7\\2&4&-11\\1&2&-5\end{bmatrix}$　(5) $\begin{bmatrix}-1&0&-2\\3&2&2\\1&-1&3\end{bmatrix}$

7.2　対角化とその条件

ここからは，固有値，固有ベクトル，対角行列との関係について調べよう

【注意】定義 7.4 において，λ_1, $\lambda_2,\ldots,\lambda_n$ は相異なるとは限らない．

定義 7.4（対角化可能）
n 次正方行列 A が適当な正則行列 P によって，

$$P^{-1}AP=\begin{bmatrix}\lambda_1&&&\\&\lambda_2&&\\&&\ddots&\\&&&\lambda_n\end{bmatrix}$$

と変形できるとき，A は**対角化可能**（たいかくかかのう）(diagonalizable) であるという．また，このとき P を A の**対角化行列**（たいかくかぎょうれつ）(matrix for diagonalization) という．

次の定理より，行列の対角化で重要なのは一次独立な固有ベクトルの数だと分かる．

定理 7.3（対角化可能性と固有ベクトル）
n 次正方行列 A が対角化可能であるための必要十分条件は，一次独立な n 個の A の固有ベクトルが存在することである．

（証明）

($\Longrightarrow$) ある正則な行列 P に対して，$P^{-1}AP = \begin{bmatrix} \lambda_1 & & \\ & \ddots & \\ & & \lambda_n \end{bmatrix}$ とすると，

$$AP = P \begin{bmatrix} \lambda_1 & & \\ & \ddots & \\ & & \lambda_n \end{bmatrix} \tag{7.4}$$

である．そこで，P を n 個の列ベクトル $\boldsymbol{p}_1, \boldsymbol{p}_2, \ldots, \boldsymbol{p}_n$ を横に並べたもの，つまり，$P = [\boldsymbol{p}_1\ \boldsymbol{p}_2\ \ldots\ \boldsymbol{p}_n]$ と見なせば，(7.4) は

$$A\boldsymbol{p}_1 = \lambda_1\boldsymbol{p}_1, \quad A\boldsymbol{p}_2 = \lambda_2\boldsymbol{p}_2, \quad \ldots, A\boldsymbol{p}_n = \lambda_n\boldsymbol{p}_n$$

を意味する．したがって，$\boldsymbol{p}_1, \boldsymbol{p}_2, \ldots, \boldsymbol{p}_n$ はそれぞれ $\lambda_1, \lambda_2, \ldots, \lambda_n$ に属する固有ベクトルであり，しかも，P が正則なので，定理 5.16 より一次独立である．

【注意】 結果的に，(7.4) の P は固有ベクトル $\boldsymbol{p}_i$ を並べたものである．

($\Longleftarrow$)
A の固有値 $\lambda_1, \lambda_2, \ldots, \lambda_n$ に属する一次独立な固有ベクトルを $\boldsymbol{p}_1, \boldsymbol{p}_2, \ldots, \boldsymbol{p}_n$ とすると，

$$[A\boldsymbol{p}_1\ A\boldsymbol{p}_2\ \ldots\ A\boldsymbol{p}_n] = [\boldsymbol{p}_1\ \boldsymbol{p}_2\ \ldots\ \boldsymbol{p}_n] \begin{bmatrix} \lambda_1 & & \\ & \ddots & \\ & & \lambda_n \end{bmatrix}$$

と表せる．$P = [\boldsymbol{p}_1\ \boldsymbol{p}_2\ \ldots\ \boldsymbol{p}_n]$ とすると定理 5.16 より P は正則であり，

$AP = P \begin{bmatrix} \lambda_1 & & \\ & \ddots & \\ & & \lambda_n \end{bmatrix}$ より，$P^{-1}AP = \begin{bmatrix} \lambda_1 & & \\ & \ddots & \\ & & \lambda_n \end{bmatrix}$ が従う．■

定理 7.3 の証明より次のことが直ちに分かる．

系 7.1（対角化行列の成分）
n 次正方行列 A が適当な正則行列 $P = [\boldsymbol{p}_1\ \boldsymbol{p}_2\ \ldots\ \boldsymbol{p}_n]$ によって，

$$P^{-1}AP = \begin{bmatrix} \lambda_1 & & & \\ & \lambda_2 & & \\ & & \ddots & \\ & & & \lambda_n \end{bmatrix}$$

と変形できるならば，$\lambda_1, \lambda_2, \ldots, \lambda_n$ はすべて A の固有値で，$\boldsymbol{p}_i (1 \leqq i \leqq n)$ は固有値 λ_i に属する固有ベクトルである．

系 7.1 より，A の対角化行列 P を求めるには固有ベクトルを求めなければならないが，対角化された行列を得るだけなら，固有値を求めるだけで十分であることが分かる．また，異なる固有値に属する固有ベクトルが異なるのは明らかだが，それだけでなく一次独立であることも次の定理より

▶[異なる固有値に属する固有ベクトルは異なる]
実際，n 次正方行列 A の異なる 2 つの固有値を $\lambda_i, \lambda_j (i \neq j)$ とし，これらに属する固有ベクトルをそれぞれ $\boldsymbol{p}_i, \boldsymbol{p}_j$ とするとき，$A\boldsymbol{p}_i = \lambda_i\boldsymbol{p}_i$, $A\boldsymbol{p}_j = \lambda_j\boldsymbol{p}_j$, $\boldsymbol{p}_i \neq \boldsymbol{0}$, $\boldsymbol{p}_j \neq \boldsymbol{0}$ となる．ここで，$\boldsymbol{p}_i = \boldsymbol{p}_j$ とすると $A\boldsymbol{p}_i = \lambda_i\boldsymbol{p}_i$, $A\boldsymbol{p}_i = \lambda_j\boldsymbol{p}_i$ なので，$(\lambda_i - \lambda_j)\boldsymbol{p}_i = \boldsymbol{0}$ となり，$\boldsymbol{p}_i \neq \boldsymbol{0}$ より $\lambda_i = \lambda_j$ となり仮定に矛盾する．よって，$\boldsymbol{p}_i \neq \boldsymbol{p}_j$ である．

分かる．

定理 7.4（相異なる固有値とその固有ベクトル）
$\lambda_1, \lambda_2, \ldots, \lambda_k \in \mathbb{C}$ が n 次正方行列 A の相異なる固有値だとすると，それぞれに属する固有ベクトル $\boldsymbol{p}_1, \boldsymbol{p}_2, \ldots, \boldsymbol{p}_k$ は一次独立である．

（証明）
固有値の個数 k に関する数学的帰納法によって示す．
$k=1$ のときは明らかなので，$k=m$ のとき定理の主張が成り立つとして，$k=m+1$ の場合，つまり，$m+1$ 個の固有値 $\lambda_1, \lambda_2, \ldots, \lambda_m, \lambda_{m+1}$ とそれぞれに属する固有ベクトル $\boldsymbol{p}_1, \boldsymbol{p}_2, \ldots, \boldsymbol{p}_m, \boldsymbol{p}_{m+1}$ を考える．いま，ある $\alpha_1, \alpha_2, \ldots, \alpha_m, \alpha_{m+1} \in \mathbb{C}$ に対し，

$$\alpha_1\boldsymbol{p}_1 + \alpha_2\boldsymbol{p}_2 + \cdots + \alpha_m\boldsymbol{p}_m + \alpha_{m+1}\boldsymbol{p}_{m+1} = \boldsymbol{0} \tag{7.5}$$

と仮定する．この両辺に左から A を掛け，$A\boldsymbol{p}_i = \lambda_i\boldsymbol{p}_i$ に注意すると，

$$\alpha_1\lambda_1\boldsymbol{p}_1 + \alpha_2\lambda_2\boldsymbol{p}_2 + \cdots + \alpha_m\lambda_m\boldsymbol{p}_m + \alpha_{m+1}\lambda_{m+1}\boldsymbol{p}_{m+1} = \boldsymbol{0} \tag{7.6}$$

が成り立つので，(7.5)$\times\lambda_{m+1}-$(7.6) とすれば，

$$\alpha_1(\lambda_{m+1}-\lambda_1)\boldsymbol{p}_1 + \alpha_2(\lambda_{m+1}-\lambda_2)\boldsymbol{p}_2 + \cdots + \alpha_1(\lambda_{m+1}-\lambda_m)\boldsymbol{p}_m = \boldsymbol{0}$$

を得る．ここで，帰納法の仮定より，$\boldsymbol{p}_1, \boldsymbol{p}_2, \ldots, \boldsymbol{p}_m$ は一次独立なので，

$$\alpha_1(\lambda_{m+1}-\lambda_1) = \alpha_2(\lambda_{m+1}-\lambda_2) = \cdots = \alpha_m(\lambda_{m+1}-\lambda_m)$$

となる．さらに，仮定より $\lambda_1, \lambda_2, \ldots, \lambda_m, \lambda_{m+1}$ はすべて異なるので

$$\alpha_1 = \alpha_2 = \cdots = \alpha_m = 0$$

である．したがって，(7.5) より $a_{m+1}\boldsymbol{p}_{m+1} = \boldsymbol{0}$ であり，$\boldsymbol{p}_{m+1}$ は固有ベクトルなので $\boldsymbol{p}_{m+1} \neq \boldsymbol{0}$ であることに注意すれば，$\alpha_{m+1}=0$ である．これは，$\boldsymbol{p}_1, \boldsymbol{p}_2, \ldots, \boldsymbol{p}_m, \boldsymbol{p}_{m+1}$ が一次独立であることを意味する．■

【注意】　定理 7.5 の逆は成り立たない．つまり，A が n 個の相異なる固有値をもたなくても対角化できることがある．なぜならば，対角化可能であるための条件として本質的なのは「n 個の相異なる固有値」ではなく，「n 個の一次独立な固有ベクトル」だからである．

特に，定理 7.4 において $k=n$ とすれば，次の結果が得られる．

定理 7.5（対角化可能性と固有値）
n 次正方行列 A が相異なる n 個の固有値 $\lambda_1, \lambda_2, \ldots, \lambda_n \in \mathbb{C}$ をもてば A は対角化可能，すなわち，A はある正則行列 P によって

$$P^{-1}AP = \begin{bmatrix} \lambda_1 & & & \\ & \lambda_2 & & \\ & & \ddots & \\ & & & \lambda_n \end{bmatrix}$$

となる．

▶【アクティブ・ラーニング】
系 7.1 や定理 7.5 は，行列 P と $\lambda_1, \lambda_2, \ldots, \lambda_n$ を決めれば，A を構成できる，ことを意味する．そこで，系 7.1 や定理 7.5 を用いて，例題 7.3〜7.6 のような問題を自分で作ってみよう．そして，それを他の人に紹介し，お互いに解いてみよう．また，その問題のうち，自分たちにとって一番良い問題を選び，その理由を説明しよう．

（証明）
仮定および定理 7.4 より，A の相異なる固有値 $\lambda_1, \lambda_2, \ldots, \lambda_n$ に属する固有ベクトル $\boldsymbol{p}_1, \boldsymbol{p}_2, \ldots, \boldsymbol{p}_n$ は一次独立である．よって，定理 7.3 より，A は対角化可能である．■

例題 7.5（行列の対角化）
次の行列 A を対角化し，そのときの対角化行列を求めよ．

(1) $A = \begin{bmatrix} 1 & 5 \\ 4 & 2 \end{bmatrix}$　　(2) $A = \begin{bmatrix} 3 & 7 & -1 \\ 4 & 6 & 4 \\ -5 & 5 & -1 \end{bmatrix}$

（解答）
(1) 例題 7.3(1) より，固有値は $-3, 6$ なので，定理 7.5 より A は対角化可能である．また，$V_{-3} = \mathrm{Span}\left\{\begin{bmatrix}-5\\4\end{bmatrix}\right\}$, $V_6 = \mathrm{Span}\left\{\begin{bmatrix}1\\1\end{bmatrix}\right\}$ なので，系 7.1 より，A は対角化行列 $P = \begin{bmatrix}-5 & 1\\4 & 1\end{bmatrix}$ によって，$P^{-1}AP = \begin{bmatrix}-3 & 0\\0 & 6\end{bmatrix}$ と対角化できる．

(2) 例題 7.4(1) より，固有値は $-6, 4, 10$ なので，定理 7.5 より対角化可能である．また，$V_{-6} = \mathrm{Span}\left\{\begin{bmatrix}1\\-1\\2\end{bmatrix}\right\}$, $V_4 = \mathrm{Span}\left\{\begin{bmatrix}-1\\0\\1\end{bmatrix}\right\}$, $V_{10} = \mathrm{Span}\left\{\begin{bmatrix}1\\1\\0\end{bmatrix}\right\}$ なので，系 7.1 より，A は対角化行列 $P = \begin{bmatrix}1 & -1 & 1\\-1 & 0 & 1\\2 & 1 & 0\end{bmatrix}$ によって，$P^{-1}AP = \begin{bmatrix}-6 & 0 & 0\\0 & 4 & 0\\0 & 0 & 10\end{bmatrix}$ と対角化できる．

■

[問] 7.3 次の行列 A を対角化し，そのときの対角化行列を求めよ．

(1) $A = \begin{bmatrix}7 & -4\\8 & -5\end{bmatrix}$ (2) $A = \begin{bmatrix}-1 & 2 & 2\\-3 & -8 & -6\\3 & 5 & 3\end{bmatrix}$

例題 7.6（A^n の計算）

次の行列 A および自然数 n に対して，A^n を求めよ．

(1) $A = \begin{bmatrix}1 & 5\\4 & 2\end{bmatrix}$ (2) $A = \begin{bmatrix}3 & 7 & -1\\4 & 6 & 4\\-5 & 5 & -1\end{bmatrix}$

▶【アクティブ・ラーニング】
例題 7.5, 7.6 はすべて確実にできるようになりましたか？できない問題があれば，それがどうすればできるようになりますか？何に気をつければいいですか？また，読者全員ができるようになるにはどうすればいいでしょうか？それを紙に書き出しましょう．そして，書き出した紙を周りの人と見せ合って，それをまとめてグループごとに発表しましょう．

（解答）
(1) 例題 7.5(1) の解答において，$D = P^{-1}AP$ とおけば，
$A^n = (PDP^{-1})(PDP^{-1})\cdots(PDP^{-1}) = PD^nP^{-1}$ なので，

$$\begin{aligned}A^n &= PD^nP^{-1} = \begin{bmatrix}-5 & 1\\4 & 1\end{bmatrix}\begin{bmatrix}(-3)^n & 0\\0 & 6^n\end{bmatrix}\begin{bmatrix}-\frac{1}{9} & \frac{1}{9}\\\frac{4}{9} & \frac{5}{9}\end{bmatrix}\\&= \frac{1}{9}\begin{bmatrix}-5(-3)^n & 6^n\\4(-3)^n & 6^n\end{bmatrix}\begin{bmatrix}-1 & 1\\4 & 5\end{bmatrix}\\&= \frac{1}{9}\begin{bmatrix}5(-3)^n + 4\cdot 6^n & -5(-3)^n + 5\cdot 6^n\\-4(-3)^n + 4\cdot 6^n & 4(-3)^n + 5\cdot 6^n\end{bmatrix}\end{aligned}$$

(2) 例題 7.5(2) の解答において，$D = P^{-1}AP$ とおけば，

$$A^n = PD^nP^{-1} = \begin{bmatrix}1 & -1 & 1\\-1 & 0 & 1\\2 & 1 & 0\end{bmatrix}\begin{bmatrix}(-6)^n & 0 & 0\\0 & 4^n & 0\\0 & 0 & 10^n\end{bmatrix}\begin{bmatrix}\frac{1}{4} & -\frac{1}{4} & \frac{1}{4}\\-\frac{1}{2} & \frac{1}{2} & \frac{1}{2}\\\frac{1}{4} & \frac{3}{4} & \frac{1}{4}\end{bmatrix}$$

$$= \frac{1}{4}\begin{bmatrix}(-6)^n & -4^n & 10^n\\-(-6)^n & 0 & 10^n\\2^{n+1}(-3)^n & 4^n & 0\end{bmatrix}\begin{bmatrix}1 & -1 & 1\\-2 & 2 & 2\\1 & 3 & 1\end{bmatrix}$$

$$= \frac{1}{4}\begin{bmatrix}(-6)^n + 2\cdot 4^n + 10^n & -(-6)^n - 2\cdot 4^n + 3\cdot 10^n & (-6)^n - 2\cdot 4^n + 10^n\\-(-6)^n + 10^n & (-6)^n + 3\cdot 10^n & -(-6)^n + 10^n\\2^{n+1}(-3)^n - 2\cdot 4^n & -2^{n+1}(-3)^n + 2\cdot 4^n & 2^{n+1}(-3)^n + 2\cdot 4^n\end{bmatrix}$$

■

[問] 7.4 次の行列 A および自然数 n に対して，A^n を求めよ．

(1) $A = \begin{bmatrix} 7 & -4 \\ 8 & -5 \end{bmatrix}$　　(2) $A = \begin{bmatrix} -1 & 2 & 2 \\ -3 & -8 & -6 \\ 3 & 5 & 3 \end{bmatrix}$

定理 7.5 より，n 次正方行列 A の固有値がすべて異なれば，つまり，固有方程式が重解を持たなければ，A は対角化可能であることが分かる．それでは，固有方程式が重解をもつときはどのようになるのだろうか? これからはこの問題について考えよう．そのために行列の相似という概念が必要となるので，これを導入する．

定義 7.5（相似）

n 次正方行列 A と B に対して，n 次正則行列 P が存在して $A = P^{-1}BP$ が成り立つとき，A と B は相似(そうじ)(similar) であるという．

また，重解という言葉を，読者の皆さんが知っているという前提で使ったが，念のため重複度という言葉とあわせて定義しておこう．

定義 7.6（重複度）

多項式 $f(x)$ で表される方程式

$$f(x) = 0$$

において，$f(x)$ が $(x-\alpha)^m$ で割り切れるが $(x-\alpha)^{m+1}$ では割り切れないような定数 α と自然数 m が存在するとき，α はこの方程式の m 重解(じゅうかい)(multiple solution,multiple root)（または m 重根(じゅうこん)(multiple root)）であるといい，m を α の重複度(じゅうふくど)(multiplicity) と呼ぶ．

相似な行列については次の定理が成り立つ．

定理 7.6（相似な行列とその固有値）

相似な行列の固有多項式は一致する．したがって，相似な行列の固有値は重複度を含めて一致する．

（証明）

$$\begin{aligned} |xE_n - A| &= |xE_n - P^{-1}BP| = |P^{-1}(xP - BP)| = |P^{-1}(xE_n - B)P| \\ &= |P^{-1}|\,|xE_n - B|\,|P| = \frac{1}{|P|}|xE_n - B|\,|P| \\ &= |xE_n - B| \end{aligned}$$

■

定理 7.6 より，1 つ対角化可能な行列 B が見つかれば，任意の正則行列 P で作られる $P^{-1}BP$ も対角化可能であることが分かる．これは，新たな対角化行列を生成する方法を示していると考えることもできる．

ちなみに，演習 7.14 と定理 7.6 より，次の結果を得るので，A と B が相似な行列の場合，行列式やトレースを求めるときは，どちらか一方を求めればいいことも分かる．

▶【アクティブ・ラーニング】
演習 7.14 と定理 7.6 より，定理 7.7 が成り立つことをお互いに説明してみよう．

定理 7.7（相似な行列のトレースと行列式）
A と B が相似な n 次正方行列のとき，次が成り立つ．

$$\mathrm{tr}(A) = \mathrm{tr}(B) \quad \text{かつ} \quad |A| = |B|$$

以上の準備のもとで，次のような固有方程式の重解と固有ベクトルとの関係が導ける．

定理 7.8（固有方程式の重解と固有ベクトル）
n 次正方行列 A の固有方程式

$$\Phi_A(x) = 0$$

が $x = \lambda$ を m 重解にもつとき，固有値 λ に属する一次独立な固有ベクトルは高々 m 個しかとれない．

（証明）
固有値 λ に属する固有ベクトルは，同次連立一次方程式

$$(A - \lambda E_n)\boldsymbol{x} = \boldsymbol{0}$$

の解なので，その一次独立な解の個数 μ は，(6.14) より，

$$\mu = n - \mathrm{rank}(A - \lambda E_n)$$

である．
そこで，一次独立な解を $\boldsymbol{p}_1, \boldsymbol{p}_2, \ldots, \boldsymbol{p}_\mu$ として，これを補う形で $\mathbb{C}^n$ の基底 $\{\boldsymbol{p}_1, \ldots, \boldsymbol{p}_\mu, \boldsymbol{p}_{\mu+1}, \ldots, \boldsymbol{p}_n\}$ をとり，これらのベクトルを用いて行列 P を

$$P = [\boldsymbol{p}_1 \ \cdots \ \boldsymbol{p}_\mu \ \boldsymbol{p}_{\mu+1} \ \cdots \ \boldsymbol{p}_n]$$

とおくと，

$$A\boldsymbol{p}_1 = \lambda\boldsymbol{p}_1, \quad A\boldsymbol{p}_2 = \lambda\boldsymbol{p}_2, \quad \ldots, A\boldsymbol{p}_\mu = \lambda\boldsymbol{p}_\mu,$$

より，

$$A[\boldsymbol{p}_1 \ \cdots \ \boldsymbol{p}_\mu \ \cdots \ \boldsymbol{p}_n] = [\boldsymbol{p}_1 \ \cdots \ \boldsymbol{p}_\mu \ \cdots \ \boldsymbol{p}_n] \left[\begin{array}{ccc|c} \lambda & & & \\ & \ddots & & * \\ & & \lambda & \\ \hline & O & & * \end{array}\right]$$

すなわち，

$$P^{-1}AP = \left[\begin{array}{ccc|c} \lambda & & & \\ & \ddots & & * \\ & & \lambda & \\ \hline & O & & * \end{array}\right]$$

となる．この右辺の形より，$P^{-1}AP$ の固有多項式は $(x - \lambda)^\mu$ で割り切れるはずである．実際，このことは $P^{-1}AP = \begin{bmatrix} \lambda E_\mu & A_{12} \\ O & A_{22} \end{bmatrix}$ とすると，

$$|xE_n - P^{-1}AP| = \left|\begin{array}{ccc|c} x-\lambda & & & \\ & \ddots & & -A_{12} \\ & & x-\lambda & \\ \hline & O & & xE_{n-\mu}-A_{22} \end{array}\right|$$

$$= \left|\begin{array}{ccc} x-\lambda & & \\ & \ddots & \\ & & x-\lambda \end{array}\right| \cdot |xE_{n-\mu} - A_{22}| = (x-\lambda)^{\mu}|xE_{n-\mu} - A_{22}|$$

より分かる．よって，$P^{-1}AP$ の固有方程式 $\Phi(x) = 0$ は λ を少なくとも μ 重根にもつ．一方，この方程式 $\Phi(x) = 0$ は，定理 7.6 より，A の固有方程式 $\Phi_A(x) = 0$ と同じものである．したがって，m の定義より $\mu \leqq m$ でなければならない． ■

n 次正方行列 A が対角化可能であるための必要十分条件は，一次独立な n 個の A の固有ベクトルが存在することだったので，以上の議論は次のようにまとめられる．

▶【アクティブ・ラーニング】
定理 7.3 と定理 7.8 より，定理 7.9 が成り立つことをお互いに説明してみよう．

定理 7.9（対角化可能であるための必要十分条件）
n 次正方行列 A が対角化可能であるための必要十分条件は

$$\Phi_A(x) = 0$$

が $\mathbb{C}$ において重複度を考慮して n 個の解を持ち，その相異なる値を $\lambda_1, \lambda_2, \ldots, \lambda_s$，また，それぞれの重複度を $m_1, m_2, \ldots, m_s$ とおくとき，つまり，

$$\Phi_A(x) = (x-\lambda_1)^{m_1}(x-\lambda_2)^{m_2}\cdots(x-\lambda_s)^{m_s},\ m_1+m_2+\cdots+m_s = n$$

とするとき，各 λ_i に属する固有空間の次元 (すなわち，一次独立な固有ベクトルの個数) がちょうど m_i になることである．

（証明）
定理 7.8 および定理 7.3 より明らか． ■

ただし，このままでは，ちょっと使いづらいので，代数的重複度と幾何的重複度という用語を導入して整理しよう．

定義 7.7（代数的重複度・幾何的重複度）
定理 7.9 の固有多項式を

$$\Phi_A(x) = (x-\lambda_1)^{m_1}(x-\lambda_2)^{m_2}\cdots(x-\lambda_s)^{m_s}$$

と書くとき，$m_i (i = 1, 2, \ldots, s)$ を固有値 $\lambda_i (i = 1, 2, \ldots, s)$ の**代数的重複度**（だいすうてきじゅうふくど）(algebraic multiplicity) といい，λ_i に属する固有空間の次元 (すなわち，$n-\mathrm{rank}(A-\lambda_i E_n)$) を λ_i に対する**幾何的重複度**（きかてきじゅうふくど）(geometric multiplicity) という．

なお，固有空間の次元が $n-\mathrm{rank}(A-\lambda_i E_n)$ であることは，$V_\lambda=\{\boldsymbol{x}\in\mathbb{C}^n \mid (A-\lambda E_n)\boldsymbol{x}=\mathbf{0}\}=\mathrm{Ker}(A-\lambda E_n)$ と表せることに注意して，次元公式を適用すれば，$\dim V_\lambda = n-\dim \mathrm{Im}(A-\lambda E_n)=n-\mathrm{rank}(A-\lambda E_n)$ となることより分かる．

この代数的重複度と幾何的重複度という言葉を使えば，定理 7.9 は，次のように簡単に表現できる．

系 7.2（幾何的・代数的重複度と対角化可能性）
n 次正方行列 A が対角化可能であるための必要十分条件は，各 λ_i に対して幾何的重複度と代数的重複度が一致することである．

例題 7.7（重複度を用いた対角化可能性の判定）
次の行列 A が対角化可能であるかどうかを 判定せよ．

(1) $A=\begin{bmatrix}2&1&1\\1&2&1\\0&0&1\end{bmatrix}$　　(2) $A=\begin{bmatrix}0&1&-1\\-2&3&-1\\-1&1&1\end{bmatrix}$

▶【アクティブ・ラーニング】
定理 7.3 や系 7.2 を用いて，例題 7.7 のような問題を自分で作ってみよう．そして，それを他の人に紹介し，お互いに解いてみよう．また，その問題のうち，自分たちにとって一番良い問題を選び，その理由を説明しよう．

▶【アクティブ・ラーニング】
例題 7.7 はすべて確実にできるようになりましたか？できない問題があれば，それがどうすればできるようになりますか？何に気をつければいいですか？また，読者全員ができるようになるにはどうすればいいでしょうか？それを紙に書き出しましょう．そして，書き出した紙を周りの人と見せ合って，それをまとめてグループごとに発表しましょう．

（解答）
(1)

$$\Phi_A(x)=|xE_3-A|=\begin{vmatrix}x-2&-1&-1\\-1&x-2&-1\\0&0&x-1\end{vmatrix}=(x-1)^2(x-3)$$

なので，A の固有値は 1(代数的重複度 2)，3 である．ここで，

$$A-E_3=\begin{bmatrix}1&1&1\\1&1&1\\0&0&0\end{bmatrix}\to\begin{bmatrix}1&0&0\\0&0&0\\0&0&0\end{bmatrix}$$

なので，固有値 1 に対する幾何的重複度は $3-\mathrm{rank}(A-E_3)=3-1=2$ であり，これは代数的重複度と一致する．よって，A は対角化可能である．
(2)

$$\Phi_A(x)=|xE_3-A|=\begin{vmatrix}x&-1&1\\2&x-3&1\\1&-1&x-1\end{vmatrix}=(x-2)(x-1)^2$$

なので，A の固有値は 2, 1(代数的重複度 2) である．
一方，

$$A-E_3=\begin{bmatrix}-1&1&-1\\-2&2&-1\\-1&1&0\end{bmatrix}\to\begin{bmatrix}1&0&0\\0&1&0\\0&0&0\end{bmatrix}$$

より，$3-\mathrm{rank}(A-E_3)=3-2=1$ なので固有値 1 に対する幾何的重複度は 1 である．これは，代数的重複度 2 と一致しないので，対角化不可能である．■

[問] 7.5　次の行列 A が対角化可能であるかどうかを判定せよ．

(1) $A=\begin{bmatrix}1&-2&2\\8&-7&4\\4&-2&-1\end{bmatrix}$　　(2) $A=\begin{bmatrix}2&0&0\\1&1&1\\1&-1&3\end{bmatrix}$

7.3　対称行列の直交行列による対角化

前節までの話は，固有値と固有ベクトルが前面に出ている．そこで，素

朴な疑問として

● 必ず対角化できる条件を固有値と固有ベクトルを使わずに言えないか?

が浮かぶ．この疑問に対して，「対称行列ならば直交行列により対角化可能」と回答できることを示そう．

定理 7.10（対称行列の固有値と固有ベクトルの関係）
実対称行列の固有値は実数であり，異なる固有値に属する固有ベクトルは直交する．

【注意】 A が実正方行列でも，固有値と固有ベクトルの成分は複素数になる場合があるので，定理 7.10 を証明する際には $\lambda \in \mathbb{C}$ と仮定する．

▶[ベクトルの複素共役]

$\boldsymbol{x} = \begin{bmatrix} x_1 \\ \vdots \\ x_n \end{bmatrix}$ のとき，複素共役行列と同様に，$\overline{\boldsymbol{x}} = \begin{bmatrix} \overline{x_1} \\ \vdots \\ \overline{x_n} \end{bmatrix}$ と定める．

（証明）
A を実対称行列，$\lambda \in \mathbb{C}$ とし，$A\boldsymbol{x} = \lambda\boldsymbol{x}$, $\boldsymbol{x} \neq \boldsymbol{0}$ とする．両辺の共役複素数を考えると，$A\overline{\boldsymbol{x}} = \overline{\lambda}\overline{\boldsymbol{x}}$ であり，この両辺に左から ${}^t\boldsymbol{x}$ を掛け，A が対称行列であることに注意すれば，

$$\overline{\lambda}\,{}^t\boldsymbol{x}\overline{\boldsymbol{x}} = {}^t\boldsymbol{x}\overline{\lambda}\overline{\boldsymbol{x}} = {}^t\boldsymbol{x}A\overline{\boldsymbol{x}} = {}^t\boldsymbol{x}\,{}^tA\overline{\boldsymbol{x}} = {}^t({}^t\overline{\boldsymbol{x}}A\boldsymbol{x}) = {}^t({}^t\overline{\boldsymbol{x}}\lambda\boldsymbol{x}) = \lambda\,{}^t({}^t\overline{\boldsymbol{x}}\boldsymbol{x}) = \lambda\,{}^t\boldsymbol{x}\overline{\boldsymbol{x}}$$

であり，${}^t\boldsymbol{x}\overline{\boldsymbol{x}} \neq 0$ なので $\lambda = \overline{\lambda}$ を得る．よって，λ は実数である．
また，$\lambda \neq \mu$, $\lambda, \mu \in \mathbb{R}$ として，

$$A\boldsymbol{x} = \lambda\boldsymbol{x}\ (\boldsymbol{x} \neq \boldsymbol{0}), \quad A\boldsymbol{y} = \mu\boldsymbol{y}\ (\boldsymbol{y} \neq \boldsymbol{0})$$

とすると，A は対称行列なので，

$$\mu\,{}^t\boldsymbol{x}\boldsymbol{y} = {}^t\boldsymbol{x}A\boldsymbol{y} = {}^t\boldsymbol{x}\,{}^tA\boldsymbol{y} = {}^t(A\boldsymbol{x})\boldsymbol{y} = {}^t(\lambda\boldsymbol{x})\boldsymbol{y} = \lambda\,{}^t\boldsymbol{x}\boldsymbol{y}$$

したがって，$(\lambda - \mu)(\boldsymbol{x}, \boldsymbol{y}) = 0$ だが，$\lambda \neq \mu$ なので，$(\boldsymbol{x}, \boldsymbol{y}) = 0$ である．ゆえに，$\boldsymbol{x}$ と $\boldsymbol{y}$ は直交する．■

▶[n 次実対称行列 A の固有値がすべて相異なるとき]
A の相異なる固有値を λ_1, λ_2, …, λ_n とし，これらに属する単位固有ベクトルを $\boldsymbol{p}_1$, $\boldsymbol{p}_2$, …, $\boldsymbol{p}_n$ とすれば，定理 7.10 より，これらは互いに正規直交する．したがって，定理 5.6 より，$P = [\boldsymbol{p}_1\ \boldsymbol{p}_2\ \cdots\ \boldsymbol{p}_n]$ は直交行列である．また，定理 7.5 より，A は対角化可能であり，系 7.1 より P は対角化行列である．

定理 7.10 より，実対称行列 A の固有方程式が重解をもたないとき，つまり，すべての固有値が相異なるとき，A は直交行列によって対角化できることが分かる．実は，A の固有方程式が重解をもつ場合も A は対角化可能であることが分かる．

【注意】 定理 7.11 において，λ_1, λ_2, …, λ_n は相異なるとは限らないことに注意せよ．具体的な例は，例題 7.8(3) である．

定理 7.11（対称行列の対角化）
n 次実対称行列 A は，適当な直交行列 P を用いて対角化できる．つまり，A の固有値を $\lambda_1, \lambda_2, \ldots, \lambda_n$ とするとき，

$${}^tPAP = \begin{bmatrix} \lambda_1 & & & \\ & \lambda_2 & & \\ & & \ddots & \\ & & & \lambda_n \end{bmatrix}$$

が成り立つ．

（証明）
行列の次数 n に関する数学的帰納法で証明する．$n = 1$ のとき，$A = [a_{11}]$ は対角行列なので明らかに成り立つ．次に $n-1$ 次実対称行列が直交行列により対角化可能だとする．そして，λ_1 を A の一つの固有値とし，$\boldsymbol{q}_1$ を λ_1 に属する単位固有ベクトルとする．このとき，グラム・シュミットの直交化により，$\boldsymbol{q}_1, \boldsymbol{q}_2, \cdots, \boldsymbol{q}_n$ が $\mathbb{R}^n$ の正規直交基底となるように $\boldsymbol{q}_2, \cdots, \boldsymbol{q}_n$ を構成できる．このとき，$Q = [\boldsymbol{q}_1\ \boldsymbol{q}_2\ \ldots \boldsymbol{q}_n]$ は直交行列であり，

$${}^tQAQ = {}^tQ[A\boldsymbol{q}_1\ A\boldsymbol{q}_2\ \ldots\ A\boldsymbol{q}_n] = \begin{bmatrix} {}^t\boldsymbol{q}_1 \\ {}^t\boldsymbol{q}_2 \\ \vdots \\ {}^t\boldsymbol{q}_n \end{bmatrix} [\lambda_1\boldsymbol{q}_1\ A\boldsymbol{q}_2\ \ldots\ A\boldsymbol{q}_n]$$

となるので，第 1 列は $\begin{bmatrix}\lambda_1(\boldsymbol{q}_1,\boldsymbol{q}_1)\\ \lambda_1(\boldsymbol{q}_2,\boldsymbol{q}_1)\\ \vdots\\ \lambda_1(\boldsymbol{q}_n,\boldsymbol{q}_1)\end{bmatrix}=\begin{bmatrix}\lambda_1\\0\\ \vdots\\0\end{bmatrix}$ となる．ゆえに，ある $n-1$ 次行列 A_1 に

よって，${}^tQAQ=\left[\begin{array}{c|ccc}\lambda_1 & * & \cdots & *\\ \hline 0 & & & \\ \vdots & & A_1 & \\ 0 & & & \end{array}\right]$ と表せる．ここで，A は対称行列なので，

${}^t({}^tQAQ)={}^tQ{}^tAQ={}^tQAQ$，つまり，${}^tQAQ$ は対称行列である．また，
${}^tQAQ=\begin{bmatrix}\lambda_1 & *\\ \boldsymbol{0} & A_1\end{bmatrix}={}^t({}^tQAQ)=\begin{bmatrix}\lambda_1 & {}^t\boldsymbol{0}\\ {}^t* & {}^tA_1\end{bmatrix}$ なので，$A_1={}^tA_1$，つまり，A_1 は
$n-1$ 次実対称行列であり，${}^tQAQ$ は対称行列なので，

$$
{}^tQAQ=\left[\begin{array}{c|ccc}\lambda_1 & 0 & \cdots & 0\\ \hline 0 & & & \\ \vdots & & A_1 & \\ 0 & & & \end{array}\right]
$$

である．ゆえに，帰納法の仮定より，ある $n-1$ 次直交行列 P_1 が存在して，

${}^tP_1A_1P_1=\begin{bmatrix}\lambda_2 & & \\ & \ddots & \\ & & \lambda_n\end{bmatrix}$ となる．ここで，

$$
R=\begin{bmatrix}1 & {}^t\boldsymbol{0}\\ \boldsymbol{0} & P_1\end{bmatrix},\quad P=QR
$$

とおけば，

$$
\begin{aligned}
{}^tPP &= {}^tR{}^tQQR={}^tRE_nR={}^tRR\\
&=\begin{bmatrix}1 & {}^t\boldsymbol{0}\\ \boldsymbol{0} & {}^tP_1\end{bmatrix}\begin{bmatrix}1 & {}^t\boldsymbol{0}\\ \boldsymbol{0} & P_1\end{bmatrix}=\begin{bmatrix}1 & {}^t\boldsymbol{0}\\ \boldsymbol{0} & {}^tP_1P_1\end{bmatrix}=E_n
\end{aligned}
$$

なので，P は直交行列である．また，

$$
\begin{aligned}
{}^tPAP &= {}^tR{}^tQAQR=\begin{bmatrix}1 & {}^t\boldsymbol{0}\\ \boldsymbol{0} & {}^tP_1\end{bmatrix}\begin{bmatrix}\lambda_1 & {}^t\boldsymbol{0}\\ \boldsymbol{0} & A_1\end{bmatrix}\begin{bmatrix}1 & {}^t\boldsymbol{0}\\ \boldsymbol{0} & P_1\end{bmatrix}=\begin{bmatrix}\lambda_1 & {}^t\boldsymbol{0}\\ \boldsymbol{0} & {}^tP_1A_1\end{bmatrix}\begin{bmatrix}1 & {}^t\boldsymbol{0}\\ \boldsymbol{0} & P_1\end{bmatrix}\\
&=\begin{bmatrix}\lambda_1 & {}^t\boldsymbol{0}\\ \boldsymbol{0} & {}^tP_1A_1P_1\end{bmatrix}=\begin{bmatrix}\lambda_1 & & & \\ & \lambda_2 & & \\ & & \ddots & \\ & & & \lambda_n\end{bmatrix}
\end{aligned}
$$

となるので，n 次実対称行列は，ある直交行列 P によって対角行列に変形できることが分かった．よって，定理の主張が成立する．■

▶［A_1 の固有値は A の固有値でもある］
A_1 の固有値を μ とし，これに属する固有ベクトルを $\boldsymbol{y}$ とすれば，$A_1\boldsymbol{y}=\mu\boldsymbol{y}$ かつ $\boldsymbol{y}\neq\boldsymbol{0}$ である．よって，$\boldsymbol{x}=\begin{bmatrix}0\\ \boldsymbol{y}\end{bmatrix}$ とすれば，

$$
\begin{aligned}
&{}^tQAQ\boldsymbol{x}\\
&=\left[\begin{array}{c|ccc}\lambda_1 & 0 & \cdots & 0\\ \hline 0 & & & \\ \vdots & & A_1 & \\ 0 & & & \end{array}\right]\begin{bmatrix}0\\ \boldsymbol{y}\end{bmatrix}\\
&=\begin{bmatrix}0\\ A_1\boldsymbol{y}\end{bmatrix}=\begin{bmatrix}0\\ \mu\boldsymbol{y}\end{bmatrix}=\mu\boldsymbol{x}
\end{aligned}
$$

なので，

$$
A(Q\boldsymbol{x})=\mu(Q\boldsymbol{x})
$$

が成り立つ．これは，μ が A の固有値であることを意味する．

$P=[\boldsymbol{p}_1\ \boldsymbol{p}_2\ \ldots\ \boldsymbol{p}_n]$ とすれば，

$$
AP=P\begin{bmatrix}\lambda_1 & & \\ & \ddots & \\ & & \lambda_n\end{bmatrix}\iff[A\boldsymbol{p}_1\ \ldots\ A\boldsymbol{p}_n]=[\lambda_1\boldsymbol{p}_1\ \ldots\ \lambda_n\boldsymbol{p}_n]
$$

なので，P は $\lambda_1,\lambda_2,\ldots,\lambda_n$ に属する単位固有ベクトル $\boldsymbol{p}_1,\boldsymbol{p}_2,\ldots,\boldsymbol{p}_n$ を

並べたものである．なお，$A=P\begin{bmatrix}\lambda_1 & & \\ & \ddots & \\ & & \lambda_n\end{bmatrix}{}^tP$ を対称行列 A のスペ

クトル分解 (spectral decomposition) あるいは固有値分解(eigenvalue decomposition) という.

例題 7.8（直交行列による対角化）

次の行列 A を直交行列によって対角化せよ.

(1) $A=\begin{bmatrix}6&2\\2&3\end{bmatrix}$　(2) $A=\begin{bmatrix}3&2&2\\2&3&-2\\2&-2&-1\end{bmatrix}$

(3) $A=\begin{bmatrix}1&-2&-2\\-2&1&2\\-2&2&1\end{bmatrix}$

▶【アクティブ・ラーニング】
定理 7.11 を用いて，例題 7.8 のような問題を自分で作ってみよう．そして，それを他の人に紹介し，お互いに解いてみよう．また，その問題のうち，自分たちにとって一番良い問題を選び，その理由を説明しよう．

▶【アクティブ・ラーニング】
例題 7.8 はすべて確実にできるようになりましたか？できない問題があれば，それがどうすればできるようになりますか？何に気をつければいいですか？また，読者全員ができるようになるにはどうすればいいでしょうか？それを紙に書き出しましょう．そして，書き出した紙を周りの人と見せ合って，それをまとめてグループごとに発表しましょう．

(解答)
まず，(1)〜(3) の行列はすべて対称行列なので，定理 7.11 より直交行列によって対角化できることに注意する.

(1)

$$\Phi_A(x)=|xE_2-A|=\begin{vmatrix}x-6&-2\\-2&x-3\end{vmatrix}=(x-6)(x-3)-4=(x-2)(x-7)=0$$

より，A の固有値は 2, 7 である．そして，$\boldsymbol{x}=\begin{bmatrix}x_1\\x_2\end{bmatrix}$ として $(A-2E_2)\boldsymbol{x}=\mathbf{0}$ を解くと,

$$\left[\begin{array}{cc|c}4&2&0\\2&1&0\end{array}\right]\to\left[\begin{array}{cc|c}2&1&0\\0&0&0\end{array}\right]$$

より，$x_2=2\alpha,\ x_1=-\alpha$ (α は任意) なので，固有値 2 に属する固有ベクトルとして $\boldsymbol{x}_1=\begin{bmatrix}1\\-2\end{bmatrix}$ がとれる．また，同様に考えると，固有値 7 に属する固有ベクトルとして $\boldsymbol{x}_2=\begin{bmatrix}2\\1\end{bmatrix}$ がとれる.

これらのノルムを 1 にした単位固有ベクトルを求めると

$$\boldsymbol{p}_1=\frac{1}{\sqrt{5}}\begin{bmatrix}1\\-2\end{bmatrix},\qquad \boldsymbol{p}_2=\frac{1}{\sqrt{5}}\begin{bmatrix}2\\1\end{bmatrix}$$

となるので,

$$P=[\boldsymbol{p}_1\ \boldsymbol{p}_2]=\frac{1}{\sqrt{5}}\begin{bmatrix}1&2\\-2&1\end{bmatrix}$$

は直交行列であって,

$${}^tPAP=\begin{bmatrix}2&0\\0&7\end{bmatrix}$$

となる.

(2)

$$\Phi_A(x)=|xE_3-A|=\begin{vmatrix}x-3&-2&-2\\-2&x-3&2\\-2&2&x+1\end{vmatrix}=\begin{vmatrix}x-3&-2&-2\\x-5&x-5&0\\x-5&0&x-1\end{vmatrix}$$

$$=\begin{vmatrix}x-1&-2&-2\\0&x-5&0\\x-5&0&x-1\end{vmatrix}=(x-5)\begin{vmatrix}x-1&-2\\x-5&x-1\end{vmatrix}=(x-5)(x+3)(x-3)=0$$

より，A の固有値は 5, 3, −3 である．そして,

$$A-5E_3=\begin{bmatrix}-2&2&2\\2&-2&-2\\2&-2&-6\end{bmatrix}\to\begin{bmatrix}-1&1&1\\1&-1&-1\\1&-1&-3\end{bmatrix}\to\begin{bmatrix}1&-1&-1\\0&0&0\\0&0&1\end{bmatrix}$$

より，固有値 5 に属する固有ベクトルは $\boldsymbol{x}_1 = \begin{bmatrix} 1 \\ 1 \\ 0 \end{bmatrix}$ であり，単位固有ベクトルは

$\boldsymbol{p}_1 = \dfrac{1}{\sqrt{2}} \begin{bmatrix} 1 \\ 1 \\ 0 \end{bmatrix}$ である．また，

$$A - 3E_3 = \begin{bmatrix} 0 & 2 & 2 \\ 2 & 0 & -2 \\ 2 & -2 & -4 \end{bmatrix} \to \begin{bmatrix} 1 & -1 & -2 \\ 1 & 0 & -1 \\ 0 & 1 & 1 \end{bmatrix} \to \begin{bmatrix} 1 & -1 & -2 \\ 0 & 1 & 1 \\ 0 & 0 & 0 \end{bmatrix}$$

より，固有値 3 に属する固有ベクトルは $\boldsymbol{x}_2 = \begin{bmatrix} 1 \\ -1 \\ 1 \end{bmatrix}$ であり，単位固有ベクトルは

$\boldsymbol{p}_2 = \dfrac{1}{\sqrt{3}} \begin{bmatrix} 1 \\ -1 \\ 1 \end{bmatrix}$ である．最後に，

$$A + 3E_3 = \begin{bmatrix} 6 & 2 & 2 \\ 2 & 6 & -2 \\ 2 & -2 & 2 \end{bmatrix} \to \begin{bmatrix} 1 & -1 & 1 \\ 1 & 3 & -1 \\ 3 & 1 & 1 \end{bmatrix} \to \begin{bmatrix} 1 & -1 & 1 \\ 0 & 2 & -1 \\ 0 & 0 & 0 \end{bmatrix}$$

より，固有値 -3 に属する固有ベクトルは $\boldsymbol{x}_3 = \begin{bmatrix} -1 \\ 1 \\ 2 \end{bmatrix}$ であり，単位固有ベクトルは

$\boldsymbol{p}_3 = \dfrac{1}{\sqrt{6}} \begin{bmatrix} -1 \\ 1 \\ 2 \end{bmatrix}$ である．したがって，

$$P = [\boldsymbol{p}_1\ \boldsymbol{p}_2\ \boldsymbol{p}_3] = \begin{bmatrix} \frac{1}{\sqrt{2}} & \frac{1}{\sqrt{3}} & -\frac{1}{\sqrt{6}} \\ \frac{1}{\sqrt{2}} & -\frac{1}{\sqrt{3}} & \frac{1}{\sqrt{6}} \\ 0 & \frac{1}{\sqrt{3}} & \frac{2}{\sqrt{6}} \end{bmatrix} = \frac{1}{\sqrt{6}} \begin{bmatrix} \sqrt{3} & \sqrt{2} & -1 \\ \sqrt{3} & -\sqrt{2} & 1 \\ 0 & \sqrt{2} & 2 \end{bmatrix}$$

とおくと，P は直交行列となり

$$^tPAP = \begin{bmatrix} 5 & 0 & 0 \\ 0 & 3 & 0 \\ 0 & 0 & -3 \end{bmatrix}$$

となる．

(3)

$$\Phi_A(x) = |xE_3 - A| = \begin{vmatrix} x-1 & 2 & 2 \\ 2 & x-1 & -2 \\ 2 & -2 & x-1 \end{vmatrix} = \begin{vmatrix} x-1 & 2 & 2 \\ x+1 & x+1 & 0 \\ x+1 & 0 & x+1 \end{vmatrix}$$

$$= (x+1)^2 \begin{vmatrix} x-1 & 2 & 2 \\ 1 & 1 & 0 \\ 1 & 0 & 1 \end{vmatrix} = (x+1)^2 \begin{vmatrix} x-3 & 2 & 2 \\ 1 & 1 & 0 \\ 0 & 0 & 1 \end{vmatrix}$$

$$= (x+1)^2 \begin{vmatrix} x-3 & 2 \\ 1 & 1 \end{vmatrix} = (x+1)^2(x-5) = 0$$

【注意】 A は対称行列なので，対角化可能であることが分かっているため，幾何的重複度を調べて対角化可能性を調べる必要はない．

より，A の固有値は $5, -1$ である．そして，

$$A - 5E_3 = \begin{bmatrix} -4 & -2 & -2 \\ -2 & -4 & 2 \\ -2 & 2 & -4 \end{bmatrix} \to \begin{bmatrix} -1 & 1 & -2 \\ -1 & -2 & 1 \\ -2 & -1 & -1 \end{bmatrix} \to \begin{bmatrix} 1 & -1 & 2 \\ 0 & 1 & -1 \\ 0 & 0 & 0 \end{bmatrix}$$

より，固有値 5 に属する固有ベクトルは $\boldsymbol{x}_1 = \begin{bmatrix} -1 \\ 1 \\ 1 \end{bmatrix}$ であり，単位固有ベクトルは

$\boldsymbol{p}_1 = \dfrac{1}{\sqrt{3}} \begin{bmatrix} -1 \\ 1 \\ 1 \end{bmatrix}$ である．また，

$$A + E_3 = \begin{bmatrix} 2 & -2 & -2 \\ -2 & 2 & 2 \\ -2 & 2 & 2 \end{bmatrix} \to \begin{bmatrix} 1 & -1 & -1 \\ -1 & 1 & 1 \\ -1 & 1 & 1 \end{bmatrix} \to \begin{bmatrix} 1 & -1 & -1 \\ 0 & 0 & 0 \\ 0 & 0 & 0 \end{bmatrix}$$

より固有値 -1 に属する固有ベクトルは，$\boldsymbol{x}_2=\begin{bmatrix}1\\1\\0\end{bmatrix}$，$\boldsymbol{x}_3=\begin{bmatrix}1\\0\\1\end{bmatrix}$ である．$\boldsymbol{x}_2$ と $\boldsymbol{x}_3$ は直交していないので，グラム・シュミットの直交化を使って正規直交系 $\{\boldsymbol{p}_2,\boldsymbol{p}_3\}$ を構成する．

$$\boldsymbol{p}_2=\frac{\boldsymbol{x}_2}{\|\boldsymbol{x}_2\|}=\frac{1}{\sqrt{2}}\begin{bmatrix}1\\1\\0\end{bmatrix}$$

$$\boldsymbol{b}_3=\boldsymbol{x}_3-(\boldsymbol{x}_3,\boldsymbol{p}_2)\boldsymbol{p}_2=\begin{bmatrix}1\\0\\1\end{bmatrix}-\frac{1}{\sqrt{2}}\cdot\frac{1}{\sqrt{2}}\begin{bmatrix}1\\1\\0\end{bmatrix}=\frac{1}{2}\begin{bmatrix}1\\-1\\2\end{bmatrix}$$

$$\boldsymbol{p}_3=\frac{\boldsymbol{b}_3}{\|\boldsymbol{b}_3\|}=\frac{1}{\frac{\sqrt{6}}{2}}\cdot\frac{1}{2}\begin{bmatrix}1\\-1\\2\end{bmatrix}=\frac{1}{\sqrt{6}}\begin{bmatrix}1\\-1\\2\end{bmatrix}$$

したがって，

$$P=[\boldsymbol{p}_1\ \boldsymbol{p}_2\ \boldsymbol{p}_3]=\frac{1}{\sqrt{6}}\begin{bmatrix}-\sqrt{2}&\sqrt{3}&1\\\sqrt{2}&\sqrt{3}&-1\\\sqrt{2}&0&2\end{bmatrix}$$

とおけば，P は直交行列であり，

$$^tPAP=\begin{bmatrix}5&0&0\\0&-1&0\\0&0&-1\end{bmatrix}$$

となる．■

【注意】定理 7.10 より，対称行列では，相異なる固有値に属する固有ベクトルは互いに直交するので，例題 7.8(3) において，$\boldsymbol{x}_1$ と $\boldsymbol{x}_2$，$\boldsymbol{x}_1$ と $\boldsymbol{x}_3$ は直交することが分かる．したがって，$\boldsymbol{x}_2$ と $\boldsymbol{x}_3$ のみを正規直交化すればよい．

▶**[$\boldsymbol{p}_2,\boldsymbol{p}_3$ は A の固有値 -1 に属する固有ベクトル]**

$\boldsymbol{x}_2$ が A の固有値 -1 に属する固有ベクトルならば，そのスカラー倍である $\boldsymbol{p}_2=\dfrac{\boldsymbol{x}_2}{\|\boldsymbol{x}_2\|}$ も A の固有値 -1 に属する固有ベクトルである．さらに，$\boldsymbol{x}_3$ が A の固有値 -1 に属する固有ベクトルならば，

$$\begin{aligned}A\boldsymbol{b}_3&=A\{\boldsymbol{x}_3-(\boldsymbol{x}_3,\boldsymbol{p}_2)\boldsymbol{p}_2\}\\&=A\boldsymbol{x}_3-(\boldsymbol{x}_3,\boldsymbol{p}_2)A\boldsymbol{p}_2\\&=-\boldsymbol{x}_3-(\boldsymbol{x}_3,\boldsymbol{p}_2)(-\boldsymbol{p}_2)\\&=-\{\boldsymbol{x}_3-(\boldsymbol{x}_3,\boldsymbol{p}_2)\boldsymbol{p}_2\}\\&=-\boldsymbol{b}_3\end{aligned}$$

となるので，$\boldsymbol{b}_3$ は A の固有値 -1 に属する固有ベクトルである．したがって，そのスカラー倍である $\boldsymbol{p}_3=\dfrac{\boldsymbol{b}_3}{\|\boldsymbol{b}_3\|}$ も A の固有値 -1 に属する固有ベクトルである．

[問] 7.6　次の行列 A を直交行列によって対角化せよ．

(1) $A=\begin{bmatrix}5&-1\\-1&5\end{bmatrix}$　　(2) $A=\begin{bmatrix}6&-2&2\\-2&5&0\\2&0&7\end{bmatrix}$

(3) $A=\begin{bmatrix}2&1&-1\\1&2&-1\\-1&-1&2\end{bmatrix}$

7.4　エルミート行列のユニタリ行列による対角化

エルミート行列についても定理 7.10, 7.11 と同様の定理が成り立つ．証明も定理 7.10, 7.11 とほぼ同じである．

定理 7.12（エルミート行列の固有値と固有ベクトルの関係）
エルミート行列の固有値は実数であり，異なる固有値に属する固有ベクトルは直交する．

（証明）
A をエルミート行列，$\lambda\in\mathbb{C}$ とし，

$$A\boldsymbol{x}=\lambda\boldsymbol{x},\quad \boldsymbol{x}\neq\boldsymbol{0}$$

とすると，A はエルミート行列なので，

$$(A\boldsymbol{x},\boldsymbol{x})=(\boldsymbol{x},A^*\boldsymbol{x})=(\boldsymbol{x},A\boldsymbol{x})$$

である．ここで，

$$(A\boldsymbol{x},\boldsymbol{x})=(\lambda\boldsymbol{x},\boldsymbol{x})=\lambda\|\boldsymbol{x}\|^2,\quad(\boldsymbol{x},A\boldsymbol{x})=(\boldsymbol{x},\lambda\boldsymbol{x})=\overline{\lambda}\|\boldsymbol{x}\|^2$$

なので，$\lambda\|\boldsymbol{x}\|^2=\overline{\lambda}\|\boldsymbol{x}\|^2$ である．よって，$\lambda=\overline{\lambda}$ が成り立つので λ は実数である．
一方，A はエルミート行列なので，$(A\boldsymbol{x},\boldsymbol{y})=(\boldsymbol{x},A^*\boldsymbol{y})=(\boldsymbol{x},A\boldsymbol{y})$ が成り立つ．ここで，$\lambda\neq\mu$, $\lambda,\mu\in\mathbb{R}$ として，

【注意】ここの内積 $(\boldsymbol{x},\boldsymbol{y})$ は，複素内積である．

$$Ax = \lambda x \quad x \neq \mathbf{0}, \qquad Ay = \mu y \quad y \neq \mathbf{0}$$

とすると，

$$(Ax, y) = (\lambda x, y) = \lambda(x, y), \quad (x, Ay) = (x, \mu y) = \mu(x, y)$$

なので，$(\lambda - \mu)(x, y) = 0$ だが，$\lambda \neq \mu$ なので，$(x, y) = 0$ である．ゆえに，x と y は直交する． ■

定理 7.13（エルミート行列の対角化）
エルミート行列 H は，適当なユニタリ行列 U を用いて対角化できる．つまり，H の固有値を $\lambda_1, \lambda_2, \ldots, \lambda_n$ とするとき，

$$U^*HU = \begin{bmatrix} \lambda_1 & & & \\ & \lambda_2 & & \\ & & \ddots & \\ & & & \lambda_n \end{bmatrix}$$

が成り立つ．

（証明）
行列の次数 n に関する数学的帰納法で示す．$n = 1$ のときは明らかに成り立つ．$n-1$ 次のとき，H がユニタリ行列で対角化可能だとする．そして，λ_1 を H の一つの固有値とし，λ_1 に属する単位固有ベクトルを q_1 とすれば，グラム・シュミットの直交化により $q_1, q_2, \ldots, q_n$ が $\mathbb{C}^n$ の正規直交基底となるように $q_2, \ldots, q_n$ を構成できる．このとき，
$Q = [q_1\ q_2\ \ldots\ q_n]$ はユニタリ行列であり，

$$Q^*HQ = \begin{bmatrix} q_1^* \\ \vdots \\ q_n^* \end{bmatrix} [Hq_1\ \ldots\ Hq_n] = \begin{bmatrix} q_1^* \\ \vdots \\ q_n^* \end{bmatrix} [\lambda_1 q_1\ Hq_2\ \ldots\ Hq_n] = \left[\begin{array}{c|ccc} \lambda_1 & * & \cdots & * \\ \hline 0 & & & \\ \vdots & & H_1 & \\ 0 & & & \end{array}\right]$$

と表せる．ここで，H がエルミート行列なので，定理 5.21 より
$(Q^*HQ)^* = Q^*H^*Q = Q^*HQ$ である．つまり，Q^*HQ もエルミート行列であり，
Q^*HQ は

$$Q^*HQ = \left[\begin{array}{c|ccc} \lambda_1 & 0 & \cdots & 0 \\ \hline 0 & & & \\ \vdots & & H_1 & \\ 0 & & & \end{array}\right]$$

の形でなければならない．また，H_1 もエルミート行列である．
帰納法の仮定より，$U_1^*H_1U_1 = D_1$ を満たす $n-1$ 次のユニタリ行列 U_1 と対角行列

$D_1 = \begin{bmatrix} \lambda_2 & & \\ & \ddots & \\ & & \lambda_n \end{bmatrix}$ が存在するので，この U_1 を使って，$R = \left[\begin{array}{c|ccc} 1 & 0 & \cdots & 0 \\ \hline 0 & & & \\ \vdots & & U_1 & \\ 0 & & & \end{array}\right]$ と

定義すれば，

$$R^*R = \left[\begin{array}{c|ccc} 1 & 0 & \cdots & 0 \\ \hline 0 & & & \\ \vdots & & U_1^* & \\ 0 & & & \end{array}\right] \left[\begin{array}{c|ccc} 1 & 0 & \cdots & 0 \\ \hline 0 & & & \\ \vdots & & U_1 & \\ 0 & & & \end{array}\right] = \left[\begin{array}{c|ccc} 1 & 0 & \cdots & 0 \\ \hline 0 & & & \\ \vdots & & U_1^*U_1 & \\ 0 & & & \end{array}\right] = E_n$$

が成り立つ．ゆえに，R はユニタリ行列であり，

$$R^*Q^*HQR = \left[\begin{array}{c|ccc} 1 & 0 & \cdots & 0 \\ \hline 0 & & & \\ \vdots & & U_1^* & \\ 0 & & & \end{array}\right] \left[\begin{array}{c|ccc} \lambda_1 & 0 & \cdots & 0 \\ \hline 0 & & & \\ \vdots & & H_1 & \\ 0 & & & \end{array}\right] \left[\begin{array}{c|ccc} 1 & 0 & \cdots & 0 \\ \hline 0 & & & \\ \vdots & & U_1 & \\ 0 & & & \end{array}\right]$$

$$= \left[\begin{array}{c|ccc} \lambda_1 & 0 & \cdots & 0 \\ \hline 0 & & & \\ \vdots & & U_1^* H_1 U_1 & \\ 0 & & & \end{array}\right] = \left[\begin{array}{c|ccc} \lambda_1 & 0 & \cdots & 0 \\ \hline 0 & & & \\ \vdots & & D_1 & \\ 0 & & & \end{array}\right]$$

が成り立つ．
したがって，$U = QR$ と定義すれば，$U^* HU = D$ と表されるが，D_1 は $n-1$ 次の対角行列なので，D は n 次対角行列である．また，Q と R が n 次ユニタリ行列なので，U も n 次ユニタリ行列である．
よって，数学的帰納法より，定理の主張が成立する．■

例題 7.9（エルミート行列の対角化）

次の行列 A をユニタリ行列によって対角化せよ．

(1) $A = \begin{bmatrix} -2 & \sqrt{3}-i \\ \sqrt{3}+i & 1 \end{bmatrix}$　　(2) $A = \begin{bmatrix} 0 & i & 1 \\ -i & 0 & i \\ 1 & -i & 0 \end{bmatrix}$

（解答）
(1)

$$\Phi_A(x) = \begin{vmatrix} x+2 & -\sqrt{3}+i \\ -\sqrt{3}-i & x-1 \end{vmatrix} = (x+2)(x-1) + (\sqrt{3}+i)(-\sqrt{3}+i)$$
$$= x^2 + x - 2 + i^2 - 3 = x^2 + x - 6 = (x-2)(x+3) = 0$$

より，固有値は $-3, 2$ である．そして，

$$A + 3E_2 = \begin{bmatrix} 1 & \sqrt{3}-i \\ \sqrt{3}+i & 4 \end{bmatrix} \to \begin{bmatrix} 1 & \sqrt{3}-i \\ 0 & 0 \end{bmatrix}$$

より，固有値 -3 に属する固有ベクトルは $\boldsymbol{x}_1 = \begin{bmatrix} -\sqrt{3}+i \\ 1 \end{bmatrix}$ であり，単位固有ベクトルは $\boldsymbol{u}_1 = \dfrac{\boldsymbol{x}_1}{\|\boldsymbol{x}_1\|} = \dfrac{1}{\sqrt{5}} \begin{bmatrix} -\sqrt{3}+i \\ 1 \end{bmatrix}$ である．また，

$$A - 2E_2 = \begin{bmatrix} -4 & \sqrt{3}-i \\ \sqrt{3}+i & -1 \end{bmatrix} \to \begin{bmatrix} -1 & \frac{\sqrt{3}-i}{4} \\ \sqrt{3}+i & -1 \end{bmatrix} \to \begin{bmatrix} -1 & \frac{\sqrt{3}-i}{4} \\ 0 & 0 \end{bmatrix}$$

より，固有値 2 に属する固有ベクトルは $\boldsymbol{x}_2 = \begin{bmatrix} \frac{\sqrt{3}-i}{4} \\ 1 \end{bmatrix}$ であり，単位固有ベクトルは $\boldsymbol{u}_2 = \dfrac{\boldsymbol{x}_2}{\|\boldsymbol{x}_2\|} = \dfrac{1}{\sqrt{\frac{3}{16} + \frac{1}{16} + 1}} \begin{bmatrix} \frac{\sqrt{3}-i}{4} \\ 1 \end{bmatrix} = \dfrac{1}{2\sqrt{5}} \begin{bmatrix} \sqrt{3}-i \\ 4 \end{bmatrix}$ である．よって，

$$U = [\boldsymbol{u}_1\ \boldsymbol{u}_2] = \begin{bmatrix} \frac{1}{\sqrt{5}}(-\sqrt{3}+i) & \frac{\sqrt{3}-i}{2\sqrt{5}} \\ \frac{1}{\sqrt{5}} & \frac{4}{2\sqrt{5}} \end{bmatrix} = \frac{1}{2\sqrt{5}} \begin{bmatrix} 2(-\sqrt{3}+i) & \sqrt{3}-i \\ 2 & 4 \end{bmatrix}$$

とすれば，U はユニタリ行列で，

$$U^* AU = \begin{bmatrix} -3 & 0 \\ 0 & 2 \end{bmatrix}$$

となる．
(2)

$$\Phi_A(x) = |xE_3 - A| = \begin{vmatrix} x & -i & -1 \\ i & x & -i \\ -1 & i & x \end{vmatrix} = \begin{vmatrix} x-1 & -i & -1 \\ 0 & x & -i \\ x-1 & i & x \end{vmatrix}$$

$$= (x-1)\begin{vmatrix}1 & -i & -1\\ 0 & x & -i\\ 1 & i & x\end{vmatrix} = (x-1)\begin{vmatrix}1 & -i & -1\\ 0 & x & -i\\ 0 & 2i & x+1\end{vmatrix} = (x-1)\begin{vmatrix}x & -i\\ 2i & x+1\end{vmatrix}$$

$$= (x-1)(x^2+x+2i^2) = (x-1)(x^2+x-2) = (x-1)^2(x+2) = 0$$

より，固有値は $1, -2$ である．そして，

$$A - E_3 = \begin{bmatrix}-1 & i & 1\\ -i & -1 & i\\ 1 & -i & -1\end{bmatrix} \to \begin{bmatrix}1 & -i & -1\\ -i & -1 & i\\ -1 & i & 1\end{bmatrix} \to \begin{bmatrix}1 & -i & -1\\ 0 & 0 & 0\\ 0 & 0 & 0\end{bmatrix}$$

より，固有値 1 に属する固有ベクトルは $\boldsymbol{x}_1 = \begin{bmatrix}i\\ 1\\ 0\end{bmatrix}$, $\boldsymbol{x}_2 = \begin{bmatrix}1\\ 0\\ 1\end{bmatrix}$ である．ここで，$\boldsymbol{x}_1, \boldsymbol{x}_2$ より正規直交系 $\{\boldsymbol{u}_1, \boldsymbol{u}_2\}$ を構成する．そのために，$\boldsymbol{u}_1 = \dfrac{\boldsymbol{x}_1}{\|\boldsymbol{x}_1\|} = \dfrac{1}{\sqrt{2}}\begin{bmatrix}i\\ 1\\ 0\end{bmatrix}$ とおき，

$$\boldsymbol{b}_2 = \boldsymbol{x}_2 - (\boldsymbol{x}_2, \boldsymbol{u}_1)\boldsymbol{u}_1 = \begin{bmatrix}1\\ 0\\ 1\end{bmatrix} - \frac{\bar{i}}{\sqrt{2}}\cdot\frac{1}{\sqrt{2}}\begin{bmatrix}i\\ 1\\ 0\end{bmatrix} = \begin{bmatrix}1\\ 0\\ 1\end{bmatrix} + \frac{1}{2}\begin{bmatrix}-1\\ i\\ 0\end{bmatrix} = \frac{1}{2}\begin{bmatrix}1\\ i\\ 2\end{bmatrix}$$

$$\boldsymbol{u}_2 = \frac{\boldsymbol{b}_2}{\|\boldsymbol{b}_2\|} = \frac{1}{\frac{\sqrt{6}}{2}}\cdot\frac{1}{2}\begin{bmatrix}1\\ i\\ 2\end{bmatrix} = \frac{1}{\sqrt{6}}\begin{bmatrix}1\\ i\\ 2\end{bmatrix}$$

とすれば，$\{\boldsymbol{u}_1, \boldsymbol{u}_2\}$ は正規直交系である．また，

$$A + 2E_3 = \begin{bmatrix}2 & i & 1\\ -i & 2 & i\\ 1 & -i & 2\end{bmatrix} \to \begin{bmatrix}1 & -i & 2\\ 0 & 3 & 3i\\ 0 & 3i & -3\end{bmatrix} \to \begin{bmatrix}1 & -i & 2\\ 0 & 1 & i\\ 0 & 0 & 0\end{bmatrix}$$

より，固有値 -2 に属する固有ベクトルは $\boldsymbol{x}_3 = \begin{bmatrix}-1\\ -i\\ 1\end{bmatrix}$ であり，単位固有ベクトルは

$\boldsymbol{u}_3 = \dfrac{\boldsymbol{x}_3}{\|\boldsymbol{x}_3\|} = \dfrac{1}{\sqrt{3}}\begin{bmatrix}-1\\ -i\\ 1\end{bmatrix}$ である．よって，

$$U = [\boldsymbol{u}_1\ \boldsymbol{u}_2\ \boldsymbol{u}_3] = \begin{bmatrix}\frac{i}{\sqrt{2}} & \frac{1}{\sqrt{6}} & -\frac{1}{\sqrt{3}}\\ \frac{1}{\sqrt{2}} & \frac{i}{\sqrt{6}} & -\frac{i}{\sqrt{3}}\\ 0 & \frac{2}{\sqrt{6}} & \frac{1}{\sqrt{3}}\end{bmatrix} = \frac{1}{\sqrt{6}}\begin{bmatrix}\sqrt{3}i & 1 & -\sqrt{2}\\ \sqrt{3} & i & -\sqrt{2}i\\ 0 & 2 & \sqrt{2}\end{bmatrix}$$

とすれば，U はユニタリ行列で，

$$U^*AU = \begin{bmatrix}1 & 0 & 0\\ 0 & 1 & 0\\ 0 & 0 & -2\end{bmatrix}$$

である．

■

【注意】ここでの内積は複素内積なので，$\boldsymbol{x}_1 = \begin{bmatrix}i\\ 1\\ 0\end{bmatrix}$, $\boldsymbol{x}_2 = \begin{bmatrix}1\\ 0\\ 1\end{bmatrix}$ のとき，
$(\boldsymbol{x}_2, \boldsymbol{x}_1) = 1\cdot\bar{i} + 0\cdot\bar{1} + 1\cdot\bar{0} = \bar{i}$
である．

[問] 7.7　次の行列 A をユニタリ行列によって対角化せよ．

(1) $A = \begin{bmatrix}1 & i\\ -i & 1\end{bmatrix}$　　(2) $A = \begin{bmatrix}3 & i & -1\\ -i & 5 & i\\ -1 & -i & 3\end{bmatrix}$

7.5　2 次形式とその標準形

ここから，対称行列の対角化の応用として，2 次形式の標準形という問題を取り上げる．この 2 次形式というのは最適化問題や信号処理など理工学の様々な分野で登場し，応用上，重要な概念とされている．

定義 7.8（2 次形式）

A を n 次実対称行列とし，n 個の変数 x_1, x_2, ..., x_n に対し，$\boldsymbol{x} = \begin{bmatrix} x_1 \\ x_2 \\ \vdots \\ x_n \end{bmatrix}$ とする．このとき，x_1, x_2, ..., x_n の 2 次の項のみからなる式

$$F(\boldsymbol{x}) = {}^t\boldsymbol{x}A\boldsymbol{x} = (\boldsymbol{x}, A\boldsymbol{x}) = \sum_{i=1}^{n}\sum_{j=1}^{n} a_{ij}x_ix_j \tag{7.7}$$

を A で定まる $x_1, x_2, \ldots, x_n$ についての **2 次形式 (quadratic form)** といい，A を F の **係数行列**（けいすうぎょうれつ）**(matrix representation, coefficient matrix)** という．

$n = 2$，$\boldsymbol{x} = \begin{bmatrix} x_1 \\ x_2 \end{bmatrix} = \begin{bmatrix} x \\ y \end{bmatrix}$ としたときの 2 次形式は，

【注意】 A は対称行列なので，$a_{12} = a_{21}$ である．

$$\begin{aligned} F(\boldsymbol{x}) &= \sum_{i=1}^{2}\sum_{j=1}^{2} a_{ij}x_ix_j \\ &= a_{11}x_1x_1 + a_{12}x_1x_2 + a_{21}x_2x_1 + a_{22}x_2x_2 \\ &= a_{11}x^2 + 2a_{12}xy + a_{22}y^2 \end{aligned}$$

より，

$$ax^2 + 2bxy + cy^2$$

と表されるものである．なお，

$$ax^2 + 2bxy + cy^2 + \underline{dx + ey + d}$$

は，2 次式であって，2 次形式とは呼ばない．

例題 7.10（2 次形式の係数行列 (1)）

$F(\boldsymbol{x}) = 4x^2 + 6xy + 8y^2$ の係数行列 A を求めよ．

[基本テクニック] ▶ $ax^2 + 2bxy + cy^2$ では $A = \begin{bmatrix} a & b \\ b & c \end{bmatrix}$ とせよ．

（解答）

$$\begin{aligned} &[x, y]\begin{bmatrix} 4 & 3 \\ 3 & 8 \end{bmatrix}\begin{bmatrix} x \\ y \end{bmatrix} = [x, y]\begin{bmatrix} 4x + 3y \\ 3x + 8y \end{bmatrix} = 4x^2 + 3yx + 3xy + 8y^2 \\ &= 4x^2 + 6xy + 8y^2 = F(\boldsymbol{x}) \end{aligned}$$

なので，係数行列は $A = \begin{bmatrix} 4 & 3 \\ 3 & 8 \end{bmatrix}$ である．なお，$x_1 = x$, $x_2 = y$ とすれば，

$$F(\boldsymbol{x}) = 4x_1x_1 + 3(x_1x_2 + x_2x_1) + 8x_2x_2$$

なので，係数行列の (i, j) 要素には，x_ix_j の係数を並べればよい，ことが分かる．■

例題 7.11（2 次形式の係数行列 (2)）
$F(\boldsymbol{x}) = 3x^2+4y^2+5z^2+2xy+4yz+6zx$ の係数行列 A を求めよ．

［基本テクニック］▶ $ax^2+by^2+cz^2+2dxy+2eyz+2fzx$ では $A=\begin{bmatrix} a & d & f \\ d & b & e \\ f & e & c \end{bmatrix}$ とせよ．

（解答）
$x=x_1$, $y=x_2$, $z=x_3$ とすると，

$$\begin{aligned} F(\boldsymbol{x}) &= 3x_1x_1+4x_2x_2+5x_3x_3 \\ &\quad +(x_1x_2+x_2x_1)+2(x_2x_3+x_3x_2)+3(x_1x_3+x_3x_1) \\ &= [x_1\ x_2\ x_3]\begin{bmatrix} 3 & 1 & 3 \\ 1 & 4 & 2 \\ 3 & 2 & 5 \end{bmatrix}\begin{bmatrix} x_1 \\ x_2 \\ x_3 \end{bmatrix} \end{aligned}$$

なので，係数行列は $A=\begin{bmatrix} 3 & 1 & 3 \\ 1 & 4 & 2 \\ 3 & 2 & 5 \end{bmatrix}$ である． ■

対称行列 A の固有値を λ_1, λ_2, …, λ_n とし，それぞれに属する単位固有ベクトルを $\boldsymbol{p}_1$, $\boldsymbol{p}_2$, …, $\boldsymbol{p}_n$ とすると，定理 7.11 より，直交行列 $P=[\boldsymbol{p}_1\ \boldsymbol{p}_2\ \ldots\ \boldsymbol{p}_n]$ によって

$$B={}^tPAP$$

とできる．ただし，$B=\begin{bmatrix} \lambda_1 & & & \\ & \lambda_2 & & \\ & & \ddots & \\ & & & \lambda_n \end{bmatrix}$ である．ここで，

$$\boldsymbol{y}={}^tP\boldsymbol{x},$$

つまり，$\boldsymbol{x}=P\boldsymbol{y}$ とおくと，

$$F(\boldsymbol{x}) = {}^t\boldsymbol{x}A\boldsymbol{x}={}^t(P\boldsymbol{y})A(P\boldsymbol{y})={}^t\boldsymbol{y}({}^tPAP)\boldsymbol{y}={}^t\boldsymbol{y}B\boldsymbol{y}$$

となる．したがって，$\boldsymbol{y}=\begin{bmatrix} y_1 \\ y_2 \\ \vdots \\ y_n \end{bmatrix}$ とすれば，$F(\boldsymbol{x})$ は

$$\begin{aligned} G(\boldsymbol{y}) &= [y_1, y_2, \ldots, y_n]\begin{bmatrix} \lambda_1 & & & \\ & \lambda_2 & & \\ & & \ddots & \\ & & & \lambda_n \end{bmatrix}\begin{bmatrix} y_1 \\ y_2 \\ \vdots \\ y_n \end{bmatrix} \qquad (7.8) \\ &= \lambda_1y_1^2+\lambda_2y_2^2+\cdots+\lambda_ny_n^2 \end{aligned}$$

と変形でき，(7.8) を 2 次形式の標準形（ひょうじゅんけい）(canonical form) という．

【注意】 2 次形式の標準形で重要なのは，$y_iy_j\,(i \neq j)$ という項 (クロス項) が 1 つもなく，y_i^2 の項のみが現われている，ということである．

例題 7.12（2次形式の標準形 (1)）
次の2次形式の標準形を求めよ．

$$F(\boldsymbol{x}) = 6x^2 + 4xy + 3y^2$$

［基本テクニック］▶ 2次形式の標準形を求めるには次の手順を踏む．

(1) 係数行列 A の固有値 $\lambda_1, \lambda_2, \ldots, \lambda_n$ を求める．
(2) $\lambda_1 y_1^2 + \lambda_2 y_2^2 + \cdots + \lambda_n y_n^2$ として標準形を作る．

（解答）
$F(\boldsymbol{x})$ の係数行列は，$A = \begin{bmatrix} 6 & 2 \\ 2 & 3 \end{bmatrix}$ であり，例題 7.8(1) より，A の固有値は $2, 7$ である．また，$P = \dfrac{1}{\sqrt{5}}\begin{bmatrix} 1 & 2 \\ -2 & 1 \end{bmatrix}$ は直交行列であって，${}^tPAP = \begin{bmatrix} 2 & 0 \\ 0 & 7 \end{bmatrix}$ となる．したがって，$\boldsymbol{x} = \begin{bmatrix} x \\ y \end{bmatrix}$，$\boldsymbol{y} = \begin{bmatrix} X \\ Y \end{bmatrix}$，$\boldsymbol{x} = P\boldsymbol{y}$ とおくと，(7.8) より，標準形は次のようになる．

$$G(\boldsymbol{y}) = 2X^2 + 7Y^2.$$

■

係数行列が2次の場合だけでも十分かもしれないが，念のため，3次の場合の例も示そう．

例題 7.13（2次形式の標準形 (2)）
次の2次形式の標準形を求めよ．

$$F(\boldsymbol{x}) = 3x^2 + 3y^2 - z^2 + 4xy - 4yz + 4xz$$

（解答）
$F(\boldsymbol{x})$ の係数行列 A は $A = \begin{bmatrix} 3 & 2 & 2 \\ 2 & 3 & -2 \\ 2 & -2 & -1 \end{bmatrix}$ であり，例題 7.8(2) より，A の固有値は $5, 3, -3$ である．また，$P = \begin{bmatrix} \frac{1}{\sqrt{2}} & \frac{1}{\sqrt{3}} & -\frac{1}{\sqrt{6}} \\ \frac{1}{\sqrt{2}} & -\frac{1}{\sqrt{3}} & \frac{1}{\sqrt{6}} \\ 0 & \frac{1}{\sqrt{3}} & \frac{2}{\sqrt{6}} \end{bmatrix}$ は直交行列であって，

${}^tPAP = \begin{bmatrix} 5 & 0 & 0 \\ 0 & 3 & 0 \\ 0 & 0 & -3 \end{bmatrix}$ となる．したがって，$\boldsymbol{x} = \begin{bmatrix} x \\ y \\ z \end{bmatrix}$，$\boldsymbol{y} = \begin{bmatrix} X \\ Y \\ Z \end{bmatrix}$，$\boldsymbol{x} = P\boldsymbol{y}$ とおくと，標準形は

$$G(\boldsymbol{y}) = 5X^2 + 3Y^2 - 3Z^2$$

となる．■

［問］7.8　次の問に答えよ．

(1) 2次形式 $F(\boldsymbol{x}) = 5x^2 - 2xy + 5y^2$ の標準形を求めよ．
(2) 2次形式 $F(\boldsymbol{x}) = 6x^2 + 5y^2 + 7z^2 - 4xy + 4xz$ の標準形を求めよ．

7.6　正定値行列

対称行列は正方行列の特別な場合だが，固有値が正である対称行列はもっ

と特別な行列だといえるだろう．ここでは，2 次形式 $(\boldsymbol{x}, A\boldsymbol{x})$ が固有値の符号を判定する上で重要な役割を果たすことを学ぼう．

定義 7.9（正定値行列）
n 次実正方行列 A が，$\boldsymbol{x} \neq \boldsymbol{0}$ である任意のベクトル $\boldsymbol{x} \in \mathbb{R}^n$ に対して

$$(\boldsymbol{x}, A\boldsymbol{x}) > 0 \tag{7.9}$$

を満たすとき，A は正定値行列(せいていちぎょうれつ)(positive definite matrix) であるという．また，A が任意のベクトル $\boldsymbol{x} \in \mathbb{R}^n$ に対して，

$$(\boldsymbol{x}, A\boldsymbol{x}) \geqq 0 \tag{7.10}$$

を満たすとき，A は半正定値行列(はんせいていちぎょうれつ)(positive semidefinite matrix) という．ここで，$(\cdot, \cdot)$ は $\mathbb{R}^n$ の内積である．

【注意】 A が複素行列の場合でも，A がエルミート行列ならば，定理 5.21(3) および定理 5.19(1) より

$$\begin{aligned}(\boldsymbol{x}, A\boldsymbol{x}) &= (A^*\boldsymbol{x}, \boldsymbol{x}) \\ &= (A\boldsymbol{x}, \boldsymbol{x}) = \overline{(\boldsymbol{x}, A\boldsymbol{x})}\end{aligned}$$

が成り立つので，$(\boldsymbol{x}, A\boldsymbol{x})$ は実数である．したがって，エルミート行列 A についても正定値行列や半正定値行列を考えることができる．

正定値行列に対しては次のようなことが成り立つ．

定理 7.14（正定値行列の正則性）
n 次実正方行列 A が正定値ならば，A は正則である．

（証明）
行列 A が正則でないとすると，

$$A\boldsymbol{x} = \boldsymbol{0}, \quad \boldsymbol{x} \neq \boldsymbol{0}$$

となる $\boldsymbol{x} \in \mathbb{R}^n$ が存在する．このとき，$(\boldsymbol{x}, A\boldsymbol{x}) = (\boldsymbol{x}, \boldsymbol{0}) = 0$ なので，正定値性 $(\boldsymbol{x}, A\boldsymbol{x}) > 0$ に矛盾する．よって，A は正則である． ■

定理 7.15（正定値行列と固有値）
対角化可能な n 次実正方行列 A が正定値であるための必要十分条件は，A の固有値がすべて正となることである．

（証明）
$(\Longrightarrow)$
A の固有値を λ_i，λ_i に属する固有ベクトルを $\boldsymbol{v}_i$ とすると，

$$A\boldsymbol{v}_i = \lambda_i \boldsymbol{v}_i \qquad (i = 1, 2, \ldots, n)$$

なので，

$$(\boldsymbol{v}_i, A\boldsymbol{v}_i) = \lambda_i(\boldsymbol{v}_i, \boldsymbol{v}_i) = \lambda_i \|\boldsymbol{v}_i\|^2$$

である．
ここで，A は正定値なので，$(\boldsymbol{v}_i, A\boldsymbol{v}_i) > 0$ が成り立つ．よって，$\lambda_i > 0$ である．
$(\Longleftarrow)$
A は対角化可能なので，定理 7.3 より任意の $\boldsymbol{x} \in \mathbb{R}^n$ を固有ベクトル $\boldsymbol{v}_i$ で展開して，

$$\boldsymbol{x} = \sum_{i=1}^{n} c_i \boldsymbol{v}_i, \qquad c_i \text{はスカラー}$$

とする．ここで，$\boldsymbol{v}_i$ は正規直交系をなすとして，

$$(\boldsymbol{v}_i, \boldsymbol{v}_j) = \begin{cases} 1 & (i = j) \\ 0 & (i \neq j) \end{cases}$$

とすると，

【注意】 グラム・シュミットの直交化により，一次独立な固有ベクトルから正規直交基底 $\boldsymbol{v}_1, \boldsymbol{v}_2, \ldots, \boldsymbol{v}_n$ が構成できる．

$$(\boldsymbol{x}, A\boldsymbol{x}) = \left(\sum_{i=1}^{n} c_i \boldsymbol{v}_i, \sum_{j=1}^{n} \lambda_j c_j \boldsymbol{v}_j\right) = \sum_{i=1}^{n} \lambda_i c_i^2 (\boldsymbol{v}_i, \boldsymbol{v}_i) = \sum_{i=1}^{n} \lambda_i c_i^2$$

である．よって，$\lambda_i > 0$ ならば $(\boldsymbol{x}, A\boldsymbol{x}) > 0$ となるので，A は正定値である． ■

ここで，「A が正定値 $\Longrightarrow A$ の固有値が正」の証明において対角化可能性を使っていないことに注意して欲しい．したがって，「A が正定値 $\Longrightarrow A$ の固有値が正」は，対角化可能性を仮定しなくても成り立つ．

また，定理 7.11 より，対称行列は対角化可能なので，定理 7.14 の直接的な結果として次が成り立つ．

系 7.3（対称行列と固有値）
n 次実対称行列 A が正定値であるための必要十分条件は，A の固有値がすべて正となることである．

例題 7.14（正定値性の判定）
次の 2 次形式の係数行列が正定値か否かを判定せよ．
(1) $6x^2 + 4xy + 3y^2$　　(2) $3x^2 + 3y^2 - z^2 + 4xy - 4yz + 4xz$

（解答）

(1) 例題 7.12 および例題 7.8(1) より，係数行列 $A = \begin{bmatrix} 6 & 2 \\ 2 & 3 \end{bmatrix}$ の固有値 $2, 7$ であり，共に正なので，系 7.3 より正定値である．

(2) 例題 7.13 および例題 7.8(2) より，係数行列 $A = \begin{bmatrix} 3 & 2 & 2 \\ 2 & 3 & -2 \\ 2 & -2 & -1 \end{bmatrix}$ の固有値は $5, 3, -3$ である．A は負の固有値をもつので，系 7.3 より正定値ではない．

■

[問] 7.9　次の 2 次形式の係数行列が正定値か否かを判定せよ．

(1) $x^2 + 5y^2 - 4xy$
(2) $x^2 + y^2 + 4xy$
(3) $5x^2 + 5y^2 + 2z^2 + 8xy + 4xz + 4yz$
(4) $-2x^2 - 3y^2 - 2z^3 + 4xy + 2xz + 4yz$

7.7　フロベニウスの定理とケーリー・ハミルトンの定理

対角化不可能な行列に対しては，とりあえず上三角行列に帰着させることができる．これを保証する定理が三角化定理である．なお，三角化定理は，この後のフロベニウスの定理を証明するのに必要となる．

定理 7.16（三角化定理(triangularization theorem)）
任意の n 次複素行列 A は適当な n 次正則行列 P に対して,

$$P^{-1}AP = \begin{bmatrix} \lambda_1 & & & \\ & \lambda_2 & & * \\ & & \ddots & \\ & & & \lambda_n \end{bmatrix}$$

となる．また，この逆も成り立つ．ここで，$\lambda_1, \lambda_2, \ldots, \lambda_n$ は A の固有値である．

（証明）
$(\Longrightarrow)$
A の次数 n に関する数学的帰納法で示す．
まず，$n=1$ のときは自明だから次数が $n-1$ のときに成り立つと仮定する．
与えられた n 次正方行列 A に対し，A の固有値 λ_1 を 1 つとり，それに属する固有ベクトル $\boldsymbol{a}_1$ をとる．これを最初に含むように $\mathbb{C}^n$ の基底 $\{\boldsymbol{a}_1, \boldsymbol{a}_2, \ldots, \boldsymbol{a}_n\}$ をとって，行列 P_1
$P_1 = [\boldsymbol{a}_1\ \boldsymbol{a}_2\ \ldots\ \boldsymbol{a}_n]$ とおくと,

$$AP_1 = A[\boldsymbol{a}_1\ \boldsymbol{a}_2\ \ldots\ \boldsymbol{a}_n] = [\lambda\boldsymbol{a}_1\ A\boldsymbol{a}_2\ \ldots\ A\boldsymbol{a}_n] \left[\begin{array}{c|ccc} \lambda_1 & * & \cdots & * \\ \hline 0 & & & \\ \vdots & & A_1 & \\ 0 & & & \end{array}\right],$$

すなわち，$P_1^{-1}AP_1 = \begin{bmatrix} \lambda_1 & * \\ O & A_1 \end{bmatrix}$ となる．ここで，A_1 はある $n-1$ 次正方行列である．

したがって，帰納法の仮定より，$P_2^{-1}A_1P_2 = \begin{bmatrix} \mu_1 & & * \\ & \ddots & \\ & & \mu_{n-1} \end{bmatrix}$ となる $n-1$ 次正則行列 P_2 が存在する．ただし，$\mu_1, \ldots, \mu_{n-1}$ は A_1 の固有値である．
P_1 と P_2 を用いて n 次正方行列 P を $P = P_1 \left[\begin{array}{c|c} 1 & O \\ \hline O & P_2 \end{array}\right]$ とおくと，P は正則であって，
$P^{-1} = \left[\begin{array}{c|c} 1 & O \\ \hline O & P_2^{-1} \end{array}\right] P_2^{-1}$ なので,

$$\begin{aligned} P^{-1}AP &= \left[\begin{array}{c|c} 1 & O \\ \hline O & P_2^{-1} \end{array}\right] P_1^{-1}AP_1 \left[\begin{array}{c|c} 1 & O \\ \hline O & P_2 \end{array}\right] = \left[\begin{array}{c|c} 1 & O \\ \hline O & P_2^{-1} \end{array}\right] \left[\begin{array}{c|c} \lambda_1 & * \\ \hline O & A_1 \end{array}\right] \left[\begin{array}{c|c} 1 & O \\ \hline O & P_2 \end{array}\right] \\ &= \left[\begin{array}{c|c} \lambda_1 & * \\ \hline O & P_2^{-1} \end{array}\right] \left[\begin{array}{c|c} 1 & O \\ \hline O & P_2 \end{array}\right] = \left[\begin{array}{c|c} \lambda_1 & * \\ \hline O & P_2^{-1}A_1P_2 \end{array}\right] = \begin{bmatrix} \lambda_1 & & & \\ & \mu_1 & & * \\ & & \ddots & \\ & & & \mu_{n-1} \end{bmatrix} \end{aligned}$$

後は，$\mu_1, \mu_2, \ldots, \mu_{n-1}$ が A の固有値であることを示せばよいが，A と $P_1^{-1}AP_1$ は相似なので，定理 7.6 より，A と $P_1^{-1}AP_1$ の固有値の全体が一致することに注意すると，A_1 の固有値全体が $\lambda_2, \lambda_3, \ldots, \lambda_n$ であることが分かる．
$(\Longleftarrow)$
n 次複素行列 A は適当な正則行列 P に対し,

$$P^{-1}AP = \begin{bmatrix} \lambda_1 & & & \\ & \lambda_2 & & * \\ & & \ddots & \\ & & & \lambda_n \end{bmatrix}$$

となったとする．このとき，

$$\Phi_{P^{-1}AP} = \begin{vmatrix} x-\lambda_1 & & & \\ & x-\lambda_2 & & * \\ & & \ddots & \\ & & & x-\lambda_n \end{vmatrix} = (x-\lambda_1)(x-\lambda_2)\cdots(x-\lambda_n)$$

なので，$P^{-1}AP$ の固有値は $\lambda_1, \lambda_2, \ldots, \lambda_n$ である．よって，定理 7.6 より，$\lambda_1, \lambda_2, \ldots, \lambda_n$ は A の固有値でもある．

■

この三角化定理は，以下で定義される行列多項式に関するさまざまな性質を導くのに重要な役割を果たす．

▶[行列多項式の有用性]
行列多項式が何の役に立つのだろうか？ その一例を紹介しよう．微分積分で学ぶマクローリン展開によれば，指数関数 e^x は

$$e^x = 1 + \frac{1}{1!}x + \frac{1}{2!}x^2 + \cdots + \frac{1}{n!}x^n + \cdots$$

と展開できる．やや乱暴ない い方だが，行列多項式という概念が入れば，

$$e^A = E_n + \frac{1}{1!}A + \frac{1}{2!}A^2 + \cdots + \frac{1}{n!}A^n + \cdots$$

というものが考えられるのである．実数 x でしか定義できないと思っていた指数関数 e^x が，行列 A でも定義できるようになる．

定義 7.10（行列多項式）
$\mathbb{C}$ の要素 $a_0, a_1, \ldots, a_m$ と文字 x を用いて

$$p(x) = a_0 + a_1x + \cdots + a_mx^m$$

と表される式を x についての $\mathbb{C}-$ 係数多項式(けいすうたこうしき)(coefficient polynomial) と呼ぶ．また，n 次正方行列 A

$$p(A) = a_0E_n + a_1A + \cdots + a_mA^m$$

を行列多項式(ぎょうれつたこうしき)(matrix polynomial) と呼ぶ．

行列多項式に関する重要な定理を 2 つ紹介しよう．

定理 7.17（フロベニウスの定理 (Frobenius theorem)）
複素行列 A の固有値を (重複も含めて) $\lambda_1, \lambda_2, \ldots, \lambda_n$ とすると，任意の $\mathbb{C}-$ 係数多項式

$$p(x) = a_0 + a_1x + a_2x^2 + \cdots + a_mx^m \qquad (a_0, a_1, \ldots, a_m \in \mathbb{C})$$

に対し，行列 $p(A)$ の固有値は $p(\lambda_1), p(\lambda_2), \ldots, p(\lambda_n)$ で与えられる．

（証明）
定理 7.16 より，$B = P^{-1}AP$ が上三角行列になるような n 次正則行列 P を選ぶことができる．すなわち，$P^{-1}AP = \begin{bmatrix} \lambda_1 & & * \\ & \ddots & \\ & & \lambda_n \end{bmatrix}$ とできる．このとき任意の自然数 k に対して

$$B^k = (P^{-1}AP)^k = P^{-1}A^kP = \begin{bmatrix} \lambda_1^k & & * \\ & \ddots & \\ & & \lambda_n^k \end{bmatrix}$$ である．

よって，

$$\begin{aligned} P^{-1}p(A)P &= P^{-1}(a_0E_n + a_1A + a_2A^2 + \cdots + a_mA^m)P \\ &= a_0E_n + a_1P^{-1}AP + a_2P^{-1}A^2P + \cdots + a_mP^{-1}A^mP \\ &= a_0E_n + a_1B + a_2B^2 + \cdots + a_mB^m \end{aligned}$$

$$= \begin{bmatrix} a_0 & & \\ & \ddots & \\ & & a_0 \end{bmatrix} + \begin{bmatrix} a_1\lambda_1 & & * \\ & \ddots & \\ & & a_1\lambda_n \end{bmatrix} + \cdots + \begin{bmatrix} a_m\lambda_1^m & & * \\ & \ddots & \\ & & a_m\lambda_n^m \end{bmatrix}$$

$$= \begin{bmatrix} a_0 + a_1\lambda_1 + \cdots + a_m\lambda_1^m & & * \\ & \ddots & \\ & & a_0 + a_1\lambda_n + \cdots + a_m\lambda_n^m \end{bmatrix}$$

$$= \begin{bmatrix} p(\lambda_1) & & * \\ & \ddots & \\ & & p(\lambda_n) \end{bmatrix}$$

である．したがって，定理 7.16 より，$p(\lambda_1), p(\lambda_2), \ldots, p(\lambda_n)$ は $P^{-1}p(A)P$ の固有値であり，定理 7.6 より，$p(A)$ の固有値でもある．

■

定理 7.18（ケーリー・ハミルトンの定理 (Cayley-Hamilton theorem)）
n 次複素行列 A に対して，

$$\Phi_A(x) = |xE_n - A|$$

とおくと，次が成り立つ．

$$\Phi_A(A) = O \qquad \text{(零行列)}$$

【注意】$A = \begin{bmatrix} a & b \\ c & d \end{bmatrix}$ のとき，$\Phi_A(x) = \begin{vmatrix} x - a & -b \\ -c & x-d \end{vmatrix} = x^2 - (a+d)x + ad - bc$ なので，定理 7.18 より

$$\Phi A(A) = A^2 - (a+d)A + (ad - bc)E_2 = O$$

が成り立つ．これは，例題 1.7 と同じ結果である．

（証明）
A の固有値を $\lambda_1, \lambda_2, \ldots, \lambda_n$ として，A の固有多項式 $\Phi_A(x)$ を
$\Phi_A(x) = (x - \lambda_1)(x - \lambda_2)\cdots(x - \lambda_n)$ と因数分解すると，
$\Phi_A(A) = (A - \lambda_1 E_n)(A - \lambda_2 E_n)\cdots(A - \lambda_n E_n)$ である．そこで，

$P^{-1}AP = \begin{bmatrix} \lambda_1 & & * \\ & \ddots & \\ & & \lambda_n \end{bmatrix}$ となる正則行列 P をとると，この P に対し，

$$\begin{aligned} P^{-1}\Phi_A(A)P &= P^{-1}(A - \lambda_1 E_n)(A - \lambda_2 E_n)\cdots(A - \lambda_n E_n)P \\ &= P^{-1}(A - \lambda_1 E_n)PP^{-1}(A - \lambda_2 E_n)P\cdots P^{-1}(A - \lambda_n E_n)P \\ &= (P^{-1}AP - \lambda_1 E_n)(P^{-1}AP - \lambda_2 E_n)\cdots(P^{-1}AP - \lambda_n E_n) \end{aligned}$$

となる．ここで，

$$P^{-1}AP - \lambda_1 E_n = \begin{bmatrix} 0 & & & * \\ & \lambda_2 & & \\ & & \ddots & \\ & & & \lambda_n \end{bmatrix}, \quad P^{-1}AP - \lambda_2 E_n = \begin{bmatrix} \lambda_1 & & & & * \\ & 0 & & & \\ & & \lambda_3 & & \\ & & & \ddots & \\ & & & & \lambda_n \end{bmatrix},$$

$$\cdots, \quad P^{-1}AP - \lambda_n E_n = \begin{bmatrix} \lambda_1 & & & * \\ & \ddots & & \\ & & \lambda_{n-1} & \\ & & & 0 \end{bmatrix}$$

なので，左から順に掛けていけば，

$$(P^{-1}AP-\lambda_1E_n)(P^{-1}AP-\lambda_2E_n)\cdots(P^{-1}AP-\lambda_nE_n)=O$$

だと分かる．これより，$P^{-1}\Phi_A(A)P=O$ となるので，所望の結果を得る．■

【注意】 $\Phi_A(x)=|xE_n-A|$ において，$x=A$ とおけば $\Phi_A(A)=|A-A|=\det O=0$ となるから，ケーリー・ハミルトンの定理が成り立つのは当り前，と思わないようにしよう．この定理が主張しているのは，$\Phi_A(A)=O$ であって，右辺は 0 ではなく零行列 O であることに注意しよう．

例題 7.15（ケーリー・ハミルトンの定理とフロベニウスの定理）
A を n 次複素行列とし，m を自然数とする．このとき，次を示せ．
(1) A の固有値がすべて 0 ならば，$A^n=O$.
(2) ある m に対して，$A^m=E_n$ ならば，A の固有値の m 乗は 1 である．

（解答）
(1) A の固有値がすべて 0 ならば，A の固有多項式は

$$\Phi_A(x)=x^n$$

という形をしている．よって，ケーリー・ハミルトンの定理より

$$\Phi_A(A)=A^n=O$$

である．
(2) A の固有値を $\lambda_1,\dots,\lambda_n$ とし，$p(x)=x^m$ とすると，フロベニウスの定理より $p(A)=A^m$ の固有値は $\lambda_1^m,\dots,\lambda_n^m$ である．
仮定より，$A^m=E_n$ であり，E_n の固有値はすべて 1 なので

$$\lambda_1^m=\cdots=\lambda_n^m=1$$

である．■

[問] 7.10　$A=\begin{bmatrix}-1&3&0\\2&-1&3\\2&5&3\end{bmatrix}$ の固有多項式は $\Phi_A(x)=x^3-x^2-26x-18$ である．このとき，$A^4-A^3-26A^2-17A+2E_3$ をケーリー・ハミルトンの定理を使って求めよ．

[問] 7.11　n 次正方行列 A が次の関係を満たすとき，その固有値を求めよ．
(1) $A^2+E_n=O$　　(2) $A^2=A$　　(3) $A^3+A=O$

第7章のまとめ

- n 次正方行列が対角化可能であるための必要十分条件は，一次独立な n 個の A の固有ベクトルが存在することである．
- n 次正方行列 A が相異なる n 個の固有値をもてば，A は対角化可能である．逆は成り立たない．
- n 次正方行列 A が対角化可能であるための必要十分条件は，固有値の幾何的重複度と代数的重複度が一致することである．
- 対称行列は直交行列によって対角化可能である．また，エルミート行列はユニタリ行列によって対角化可能である．
- 実対称行列 A が正定値であるための必要十分条件は，A の固有値がすべて正となることである．
- 正方行列は，対角化できなかったとしても，上三角行列には変形で

▶【アクティブ・ラーニング】
まとめに記載されている項目について，例を交えながら他の人に説明しよう．また，あなたならどのように本章をまとめますか？あなたの考えで本章をまとめ，それを他の人とも共有し，自分たちオリジナルのまとめを作成しよう．

▶【アクティブ・ラーニング】
本章で登場した例題および問において，重要な問題を5つ選び，その理由を述べてください．その際，選定するための基準は，自分たちで考えてください．

きる.

- 行列多項式の計算では，フロベニウスの定理やケーリー・ハミルトンの定理を利用するとよい.

第7章　演習問題

[A. 基本問題]

演習 7.1 固有空間 $V_\lambda = \{\boldsymbol{x} \in \mathbb{C}^n \mid A\boldsymbol{x} = \lambda\boldsymbol{x}\}$ が V の部分空間になることを示せ．

演習 7.2 正則な n 次正方行列 A の固有値を λ とするとき，その逆行列 A^{-1} の固有値は $\dfrac{1}{\lambda}$ であることを示せ．ただし，$\lambda \neq 0$ とする．

演習 7.3 行列 $A = \begin{bmatrix} 0 & 1 & 0 \\ 0 & 0 & 1 \\ a & b & c \end{bmatrix}$ の固有値が $-3, 0, 3$ となるように a, b, c の値を定めよ．

演習 7.4 次の問に答えよ．

(1) 行列 $A = \begin{bmatrix} 2 & 1 & 0 \\ 1 & 3 & 1 \\ 1 & 1 & 3 \end{bmatrix}$ の固有値の1つは $\lambda_1 = 2$ である．他にも A の固有値が存在すればそれを求めよ．

(2) $\lambda_1 = 2$ に属する固有空間を求めよ．

演習 7.5 次の行列 A が対角化可能であるかどうかを判定せよ．

(1) $A = \begin{bmatrix} 1 & -2 & 2 \\ 8 & -7 & 4 \\ 4 & -2 & -1 \end{bmatrix}$　(2) $A = \begin{bmatrix} -1 & 8 & -7 \\ 7 & -1 & 7 \\ 6 & -7 & 12 \end{bmatrix}$　(3) $A = \begin{bmatrix} 2 & 0 & 0 & 0 \\ 0 & 3 & 1 & -1 \\ 3 & 1 & 5 & 1 \\ 0 & 0 & -2 & 4 \end{bmatrix}$

(4) $A = \begin{bmatrix} 3 & 0 & 2 & 0 \\ 1 & 3 & 1 & 0 \\ 0 & 1 & 1 & 0 \\ 0 & 0 & 0 & 4 \end{bmatrix}$　(5) $A = \begin{bmatrix} 0 & 13 & 8 & 4 \\ 4 & 9 & 8 & 4 \\ 8 & 6 & 12 & 8 \\ 0 & 5 & 0 & -4 \end{bmatrix}$　(6) $A = \begin{bmatrix} -2 & 1 & 5 & 0 \\ 0 & 3 & 0 & 0 \\ 0 & 1 & 3 & 0 \\ 1 & 5 & -1 & -2 \end{bmatrix}$

演習 7.6 $A = \begin{bmatrix} -5 & -4 & 10 \\ 1 & -1 & -5 \\ -1 & -2 & 2 \end{bmatrix}$ とするとき，次の問に答えよ．

(1) A のすべての固有値と，それらに属する固有ベクトルを求めよ．

(2) A が対角化可能ならば，対角化行列を求めて対角化せよ．

演習 7.7 $A = \begin{bmatrix} 2 & 4 & 3 \\ -4 & -6 & -3 \\ 3 & 3 & 1 \end{bmatrix}$ とするとき，次の問に答えよ．

(1) A のすべての固有値と，それらに属する固有ベクトルを求めよ．

(2) A が対角化可能ならば，対角化せよ．

演習 7.8 行列 $A = \begin{bmatrix} 2 & 2 & 4 \\ 4 & 4 & -4 \\ 2 & -1 & 4 \end{bmatrix}$ に対して，次の問に答えよ．

(1) A の固有値の一つは -2 である．これに属する固有ベクトルを $\boldsymbol{x}$ とするとき，$(2A^2 + 3A)\boldsymbol{x} = \alpha\boldsymbol{x}$ を満たす実数 α を求めよ．

(2) -2 以外の A の固有値をすべて求め，これに属する固有ベクトルを求めよ．また，A が対角化可能か否かを判定せよ．

演習 7.9 行列 $A = \begin{bmatrix} 12 & -27 & 3 \\ 1 & -1 & 1 \\ 0 & -3 & 9 \end{bmatrix}$ の固有値の 1 つは 2 である．2 以外の A の固有値をすべて求め，これに属する固有ベクトルを求めよ．さらに，A が対角化可能か否かを判定せよ．

演習 7.10 行列 $A = \begin{bmatrix} -1 & 2 & 1 \\ 2 & a & 4 \\ 4 & -2 & 2 \end{bmatrix}$ の固有値の二つが 3 と -3 だとするとき，a の値を求めよ．また，このとき A が対角化可能か否かを判定せよ．

演習 7.11 $A = \begin{bmatrix} 0 & 0 & 2 & 0 \\ 1 & 0 & 1 & 0 \\ 0 & 1 & -2 & 0 \\ 0 & 0 & 0 & 1 \end{bmatrix}$ の固有値とそれに属する固有空間を求めよ．また，対角化可能ならば，対角化行列を求めて対角化せよ．

演習 7.12 $A = \begin{bmatrix} -1 & 1 & -1 \\ 1 & -1 & -1 \\ -1 & -1 & -1 \end{bmatrix}$ を直交行列によって対角化し，A^n を求めよ．

演習 7.13 次の 2 次形式の標準形を求めよ．また，係数行列が正定値行列かどうかを調べよ．

(1) $F(\boldsymbol{x}) = 2x^2 + 2y^2 + 2z^2 + 2xy + 2xz + 2yz$

(2) $F(\boldsymbol{x}) = 2x^2 - y^2 - z^2 + 4xy - 4xz + 8yz$

[B. 応用問題]

演習 7.14 n 次正方行列 A の固有方程式 $\Phi_A(x) = 0$ の解を重複も含めて $\lambda_1, \lambda_2, \ldots, \lambda_n$ とするとき，次が成り立つことを示せ．なお，このことより，トレースは固有値の和，行列式は固有値の積であることが分かる．

$$\mathrm{tr}(A) = \lambda_1 + \lambda_2 + \cdots + \lambda_n, \quad |A| = \lambda_1\lambda_2\cdots\lambda_n$$

演習 7.15 次の問に答えよ．ただし，a は実数である．

(1) 行列 $A = \begin{bmatrix} 0 & -a & 0 \\ 1 & a+1 & 0 \\ 0 & 0 & 1 \end{bmatrix}$ の固有値を求めよ．

(2) A が対角化可能であるための a の条件を求めよ．

演習 7.16 a を実数とし，行列 A を $A=\begin{bmatrix} 4+a & 0 & -1 \\ 0 & 4 & 0 \\ 4a & 0 & 0 \end{bmatrix}$ とする．このとき，次の問に答えよ．

(1) 行列 A の固有値を求めよ．

(2) a がどのような条件を満たすとき，行列 A は対角化不可能となるか?

演習 7.17 $A=\begin{bmatrix} 1 & 0 & 0 \\ -3 & -1 & 3 \\ -1 & 0 & 2 \end{bmatrix}$，$p(x)=2x^4-5x^3+7x-3$ に対して，$B=p(A)$ とおくとき，次の問に答えよ．

(1) A の固有値を求め，$B=2A-E_3$ を示せ．

(2) B の固有値と固有多項式 $\Phi_B(x)$ を求めよ．

(3) B が正則であることを示せ．

(4) 逆行列 B^{-1} を A の多項式として表せ．

演習 7.18 次の記述は正しいか? 理由を述べて答えよ．

(1) A を n 次実正方行列，$\boldsymbol{x}$ を n 次元実ベクトルとする．このとき，零ベクトル $\mathbf{0}$ は固有ベクトルである．

(2) n 次実正方行列 A が n 個の相異なる固有値を持てば，A は対角化可能である．

(3) n 次正方実行列 A が n 個の相異なる固有値を持たないときは，A は対角化可能ではない．

(4) n 次正則行列 A の固有値の 1 つが 1 のとき，A^{-1} の固有値に 1 となるものがある．

(5) n 次正方行列 A と B は相似であるとする．このとき，A の固有値と B の固有値は一致する．

(6) n 次正方行列 A と B は相似であるとする．このとき，A の固有ベクトルと B の固有ベクトルは一致する．

(7) n 次正方行列 A の固有値とその転置行列 ${}^tA$ の固有値は同じである．

(8) n 次正方行列 A と B は相似であるとする．このとき，A が対角化可能ならば，B も対角化可能である．

(9) n 次正方行列 A が直交行列 P によって対角化可能ならば，A は対称行列である．

第7章　略解とヒント

[問]

問 7.1 (1) 固有値は $3, -1$ で，固有値に属する固有ベクトルはそれぞれ $\begin{bmatrix} 1 \\ 1 \end{bmatrix}$，$\begin{bmatrix} 1 \\ 2 \end{bmatrix}$，固有空間は $V_3=\mathrm{Span}\left\{\begin{bmatrix} 1 \\ 1 \end{bmatrix}\right\}$，$V_{-1}=\mathrm{Span}\left\{\begin{bmatrix} 1 \\ 2 \end{bmatrix}\right\}$　(2) 固有値は $-3, 2$ で，固有値に属する固有ベクトルはそれぞれ $\begin{bmatrix} -1 \\ 1 \end{bmatrix}$，$\begin{bmatrix} 4 \\ 1 \end{bmatrix}$，固

有空間は $V_{-3} = \mathrm{Span}\left\{\begin{bmatrix}-1\\1\end{bmatrix}\right\}$, $V_2 = \mathrm{Span}\left\{\begin{bmatrix}4\\1\end{bmatrix}\right\}$　(3) 固有値は -1 で，固有値に属する固有ベクトルは $\begin{bmatrix}1\\1\end{bmatrix}$, 固有空間は $V_{-1} = \mathrm{Span}\left\{\begin{bmatrix}1\\1\end{bmatrix}\right\}$　(4) 固有値は -2 で，固有値に属する固有ベクトルは $\begin{bmatrix}1\\1\end{bmatrix}$, 固有空間は $V_{-2} = \mathrm{Span}\left\{\begin{bmatrix}1\\1\end{bmatrix}\right\}$　(5) 固有値は $1+\sqrt{2}i, 1-\sqrt{2}i$ で，固有値に属する固有ベクトルはそれぞれ $\begin{bmatrix}-\sqrt{2}i\\1\end{bmatrix}$, $\begin{bmatrix}\sqrt{2}i\\1\end{bmatrix}$, 固有空間は $V_{1+\sqrt{2}i} = \mathrm{Span}\left\{\begin{bmatrix}-\sqrt{2}i\\1\end{bmatrix}\right\}$, $V_{1-\sqrt{2}i} = \mathrm{Span}\left\{\begin{bmatrix}\sqrt{2}i\\1\end{bmatrix}\right\}$
(6) 固有値は $5, 1$ で，固有値に属する固有ベクトルはそれぞれ $\begin{bmatrix}i\\1\end{bmatrix}$, $\begin{bmatrix}-i\\1\end{bmatrix}$, 固有空間は $V_5 = \mathrm{Span}\left\{\begin{bmatrix}i\\1\end{bmatrix}\right\}$, $V_1 = \mathrm{Span}\left\{\begin{bmatrix}-i\\1\end{bmatrix}\right\}$　(7) 固有値は $1+3i$, $1-3i$ で，固有値に属する固有ベクトルはそれぞれ $\begin{bmatrix}1\\1\end{bmatrix}$, $\begin{bmatrix}-1\\1\end{bmatrix}$, 固有空間は $V_{1+3i} = \mathrm{Span}\left\{\begin{bmatrix}1\\1\end{bmatrix}\right\}$, $V_{1-3i} = \mathrm{Span}\left\{\begin{bmatrix}-1\\1\end{bmatrix}\right\}$

問 7.2 (1) 固有値は $-3, -2, -1$ で，固有値に属する固有ベクトルはそれぞれ $\begin{bmatrix}1\\-3\\2\end{bmatrix}$, $\begin{bmatrix}0\\-1\\1\end{bmatrix}$, $\begin{bmatrix}1\\-3\\3\end{bmatrix}$, 固有空間は $V_{-3} = \mathrm{Span}\left\{\begin{bmatrix}1\\-3\\2\end{bmatrix}\right\}$, $V_{-2} = \mathrm{Span}\left\{\begin{bmatrix}0\\-1\\1\end{bmatrix}\right\}$, $V_{-1} = \mathrm{Span}\left\{\begin{bmatrix}1\\-3\\3\end{bmatrix}\right\}$　(2) 固有値は 1 と 4. 固有値 1 に属する固有ベクトルは $\begin{bmatrix}1\\0\\-1\end{bmatrix}$, $\begin{bmatrix}0\\-1\\1\end{bmatrix}$ であり，固有空間は $V_1 = \mathrm{Span}\left\{\begin{bmatrix}1\\0\\-1\end{bmatrix}, \begin{bmatrix}0\\-1\\1\end{bmatrix}\right\}$. 固有値 4 に属する固有ベクトルは $\begin{bmatrix}1\\1\\1\end{bmatrix}$, 固有空間は$V_4 = \mathrm{Span}\left\{\begin{bmatrix}1\\1\\1\end{bmatrix}\right\}$　(3) 固有値は -2, これに属する固有ベクトルは $\begin{bmatrix}1\\1\\0\end{bmatrix}$, $\begin{bmatrix}1\\0\\1\end{bmatrix}$, 固有空間は $V_{-2} = \mathrm{Span}\left\{\begin{bmatrix}1\\1\\0\end{bmatrix}, \begin{bmatrix}1\\0\\1\end{bmatrix}\right\}$　(4) 固有値は -1, これに属する固有ベクトルは $\begin{bmatrix}-2\\3\\1\end{bmatrix}$, 固有空間は $V_{-1} = \mathrm{Span}\left\{\begin{bmatrix}-2\\3\\1\end{bmatrix}\right\}$　(5) 固有値は 1, 2. 固有値 1 に属する固有ベクトルは $\begin{bmatrix}-1\\1\\1\end{bmatrix}$, 固有空間は $V_1 = \mathrm{Span}\left\{\begin{bmatrix}-1\\1\\1\end{bmatrix}\right\}$. 固有値 2 に属する固有ベクトルは $\begin{bmatrix}-2\\1\\3\end{bmatrix}$, 固有空間は $V_2 = \mathrm{Span}\left\{\begin{bmatrix}-2\\1\\3\end{bmatrix}\right\}$.

問 7.3 (1) $P = \begin{bmatrix}1 & 1\\1 & 2\end{bmatrix}$, $P^{-1}AP = \begin{bmatrix}3 & 0\\0 & -1\end{bmatrix}$　(2) $P = \begin{bmatrix}1 & 0 & 1\\-3 & -1 & -3\\2 & 1 & 3\end{bmatrix}$, $P^{-1}AP = \begin{bmatrix}-3 & 0 & 0\\0 & -2 & 0\\0 & 0 & -1\end{bmatrix}$

問 7.4 問 7.3 の結果を使う．(1) $P^{-1} = \begin{bmatrix}2 & -1\\-1 & 1\end{bmatrix}$, $A^n = \begin{bmatrix}-(-1)^n + 2\cdot 3^n & (-1)^n - 3^n\\-2(-1)^n + 2\cdot 3^n & 2(-1)^n - 3^n\end{bmatrix}$

(2) $P^{-1} = \begin{bmatrix}0 & -1 & -1\\-3 & -1 & 0\\1 & 1 & 1\end{bmatrix}$,

$$A^n = \begin{bmatrix}(-1)^n & -(-3)^n + (-1)^n & -(-3)^n + (-1)^n\\3(-2)^n - 3(-1)^n & (-2)^n - 3(-1)^n + (-1)^n 3^{n+1} & -3(-1)^n + (-1)^n 3^{n+1}\\-3(-2)^n + 3(-1)^n & -2(-3)^n - (-2)^n + 3(-1)^n & -2(-3)^n + 3(-1)^n\end{bmatrix}$$

問 7.5 (1) 対角化可能. A の固有値は -3(代数的重複 2), -1.　(2) 対角化不可能. A の固有値は 2(代数的重複度 3). 幾何的自由度は 2.

問 7.6 (1) $P = \frac{1}{\sqrt{2}}\begin{bmatrix} 1 & -1 \\ 1 & 1 \end{bmatrix}$, ${}^tPAP = \begin{bmatrix} 4 & 0 \\ 0 & 6 \end{bmatrix}$　(2) $P = \frac{1}{3}\begin{bmatrix} -2 & -1 & 2 \\ -2 & 2 & -1 \\ 1 & 2 & 2 \end{bmatrix}$, ${}^tPAP = \begin{bmatrix} 3 & 0 & 0 \\ 0 & 6 & 0 \\ 0 & 0 & 9 \end{bmatrix}$

(3) $P = \frac{1}{\sqrt{6}}\begin{bmatrix} -\sqrt{2} & \sqrt{3} & -1 \\ -\sqrt{2} & 0 & 2 \\ \sqrt{2} & \sqrt{3} & 1 \end{bmatrix}$, ${}^tPAP = \begin{bmatrix} 4 & 0 & 0 \\ 0 & 1 & 0 \\ 0 & 0 & 1 \end{bmatrix}$

問 7.7 (1) $U = \frac{1}{\sqrt{2}}\begin{bmatrix} -i & i \\ 1 & 1 \end{bmatrix}$, $U^*AU = \begin{bmatrix} 0 & 0 \\ 0 & 2 \end{bmatrix}$　(2) $U = \begin{bmatrix} \frac{1}{\sqrt{2}} & \frac{1}{\sqrt{3}} & -\frac{1}{\sqrt{6}} \\ 0 & \frac{i}{\sqrt{3}} & \frac{2i}{\sqrt{6}} \\ \frac{1}{\sqrt{2}} & -\frac{1}{\sqrt{3}} & \frac{1}{\sqrt{6}} \end{bmatrix}$, $U^*AU = \begin{bmatrix} 2 & 0 & 0 \\ 0 & 3 & 0 \\ 0 & 0 & 6 \end{bmatrix}$

問 7.8 (1) $4X^2 + 6Y^2$　(2) $3X^2 + 6Y^2 + 9Z^2$

問 7.9 (1) 係数行列 $A = \begin{bmatrix} 1 & -2 \\ -2 & 5 \end{bmatrix}$ の固有値は $3 \pm 2\sqrt{2} > 0$ なので, 正定値.　(2) 係数行列 $A = \begin{bmatrix} 1 & 2 \\ 2 & 1 \end{bmatrix}$ の固有値は $-1, 3$ なので, 正定値ではない.　(3) 係数行列 $A = \begin{bmatrix} 5 & 4 & 2 \\ 4 & 5 & 2 \\ 2 & 2 & 2 \end{bmatrix}$ の固有値は 1, 10 なので, 正定値.　(4) 係数行列 $A = \begin{bmatrix} -2 & 2 & 1 \\ 2 & -3 & 2 \\ 1 & 2 & -2 \end{bmatrix}$ の固有値は -5, -3, 1 なので, 正定値ではない.

問 7.10 $\begin{bmatrix} 1 & 3 & 0 \\ 2 & 1 & 3 \\ 2 & 5 & 5 \end{bmatrix}$. ケーリー・ハミルトンの定理より $\Phi_A(A) = A^3 - A^2 - 26A - 18E_3 = O$ となることを利用する.

問 7.11 A の固有値を λ とする. (1) $p(A) = A^2 + E_n$ の固有値は $p(\lambda) = \lambda^2 + 1 = 0$ を満たすので, $\lambda = \pm i$.
(2) $p(A) = A^2 - A$ の固有値は $p(\lambda) = \lambda^2 - \lambda = 0$ を満たすので $\lambda = 0, 1$.　(3) $p(A) = A^3 + A$ の固有値は $p(\lambda) = \lambda^3 + \lambda = 0$ を満たすので $\lambda = 0, \pm i$.

[演習]

演習 7.1 任意の $\alpha, \beta \in \mathbb{C}$ および $\boldsymbol{a}, \boldsymbol{b} \in V_\lambda$ に対して, $A(\alpha\boldsymbol{a}+\beta\boldsymbol{b}) = \alpha A\boldsymbol{a}+\beta A\boldsymbol{b} = \alpha(\lambda\boldsymbol{a})+\beta(\lambda\boldsymbol{b}) = \lambda(\alpha\boldsymbol{a}+\beta\boldsymbol{b})$ が成り立つ. これは, $\alpha\boldsymbol{a} + \beta\boldsymbol{b} \in V_\lambda$ を意味するので, V_λ は V の部分空間である.

演習 7.2 $Ax = \lambda x$ より, $A^{-1}Ax = \lambda A^{-1}x$ である. これより, $A^{-1}x = \frac{1}{\lambda}x$ なので, A^{-1} の固有値は $\frac{1}{\lambda}$ である.

演習 7.3 $a = 0, b = 9, c = 0$

演習 7.4 (1) $3 \pm \sqrt{2}$　(2) $\mathrm{Span}\left\{\begin{bmatrix} -1 \\ 0 \\ 1 \end{bmatrix}\right\}$

演習 7.5 (1) 対角化可能. A の固有値は $-3, -1$ であり, 固有値 -3 の代数的重複度は 2.
(2) 対角化不可能. 固有値は -2, 6(代数的重複度 2). 固有値 6 の幾何的重複度は 1.
(3) 対角化不可能. A の固有値は 2, 4(代数的重複度 3). 固有値 4 に対する幾何的重複度は 1.
(4) 対角化可能. A の固有値は $1, 2, 4$(代数的重複度 2).
(5) 対角化可能. A の固有値は -4(代数的重複度 2), $1, 24$.
(6) 対角化不可能. A の固有値は -2 と 3, ともに代数的自由度は 2, 幾何的重複度は 1.

演習 7.6 (1) 2, -3. 固有値 2 に属する固有ベクトルは $\begin{bmatrix} 2 \\ -1 \\ 1 \end{bmatrix}$, 固有値 -3 に属する固有ベクトルは $\begin{bmatrix} 5 \\ 0 \\ 1 \end{bmatrix}$, $\begin{bmatrix} -2 \\ 1 \\ 0 \end{bmatrix}$

(2) 対角化行列 $P = \begin{bmatrix} 2 & 5 & -2 \\ -1 & 0 & 1 \\ 1 & 1 & 0 \end{bmatrix}$ によって, A は $P^{-1}AP = \begin{bmatrix} 2 & 0 & 0 \\ 0 & -3 & 0 \\ 0 & 0 & -3 \end{bmatrix}$ と対角化できる.

演習 7.7 (1) 固有値は 1, -2(代数的重複度 2)

(2) 固有値 1 に属する固有ベクトルは $\begin{bmatrix}1\\-1\\1\end{bmatrix}$. 固有値 -2 に属する固有ベクトルは, $\begin{bmatrix}-1\\1\\0\end{bmatrix}$. 全体で一次独立な固有ベクトルが 2 つしかないので, 対角化不可能.

演習 7.8 (1) $\alpha = 2$. $A\boldsymbol{x} = -2\boldsymbol{x}$ を利用する.

(2) -2 以外の固有値は 6(代数的重複度 2). 固有ベクトルは $\begin{bmatrix}1\\2\\0\end{bmatrix}$, $\begin{bmatrix}1\\0\\1\end{bmatrix}$. 代数的重複度が 2 の固有値 6 に属する互いに一次独立な固有ベクトルが 2 つあるので対角化可能.

演習 7.9 2 以外の固有値は 9(代数的重複度 2). 固有値 9 に属する固有ベクトルは $\begin{bmatrix}-1\\0\\1\end{bmatrix}$. 一次独立な固有ベクトルが 2 つないので, 対角化不可能.

演習 7.10 $a = -7$. このとき, 固有値が $3, -3, -6$ と 3 つあるので対角化可能.

演習 7.11 固有値は, -2, -1 1(代数的重複度 2) である. $V_{-2} = \mathrm{Span}\left\{\begin{bmatrix}-1\\0\\1\\0\end{bmatrix}\right\}$, $V_{-1} = \mathrm{Span}\left\{\begin{bmatrix}-2\\1\\1\\0\end{bmatrix}\right\}$, $V_1 = \mathrm{Span}\left\{\begin{bmatrix}0\\0\\0\\1\end{bmatrix}, \begin{bmatrix}2\\3\\1\\0\end{bmatrix}\right\}$ であり, 一次独立な固有ベクトルが 4 つあるので, 対角化可能. 対角化行列は

$$P = \begin{bmatrix}-1 & -2 & 0 & 2\\0 & 1 & 0 & 3\\1 & 1 & 0 & 1\\0 & 0 & 1 & 0\end{bmatrix}$$ で, $$P^{-1}AP = \begin{bmatrix}-2 & 0 & 0 & 0\\0 & -1 & 0 & 0\\0 & 0 & 1 & 0\\0 & 0 & 0 & 1\end{bmatrix}$$

演習 7.12 $P = \dfrac{1}{\sqrt{6}}\begin{bmatrix}-\sqrt{3} & 1 & -\sqrt{2}\\\sqrt{3} & 1 & -\sqrt{2}\\0 & 2 & \sqrt{2}\end{bmatrix}$, ${}^tPAP = \begin{bmatrix}-2 & 0 & 0\\0 & -2 & 0\\0 & 0 & 1\end{bmatrix} =: D$, $A^n = PD^{n\,t}P =$

$$\frac{1}{3}\begin{bmatrix}(1+(-1)^n2^{n+1}) & (1-(-2)^n) & (-1+(-2)^n)\\(1-(-2)^n) & (1+(-1)^n2^{n+1}) & (-1+(-2)^n)\\(-1+(-2)^n) & (-1+(-2)^n) & (1+(-1)^n2^{n+1})\end{bmatrix}$$

演習 7.13 (1) $F(\boldsymbol{x})$ の係数行列は $A = \begin{bmatrix}2 & 1 & 1\\1 & 2 & 1\\1 & 1 & 2\end{bmatrix}$ であり, $P = \dfrac{1}{\sqrt{6}}\begin{bmatrix}\sqrt{3} & -1 & \sqrt{2}\\0 & 2 & \sqrt{2}\\-\sqrt{3} & -1 & \sqrt{2}\end{bmatrix}$ をとれば, ${}^tPAP = \begin{bmatrix}1 & 0 & 0\\0 & 1 & 0\\0 & 0 & 4\end{bmatrix}$ であり, $\boldsymbol{x} = \begin{bmatrix}x\\y\\z\end{bmatrix}$, $\boldsymbol{y} = \begin{bmatrix}X\\Y\\Z\end{bmatrix}$, $\boldsymbol{x} = P\boldsymbol{y}$ とおくと, 標準形は $G(\boldsymbol{y}) = X^2 + Y^2 + 4Z^2$.

また, A の固有値はすべて正なので, A は正定値行列.　(2) $F(\boldsymbol{x})$ の係数行列は $A = \begin{bmatrix}2 & 2 & -2\\2 & -1 & 4\\-2 & 4 & -1\end{bmatrix}$ であり, $P = \dfrac{1}{3}\begin{bmatrix}2 & -2 & 1\\2 & 1 & -2\\1 & 2 & 2\end{bmatrix}$ をとれば, ${}^tPAP = \begin{bmatrix}3 & 0 & 0\\0 & 3 & 0\\0 & 0 & -6\end{bmatrix}$ であり, $\boldsymbol{x} = \begin{bmatrix}x\\y\\z\end{bmatrix}$, $\boldsymbol{y} = \begin{bmatrix}X\\Y\\Z\end{bmatrix}$, $\boldsymbol{x} = P\boldsymbol{y}$ とおくと, 標準形は $G(\boldsymbol{y}) = 3X^2 + 3Y^2 - 6Z^2$. また, A は負の固有値をもつので, 正定値行列ではない.

演習 7.14 仮定より, $\Phi_A(x) = (x-\lambda_1)(x-\lambda_2)\cdots(x-\lambda_n) = x^n - (\lambda_1+\lambda_2+\cdots+\lambda_n)x^{n-1} + \cdots + (-1)^n\lambda_1\lambda_2\cdots\lambda_n$. これと (7.3) を使う.

演習 7.15 (1) 1(代数的重複度 2), a　(2) $a \neq 1$

演習 7.16 (1) 4(代数的重複度 2), a　(2) $a = 4$

演習 7.17 (1) A の固有値は $\lambda_1 = 1$, $\lambda_2 = -1$, $\lambda_3 = 2$. $\Phi_A(x) = x^3 - 2x^2 - x + 2$ より, $p(x) =$

$(2x-1)\Phi_A(x)+(2x-1)$．ケーリー・ハミルトンの定理より $\Phi_A(A)=O$ なので，$B=p(A)=2A-E_3$．(2) フロベニウスの定理より，B の固有値は，$p(\lambda_1)=2\lambda_1-1=1$, $p(\lambda_2)=2\lambda_2-1=-3$, $p(\lambda_3)=2\lambda_3-1=3$ である．よって，B の固有多項式は $\Phi_B(x)=(x-1)(x+3)(x-3)=x^3-x^2-9x+9$　(3) $\Phi_B(x)=|xE_3-B|$ より，$\Phi_B(0)=|-B|=9$ なので，$|B|=-9\neq 0$ である．よって，B は正則である．　(4) ケーリー・ハミルトンの定理より，$\Phi_B(B)=B^3-B^2-9B+9E_3=O$ で，これに B^{-1} を両辺にかけ，$B=2A-E_3$ を使って整理すると，$B^{-1}=-\frac{4}{9}A^2+\frac{2}{3}A+\frac{7}{9}E_3$

演習 7.18 (1) 正しくない．　(2) 正しい．　(3) 正しくない．　(4) 正しい．　(5) 正しい．　(6) 正しくない．　(7) 正しい．　(8) 正しい．　(9) 正しい．

参考文献

1) 新井紀子: AI VS. 教科書が読めない子どもたち，東洋経済新報社，2018 年

2) 教育課程研究会 編著：アクティブ・ラーニングを考える，東洋館出版社，2016 年.

3) 有馬 哲，石村 貞夫：よくわかる線型代数，東京図書，1986 年.

4) 岡谷貴之：深層学習，講談社，2015 年.

5) 川久保 勝夫：線形代数学，日本評論社，1999 年.

6) 田村 三郎：線形代数の応用（連載），BASIC 数学，1994 年〜1995 年，現代数学社.

7) ダン・ロススティン，ルース・サンタナ著：たった一つを変えるだけ クラスも教師も自立する「質問づくり」，新評論，2015 年.

8) 寺田 文行，木村 宣昭：演習と応用 線形代数，サイエンス社，2000 年.

9) 長岡 亮介：線型代数入門—現代数学の思想と方法—，放送大学教育振興会，2003 年.

10) 長岡 亮介：線型代数学，放送大学教育振興会，2004 年.

11) 溝上慎一：アクティブラーニングと教授学習パラダイムの転換，東信堂，2014 年.

12) 溝上慎一編：改訂版 高等学校におけるアクティブラーニング理論編，東信堂，2016 年.

13) 溝上慎一編：高等学校におけるアクティブラーニング事例編，東信堂，2016 年.

14) 皆本 晃弥：よくわかる数値解析演習—誤答例・評価基準つき—，近代科学社，2005 年.

15) 皆本 晃弥：スッキリわかる線形代数演習—誤答例・評価基準つき—，近代科学社，2006 年.

16) 皆本 晃弥：スッキリわかる複素関数論—誤答例・評価基準つき—，近代科学社，2007 年.

17) 横井 英夫，尼野 一夫：線形代数演習［新訂版］，サイエンス社，2003 年.

18) 吉野 雄二：基礎課程 線形代数，サイエンス社，2000 年.

19) Amy N.Langville・Carl D.Meyer 著・岩野 和生・黒川 利明・黒川 洋訳：Google PageRank の数理—最強検索エンジンのランキング手法を

求めて—，共立出版，2009 年.

20) David C. Lay : Linear Algebra and its applications (Third Edition), Pearson Education, 2003.

21) Gilbert Strang : Introduction to Linear Algebra, Third Edition 3rd Edition, Wellesley-Cambridge Press, 2003.（邦訳）「世界標準 MIT 教科書ストラング：線形代数イントロダクション」（第 4 版），近代科学社，2015 年.

索　引

著者略歴

皆 本 晃 弥（みなもと　てるや）

1992 年　愛媛大学教育学部中学校課程数学専攻 卒業
1994 年　愛媛大学大学院理学研究科数学専攻修士課程 修了
1997 年　九州大学大学院数理学研究科数理学専攻博士後期課程 単位取得退学
2000 年　博士（数理学）（九州大学）
　　　　九州大学大学院システム情報科学研究科情報理学専攻 助手，
　　　　佐賀大学理工学部知能情報システム学科 講師，同 准教授などを歴任
現　在　佐賀大学教育研究院自然科学域理工学系 教授

主要著書

基礎からスッキリわかる微分積分（近代科学社，2019 年）
スッキリわかる確率統計（近代科学社，2015 年）
スッキリわかる線形代数（近代科学社，2011 年）
スッキリわかる微分積分演習（近代科学社，2008 年）
スッキリわかる複素関数論（近代科学社，2007 年）
スッキリわかる微分方程式とベクトル解析（近代科学社，2007 年）
スッキリわかる線形代数演習（近代科学社，2006 年）
よくわかる数値解析演習（近代科学社，2005 年）
やさしく学べる C 言語入門（サイエンス社，2004 年）
やさしく学べる pLaTeX2e 入門（サイエンス社，2003 年）
シェル&Perl 入門（共著，サイエンス社，2001 年）
UNIX ユーザのためのトラブル解決 Q&A（サイエンス社，2000 年）
GIMP/GNUPLOT/Tgif で学ぶグラフィック処理（共著，サイエンス社，1999 年）
理工系ユーザのための Windows リテラシ（共著，サイエンス社，1999 年）
Linux/FreeBSD/Solaris で学ぶ UNIX（サイエンス社，1999 年）

基礎からスッキリわかる線形代数
—アクティブ・ラーニング実践例つき

2019 年 5 月 31 日　初 版 発 行
2023 年 3 月 31 日　初版第 3 刷発行

著　者　皆　本　晃　弥

発行者　大　塚　浩　昭

発行所　株式会社 近代科学社

〒 101-0051　東京都千代田区神田神保町 1 丁目 105 番地
https://www.kindaikagaku.co.jp

藤原印刷　**ISBN978-4-7649-0586-3**

定価はカバーに表示してあります.